军事运筹学简明教程

陶应奇　王书勤　杨华明　黄　茜　主编

国防工業出版社

·北京·

内容简介

军事运筹学是一门利用数学和计算机等现代科学技术对军事问题进行定量分析，为决策优化提供理论和方法的军事学科。它对培养具有较强创新精神、高超谋略水平和出色作战筹划能力的指挥员，对提高训练、作战、管理等军事实践活动的军事效益有着非常重要的作用。

全书共十一章，包括军事运筹学概述、作战资源优化的线性规划方法、动态规划及其在军事上的应用、军事决策分析、作战指挥中的矩阵博弈、图与网络及其在军事上的应用、统筹法及其在组织计划中的应用、作战资源优化的整数规划方法、军事排队问题及其优化方法、作战模型与模拟及武器效能分析与评价。

本书根据长期的教学实践，在前一版的基础上，依据轻理论重实用的原则对内容进行了调整优化，尽量使知识贴近武警部队"六位一体"任务实际，力求浅显易懂，实用管用。它既可作为武警院校指挥类专业本科学员的教材，也可为其他院校相关专业的本科学员的学习提供参考。

图书在版编目(CIP)数据

军事运筹学简明教程/陶应奇等主编.—北京：国防工业出版社，2015.2(2023.12 重印)

ISBN 978-7-118-09906-5

Ⅰ.①军… Ⅱ.①陶… Ⅲ.①军事运筹学-教材 Ⅳ.①E911

中国版本图书馆 CIP 数据核字(2015)第 024530 号

※

国防工业出版社 出版发行

(北京市海淀区紫竹院南路 23 号 邮政编码 100048)

北京虎彩文化传播有限公司印刷

新华书店经售

*

开本 710×1000 1/16 **印张** 21½ **字数** 397 千字

2023 年 12 月第 1 版第 8 次印刷 **印数** 11101—11600 册 **定价** 42.00 元

国防书店：(010)88540777 书店传真：(010)88540776

发行业务：(010)88540717 发行传真：(010)88540762

编 审 人 员

主　　编　陶应奇　王书勤　杨华明　黄　茜
　　　　　　佘　键　刘瑞杰　李　浩

编写人员　蔡　磊　常　全　冷其中　汪俊祥
　　　　　　乌　恩

前　　言

随着信息化、智能化战争逐步走入战争舞台中央，作战装备、作战环境、作战样式均发生了深刻变化。武警部队也呈现出作战力量多元，作战方式多样，作战环境多域、作战手段多维等特点。作战任务的复杂性前所未有，长于运筹，精于谋划，方能百战不殆。

军事运筹学源于二战，是定量研究军事问题的军事学科，其主要任务就是从数量方面揭示各类军事系统结构、功能及运行规律，为科学地进行军事实践活动提供理论和方法，帮助指挥员在指挥控制中实现兵力武器等军事资源的最优配置、最优组合和最优运用，从而发挥出其最大作战效益，获得最佳的作战效能。目前，军事运筹素养已成为新型军事人才素养的重要组成部分，在打赢现代战争中起着越来越重要的作用。

基于武警部队院校教学大纲，结合我们长期的教学实践，依据轻理论重实用的原则，在借鉴了诸多优秀军事运筹学教材的基础上，我们确定和编写了本书的教学内容，其主要涵盖了军事运筹学概述、作战资源优化的线性规划方法、动态规划及其在军事上的应用、军事决策分析、作战指挥中的矩阵博弈、图与网络及其在军事上的应用、统筹法及其在组织计划中的应用、作战资源优化的整数规划方法、军事排队问题及其优化方法、作战模型与模拟及武器效能分析与评价十一个方面的内容。力求通过知识的介绍，让学员树立军事决策优化意识，增强优化军事决策能力，提升作战指挥素养。

由于编者水平有限，不足之处在所难免，恳请读者提出宝贵意见。

编者

2021 年 12 月

目　　录

第一章　军事运筹学概述

一、军事运筹学的基本概念

第二次世界大战期间，为满足战争需要，用自然科学方法对战术性问题进行了专门研究，从而导致了军事运筹学的产生，这类研究当时被称为作战研究（英文原词是 Operational Research，在美国称为 Operations Research）。第二次世界大战后，在用于作战研究的理论方法基础上形成了既可用于军事领域又可用于非军事领域的独立学科，这个学科仍被称为 Operational Research 或 Operations Research，直译为作业研究。1956 年，我国学术界在钱学森、许国志等科学家的倡导下，开始研究这门学科，清华大学周华章教授建议将其译为“运筹学”。“运筹”一词出自《史记・高祖本纪》：“夫运筹帷幄之中，决胜于千里之外。”词意是运用筹划。随着科学技术的不断提高以及各种高新技术在军事领域的广泛应用，军事运筹学的地位和作用越来越突出，其不可替代性和重要性也被越来越多的军事工作者所认同，成为决策者进行决策的重要辅助工具，已广泛应用于工程技术、经济管理、军事科学等领域，在武警部队遂行“六位一体”任务中具有极为重要的地位。

（一）定义

军事运筹学（Military Operations Research）是 20 世纪 40 年代后发展起来的一门新兴的边缘学科，关于它的定义，目前较一致的是中国军事科学院军事运筹分析研究所张最良等人著的《军事运筹学》中的定义：军事运筹学是应用数学和计算机技术等科学技术方法研究各类军事活动，为决策优化提供理论和方法的一门军事学科。它是一门综合性较强的学科，是军事学术的重要组成部分。

（二）军事运筹学的研究对象

军事运筹学的研究对象是军事活动中的决策优化问题。所有军事活动不论是作战或建设，从本质上说，都是运用资源达到一定军事目的，而决策优化则在于寻求合理有效的资源运用方案或使方案得到最大程度的改进。在军事运筹学奠基性专著——莫尔斯和金博尔的《运筹学方法》中有一个例子可说明军事运筹学研究对象的特点。

士兵饭后洗涮餐具，有 4 个盆可供使用。当 2 个是洗盆，2 个是涮盆时，士兵为等待洗涮而不得不排长队。仔细观察后发现洗餐具比涮餐具平均慢3倍。因此,人们建议4个盆中3个作洗盆,1个作涮盆,这样改变以后,排队现象就消除了。这个例子一定程度上说明了军事运筹学研究问题的角度,即在不要求增加资源的条件下,通过合理使用资源使情况得到改善。对于简单情况,人们固然可以通过直接观察提出改善建议,但情况复杂时,就需要有一套理论方法,使人们通过对实际军事活动的运筹研究,提出决策优化的建议。提供这样一套理论方法就是军事运筹学的基本研究任务。

(三) 军事运筹学的研究方法

军事运筹学的研究方法是以数学和计算机技术为手段的科学技术方法。这个方法强调从实践开始,又回到实践中去。即分析现象,创造理论,用于实践,证实理论,指导行动;强调系统思考方式,通过结构优化达到系统整体功能的优化;强调以数学方法和现代计算机技术为工具进行定量分析,主要在定量分析基础上提出决策优化的方案。

属于自然科学范畴的科学技术方法积极地渗进了传统上属于社会科学范畴的军事科学,这一点正反映了在第二次世界大战以来军事技术革命推动下,军事科学发展的新特点。

(四) 军事运筹学的研究目的

军事运筹学的研究目的是为决策者作出科学或优化的决策提供帮助。帮助的方式可以是理论方法、辅助决策工具或决策方案建议。为了达到帮助的目的,无论哪种形式都必须注意把握以下几点:一是紧紧围绕决策者的需求;二是给出的帮助必须有成效,即取得目标优化及达到目标行动优化的成效;三是使决策者能够理解所提供的帮助并便于操作使用。

二、军事运筹学的内容体系

军事运筹学是自然科学与军事科学相结合而发展起来的一门交叉学科,它的内容十分广泛,且在不断发展中。关于其内容体系,目前还没有形成统一的看法,但大致说来,其理论包括基础理论和应用理论两大部分。

(一) 基础理论

主要是用科学方法研究资源运用活动而建立起来的既可应用于军事领域又可应用于非军事领域的运筹学理论。主要有规划论(线性规划、非线性规划、动态规划和整数规划)、决策论、对策论、排队论、模型论、搜索论、存储论、图论、可靠性理论、军事统筹法以及预测战斗行动结局的计算机作战模拟理论和兰彻斯特战斗动态方程等。由于运筹学解决问题主要靠定量分析,因此概率与数理统计等数学方法及其应用,也是军事运筹学的重要基础。在研究射击理论、评价武器性能等方面都离不开概率论与数理统计,它们也是运筹学不可缺少的组成部分。

(二) 应用理论

军事运筹学的应用理论是在几十年的研究与实践中,针对不同层次、不同领域的军事运筹研究问题而建立起来的。其所涉及的应用领域有国防规划、军事战略分析、战法研究、作战指挥、后勤保障、军事训练、武器研制、火力运用、武器装备和军事人力资源管理等。相对基础理论而言,应用理论不太成熟,其范围与分类将随着军事运筹学在军事领域中的应用而不断发展。

三、军事运筹学的历史、形成和发展

军事运筹学是第二次世界大战期间为适应战争的需要而发展起来的一门军事科学。虽然起源于第二次世界大战之中,但军事运筹思想的应用却有着很长的历史。

早在公元前 6 世纪春秋时期,著名的军事学家孙武所著的《孙子兵法·形篇》的最后一段有:"兵法:一曰度,二曰量,三曰数,四曰称,五曰胜。" 这表明孙武在研究军事时把度、量、数、称等数学概念引入军事领域,通过计算双方力量对比,进行战略预测分析。这种运用人力、物力获取战争胜利的见解就已经体现出了丰富的军事运筹的思想,这可能也是历史记载中最早的军事运筹思想。此外,在《孙膑兵法》《尉缭子》《百战奇略》等历代军事名著中也都体现了不少运筹思想。而在实战中,公元前 685 年春秋时期的"齐鲁长勺之战"对反攻时机的运筹;战国时期"齐魏马陵之战"对出兵时间、决战时机、决战地点的运筹;公元 199 年东汉末年"袁曹官渡之战"关于进攻时机和突袭的运筹等都是我国历史上成功运用运筹思想取胜的战例。我国的运筹思想其实就像我国的四大发明一样早。

而真正意义上的军事运筹学的形成始于 20 世纪初,发展至今,可大致分为三个阶段。

第一阶段:第一次世界大战至第二次世界大战结束,这是运筹学的萌芽时期。运筹学首先出现在英国,1914 年,英国汽车工程师兰彻斯特(F.W.Lanchester)发表了关于"古代冷兵器战斗和近代枪炮战斗数学模型"的论文,第一次应用微分方程分析数量优势与胜负的关系,定量地论证了集中兵力原则的正确性,建立起了描述作战攻方兵力变化过程的数学方程,即著名的兰彻斯特方程。

1935 年,英国空军部为研究新研制成功的雷达系统的作战使用方法,特别委托了曾在空军中任过中校的物理学家铁塞(H.G.Tizard)组建了防空委员会,研究对已方战斗机进行引导的方法。

作战研究部主任罗威(A.P.Rowe)在英国东海岸的波德塞研究应用雷达对

敌机进行跟踪定位的问题。1937年底,这两个研究机构合并,研究范围从技术试验发展到有效战术。1938年,罗威将这些工作称为Operational Research,即运筹学,这是运筹学作为一门学科的最早起源。

1940年以后,在英国、美国、加拿大等国军队中先后成立了若干个专门的运筹学小组。到第二次世界大战结束时,英国、美国两国从事军事运筹工作的人员,超过了700名。这些科学家运用自然科学的方法评估空军和海军的战斗行动效能,为军方提供了一系列有关战术革新和战术计划的建议,从而为盟军取得战争的胜利作出了重要的贡献。例如,在抗击法西斯潜水艇的战斗中,1941—1942年,英国空军反潜作战,飞机的深水轰炸收效不佳。后来,军事运筹学工作者搜集了大量有关飞机攻击德潜艇的资料后发现飞机攻击潜艇最有利时机是潜艇还处在水面或刚刚下潜的时候,但当时盟军深水炸弹的规定爆炸深度至少是100英尺①,而炸弹的破坏威力半径为20英尺。在实战情况下,炸弹爆炸时被攻击的潜艇并未下潜到这个深度,不在炸弹破坏威力范围内。运筹工作人员分析了这一矛盾后,建议军方将炸弹爆炸深度由原来的100英尺改为20~25英尺,这样一改,大大增加了对潜艇的摧毁率,英国空军摧毁潜艇数提高了6倍。其他方面,经军事运筹工作者研究提出的船只受敌机攻击时,大船应急转向,而小船应缓慢转向的逃避方法,使船只中弹数由47%降到29%;论证商船安装高炮的合理性,使商船损失率由25%下降到15%;提出以平均飞机出动架次作为维修系统的效能准则,使飞机出动架次几乎增加1倍,显著地提高了有限数目飞机对商船的护航能力。

第二阶段:战后20世纪60年代中期,这是军事运筹学的形成时期。

这个阶段中,战争时期从事军事运筹工作的科学家,战后大部分回到工、商业部门或学校中。其中一部分人在参加军事和其他方面运筹实践的基础上,做了大量运筹学理论方面的奠基工作。1951年,军事运筹学的第一本奠基性著作《运筹学的方法》在美国公开出版,它系统地总结了战争期间军事运筹工作所用的方法。此外,搜索论、排队论、动态规划理论、库存和生产的数学理论、网络技术等一些运筹学理论和方法也都在这一时期奠定了基础。同时,1951年起美国哥伦比亚大学和海军研究生院等院校先后设置运筹学专业,培养这一专业的大学本科和硕士人才。这一时期军事运筹学的应用重点也由“战术”问题转向“规划”问题,包括选择和设计未来战争的武器系统,论证合理的兵力结构,制定国防规划等。而至今美国国防经费预算分配管理仍然沿用的一项基本制度——规划预算管理体制(PPBS)就是在20世纪60年代美国防部长麦克纳马拉委托著

① 1英尺=0.3048米。

名的咨询公司——兰德公司建立的。

第三阶段:20 世纪 60 年代中期至今,军事运筹学的发展成熟期。

随着军队武器装备的现代化,自动化指挥系统及各种电子化装置等一大批高技术武器的出现,军事力量建设和运用变得更加复杂,在军事战略、作战方法、军队指挥、军队编制、后勤管理、军事训练等方面提供了许多课题。军事运筹研究在解决这些课题中所起的不可替代的作用进一步确立了军事运筹学作为现代军事科学体系中一门独立学科的地位,这也是部队发展变化的需要和必然。

四、军事运筹学解决问题的特点

从军事运筹学的定义就不难看出,军事运筹学解决问题主要是定量分析各种数据,从而提供最佳方案,归纳起来有以下几个基本特点。

(一) 明确的目的性

明确的目的性就是要有确定的目标,这是军事运筹分析首先要解决的最重要的问题。如果目标不明确,就可能导致错误的作战指导。例如,在第二次世界大战中,英国商船为了抗击德国飞机的袭击,在船上安装了高射炮。这些高射炮击落敌机很少,只占来袭敌机的 4%,而陆地上的高射炮通常能击落来袭敌机的 20%。另外,安装和维护商船上的高炮,还要付出很大一笔费用。不少人认为这样做很不合算,主张取消商船上的高炮。后来,运筹学者用统计资料说明,装有高炮并向敌机开火的 155 艘商船中,仅被炸沉 16 艘,沉没率 10%,安全通过率 90%;而未安装高炮或装有高炮但未开火的 71 艘商船中,被敌机空袭击沉 18 艘,沉没率 25%,安全通过率仅为 75%。原因是高炮对敌机造成威胁,敌机投弹精度下降,从而商船的生存率显著提高。于是,英国把安装高炮的最终目标定在保护商船的安全航行上,而不是在击落敌机数量上。这一决策保证了作战物资的及时供应,对英军在大战后期的作战胜利起了重要作用。

由此可见,同一事物,用不同的目标衡量,就会得出不同的甚至截然相反的结论。

(二) 注重系统的整体性

军事运筹学在研究作战系统各局部之间的组织结构时,能揭示由于改变各局部的互相关系而导致整体功能发生变化的内在规律。

在军事活动中,缺乏系统观念,破坏了系统的整体性,将会直接影响战斗效能,甚至功亏一篑。例如,在第四次中东战争中,埃及军队渡过河后,为抗击以色列军队坦克集群的反突击,在河的东岸组成了以反坦克导弹为主的反坦克火力配制系统。而以色列的坦克部队由于没有同空军、炮兵、步兵组成合成作战系统,单枪匹马地进行了三次较大规模的反突击,结果 290 辆坦克大部分被歼。最后一次反击,以一九零装甲旅覆没而告终。

(三) 用定量分析方法

用运筹学解决问题,主要采用定量分析方法,这也是运筹学区别于传统方法的显著特点。例如,美军用计算效率费用比的方法确定选用反坦克导弹武器系统。据报道,美军根据美制“陶”式坦克导弹和法制“霍特”反坦克导弹的费用比1:1.6,以及美军对于装备需求量大,国防预算有限的特点,选择了用“陶式”导弹装备部队,详见表1-1。

表1-1 导弹费效比较表

名称	单发命中率/%	单发费用/美元	射击效率100%时所需弹数/发	所需费用/万美元
“陶式”	83	4000	5	2
“霍特”	90	8000	4	3.2

(四) 在约束条件下选优

军事家不能超过物质条件许可的范围去夺取战争的胜利,然而却可以并且必须在物质条件许可的范围内克敌制胜。在军事上这种物质条件许可的范围就是约束条件。对一个系统好坏的评价,必须放在一定的约束条件下来讨论。上面所述的,美军在国防预算有限、装备需求量大的条件下,选用“陶”式导弹,就是一个典型的例子。

五、军事运筹学解决问题的主要步骤

军事上应用运筹学解决的问题,通常是比较复杂的,影响因素较多的作战活动,而不是简单的现象和过程。应用军事运筹学解决问题,虽然不存在一套一成不变的步骤或程序,但一般地说,主要有以下步骤。

(一) 明确目标,确定实现的效率指标

军事运筹学所要解决的问题,一般都是由军事指挥员或指挥决策机关提出。因此,在下达任务时,就指明可供选择的方案,完成任务的主客观条件以及所要达到的目标。系统的目标应从定性和定量两个方面描述,制定出系统的目标,必要时逐级分解为更详细的多级子目标组成目标系统,在确定目标的基础上选准衡量整个系统的效率指标。

(二) 拟制军事想定

较简单的问题可直接建立数学模型求解,对于复杂的问题必须通过军事想定对过程进行描述和简化。拟制军事想定,通常由运筹部门的军事人员承担。想定包括指挥员的意图和友邻单位的任务,以及所要达到行动的最终目的、时间、地点及兵力、武器等方面的要求;详细判断敌我双方的态势和作战地理、天候等环境条件;分析促成作战行动成功和阻碍成功的因素,确定利用有利因素和消除不利因素的方法;提供双方军事行动的战术原则设想,完成任务的各种方案,并以此为建立模型的条件。

(三)收集资料,进行量化

收集准备求解问题的原始数据,是进行运筹分析的基础。进行量化是根据军事想定,把组成问题的各有关因素的大小、强弱、快慢、远近、高低、优劣等特性用数量表示。有些数据是直接调查获得,有些数据还要通过模拟、专家估计等方法间接获得。收集和整理数据是一项十分复杂的工作。数据的精确和可靠性,又直接影响到结果的精确度和可靠性,从而直接影响到决策的可靠性。因此,资料准备是运筹学解决问题中十分重要的一环。

(四)建立数学模型

所谓建立数学模型就是把组成系统的有关相互影响因素与系统目标效果衡量指标的关系,用数学关系式和逻辑法则或图表描述出来,这组数学关系和逻辑法则或图称为数学模型。我们解决的问题是错综复杂的,在分析研究时,应抓住问题的主要因素,略去次要因素,根据精度的要求既要尽量逼近,又不使模型十分复杂,便于计算、分析。

(五)进行计算、分析结果,提出决策建议

根据数学模型,编制计算机程序进行计算,然后分析计算结果,为指挥员和决策机关的决策提供依据。

上述步骤,只适用于一般的情况,并非固定的程序,在实际运用中,要根据具体情况处理,有些项目可平行进行,有些项目也可改变顺序,对于复杂的问题,运筹分析并非进行一次即可完成。为完善修订方案,有时根据分析结果需要对提出的目标再探讨,甚至重新划定问题范围,确定约束条件,并且不断利用各步骤的反馈信息,进一步完善方案,直至得到最优方案。

六、本书内容组织

运筹学作为现代应用数学的一个重要领域,经过20世纪特别是20世纪后半叶的发展,已形成一个庞大的学科体系。它的分支众多,许多已成为独立数学学科。本书从进行军事运筹基础理论教学的角度,将只选择其中与军事指挥决策直接相关的几个分支进行讨论。而且从大纲规定的教学要求出发,对选入的每一分支也只介绍其基本内容,不涉及这些分支学科的现代发展。考虑到有些院校在本科教育阶段后不再开设后续的“军事运筹学”专业课程,本书各章在介绍相应运筹学分支基本理论方法后,将通过举例,说明这些理论方法的军事应用,希望能对读者直接应用运筹学理论方法解决一些实际问题有所帮助。

本书共分十一章。第一章军事运筹学概述,主要介绍军事运筹学的定义和军事运筹学的学科体系及其发展。第二章作战资源优化的线性规则方法,主要介绍线性规划的数学模型、图解法、单纯形法、运输问题、指派问题及军事应用等。第三章动态规划及其在军事上的应用,讨论多阶段决策问题的动态规划模型,求解步骤及其在军事上的应用。第四章军事决策分析,主要讨论确定型、风险型与不确定型三种决策模型及其解法等。第五章作战指挥中的矩阵博弈,主要讨论矩阵博弈模型,有限二人零和与非零和博弈的求解。第六章图与网络及其在军事上的应用,主要讨论最小支撑树最短路、网络最大流及最小费用最大流及其在军事中的应用。第七章统筹法及其在组织计划中的应用,介绍统筹图的拟制和参数计算、非肯定型统筹法、统筹图的优化以及军事统筹图的拟制等。第八章作战资源优化的整数规划方法,主要介绍整数规划的定义、解法及其在军事上的应用。第九章军事排队问题及其优化方法,主要介绍了排队论的有关概念、M/M/1 排队模型及其在军事中的应用。第十章作战模型与模拟,主要介绍作战模拟的基本概念、兰彻斯特方程及蒙特卡罗模拟等。第十一章武器效能分析与评价,主要介绍武器效能分析有关概念、单发命中概率、无对抗和有对抗条件下的射击效能分析等。鉴于计算机的求解对运筹学方法应用的极端重要性,本书几乎在每章后面都给出了相应问题的 WinQSB 软件求解方法。

各章后面附有习题,使读者能从解题中掌握各章所介绍的理论方法。

习　题　一

1. 军事运筹学的定义是什么?
2. 谈谈军事运筹学在武警勤务中有哪些应用。

第二章　作战资源优化的线性规划方法

线性规划是起步早、发展快、应用广泛、方法和理论相对成熟的一个运筹学分支。由于军事活动中很多资源优化的问题均可以通过建立线性规划模型，求得最优方案，所以线性规划在军事领域应用广泛。

第一节　线性规划概述

一、基本概念

线性规划是最优化理论和应用中最基本、最成熟的部分，且有着极其广泛的应用。早在本世纪三十年代末、四十年代初，苏联的康托洛维奇(*Н. в. канторовыч*)和美国的希奇柯克(*Hichcock*)在生产组织管理和制定交通运输方案时已研究和使用了线性规划方法。1947 年美国空军的一个研究小组在研究"最优规划的科学计算"项目时，丹茨格(*Dantzig*)提出了单纯形法，使线性规划的理论日趋完善。计算机的使用，大规模线性规划问题的求解得到了解决，从而使线性规划的应用范围更加广泛。

军队作战的组织指挥和后勤保障中的一系列问题，如兵力快速集中与疏散问题、兵力兵器的分配问题、军用物资运输问题、武器系统的合理配置问题等等，都可以用线性规划方法求得最佳方案。

(一) 问题的提出

下面通过实际例子，给出线性规划问题的一般描述。

例 2.1　抗震救灾中，由于通往灾区的道路遭到严重破坏，只能用 A、B 两种型号的直升机运送兵力，每次 A 能运载 30 人，需驾驶员 2 人，每次 B 能运载 20 人，需驾驶员 1 人。现有 A 型机 25 架，B 型机 20 架，驾驶员 60 人。问如何安排运输，使一次运送的人员最多？

解：设安排 A 型机 x_1 架，B 型机 x_2 架，运送兵力 z 人，则可以得到如下模型：

$$\max z=30x_1+20x_2$$

$$\begin{cases}2x_1+x_2\leqslant 60,\\ x_1\leqslant 25,\\ x_2\leqslant 20,\\ x_1,x_2\geqslant 0.\end{cases}$$

其中，x_1,x_2 称为决策变量，决策变量必须满足的限制条件称为约束条件。最优的决策应使一次运送的人员最多，$\max z=30x_1+20x_2$ 称为目标函数。

因而，问题可以描述为：寻找满足约束条件的决策变量 x_1,x_2，使目标函数 z 取得最大值，即是说，目标函数的最值受制于（subject to 简记为 s. t.）决策变量满足的约束条件。在在例 2.1 中可以看出，模型由决策变量、约束条件和目标函数构成，且目标函数是决策变量的线性函数，约束条件是决策变量的线性等式或不等式，我们将这类问题称为线性规划。

（二）线性规划问题的数学模型

线性规划问题有以下几个特征：

1. 有一组决策变量（$x_1,x_2,\cdots,x_n$）表示某一方案；这组决策变量的值就代表一个具体方案。一般情况下，这些决策变量取值是非负的。

2. 有一个要达到的目标，它可以用决策变量的线性函数（称为目标函数）来表示。根据实际问题的不同要求，目标函数实现最大化或最小化。

3. 存在一定的约束条件，这些约束条件可以用一组线性等式或不等式来表示。

满足以上几点的数学模型就称为线性规划的数学模型，一般形式为

$$\text{目标函数：}\max(\min)\ z=c_1x_1+c_2x_2+\cdots+c_nx_n \tag{2-1}$$

$$\text{约束条件：}\begin{cases}a_{11}x_1+a_{12}x_2+\cdots+a_{1n}x_n\leqslant(=,\geqslant)b_1,\\ a_{21}x_1+a_{22}x_2+\cdots+a_{2n}x_n\leqslant(=,\geqslant)b_2,\\ \qquad\vdots\\ a_{m1}x_1+a_{m2}x_2+\cdots+a_{mn}x_n\leqslant(=,\geqslant)b_m,\\ x_1,x_2,\cdots,x_n\geqslant 0.\end{cases} \tag{2-2}$$

其中，式（2-1）称为目标函数，系数 c_j 为价值系数，即增加一个单位的 x_j，z 所增加的量；式（2-2）中的前 m 个约束条件为资源约束，最后一个约束条件为非负约束。

二、线性规划模型的图解法

满足约束条件的决策变量组称为线性规划的可行解。全体可行解组成的集合称为线性规划的可行域，记为 R。

若有 $X^* \in R$,使得目标函数取得最值,则称 X^* 为线性规划的最优解。

(一) 图解法

图解法简单直观,有助于了解线性规划问题求解的基本原理。下面用图解法求解例 2.1。

解:如图 2-1,在以 x_1, x_2 为坐标轴的直角坐标系内,非负约束条件 $x_1, x_2 \geqslant 0$ 表示可行域落在第一象限。例如,约束条件 $x_1 \leqslant 25$ 表示以直线 $x_1 = 25$ 为界的左半平面,同时满足 $x_2 \leqslant 20, 2x_1 + x_2 \leqslant 60$ 的约束条件的点,必然落在第一象限与三个半平面的公共区域内。如阴影部分所示:

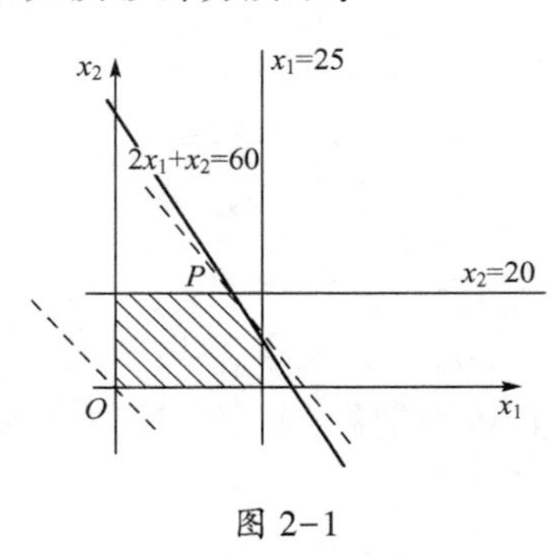

图 2-1

在该坐标系下,目标函数 $z = 30x_1 + 20x_2$ 表示以 z 为参数,以 $-3/2$ 为斜率的一族平行直线 $x_2 = -3/2x_1 + \frac{z}{20}$。

位于同一直线上的点,具有相同的目标函数值,称之为"等值线"。当 z 由小变大时,直线沿其法线方向右上方移动,目标函数平移到将要离开可行域时,z 取最大值,又 x_1, x_2 为非负整数,因而,最优解对应的坐标为(20,20),最大运送人员为 $z = 1000$ 人。

(二) 解的分类

线性规划问题的最优解有以下几种情况:

(1) 唯一解:

$$
\max z = 5x_1 + 3x_2
$$

$$
s.t. \begin{cases} 2x_1 + x_2 \leqslant 6, \\ x_1 + 2x_2 \leqslant 10, \\ x_1 + x_2 \leqslant 4, \\ x_1, x_2 \geqslant 0. \end{cases} \tag{2-3}
$$

(2) 无界解：

$$\max z=x_1+x_2$$

$$s.t.\begin{cases}-2x_1+x_2\leqslant 4,\\ x_1-x_2\leqslant 2,\\ x_1,x_2\geqslant 0.\end{cases}\tag{2-4}$$

该线性规划问题的可行域是无界的，随着目标函数 z 所对应平行线的移动，z 无止境地增加，这种情况属于没有有限的最优解，称为无界解。

(3) 无解：

$$\max z=10x_1+5x_2$$

$$s.t.\begin{cases}3x_1+4x_2\leqslant 9,\\ 5x_1+2x_2\leqslant 8,\\ x_1+x_2\leqslant -1,\\ x_1,x_2\geqslant 0.\end{cases}\tag{2-5}$$

该线性规划问题的可行域为空集，则线性规划问题无解。

(4) 无穷多最优解：

$$\max z=-2x_1-x_2$$

$$s.t.\begin{cases}-2x_1+x_2\leqslant 4,\\ x_1-x_2\leqslant 2,\\ x_1,x_2\geqslant 0.\end{cases}\tag{2-6}$$

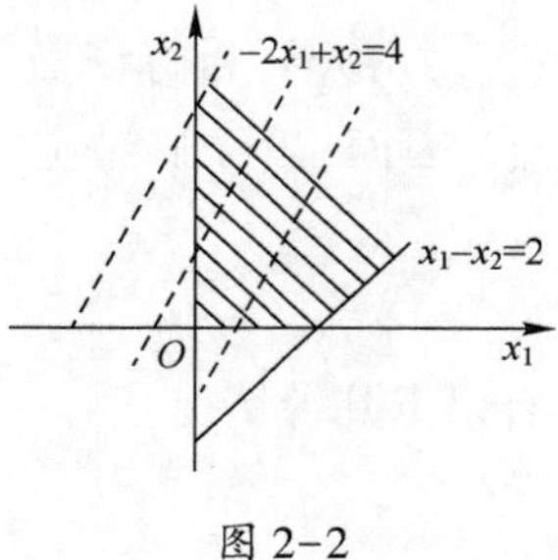

图 2-2

此时，目标函数对应的等值线在移动过程中，最终将落在第一个约束条件对应的直线上，也就是说第一个约束条件对应的直线上每一个点都是最优解，该线性规划问题有无穷多个最优解。

从图解法中可以直观地看出：

(1) 当线性规划问题的可行域问题非空时，它是有界或无界凸多边形；

(2) 若线性规划问题存在最优解，它一定是有界可行域的某个顶点；

(3) 若在两顶点处同时取得最优解，则它们连线上任一点都是最优解，即有无穷多个最优解。

图解法适用于两个决策变量的线性规划模型。步骤如下：

(1) 建立平面直角坐标系；

(2) 找可行域：对于每一个约束条件，先取等式画出对应的直线，然后取一已知点(一般取原点)的坐标代入该直线方程的左边，由其值是否满足约束条件的不等号及该已知点的位置来判断它所在的半平面是否为可行域。

(3) 寻找最优解：令 z 等于任一常数，画出目标函数的等值线，平移该直线，直至它与凸多边形可行域最右(左)边的边界点相切，切点坐标则为最优解。

图解法形象、直观，但对于含三个变量的线性规划问题，则需要借助三维立体空间坐标系，难度会有所增加。随着决策变量的个数不断增多，可行域也从凸多边形衍化成凸多边体(三维空间)、超凸多边体(思维空间)等，由于中学所学的图解法只能求解两个变量的线性规划问题，具有很大的局限性，所以本章我们将学习求解线性规划问题的代数解法——单纯形法。

第二节　单 纯 形 法

一、单纯形法的基本概念

(一) 线性规划问题的标准形式及标准化

1. 线性规划问题的标准形式

在求解实际线性规划问题中，我们经常遇到决策变量的不确定，目标函数、约束条件表现形式的各异，因而，需要将一般线性规划模型进行标准化。线性规划问题的标准型：

$$\min z=c_1x_1+c_2x_2+\cdots+c_nx_n$$

$$s.t.\begin{cases}a_{11}x_1+a_{12}x_2+\cdots+a_{1n}x_n=b_1,\\a_{21}x_1+a_{22}x_2+\cdots+a_{2n}x_n=b_2,\\\quad\vdots\\a_{m1}x_1+a_{m2}x_2+\cdots+a_{mn}x_n=b_m,\\x_1,x_2,\cdots,x_n\geqslant 0.\end{cases}\tag{2-7}$$

简写为：

$$
\min z = \sum_{j=1}^{n} c_j x_j
$$

$$
s.t. \begin{cases} \sum_{j=1}^{n} a_{ij} x_j = b_i, i = 1,2,\cdots,m, \\ x_j \geqslant 0, j = 1,2,\cdots,n. \end{cases} \tag{2-8}
$$

用向量符号描述：令 $C^T = (c_1, c_2, \cdots, c_n)$，$X = (x_1, x_2, \cdots, x_n)^T$，$P_j = (a_{1j}, a_{2j}, \cdots, a_{mj})^T$，$b = (b_1, b_2, \cdots, b_m)^T$，于是有向量形式：

$$
\min z = C^T X
$$

$$
s.t. \begin{cases} \sum_{j=1}^{n} P_j x_j = b, \\ x_j \geqslant 0, j = 1,2,\cdots,n. \end{cases} \tag{2-9}
$$

用矩阵描述为：

$$
\min z = C^T X
$$

$$
s.t. \begin{cases} AX = b, \\ X \geqslant 0. \end{cases} \tag{2-10}
$$

其中，$A = \begin{pmatrix} a_{11} & a_{12} & \cdots & a_{14} \\ \vdots & \vdots & & \vdots \\ a_{m1} & a_{m2} & \cdots & a_{m4} \end{pmatrix} = (P_1, P_2, \cdots, P_n)$；$\mathbf{0} = \begin{pmatrix} 0 \\ 0 \\ \vdots \\ 0 \end{pmatrix}$，$A$ 是由约束条件构成的 $m \times n$ 系数矩阵，一般情况下 $m<n$；P_j 是决策变量 x_j 的系数构成的列向量；b 是资源拥有量构成的列向量（$b_i \geqslant 0$）；C 是目标函数中决策变量的价值系数构成的向量；X 是决策变量构成的列向量。

2. 线性规划模型的标准化

（1）若目标函数求最大值时，只需取目标函数值 z 的相反数，即 $\max z = C^T X$ 转化为 $\min z' = -C^T X$；

（2）若约束条件为不等式时，引入非负的“松弛变量”。

情形一：如 $a_{i1}x_1 + a_{i2}x_2 + \cdots + a_{in}x_n \leqslant b_i$，在原不等式的左边添加松弛变量 $x_{n+1} \geqslant 0$，得 $a_{i1}x_1 + a_{i2}x_2 + \cdots + a_{in}x_n + x_{n+1} = b_i$；

情形二：如 $a_{i1}x_1 + a_{i2}x_2 + \cdots + a_{in}x_n \geqslant b_i$ 时，在原不等式的左边添加松弛变量 $x_{n+1} \geqslant 0$，得 $a_{i1}x_1 + a_{i2}x_2 + \cdots + a_{in}x_n - x_{n+1} = b_i$；

（3）若决策变量 $x_j<0$ 时，引入 $x'_j \geqslant 0$，令 $x_j = -x'_j$；若决策变量 x_j 未知时，引入 $x'_j, x''_j \geqslant 0$，令 $x_j = x'_j - x''_j$；

(4) 若常数项 $b_i<0$ 时,则在不等式或方程两边同乘以-1。

将例 2.1 的线性规划模型进行标准化,引入松弛变量 $x_3,x_4,x_5\geqslant 0$,有标准型为:

$$\min z'=-40x_1-20x_2+0x_3+0x_4+0x_5$$

$$s.t.\begin{cases}2x_1+x_2+x_3=60,\\ x_1+x_4=25,\\ x_2+x_5=20,\\ x_1,x_2,x_3,x_4,x_5\geqslant 0.\end{cases}\tag{2-11}$$

例 2.2 将下列线性规划问题转化为标准型。

$$\max\ z=3x_1-2x_2+4x_3$$

$$\begin{cases}2x_1+3x_2+4x_3\geqslant 300,\\ x_1+5x_2+6x_3\leqslant 400,\\ x_1+x_2+x_3\leqslant 200,\\ x_1,x_2\geqslant 0,x_3\text{ 无约束}.\end{cases}$$

解:令 $z'=-z,x_3=x'_3-x''_3$,引入松弛变量 x_4,x_5,x_6,有

$$\min z'=-3x_1+2x_2-4x'_3+4x''_3$$

$$\begin{cases}2x_1+3x_2+4x'_3-4x''_3-x_4=300,\\ x_1+5x_2+6x'_3-6x''_3+x_5=400,\\ x_1+x_2+x'_3-x''_3+x_6=200,\\ x_1,x_2,x'_3,x''_3,x_4,x_5,x_6\geqslant 0.\end{cases}$$

任何形式的线性规划数学模型都可以化为标准型。

(二) 解的有关概念

对于标准的线性规划模型:

$$\min z=C^TX$$

$$s.t.\begin{cases}AX=b,\\ X\geqslant 0.\end{cases}$$

若 $X\geqslant 0$ 满足 $AX=b$,则 X 称为线性规划的一个可行解。全体可行解的集合称为线性规划的可行域,记为

$$R=\{X\mid AX=b,X\geqslant 0\}$$

可行域中使得目标函数取得最大(小)值的解为线性规划问题的最优解。

下面我们定义单纯形法中至关重要的概念——基、基变量、基可行解

1. 基和基变量的定义

约束方程组系数矩阵 A 是 $m\times n$ 阶矩阵,设其秩为 m,即 m 个线性方程组线性无关,并设 $m<n$,这时线性规划的可行解不唯一,而是有无穷多个。由于 $R(A)=m$,故 A 有一个 m 阶非奇异子矩阵 B,它由 A 的 m 个线性无关的列向量组成,我们称 B 为线性规划的一个基,将 B 的 m 个列向量对应的 m 个变量称为基变量,其余 $n-m$ 个变量称为非基变量。

2. 基解的定义

令所有非基变量为零,由约束方程组可解出唯一全部基变量,这样得出的一个解,称为线性规划的一个基解。

可见,基解中非零元素的个数不超过 m,它的非零元素对应的系数矩阵的列向量组线性无关。有一个基,就有对应的基解,线性规划的基解与基一一对应。但应该注意,非零元素的个数不超过 m 的解未必是基解。

3. 基可行解

若基解中每一个分量均为非负数,则称之为基可行解。当基可行解中非零元素的个数小于 m 时,则该基本可行解称为是退化解。

设矩阵 A 的前 m 列向量线性无关,则

$$B=\begin{pmatrix} a_{11} & a_{12} & \cdots & a_{1m} \\ a_{21} & a_{22} & \cdots & a_{2m} \\ \vdots & \vdots & \cdots & \vdots \\ a_{m1} & a_{m2} & \cdots & a_{mm} \end{pmatrix}=(P_1,P_2,\cdots\cdots,P_m)$$

是一个基,对应的 $x_1,x_2,\cdots,x_m$ 为基变量,记为 $X_B=(x_1,x_2,\cdots,x_m)^T$,$x_{m+1},x_{m+2},\cdots,x_n$ 为非基变量,记为 $X_N=(x_{m+1},x_{m+2},\cdots,x_n)^T$。

令 $X_N=\mathbf{0}$,代入约束方程组有

$$AX=(B,N)\begin{pmatrix} X_B \\ O \end{pmatrix}=BX_B=b,$$

因为 $|B|\neq 0$,则可解出唯一基变量 $X_B=B^{-1}b$。

因而有基解,

$$X=\begin{pmatrix} B^{-1}b \\ O \end{pmatrix}。$$

若 $B^{-1}b\geqslant 0$,则 X 是一个基可行解。若 $B^{-1}b>0$,则 X 是一个非退化的基可行解。

基解与基一一对应,故线性规划中至多有 $C_n^m=\dfrac{n!}{m!(n-m)!}(n\geqslant m)$ 个基解。基可行解的数目也受上式的限制。

二、单纯形法的基本思路

单纯形法由 G. B. Dantizg 在 1947 年提出，该方法是用线性规划的可行域在几何学上的名称命名的，理论科学、完善，算法操作简单，是目前线性规划问题最经典的算法。

可以证明：线性规划的基可行解就是其可行域凸集上的顶点。由图解法可知，线性规划若有最优解，则其最优解一定可在可行域的顶点上达到，且它的全部最优解就是全部最优顶点的凸组合。所以，我们只要在线性规划的有限多个基可行解中搜索，便能得到线性规划的最优解，甚至得出其全部最优解。

基本思路：从线性规划的一个基可行解（可行域顶点）开始，检验它是否为最优解，如果是最优解，计算停止；如果不是最优解，那么，或者可以判定线性规划无有界最优解，或者根据一定步骤得出使目标函数值更好的另一个基可行解。由于基可行解的个数有限，所以总可以通过有限次迭代，得到线性规划的最优基可行解，或判定线性规划无有界最优解。我们以例 2. 1 为例来说明这种方法。

1. 标准化：形如（2-11）式所示；

2. 确定初始基可行解：从上述标准型的约束条件的系数矩阵中，找出一个单位矩阵作为基 B，

$$B=(P_3,P_4,P_5)=\begin{pmatrix}1&0&0\\0&1&0\\0&0&1\end{pmatrix}$$

该基对应的变量 x_3,x_4,x_5 为基变量，

$$\min z'=-40x_1-20x_2$$

$$s.t.\begin{cases}x_3=60-2x_1-x_2,\\x_4=25-x_1,\\x_5=20-x_2,\\x_i\geqslant 0,i=1,2,\cdots,5\end{cases}$$

令非基变量 $x_1=x_2=0$，得基变量 $x_3=60,x_4=25,x_5=20$，于是有初始基可行解 $X_0=(0,0,60,25,20)^T$，目标函数值 $z'=0$。

3. 最优性检验

初始基可行解 X_0 是否是问题的最优解呢？最优值的取得是由基可行解决定的。若目标函数中存在系数为负数的非基变量，将非基变量变为基变量，取值由零变成正数，就会使 z'减小，说明当前得到的基可行解不是最优解。若目标函数中非基变量的系数全为非负数，则无论哪个非基变量发生变化，目标函数都不会再减小，则它对应的基本可行解就是线性规划问题的最优解。

4. 换基迭代

（1）入基变量的确定。

我们将目标函数中变量 x_j 的系数称之为检验数，记作 σ_j。负检验数越小，目标函数减小得越快，若负的检验数不止一个，则选系数最小的非基变量作为入基变量，即

$$\sigma_k=\min_{1\leqslant j\leqslant n}\{\sigma_j<0\},$$

对应的 x_k 为入基变量。

由于(2-11)式中，$\sigma_1=-40, \sigma_2=-20$，故基可行解 X_0 不是最优解。取 $\sigma_1=\min\{-40,-20\}=-40$ 对应的 x_1 作为入基变量。

（2）出基变量的确定。

在例 2.1 求解的第一次迭代过程中，确定 x_1 为入基变量，则在可行域内尽量增大 x_1，同时其他非基变量仍为 0。因为 $x_2=0$，由式(2-11)约束条件中的三个等式及基变量为非负数，我们可计算出入基变量 x_1 的取值范围，令入基变量 x_1 在第 i 个约束条件中的可行域的上界为 θ_i。由(2-11)的三个约束等式有：

$x_3=60-2x_1\geqslant 0\Rightarrow x_1\leqslant 30$，即 $\theta_1=30$；

$x_4=25-x_1\geqslant 0\Rightarrow x_1\leqslant 25$，即 $\theta_2=25$；

$x_5=20>0\Rightarrow x_1$ 为所有非负数，即 $\theta_3=+\infty$。

因为入基变量 x_1 必须同时满足所有约束条件，取交集可知 x_1 变化的可行域为 $[0,\theta]$，其中，$\theta=\min\{\theta_1,\theta_2,\theta_3\}=25$，因而我们取式(2-11)中 $\theta_2=25$ 对应的第二个约束等式的基变量 x_4 作为出基变量。

在式(2-11)的第二个约束等式中，x_1 作为入基变量，x_4 作为出基变量，此时 x_4 变成非基变量，且 $x_1=25-x_4$，因而式(2-11)可转化为：

$$\min z'=-20x_2+40x_4-1000$$

$$s.t.\begin{cases}x_3=10-x_2+2x_4,\\x_1=25-x_4,\\x_5=20-x_2,\\x_1,x_2,x_3,x_4,x_5\geqslant 0.\end{cases}\tag{2-12}$$

令非基变量 $x_2=x_4=0$，则可解得基变量 $x_3=10, x_1=25, x_5=20$，于是有一新的基可行解 $X_1=(25,0,10,0,20)^T$，目标函数值 $z'=-1000$。

因为 $\sigma_2=-20<0$，所以基可行解 X_1 不是最优解。下面不断重复上述迭代过程：

选择 $\sigma_2<0$ 对应的变量 x_2 为入基变量，此时，$x_4=0$。由(2-12)的三个约束等式有：

$x_3=10-x_2\geqslant 0\Rightarrow x_2\leqslant 10$，即 $\theta_1=10$；

$x_1=25>0\Rightarrow x_1$ 为所有非负数，即 $\theta_2=+\infty$；

$x_5=20-x_2>0\Rightarrow x_2<20$，即 $\theta_3=20$。

因为入基变量 x_2 必须同时满足所有约束条件，取交集可知 x_2 变化的可行域为 $[0,\theta]$，其中，$\theta=\min\{\theta_1,\theta_2,\theta_3\}=10$，因而我们取式(2-12)中 $\theta_1=10$ 对应的第一个约束等式的基变量 x_3 作为出基变量。

换基迭代：在式(2-12)的第一个约束等式中，x_2 作为入基变量，x_3 作为出基变量，此时 x_3 变成非基变量，且 $x_2=10-x_3+2x_4$，因而式(2-12)可转化为：

$$\min z'=20x_3-1200$$

$$s.t.\begin{cases}x_2=10-x_3+2x_4,\\x_1=25-x_4,\\x_5=10+x_3-2x_4,\\x_1,x_2,x_3,x_4,x_5\geqslant 0.\end{cases}\tag{2-13}$$

令非基变量 $x_3=x_4=0$，则可解得基变量 $x_1=25$，$x_2=10$，$x_5=10$，于是有一新的基可行解 $X_2=(25,10,0,0,10)^T$，目标函数值 $z'=-1200$。

因为 $\sigma_j\geqslant 0(1\leqslant j\leqslant 5)$，所以例 2.1 的最优解是 X_2，最优值为 1200，因而，安排 A 型机 25 架，B 型机 $10x_2$ 架，运送兵力 1200 人。

三、单纯形法的一般步骤

给定线性规划问题

$$\min z=\sum_{j=1}^{n}c_jx_j$$

$$s.t.\begin{cases}\sum_{j=1}^{n}a_{ij}x_j\leqslant b_i,(i=1,\cdots,m),\\ x_j\geqslant 0,(j=1,2,\cdots,n).\end{cases}(b_i\geqslant 0)\tag{2-14}$$

给第 i 个约束条件引入松弛变量 $x_{si}\geqslant 0$，式(2-14)化为标准型：

$$\min z=\sum_{j=1}^{n}c_jx_j+\sum_{i=1}^{m}0\cdot x_{si}$$

$$s.t.\begin{cases}x_{si}+\sum_{j=1}^{n}a_{ij}x_j=b_i,(i=1,\cdots,m),\\x_j\geqslant 0,(j=1,2,\cdots,n).\end{cases}\tag{2-15}$$

式(2-15)的系数矩阵为

$$A=\begin{pmatrix} 1 & 0 & \cdots & 0 & a_{11} & \cdots & a_{1n} \\ 0 & 1 & \cdots & 0 & a_{21} & \cdots & a_{2n} \\ \vdots & \vdots & \cdots & \vdots & \vdots & \cdots & \vdots \\ 0 & 0 & \cdots & 1 & a_{m1} & \cdots & a_{mn} \end{pmatrix},$$

A 中的前 m 列 $P_{s1},P_{s2},\cdots,P_{sm}$ 恰好构成了 m 阶的单位矩阵,故基 $B=(P_{s1},P_{s2},\cdots,P_{sm})$,基变量为 $x_{s1},x_{s2},\cdots,x_{sm}$,非基变量为 $x_1,x_2,\cdots,x_n$。令非基变量 $x_1=x_2=\cdots=x_n=0$,则有 $x_{si}=b_i(i=1,2,\cdots,m)$,因此,$\boldsymbol{x}=(b_1,b_2,\cdots,b_m,0,\cdots,0)$是(2-15)的一个基可行解。

(1) 入基变量的确定:设 $\sigma_k=\min\limits_{1\leqslant j\leqslant n}\{\sigma_j<0\}$,则 σ_k 对应的 x_k 为入基变量,此时 $x_j(1\leqslant j\leqslant n,j\neq k)$仍为非基变量,即 $x_j\neq 0(1\leqslant j\leqslant n,j\neq k)$。

(2) 出基变量的求法:由式(2-15)的约束等式有

$$x_{si}=b_i-a_{ik}x_k\geqslant 0\Rightarrow a_{ik}x_k\leqslant b_i,(i=1,\cdots,m), \tag{2-16}$$

若式(2-12)中 $a_{ik}>0$,则 $\theta_i=\dfrac{b_i}{a_{ik}}>0$;若式(2-12)中 $a_{ik}\leqslant 0$,则 $\theta_i=+\infty$(记为 $\theta_i=-$),因此,入基变量 x_k 变化的可行域为 $[0,\theta]$,其中只需要求 $\theta=\min\limits_{1\leqslant i\leqslant m}\left\{\theta_i=\dfrac{b_i}{a_{ik}}\mid a_{ik}>0\right\}$ 即可。不妨记

$$\theta_l=\min_{1\leqslant i\leqslant m}\left\{\theta_i=\frac{b_i}{a_{ik}}\mid a_{ik}>0\right\}>0$$

此时将 θ_l 所在行的基变量 x_l 作为出基变量。

(3) 换基迭代:将入基变量 x_k 和出基变量 x_l 的交叉位置的系数 a_{lk} 化为 1,并消去式(2-15)约束等式中除出基变量 x_l 所在行外的其他 $a_{ik}(i\neq l)$,即使说用初等行变换将入基变量 x_k 的系数列化为单位列向量;同时用(2-15)中的约束等式消去目标函数中的入基变量 x_k。

(4) 重复以上步骤,直到所有变量的检验数都是非负数,即

$$\sigma_j\geqslant 0(s1\leqslant j\leqslant sm,1\leqslant j\leqslant n)。$$

结论:当所有变量的检验数都是非负数时,此时所对应的基可行解就是原线性规划问题的最优解。

四、单纯形法的表格形式

我们可以把上述单纯形法的迭代过程,用表格表示出来,该表格被称为单纯形表,标准型(2-15)的单纯形表,如表 2-1 所示。

表 2-1　单纯形表

c_j		0	0	⋯	0	c_1	c_2	⋯	c_n	θ_i
X_B	b	x_{s1}	x_{s2}	⋯	x_{sm}	x_1	x_2	⋯	x_n	
x_{s1}	b_1	1	0	⋯	0	a_{11}	a_{12}	⋯	a_{1n}	θ_1
x_{s2}	b_2	0	1	⋯	0	a_{21}	a_{22}	⋯	a_{2n}	θ_2
⋮	⋮	⋮	⋮	⋯	⋮	⋮	⋮	⋯	⋮	⋮
x_{sm}	b_m	0	0	⋯	1	a_{m1}	a_{m2}	⋯	a_{mn}	θ_m
σ_j		0	0	⋯	0	σ_1	σ_2	⋯	σ_n	

注 1：表 1 中基变量 $x_{s1},x_{s2},\cdots,x_{sm}$所在列全是单位向量，且检验数 $\sigma_{si}=0$（$1\leqslant i\leqslant m$）。因此，我们在求解线性规划问题的迭代过程中，需保证所有基变量所在列是单位向量，这些单位向量恰能构成一个秩为 m 的满秩矩阵 B（也就是说，基 B 中恰有 m 个位于不同行不同列的 1，其余元素全为 0），且基变量的检验数为 0。

注 2：基 B 的求法：以出基变量行为基准，通过初等行变换，将入基变量所在列化为单位向量。

下面利用单纯形表来求解例 2.1。首先，将线性规划问题化为标准型，如（2-11）式。标准型（2-11）中的基变量为 x_3,x_4,x_5；然后，建立单纯形表求解，如表 2-2。

表 2-2　例 2.1 的单纯形表

c_j		-40	-20	0	0	0	θ_i
X_B	b	x_1	x_2	x_3	x_4	x_5	
x_3	60	2	1	1	0	0	30
x_4	25	[1]	0	0	1	0	25→
x_5	20	0	1	0	0	1	—
σ_j		-40↑	-20	0	0	0	
x_3	10	0	[1]	1	-2	0	10→
x_1	25	1	0	0	1	0	—
x_5	20	0	1	0	0	1	20
σ_j		0	-20↑	0	40	0	
x_2	10	0	1	1	-2	0	
x_1	25	1	0	0	1	0	
x_5	10	0	0	-1	2	1	
σ_j		0	0	20	0	0	

显然，所有检验数 $\sigma_j\geqslant 0$，迭代结束，于是得线性规划问题的一个最优解和

目标函数值分别为

$$X^*=(25,10,0,0,10),z^*=1200(\text{人})。$$

例 2.3 某军工厂欲生产Ⅰ、Ⅱ两种型号的武器零件，由于Ⅰ、Ⅱ两种零件的型号规格不同，所以它们对设备原材料的要求也不同。已知生产 1 个单位的Ⅰ号零件需要 A_1 设备 2 台，A_2 设备 1 台，原材料 B_1 为 4kg，不需要原材料 B_2，可使武器的杀伤力增加 2 个单位；生产 1 个单位的Ⅱ号零件需要 A_1 设备 2 台，A_2 设备 2 台，不需要原材料 B_1；原材料 B_2 为 4kg，可使武器的杀伤力增加 3 个单位。现有 A_1 设备 16 台，A_2 设备 8 台，原材料 B_1 为 16kg；原材料 B_2 为 12kg。试确定最优生产方案，使武器的杀伤力增加值最大。

解：设Ⅰ、Ⅱ两种型号的武器零件各生产 x_1,x_2 个单位，武器的杀伤力增加 z 个单位，则有线性规划模型为

$$\max z=2x_1+3x_2$$
$$s.t.\begin{cases}2x_1+2x_2\leqslant 12,\\x_1+2x_2\leqslant 8,\\4x_1\leqslant 16,\\4x_2\leqslant 12,\\x_1,x_2\geqslant 0.\end{cases}\tag{2-17}$$

引入松弛变量 x_3,x_4,x_5,x_6，将式(2-17)化为标准型，有

$$\min z'=-2x_1-3x_2$$
$$s.t.\begin{cases}x_1+x_2+x_3=6,\\x_1+2x_2+x_4=8,\\x_1+x_5=4,\\x_2+x_6=3,\\x_1,x_2,x_3,x_4,x_5,x_6\geqslant 0.\end{cases}\tag{2-18}$$

利用单纯形表求解，如表 2-3 所示。

表 2-3 例 2.3 的单纯形表

c_j		-2	-3	0	0	0	0	θ_i
X_B	b	x_1	x_2	x_3	x_4	x_5	x_6	
x_3	6	1	1	1	0	0	0	6
x_4	8	1	2	0	1	0	0	4
x_5	4	1	0	0	0	1	0	—
x_6	3	0	[1]	0	0	0	1	3→

（续）

σ_j		-2	-3↑	0	0	0	0	
x_3	3	1	0	1	0	0	-1	3
x_4	2	[1]	0	0	1	0	-2	2→
x_5	4	1	0	0	0	1	0	4
x_2	3	0	1	0	0	0	1	—
σ_j		-2↑	0	0	0	0	3	
x_3	1	0	0	1	-1	0	[1]	1→
x_1	2	1	0	0	1	0	-2	—
x_5	2	0	0	0	-1	1	2	1
x_2	3	0	1	0	0	0	1	3
σ_j		0	0	0	2	0	-1↑	
x_6	1	0	0	1	-1	0	1	
x_1	4	1	0	2	-1	0	0	
x_5	0	0	0	-2	1	1	0	
x_2	2	0	1	-1	1	0	0	
σ_j		0	0	1	1	0	0	

显然，所有检验数 $\sigma_j \geqslant 0$，迭代结束，于是得线性规划问题的最优解和目标函数值分别为

$$X^* = (4,2,0,0,0,1), z^* = 14(\text{个单位})。$$

即是说，生产 4 个单位的 Ⅰ 号零件，生产 2 个单位的 Ⅱ 号零件，可使武器的杀伤力增加 14 个单位。

第三节　单纯形法的进一步讨论

在第二节单纯形法中，我们利用单纯形法所求解的线性规划问题的约束条件都是“不超过”（即约束不等式都是“≤”的形式），化为标准型后系数矩阵中包含了一个单位矩阵，此时易求出一组基可行解。但若线性规划问题的约束条件包含其他形式（即：≥，=）时，化为标准型后无单位矩阵，此时不易求出一组基解，即使求得基解也不一定是基可行解。本节我们将首先讨论约束条件为其他形式（即包含“≥，=，≤”）时的线性规划问题，然后讨论一般的线性规划解的各种情形。

一、大 M 法

当线性规划问题的约束条件为非标准型时,先把问题化为标准型,若系数矩阵中不含单位矩阵,为了获得一组明显的初始基可行解,往往通过添加“人工变量(非负数)”的方法来人为构造一个单位矩阵。约束条件中添加人工变量后,目标函数应该如何处理?因为在标准型中添加人工变量前,约束条件已经为等式,所以人工变量的取值必须为0。因此,我们可令目标函数中人工变量的系数为足够的一个非负数,记为 M,我们将目标函数中添加“M”来处理人工变量的方法称为“大 M 法”。

例 2.4 用单纯形法求解线性规划问题

$$\max z=-3x_1+x_3$$

$$s.t.\begin{cases} x_1+x_2+x_3\leqslant 4, \\ -2x_1+x_2-x_3\geqslant 1, \\ 3x_2+x_3=9, \\ x_1,x_2,x_3\geqslant 0. \end{cases} \tag{2-19}$$

解:首先,引入松弛变量 $x_4,x_5\geqslant 0$,将式(2-19)化为标准型,有

$$\min z'=3x_1-x_3$$

$$s.t.\begin{cases} x_1+x_2+x_3+x_4=4, \\ -2x_1+x_2-x_3-x_5=1, \\ 3x_2+x_3=9, \\ x_i\geqslant 0(i=1,2,\cdots,5). \end{cases} \tag{2-20}$$

显然,式(2-19)的系数矩阵 A 不含单位矩阵,也就是说没有明显的基变量,此时为求基可行解带来了一定的麻烦。即使系数矩阵 A 中可以找到基 B,但基 B 所对应的解也不一定是式(2-20)的基可行解。

然后,为了得到明显的基变量,即产生单位矩阵,因此,我们添加人工变量 $x_6,x_7\geqslant 0$,人工变量 x_6,x_7 在目标函数中的系数为足够大的非负数 M。于是有加入人工变量后得式(2-21)的标准型

$$\min z'=3x_1-x_3+Mx_6+Mx_7$$

$$s.t.\begin{cases} x_1+x_2+x_3+x_4=4, \\ -2x_1+x_2-x_3-x_5+x_6=1, \\ 3x_2+x_3+x_7=9, \\ x_i\geqslant 0(i=1,2,\cdots,7). \end{cases} \tag{2-21}$$

下面利用单纯形表求解,如表 2-4 所示。

表 2-4　例 2.4 的单纯形表

c_j		3	0	−1	0	0	M	M	θ_i	
X_B	b	x_1	x_2	x_3	x_4	x_5	x_6	x_7		
x_4	4	1	1	1	1	0	0	0	4	第1步
x_6	1	−2	[1]	−1	0	−1	1	0	1→	
x_7	9	0	3	1	0	0	0	1	3	
σ_j		$3+2M$	$-4M$↑	−1	0	M	0	0		
x_4	3	3	0	2	1	1	−1	0	1	第2步
x_2	1	−2	1	−1	0	−1	1	0	—	
x_7	6	[6]	0	4	0	3	−3	1	1→	
σ_j		$3-6M$↑	0	$-1-4M$	0	$-3M$	$4M$	0		
x_4	0	0	0	0	1	$-\frac{1}{2}$	$\frac{1}{2}$	$-\frac{1}{2}$	—	第3步
x_2	3	0	1	$\frac{1}{3}$	0	0	0	$\frac{1}{3}$	9	
x_1	1	1	0	$\left[\frac{2}{3}\right]$	0	$\frac{1}{2}$	$-\frac{1}{2}$	$\frac{1}{6}$	$\frac{3}{2}$→	
σ_j		0	0	−3↑	0	$-\frac{3}{2}$	$\frac{3}{2}+M$	$M-\frac{1}{2}$		
x_4	0	0	0	0	1	$-\frac{1}{2}$	$\frac{1}{2}$	$-\frac{1}{2}$		第4步
x_2	$\frac{5}{2}$	$-\frac{1}{2}$	1	0	0	$-\frac{1}{4}$	$\frac{1}{4}$	$\frac{1}{4}$		
x_3	$\frac{3}{2}$	$\frac{3}{2}$	0	1	0	$\frac{3}{4}$	$-\frac{3}{4}$	$\frac{1}{4}$		
σ_j		$\frac{9}{2}$	0	0	0	$\frac{3}{4}$	$M-\frac{3}{4}$	$M+\frac{1}{4}$		

显然,所有检验数 $\sigma_j \geqslant 0$,迭代结束,于是得线性规划问题(2-18)的最优解和目标函数值分别为

$$X^* = \left(0, \frac{5}{2}, \frac{3}{2}, 0, 0\right), z^* = \frac{3}{2}。$$

注 1:建立单纯形表时必须保证基变量的检验数为 0,即先化人工变量 x_6, x_7 的检验数 $\sigma_6 = \sigma_7 = 0$,如表 2-4 中的第 1 步;

注 2:若人工变量与非人工变量所在行对应的 θ_i 相等时,人工变量优先作为出基变量,如表 2-4 中的第 2 步,人工变量 x_7 与非人工变量 x_4 所在行对应的 $\theta_i = 1$,此时选择人工变量 x_7 作为出基变量(因为人工变量的取值必须为 0)。

二、两阶段法

用大 M 法处理人工变量,用计算机求解时,为了克服计算机中必须对 M 赋予一个机器最大字长的数字,由于计算机计算时取值上的误差,有可能使计算结果产生误差。为了克服计算机上不能处理大 M 法的困难,我们对添加人工变量后的线性规划模型(2-20)分两个阶段来计算,称之为“两阶段法”。

两阶段法的步骤:

第一阶段:先求解一个目标函数中只包含人工变量的线性规划问题,即令式(2-20)的目标函数中其他非人工变量的系数为0,人工变量在目标函数中的系数取为1,在保持原问题(2-20)约束条件不变的情况下,求出目标函数极小化时对应的解。

当人工变量取值为0时,目标函数 w 的值也为0,这时的最优解就是原问题的一个可行解;若目标函数 w 的值不为0时,即是说最优解的基变量中含有人工变量,此时原问题无可行解。

线性规划问题例2.4的第一阶段的模型为

$$\min\ w=x_6+x_7$$

$$s.t.\begin{cases}x_1+x_2+x_3+x_4=4,\\-2x_1+x_2-x_3-x_5+x_6=1,\\3x_2+x_3+x_7=9,\\x_i\geqslant 0(i=1,2,\cdots,7).\end{cases}\tag{2-22}$$

用单纯形表求解第一阶段的线性规划问题,如表2-5所示。

表2-5 第一阶段的单纯形表

c_j		0	0	0	0	0	1	1	θ_i	
X_B	b	x_1	x_2	x_3	x_4	x_5	x_6	x_7		
x_4	4	1	1	1	1	0	0	0	4	第1步
x_6	1	-2	[1]	-1	0	-1	1	0	1→	
x_7	9	0	3	1	0	0	0	1	3	
σ_j		2	-4↑	0	0	1	0	0		
x_4	3	3	0	2	1	1	-1	0	1	第2步
x_2	1	-2	1	-1	0	-1	1	0	—	
x_7	6	[6]	0	4	0	3	-3	1	1→	

（续）

σ_j		$-6\uparrow$	0	-4	0	-3	4	0		
x_4	0	0	0	0	1	$-\frac{1}{2}$	$\frac{1}{2}$	$-\frac{1}{2}$		第3步
x_2	3	0	1	$\frac{1}{3}$	0	0	0	$\frac{1}{3}$		
x_1	1	1	0	$\frac{2}{3}$	0	$\frac{1}{2}$	$-\frac{1}{2}$	$\frac{1}{6}$		
σ_j		0	0	0	0	0	1	1		

显然，在表 2-5 的第 3 步中，所有检验数 $\sigma_j \geqslant 0$，迭代结束，此时 $w=0$，因此，此时的最优解为标准型(2-19)的最优解。

第二阶段：去掉表 2-5 中的人工变量 x_6,x_7，由于第 3 步所求的最优解是原问题的一可行解，所以根据第 3 步中去掉人工变量 x_6,x_7 后的系数矩阵可将式(2-20)改为

$$\min z' = 3x_1 - x_3$$

$$s.t.\begin{cases} x_4 - \dfrac{1}{2}x_5 = 0, \\ x_2 + \dfrac{1}{3}x_3 = 3, \\ x_1 + \dfrac{2}{3}x_3 + \dfrac{1}{2}x_5 = 1, \\ x_i \geqslant 0(i=1,2,\cdots,5). \end{cases} \tag{2-23}$$

下面仍然利用单纯形表求解，如表 2-6 所示。

表 2-6　第二阶段的单纯形表

c_j		3	0	-1	0	0	θ_i	
X_B	b	x_1	x_2	x_3	x_4	x_5		
x_4	0	0	0	0	1	$-\frac{1}{2}$	—	第1步
x_2	3	0	1	$\frac{1}{3}$	0	0	9	
x_1	1	1	0	$\left[\frac{2}{3}\right]$	0	$\frac{1}{2}$	$\frac{3}{2}\rightarrow$	

（续）

σ_j		3	0	$-3\uparrow$	0	$-\frac{3}{2}$		
x_4	0	0	0	0	1	$-\frac{1}{2}$		第2步
x_2	$\frac{5}{2}$	$-\frac{1}{2}$	1	0	0	$-\frac{1}{4}$		
x_3	$\frac{3}{2}$	$\frac{3}{2}$	0	1	0	$\frac{3}{4}$		
σ_j		$\frac{9}{2}$	0	0	0	$\frac{3}{4}$		

显然，在表 2-6 的第 2 步中，所有检验数 $\sigma_j \geqslant 0$，迭代结束，原线性规划问题(2-18)式的最优解和目标函数值分别为

$$X^* = \left(0, \frac{5}{2}, \frac{3}{2}, 0, 0\right), z^* = \frac{3}{2}。$$

三、解的判别

在第二节定理 2.1 解的判别定理中，我们讨论了如何判断最优解和无界解的情形；在本节中我们又讨论了在添加人工变量后，如何判断问题是否有可行解的情形。

(一) 唯一解

以(2-3)式为例。首先，引入松弛变量 $x_3, x_4, x_5 \geqslant 0$，将(2-3)标准化有

$$\min z' = -5x_1 - 3x_2$$

$$s.t. \begin{cases} 2x_1 + x_2 + x_3 = 6, \\ x_1 + 2x_2 + x_4 = 10, \\ x_1 + x_2 + x_5 = 4, \\ x_i \geqslant 0 (i = 1, 2, \cdots, 5). \end{cases}$$

然后，建立单纯形表求解，求解过程如表 2-7 所示。

表 2-7　单纯形表求解

c_j		-5	-3	0	0	0	θ_i
X_B	b	x_1	x_2	x_3	x_4	x_5	
x_3	6	[2]	1	1	0	0	3→
x_4	10	1	2	0	1	0	10
x_5	4	1	1	0	0	1	4

(续)

σ_j		$-5\uparrow$	-3	0	0	0	
x_1	3	1	$\frac{1}{2}$	$\frac{1}{2}$	0	0	6
x_4	7	0	$\frac{3}{2}$	$-\frac{1}{2}$	1	0	$\frac{14}{3}$
x_5	1	0	$\left[\frac{1}{2}\right]$	$-\frac{1}{2}$	0	1	$2\rightarrow$
σ_j		0	$-\frac{1}{2}\uparrow$	$\frac{5}{2}$	0	0	
x_1	2	1	0	1	0	-1	
x_4	4	0	0	1	1	-3	
x_2	2	0	1	-1	0	2	
σ_j		0	0	2	0	1	

显然,在表 2-7 的第 3 步中,所有非基变量的检验数 $\sigma_j>0$,原线性规划问题(2-3)有唯一最优解和目标函数值分别为

$$X^*=(2,2,0,4,0),z^*=16。$$

说明当所有非基变量的检验数 $\sigma_j>0$,线性规划问题有唯一最优解。

(二) 无穷多解(或多重解)

1. 设线性规划问题仅有两个决策变量,且目标函数与可行域的右边界恰好重合时,原线性规划问题有无穷多解,如式(2-6)。

因为目标函数 $z^*=x_1-x_2$ 与可行域的右边界 $x_1-x_2=2$ 平行,所以直线 $x_1-x_2=2$ 上的所有点都能使得目标函数取得最优值 $z^*=2$,说明该线性规划问题有无穷多解。

2. 若存在非基变量的检验数为 0,且该非基变量在约束条件中的系数至少存在一个非负数时。

例 2.5 用单纯形法求解线性规划问题

$$\max z=x_1-x_2$$

$$s.t.\begin{cases}2x_1+x_2\leqslant 7,\\ x_1-x_2\leqslant 2,\\ x_1,x_2\geqslant 0.\end{cases}$$

首先,引入松弛变量 $x_3,x_4\geqslant 0$,标准化有

$$\min z' = -x_1 + x_2$$

$$s.t. \begin{cases} 2x_1 + x_2 + x_3 = 7, \\ x_1 - x_2 + x_4 = 2, \\ x_1, x_2, x_3, x_4 \geqslant 0. \end{cases}$$

然后,建立单纯形表求解,求解过程如表 2-8 所示。

表 2-8　单纯形表求解

c_j		-1	1	0	0	θ_i
X_B	b	x_1	x_2	x_3	x_4	
x_3	7	2	1	1	0	$\frac{7}{2}$
x_4	2	[1]	-1	0	1	2→
σ_j		-1↑	1	0	0	
x_3	3	0	3	1	-2	
x_1	2	1	-1	0	1	
σ_j		0	0	0	1	

显然,在表 2-8 的第 2 步中,所有非基变量的检验数 $\sigma_j \geqslant 0$,则 $X_1^* = (2,0,3,0)$ 是原线性规划问题的最优解,此时最优值为 $z^* = 2$。

又表 2-8 的第 2 步中,其中非基变量 x_2 的检验数 $\sigma_2 = 0$,不妨将 x_2 作为入基变量继续迭代,有单纯形表 2-9。

表 2-9　在表 2-8 的基础上以 x_2 作为入基变量

c_j		-1	1	0	0	θ_i
X_B	b	x_1	x_2	x_3	x_4	
x_3	3	0	[3]	1	-2	1→
x_1	2	1	-1	0	1	—
σ_j		0	0↑	0	1	
x_2	1	0	1	$\frac{1}{3}$	$-\frac{2}{3}$	
x_1	3	1	0	$\frac{1}{3}$	$\frac{1}{3}$	
σ_j		0	0	0	1	

易知,在表 2-9 的第 2 步中,所有非基变量的检验数 $\sigma_j \geqslant 0$,则 $X_2^* = (3,1,0,0)$ 是原线性规划问题的最优解,此时最优值为 $z^* = 2$。这说明,点 X_1^* 与点

X_2^* 连线上的点的目标函数值 z^* 恒相等，所以原线性规划问题有无穷多最优解。

结论：当所有变量的检验数满足 $\sigma_j \geqslant 0$，且存在某个非基变量 x_k 的检验数 $\sigma_k=0$ 时，若至少存在一个系数 $a_{ik}>0(i\in\{1,2,\cdots,m\}$，则该线性规划问题有无穷多解。

（三）无界解

以(2-4)式为例。首先，引入松弛变量 $x_3,x_4\geqslant 0$，将(2-4)标准化有

$$\min z'=-x_1-x_2$$

$$s.t.\begin{cases}-2x_1+x_2+x_3=4,\\ x_1-x_2+x_4=2,\\ x_1,x_2,x_3,x_4\geqslant 0.\end{cases}$$

然后，建立单纯形表求解，求解过程如表 2-10 所示。

表 2-10　单纯形表求解

c_j		-1	-1	0	0	θ_i
X_B	b	x_1	x_2	x_3	x_4	
x_3	4	-2	1	1	0	—
x_4	2	[1]	-1	0	1	2→
σ_j		-1↑	-1	0	0	
x_3	8	0	-1	1	2	—
x_1	2	1	-1	0	1	—
σ_j		0	-2↑	0	1	

显然，在表 2-10 的第 2 步中，存在非基变量 x_2 的检验数 $\sigma_2=-2<0$，且 $a_{i2}<0(i=1,2)$，此时该线性规划问题只有入基变量 x_2，却没有出基变量。又表 2-10的第 2 步中，因为约束条件中 $a_{12}=a_{22}=-1$，所以在 $x_1=2,x_3=8,x_4=0$ 的情况下，无论 x_2 的取值可无限增大，且原线性规划问题的约束条件恒成立，又因为基变量 $x_1=2,x_3=8$ 所对应的目标函数为 $\min z'=-x_1-x_2$，易知，随着 x_2 的增大目标函数的值不断减小。由此可知，原线性规划问题(2-5)存在无界解（即解无界）。

综上所述，若只有入基变量而没有出基变量，则线性规划问题有无界解。

（四）无解

以(2-5)式为例。首先，引入松弛变量 $x_3,x_4,x_5\geqslant 0$，将(2-5)标准化有

$$\min z'=-10x_1-5x_2$$

$$s.t.\begin{cases}3x_1+4x_2+x_3=9,\\5x_1+2x_2+x_4=8,\\-x_1-x_2-x_5=1,\\x_i\geqslant 0(i=1,2,\cdots,5).\end{cases}\tag{2-24}$$

显然,式(2-24)的第三个约束条件中不含系数1,所以系数矩阵中不含3阶的单位矩阵,因而,引进人工变量 $x_6\geqslant 0$,人工变量 x_6 在目标函数中的系数为 $M\geqslant 0$,式(2-24)化为

$$\min z'=-10x_1-5x_2+Mx_6$$

$$s.t.\begin{cases}3x_1+4x_2+x_3=9,\\5x_1+2x_2+x_4=8,\\-x_1-x_2-x_5+x_6=1,\\x_i\geqslant 0(i=1,2,\cdots,6).\end{cases}$$

然后,建立单纯形表求解,利用求解过程如表2-11所列。

表2-11 单纯形表

c_j		-10	-5	0	0	0	M	θ_i
X_B	b	x_1	x_2	x_3	x_4	x_5	x_6	
x_3	9	3	4	1	0	0	0	
x_4	8	5	2	0	1	0	0	
x_6	1	-1	-1	0	0	-1	1	
σ_j		$M-10$	$M-5$	0	0	M	0	

由于 M 为足够大的正数,故表2-11中的所有变量的检验数 $\sigma_j\geqslant 0$,但此时人工变量 x_6 为基变量,取值非0,所以原线性规划问题无可行解。

因而,若人工变量的值非零时,线性规划问题无可行解。

(五) 解的判别

定理2.1(最优解判别定理) 设决策变量 x_j 所对应的检验数为 σ_j,

(1) 若所有非基变量的检验数 $\sigma_j>0$,则线性规划问题有唯一的最优解。

(2) 当所有检验数 $\sigma_j\geqslant 0$ 时,若存在某一个非基变量 x_k 的 $\sigma_k=0$,且至少一个系数 $a_{ik}>0(1\leqslant i\leqslant m)$,则线性规划问题有无穷多最优解。

(3) 若存在某个检验数 $\sigma_k<0,k\in\{1,2,\cdots,n\}$,则入基变量为 x_k,且变量 x_k 的系数 $a_{ik}\leqslant 0(1\leqslant i\leqslant m)$(即是说,线性规划问题只有入基变量而没有出基变量),则线性规划问题存在无界解。

第四节　运输问题

在第二节和第三节中，我们讨论了线性规划问题的一般形式及求解方法。但在实际工作中，常常碰到很多线性规划问题，由于他们约束条件变量的系数矩阵具有特殊的结构，有可能找到比单纯形法更为简便的方法求解，从而可大量节约计算的时间和费用，本节讨论运输问题就是其中之一。

一、运输问题的定义

(一) 运输问题的定义

在介绍运输问题之前，我们首先分析一下军事领域内经常出现的例子。

例 2.6　现将 3 个弹药库 A_1,A_2,A_3 的弹药运输到 4 个中队 B_1,B_2,B_3,B_4，已知各中队需要 100 基数，每一基数的弹药从弹药库运输到中队的单位运价费(元/基数)，如表 2-12 所示。试求最优运输方案，可使系统的总运输费用最低。

表 2-12　弹药的单位运价和供求平衡表

弹药库＼中队	B_1	B_2	B_3	B_4	供应量
A_1	50	20	50	20	120
A_2	30	50	30	100	130
A_3	40	60	50	40	150
需求量	100	100	100	100	

通过观察，这个问题的主要特征有：

(1) 有 3 个弹药库和 4 个需求中队；

(2) 弹药库有弹药供应量的约束，需求中队有需求量的要求；

(3) 各弹药库到各中队的单位运价(元/基数)已知；

(4) 求总运输费用最低的运输方案。

通过以上分析，我们不难总结出运输问题的定义。

现有某种(抢险救援、生活等)物资需要调运，调运物资的计量单位可以是单位运价、重量、包装单位或其他等等。现需将 m 个产地 $A_1,A_2,\cdots,A_m$ 的物资运输到 n 个需求地 $B_1,B_2,\cdots,B_n$，设把物资从产地 A_i 运往销地 B_j 的单位运价为 c_{ij}，产地 A_i 的供应量为 $a_i(1\leqslant i\leqslant m)$，需求地 B_j 的需求量为 $b_j(1\leqslant j\leqslant n)$。若 $\sum\limits_{i=1}^{m} a_i = \sum\limits_{j=1}^{n} b_j$，则该问题称之为供求均衡的运输问题；若 $\sum\limits_{i=1}^{m} a_i \neq \sum\limits_{j=1}^{n} b_j$，则该问题称之为供求不均衡的运输问题，供求不均衡包含供应量小于(或大于)需求量两种运输问题。

（二）运输问题的模型

显然，例 2.6 中弹药库的总供应量等于各中队的总需求量，属于供求均衡的运输问题，设 x_{ij} 表示从弹药库 A_i 运到中队 B_j 的弹药数量，z 为系统的总运输费用，其中，$1\leqslant i\leqslant 3, 1\leqslant j\leqslant 4$。则可以建立线性规划模型：

$$\min z=50x_{11}+20x_{12}+50x_{13}+20x_{14}$$
$$+30x_{21}+50x_{22}+30x_{23}+100x_{24}$$
$$+40x_{31}+60x_{32}+50x_{33}+40x_{34}$$

$$s.t.\begin{cases}x_{11}+x_{12}+x_{13}+x_{14}=120,\\ x_{21}+x_{22}+x_{23}+x_{24}=130,\\ x_{31}+x_{32}+x_{33}+x_{34}=150,\\ x_{11}+x_{21}+x_{31}=100,\\ x_{12}+x_{22}+x_{32}=100,\\ x_{13}+x_{23}+x_{33}=100,\\ x_{14}+x_{24}+x_{34}=100,\\ x_{ij}\geqslant 0(1\leqslant i\leqslant 3,1\leqslant j\leqslant 4).\end{cases}\tag{2-25}$$

有系数矩阵为

$$A=\begin{bmatrix}1&1&1&1&0&0&0&0&0&0&0&0\\0&0&0&0&1&1&1&1&0&0&0&0\\0&0&0&0&0&0&0&0&1&1&1&1\\1&0&0&0&1&0&0&0&1&0&0&0\\0&1&0&0&0&1&0&0&0&1&0&0\\0&0&1&0&0&0&1&0&0&0&1&0\\0&0&0&1&0&0&0&1&0&0&0&1\end{bmatrix}$$

分析式(2-25)，我们可以给出供求均衡的运输问题的一般数学模型如式(2-26)。

设 x_{ij} 为从产地 A_i 运往需求地 B_j 的运输量，则有模型：

$$\min z=\sum_{i=1}^{m}\sum_{j=1}^{n}c_{ij}x_{ij}$$

$$s.t.\begin{cases}\sum_{j=1}^{n}x_{ij}=a_i(1\leqslant i\leqslant m),\\ \sum_{i=1}^{m}x_{ij}=b_j(1\leqslant j\leqslant n),\\ x_{ij}\geqslant 0.\end{cases}\tag{2-26}$$

易知，式(2-25)和式(2-26)的系数矩阵的特征：

特征一：共有 $m+n$ 行，分别表示 m 个产地和 n 个需求地；有 $m\cdot n$ 列，表示共有 $m\cdot n$ 个决策变量。

特征二:A 的每列恰有两个元素"1",表示每一个决策变量的值恰由一个产地提供,并且只运输到一个需求地。

特征三:模型(2-26)的系数矩阵的秩为 $R(A)=m+n-1$,因此,(2-26)共有 $m+n-1$ 个基变量,即运输问题的解中基变量的个数为 $m+n-1$ 个。

根据运输问题数学模型结构上的特征,在单纯形法的基础上,我们用一种专门的运输单纯形法来求解运输问题的线性规划模型,这种方法被称之为表上作业法。

二、表上作业法

同单纯形法一样,用表上作业法求解供求平衡的运输问题时,首先须给出一个初始方案,一般来讲,这个方案可能不是最好的。因此,我们需要给出一个判别准则用于判断该基可行解是否是最优解,如果不是,需对初始方案进行调整、改进,直到求得最优方案为止。下面我们以例 2.6 为例来说明表上作业法求解供求均衡的运输问题解的步骤:

计算之前,我们建立运输问题的供求均衡表和单位运价表,习惯上,将这两个表合并成同一个表,如表 2-13 所示。

表 2-13　弹药的单位运价和供求平衡表

弹药库 \ 中队	B_1	B_2	B_3	B_4	供应量
A_1	50	20	50	20	120
A_2	30	50	30	100	130
A_3	40	60	50	40	150
需求量	100	100	100	100	400(供求平衡)

(一) 初始基可行解的确定

一般来说,初始解的确定方法要简单易操作,在这里我们用最小元素法来确定供求均衡的运输问题的初始基可行解。

1. 最小元素法基本思想

就近原则或费用最低原则。即从单位运价表中最小的单位运费出发,确定供销关系,以此类推,一直到给出全部方案为止,必须满足基变量个数为 $m+n-1$ 个。具体方法是从单位运费最低处开始,此处的供应量应满足最小原则(即是说取该行可提供的供应量和该列所需的需求量的最小值),若某行(列)的供应量(需求量)已满足,则把该行(列)划去;接着再按单位运费从小到大顺序不断重复上述过程,直至得到一个基本可行解。

2. 最小元素法基本步骤

下面我们以例 2.6 为例,给出确定初始基可行解的求解步骤:

第一步:选取所有单位运费中的最小运价 20(若有多个,任选一个),不妨以 $c_{12}=20$ 为初始点,由于弹药库 A_1 的库存量为 120 基数,中队 B_2 的需求量为 100 基数,由最小原则,于是可得 $x_{12}=100$ 基数,即是说中队 B_2 的弹药需求量全部由弹药库 A_1 提供,此时弹药库 A_1 还剩 20 基数的弹药,中队 B_2 不再需要其他弹药库供应弹药,因而,$x_{22}=x_{32}=0$。为了便于在表格中描述,弹药库 A_1 运送到中队 B_2 的弹药方案 100 记为"⑽",即是说 $x_{12}=100$,中队 B_2 不再需要 A_2、A_3 供应的方案记为"×",即 $x_{22}=x_{32}=0$。如表 2-14 所示:

表 2-14　最小元素法求初始基可行解的第一步

中队 弹药库	B_1	B_2	B_3	B_4	供应量
A_1	50	20 (100)	50	20	120
A_2	30	50 ×	30	100	130
A_3	40	60 ×	50	40	150
需求量	100	100	100	100	

第二步:从表 2-14 剩下的单位运价出发,继续寻找最小运价 $c_{14}=20$,弹药库 A_1 还剩 20 基数的弹药,中队 B_4 的需求量为 100 基数,由最小原则,弹药库 A_1 还剩的 20 基数弹药全部供应给中队 B_4,即 $x_{14}=20$ 基数。此时,弹药库 A_1 不能再给 B_1、B_3 中队提供弹药,所以 $x_{11}=x_{13}=0$,具体表示如表 2-15 所示:

表 2-15　最小元素法求初始基可行解的第二步

中队 弹药库	B_1	B_2	B_3	B_4	供应量
A_1	50 ×	20 (100)	50 ×	20 (20)	120
A_2	30	50 ×	30	100	130
A_3	40	60 ×	50	40	150
需求量	100	100	100	100	

第三步：从表 2-15 剩下的单位运价出发，继续寻找最小运价，不妨以 $c_{21}=30$ 为出发点。由于弹药库 A_2 的库存量为 130 基数，中队 B_1 的需求量为 100 基数，由最小原则，于是可得 $x_{21}=100$ 基数，即是说中队 B_1 的弹药需求量全部由弹药库 A_2 提供，此时弹药库 A_2 还剩 30 基数的弹药，中队 B_1 不再需要其他弹药库供应弹药，因而，$x_{31}=0$。具体表示如表 2-16：

表 2-16　最小元素法求初始基可行解的第三步

弹药库＼中队	B_1	B_2	B_3	B_4	供应量
A_1	50 ×	20 (100)	50 ×	20 (20)	120
A_2	30 (100)	50 ×	30	100	130
A_3	40 ×	60 ×	50	40	150
需求量	100	100	100	100	

第四步：从表 2-16 出发，不断重复上述过程，直到 12 个决策变量都被赋予值为止（也就是说所有的单位运价所在位置都被确定运输方案），此时恰有 6 个基变量，那么该组解就是基可行解，该解就是运输问题的一个调运方案，如表 2-17 所示。

表 2-17　例 2.6 的初始基可行解

弹药库＼中队	B_1	B_2	B_3	B_4	供应量
A_1	50 ×	20 (100)	50 ×	20 (20)	120
A_2	30 (100)	50 ×	30 (30)	100 ×	130
A_3	40 ×	60 ×	50 (70)	40 (80)	150
需求量	100	100	100	100	

显然，运输问题的一个初始运输方案为：

$x_{12}=x_{21}=100, x_{14}=20, x_{23}=30, x_{33}=70, x_{34}=80$，其余决策变量全为 0，系统的总的运输费用为：

$z=100\times20+20\times20+100\times30+30\times30+50\times70+40\times80=13000$ 元。

3. 基变量的确定

为了方便起见,我们将基变量"$\textcircled{x_{ij}}$"所在的位置称为数字格。

(1) 基变量"$\textcircled{x_{ij}}$"的个数必须为 $m+n-1$ 个;

(2) 若基变量"$\textcircled{x_{ij}}$"的个数不够时,一定是在确定基变量"$\textcircled{x_{ij}}$"的过程中,某个基变量"$\textcircled{x_{ij}}$"的确定导致同时划去了一行和一列,一般在确定最后一个基变量"$\textcircled{x_{ij}}$"同时划去的该行或该列的位置补充"$\textcircled{0}$",保证基变量的个数为 $m+n-1$ 个。

(二) 最优性检验

最小元素法给出了运输问题的一个基可行解,但该解是否为问题的最优解,需通过最优性检验判别该解是否为最优,如果不是,应进行调整得到最优。下面我们利用位势法求非基变量的检验数,记为"$\textcircled{\sigma_{ij}}$",进行最优性检验。

1. 位势的定义

设对应基变量 x_{ij} 的 $m+n-1$ 个 i,j,存在 u_i、v_j 满足 $u_i+v_j=c_{ij}$,$i=1,2,\cdots,m$;$j=1,2,\cdots,n$,称这些 u_i 和 v_j 为该基本可行解对应的行位势和列位势。

由于有 $m+n$ 个变量 u_i 和 v_j,$m+n-1$ 个方程(基变量个数),故有一个自由变量,因而,行位势和列位势的值不唯一。

2. 非基变量检验数的计算

$$\sigma_{ij}=c_{ij}-u_i-v_j,i=1,2,\cdots,m;j=1,\cdots,n$$

3. 最优性检验的步骤

(1) 在给定初始基可行解的表上增加一行和一列,在列中填入 u_i,在行中填入 v_j;

(2) 一般情况下,令基变量最多的行(或列)的行位势(或列位势)为 0,再根据基变量的检验数为 0 求出其余的 u_i 与 v_j(公式 $c_{ij}-u_i-v_j=0$);

(3) 利用 $\sigma_{ij}=c_{ij}-u_i-v_j$ 求出非基变量的检验数。当所有检验数均大于等于 0 时,所得方案为最优解。

下面利用位势法求得例 2.6 的行位势和列位势,令 $u_1=0$,如表 2-18 所示:

表 2-18 例 2.6 初始基可行解下的行位势和列位势

中队 / 弹药库	B_1	B_2	B_3	B_4	供应量	u_i
A_1	50 × △20	20 (100)	50 × △20	20 (20)	120	0
A_2	30 (100)	50 × △30	30 (30)	100 × △80	130	0

（续）

弹药库 \ 中队	B_1	B_2	B_3	B_4	供应量	u_i
A_3	40 × △-10	60 × △20	50 ⑦⓪ (70)	40 (80)	150	20
需求量	100	100	100	100		
v_j	30	20	30	20		

显然，表 2-18 中，存在非基变量 x_{31} 的检验数 $\sigma_{31}=-10<0$，所以此时的初始基可行解不是运输问题的最优解。这就需要对此方案进行改进和调整，我们采用的调优方法就是闭合回路法。

（三）闭合回路调优

1. 闭合回路的特征

① 除起点（或终点）外，其余顶点都在基变量所在的位置处；

② 回路的边要么水平，要么垂直；

③ 回路的任一边有且只有两个顶点。

2. 调优步骤

下面我们以表 2-18 来说明调优步骤。

（1）确定入基变量

选最小负检验数 $\sigma_{31}=-10<0$ 对应的非基变量 x_{31} 作为入基变量；

（2）确定改进线路并标号

以入基变量为起点，并以其他基变量所在的位置为顶点找到一条闭回路，终点回到入基变量的位置处，得到闭合回路即为调整线路：$x_{31}\rightarrow x_{33}\rightarrow x_{23}\rightarrow x_{21}$（$\rightarrow x_{31}$），对该线路的顶点标号（逆时针或顺时针）1→2→3→4（→1），如表 2-19 所示：

表 2-19　确定改进线路并标号

弹药库 \ 中队	B_1	B_2	B_3	B_4	供应量
A_1	50 × △20	20 (100)	50 × △20	20 (20)	120
A_2	30 (100) 4	50 × △30	3 30 (30)	100 × △80	130
A_3	40 × △-10 1	60 × △20	2 50 (70)	40 (80)	150
需求量	100	100	100	100	

(3) 确定调优量

调优量的目的是为了将非基变量 x_{31} 转化为基变量，所以 x_{31} 的值将从零增加到非零值 θ，其中，$\theta=\min\{x_{ij} \mid$ 闭合回路上偶数标号顶点处基变量 x_{ij} 的值$\}$，此时 θ 所对应的基变量 x_{ij} 作为出基变量。若 θ 对应的是多个基变量 x_{ij}，此时任选一个基变量 x_{ij} 作为出基变量。为了保证闭合回路上的总运量不变，接下来，闭合回路上奇数标号顶点处变量 $x_{ij}+\theta$，闭合回路上偶数标号顶点处变量 $x_{ij}-\theta$，不在闭合回路上的基变量的值不发生变化。

因为 $\theta=\min\{x_{33},x_{21}\}=\min\{70,100\}=70$，所以 x_{31} 从原来的 0 增加到 $0+\theta=70$，x_{33} 从原来的 70 减少到 $70-\theta=0$，x_{23} 从原来的 30 增加到 $30+\theta=100$，x_{21} 从原来的 100 增加到 $100-\theta=30$，即闭合线路中每个顶点处变量的值增减交替，于是就得到调优后的运输方案。如表 2-20 所示：

表 2-20　调优后的运输方案

中队 / 弹药库	B_1	B_2	B_3	B_4	供应量
A_1	50	20 (100)	50	20 (20)	120
A_2	30 (30)	50	30 (100)	100	130
A_3	40 (70)	60	50	40 (80)	150
需求量	100	100	100	100	

不断重复第 2 步最优性检验和第 3 步闭合回路调优，直到所有非基变量的检验数均非负数，便得到供求均衡的运输问题的最优解。再次对表 2-20 进行最优性检验，不妨令 $v_1=0$，如表 2-21 所示。

表 2-21　再次进行最优性检验

中队 / 弹药库	B_1	B_2	B_3	B_4	供应量	u_i
A_1	50 △30	20 (100)	50 △30	20 (20)	120	20
A_2	30 (30)	50 △20	30 (100)	100 △70	130	30
A_3	40 (70)	60 △20	50 △10	40 (80)	150	40
需求量	100	100	100	100		
v_j	0	0	0	0		

显然,所有非基变量的检验数 $\sigma_{ij}>0$,故该组可行解就是运输问题的最优调运方案如表 2-21 所示,即 $x_{12}=100$,$x_{14}=20$,$x_{21}=30$,$x_{23}=30$,$x_{31}=70$,$x_{34}=80$,其余决策变量全为 0,系统的总的运输费用为:

$z=100\times20+20\times20+30\times30+30\times30+40\times70+40\times80=10200$ 元。

三、供求不平衡的运输问题

(一) 供应量大于需求量

例 2.7 某部队接到命令,要求将 2 个应急物资储备库 A_1、A_2 的救灾物资运往 3 个受灾区 B_1、B_2、B_3,各应急物资储备库的库存量,各受灾区的需求量,以及每件物品从应急物资储备库运往受灾区的单位运费如表 2-22 所示,问:应如何确定调运方案,可使总运输费用最小?

表 2-22 供大于求和单位运费成本表

受灾区 物资储备库	B_1	B_2	B_3	库存量
A_1	6	4	6	300
A_2	5	5	5	300
需求量	150	150	200	

解:增加一个虚设的受灾区 B_4,运输费用为 0,使供求不均衡问题转化成供求均衡问题。

下面我们利用那个表上作业法,求解表 2-23 的运输方案,如表 2-24 所示。

表 2-23 供求量均衡和单位运费成本表

受灾区 物资储备库	B_1	B_2	B_3	B_4	库存量
A_1	6	4	6	0	300
A_2	5	5	5	0	300
需求量	150	150	200	100	

表 2-24 表上作业法

受灾区 物资储备库	B_1	B_2	B_3	B_4	库存量	u_i
A_1	6 × △0	4 (150)	6 (50)	0 (100)	300	0

（续）

受灾区 / 物资储备库	B_1	B_2	B_3	B_4	库存量	u_i
A_2	5 (150)	5 × △2	5 (150)	0 × △1	300	-1
需求量	150	150	200	100		
v_j	6	4	6	0		

显然，所有非基变量的检验数 $\sigma_{ij} \geqslant 0$，故该组可行解就是运输问题的最优调运方案如表 2-24 所示，即 $x_{12}=150$，$x_{13}=50$，$x_{14}=100$，$x_{21}=150$，$x_{23}=150$，其余决策变量全为 0，系统的总的运输费用为：

$$z=4\times150+6\times50+0\times100+5\times150+5\times150=2400 \text{ 元。}$$

（二）供应量小于需求量

例 2.8 某部队接到命令，要求将 2 个应急物资储备库 A_1、A_2 的救灾物资运往 3 个受灾区 B_1、B_2、B_3，各应急物资储备库的库存量，各受灾区的需求量，以及每件物品从应急物资储备库运往受灾区的单位运费如表 2-25 所示，问：应如何确定调运方案，可使总运输费用最小？

表 2-25 供小于求和单位运费成本表

受灾区 / 物资储备库	B_1	B_2	B_3	库存量
A_1	6	4	6	150
A_2	6	5	5	300
需求量	250	200	200	

解：增加一个虚设的应急物资储备库 A_3，运输费用为 0，转化成供求平衡问题。如表 2-26：

表 2-26 供求量均衡和单位运费成本表

受灾区 / 物资储备库	B_1	B_2	B_3	库存量
A_1	6	4	6	150
A_2	6	5	5	300
A_3	0	0	0	200
需求量	250	200	200	

下面我们利用那个表上作业法，求解表 2-26 的运输方案，如表 2-27 所示。

表 2-27　表上作业法

物资储备库＼受灾区	B_1	B_2	B_3	库存量	u_i
A_1	6 × △1	4 (150)	6 × △2	150	-1
A_2	6 (50)	5 (50)	5 (200)	300	0
A_3	0 (200)	0 × △1	0 × △1	200	-6
需求量	250	200	200		
v_j	6	5	5		

显然,所有非基变量的检验数 $\sigma_{ij} \geqslant 0$,故该组可行解就是运输问题的最优调运方案如表 2-28 所示,即 $x_{12}=150, x_{21}=50, x_{22}=50, x_{23}=200, x_{31}=200$,其余决策变量全为 0,系统的总的运输费用为:

$$z=4\times150+6\times50+5\times50+5\times200+0\times200=2150 \text{ 元。}$$

第五节　对 偶 理 论

一、对偶问题

(一) 对偶问题的提出

对于一般产品组合问题(或资源分配等)的线性规划问题,如本章第二节例 2.3,讲述了军工厂欲利用设备 A_1、A_2 和原材料 B_1、B_2 生产 Ⅰ、Ⅱ 两种型号的武器零件,如何安排生产方案可使武器的杀伤力增加值最大,据题意有线性规划模型(LP_1):

$$(\mathrm{LP}_1)\ \max z=2x_1+3x_2$$

$$s.t.\begin{cases}2x_1+2x_2\leqslant12,\\x_1+2x_2\leqslant8,\\4x_1\leqslant16,\\4x_2\leqslant12,\\x_1,x_2\geqslant0.\end{cases}$$

现在从另外一个角度提出问题:根据发展的需要,决策部门预想将 Ⅰ、Ⅱ 型号武器零件的生产转给某地方工厂甲生产。甲工厂应如何发挥设备和原材料的作用,才能使得武器杀伤力的增量最少要符合决策部门的需求,才有可能赢得生产Ⅰ、Ⅱ型号武器零件的机会？假设每个单位的设备 A_1、A_2 和原材料 B_1、B_2 分别可使武器的杀伤力增加 y_1、y_2、y_3、y_4 个单位，武器杀伤力的总增加值为 w 个单位，则有

$$w=12y_1+8y_2+16y_3+12y_4。$$

甲工厂生产Ⅰ号武器零件增加的武器杀伤力不得低于军工厂生产Ⅰ号武器零件增加的杀伤力 2 个单位，于是有 $2y_1+y_2+4y_3\geqslant 2$；同时，生产Ⅱ号武器零件增加的武器杀伤力不得低于军工厂生产Ⅱ号武器零件增加的杀伤力 3 个单位，则有 $2y_1+2y_2+4y_4\geqslant 3$。因而，可从另一个角度建立线性规划模型（$LP_2$）：

$$(LP_2)\min w=12y_1+8y_2+16y_3+12y_4$$

$$s.t.\begin{cases}2y_1+y_2+4y_3\geqslant 2,\\ 2y_1+2y_2+4y_4\geqslant 3,\\ y_1,y_2,y_3,y_4\geqslant 0.\end{cases}\tag{2-27}$$

若将 LP_1 称为线性规划问题的原问题，则 LP_2 就被称之为上述线性规划问题的对偶问题。

（二）对偶问题的模型

根据上述原问题和对偶问题的讨论，下面我们定义对偶问题的一般模型。以线性规划问题的原问题为 LP_1：

$$\max z=c_1x_1+c_2x_2+\cdots+c_nx_n$$

$$s.t.\begin{cases}a_{11}x_1+a_{12}x_2+\cdots+a_{1n}x_n\leqslant b_1,\\ a_{21}x_1+a_{22}x_2+\cdots+a_{2n}x_n\leqslant b_2,\\ \qquad\vdots\\ a_{m1}x_1+a_{m2}x_2+\cdots+a_{mn}x_n\leqslant b_m,\\ x_1,x_2,\cdots,x_n\geqslant 0.\end{cases}\tag{2-28}$$

设线性规划问题（2-28）的第 i 个约束条件确定的对偶变量为 y_i，则有 LP_1 的对偶问题 LP_2：

$$\min w=b_1y_1+b_2y_2+\cdots+b_my_m$$

$$s.t.\begin{cases}a_{11}y_1+a_{21}y_2+\cdots+a_{m1}y_m\geqslant c_1,\\ a_{12}y_1+a_{22}y_2+\cdots+a_{m2}y_m\geqslant c_2,\\ \qquad\vdots\\ a_{1n}y_1+a_{2n}y_2+\cdots+a_{mn}y_m\geqslant c_n,\\ y_1,y_2,\cdots,y_m\geqslant 0.\end{cases}\tag{2-29}$$

（三）对偶模型的标准化

给式（2-29）第 j 个约束条件引入松弛变量 $y_{sj}\geqslant 0$，化为标准型：

$$\min w = b_1y_1 + b_2y_2 + \cdots + b_my_m$$

$$s.t.\begin{cases} -\sum_{i=1}^{m} a_{ij}y_j + y_{sj} = -c_j, \\ y_j, y_{sj} \geqslant 0 (j = 1, \cdots, n). \end{cases} \tag{2-30}$$

对偶理论是线性规划问题早期研究最为重要的成果之一,它将应用于解释资源的影子价格、扩大单纯形法的计算和灵敏度分析等多个方面。

二、原问题与对偶问题的关系

(一)原问题与对偶问题的关系

通过(2-28)和(2-29)的分析比较可知:

(1)在原问题求目标函数的最大值时,它的对偶问题的目标函数就转化为求最小值,因为对偶问题的可行解必须满足原问题的最优化条件,所以原问题的最优解才能是对偶问题的可行解,即是说原问题的最优解是它的对偶问题可行解的目标函数值中最小的一个;

(2)对偶问题中决策变量的个数等于原问题的约束条件个数,对偶问题中约束条件的个数等于原问题的决策变量的个数;

(3)若原问题中约束条件符号为"≤",则对偶问题中约束条件的符号为"≥";

(4)对偶问题目标函数中的系数为原问题约束条件的右端项(即资源拥有量),对偶问题约束条件的右端项是原问题目标函数中的系数。

原线性规划问题与其对偶线性规划问题之间的关系,如表2-28所示。

表2-28 原问题与对偶问题间的关系

			原问题(求max)				
	目标函数		c_1	c_2	…	c_n	右端项
			x_1	x_2	…	x_n	
对偶问题(求min)	b_1	y_1	a_{11}	a_{12}	…	a_{1n}	$\leqslant b_1$
	b_2	y_2	a_{21}	a_{22}	…	a_{2n}	$\leqslant b_2$
	⋮	⋮	⋮	⋮	⋮	⋮	⋮
	b_m	y_m	a_{m1}	a_{m2}	…	a_{mn}	$\leqslant b_m$
	右端项		$\geqslant c_1$	$\geqslant c_2$	…	$\geqslant c_n$	

表2-28中,右上角双实线圈出的部分是原问题(求max),按行写模型,约束条件取"≤";左下角双波浪线圈出的部分是其对偶问题(求min),按列写模型,约束条件取"≥"。

线性规划的原问题与其对偶问题之间存在互为对偶的关系,即线性规划对偶问题的对偶就是原问题。

(二) 由原问题求对偶问题

由上述分析,我们可得出原问题和对偶问题之间的对应关系,如表 2-29 所示。

表 2-29 原问题与对偶问题间的对应关系

原问题(对偶问题)	对偶问题(原问题)
1. 目标函数(求 max)	1. 目标函数(求 min)
2. 决策变量(n 个) $\begin{cases} \geqslant 0 \\ \leqslant 0 \\ \text{无约束} \end{cases}$	2. $\left.\begin{matrix} \geqslant \\ \leqslant \\ = \end{matrix}\right\}$ 约束条件(n 个)
3. 目标函数(求 max)中的系数	3. 约束条件的右端项(即资源拥有量)
4. 约束条件(m 个) $\begin{cases} \leqslant \\ \geqslant \\ = \end{cases}$	4. $\left.\begin{matrix} \geqslant 0 \\ \leqslant 0 \\ \text{无约束} \end{matrix}\right\}$ 决策变量(m 个)
5. 约束条件的右端项(即资源拥有量)	5. 目标函数(求 min)中的系数

下面基于表 2-29,结合问题介绍对偶问题的求法。

例 2.9 写出线性规划问题 LP_1 的对偶问题。

$$\min z=5x_1+2x_2+4x_3$$
$$s.t.\begin{cases}3x_1+x_2+2x_3\geqslant 4,\\ 6x_1+3x_2+5x_3\geqslant 10,\\ x_1,x_2,x_3\geqslant 0.\end{cases}$$

解:首先,将线性规划模型化为(2-28)的形式:

$$\max z'=-5x_1-2x_2-4x_3$$
$$s.t.\begin{cases}-3x_1-x_2-2x_3\leqslant -4,\\ -6x_1-3x_2-5x_3\leqslant -10,\\ x_1,x_2,x_3\geqslant 0.\end{cases}\tag{2-31}$$

其次,再按照线性规划的原问题与其对偶问题间的关系,可得(2-31)对偶问题的模型:

$$\min w'=-4y_1-10y_2$$
$$s.t.\begin{cases}-3y_1-6y_2\geqslant -5,\\ -y_1-3y_2\geqslant -2,\\ -2y_1-5y_2\geqslant -4,\\ y_1,y_2\geqslant 0.\end{cases}$$

化简得 LP_2

$$\max\ w=4y_1+10y_2$$
$$s.t.\begin{cases}3y_1+6y_2\leqslant 5,\\ y_1+3y_2\leqslant 2,\\ 2y_1+5y_2\leqslant 4,\\ y_1,y_2\geqslant 0.\end{cases}$$

例 2.10　写出线性规划问题 LP_1 的对偶问题。

$$\min\ z=2x_1+2x_2+4x_3$$
$$s.t.\begin{cases}x_1+3x_2+4x_3\geqslant 2,\\ 2x_1+x_2+3x_3\leqslant 3,\\ x_1+4x_2+3x_3=5,\\ x_1\geqslant 0,x_2\leqslant 0,x_3\ \text{无约束}.\end{cases}$$

解：首先，设 x_2'、x_3'、$x_3''\geqslant 0$，令 $x_2=-x_2'$、$x_3=x_3'-x_3''$，并将线性规划模型化为(2-28)的形式：

$$\max\ z'=-2x_1+2x_2'-4x_3'+4x_3''$$
$$s.t.\begin{cases}-x_1+3x_2'-4x_3'+4x_3''\leqslant -2,\\ 2x_1-x_2'+3x_3'-3x_3''\leqslant 3,\\ x_1-4x_2'+3x_3'-3x_3''\leqslant 5,\\ -x_1+4x_2'-3x_3'+3x_3''\leqslant -5,\\ x_1,x_2',x_3',x_3''\geqslant 0\end{cases}\tag{2-32}$$

其次，再按照线性规划的原问题与其对偶问题间的关系，可得(2-32)对偶问题的模型：

$$\min\ w'=-2y_1+3y_2'+5(y_3'-y_3'')$$
$$s.t.\begin{cases}-y_1+2y_2'+(y_3'-y_3'')\geqslant -2,\\ 3y_1-y_2'-4(y_3'-y_3'')\geqslant 2,\\ -4y_1+3y_2'+3(y_3'-y_3'')\geqslant -4,\\ 4y_1-3y_2'-3(y_3'-y_3'')\geqslant 4,\\ y_1,y_2',y_3',y_3''\geqslant 0\end{cases}$$

令 $y_2=-y_2'$、$y_3=y_3'-y_3''$，化简得 LP_2

$$\max\ w=2y_1+3y_2-5y_3$$
$$s.t.\begin{cases}y_1+2y_2-y_3\leqslant 2,\\ 3y_1+y_2-4y_3\geqslant 2,\\ 4y_1+3y_2-3y_3=4,\\ y_1\geqslant 0,y_2\leqslant 0,y_3\ \text{无约束}.\end{cases}$$

下面我们以例 2.10 说明线性规划的原问题与对偶问题间的对应关系，如表 2-30所示。

表 2-30　例 2.10 的原问题与对偶问题间的对应关系

	原问题(对偶问题)		对偶问题(原问题)
目标函数	$\min z=2x_1+2x_2+4x_3$	目标函数	$\max w=2y_1+3y_2-5y_3$
决策变量	$x_1\geqslant 0$,	约束条件	$y_1+2y_2-y_3\leqslant 2$,
	$x_2\leqslant 0$,		$3y_1+y_2-4y_3\geqslant 2$,
	x_3 无约束.		$4y_1+3y_2-3y_3=4$.
约束条件	$x_1+3x_2+4x_3\geqslant 2$,	决策变量	$y_1\geqslant 0$,
	$2x_1+x_2+3x_3\leqslant 3$,		$y_2\leqslant 0$,
	$x_1+4x_2+3x_3=5$.		y_3 无约束.

三、对偶问题的性质

前面我们已经介绍了原问题与其对偶问题间的关系，下面我们讨论对偶问题的性质，给定线性规划的原问题(2-28)及其对偶问题(2-29)，则原问题与对偶问题间存在如下基本性质：

定理 2.2(弱对偶性)　若 $x_j(j=1,2,\cdots,n)$ 是原问题的可行解，$y_i(i=1,2,\cdots,m)$ 是对偶问题的可行解，则恒有

$$\sum_{j=1}^{n} c_j x_j \leqslant \sum_{i=1}^{m} b_i y_i 。$$

证明：因为对偶问题(2-29)的约束条件 $\sum_{i=1}^{m} a_{ij} y_i \geqslant c_j$，且原问题(2-30)的约束条件 $\sum_{j=1}^{n} a_{ij} x_j \leqslant b_i$，

所以 $\sum_{j=1}^{n} c_j x_j \leqslant \sum_{j=1}^{n}\left(\sum_{i=1}^{m} a_{ij} y_i\right) x_j = \sum_{i=1}^{m}\left(\sum_{j=1}^{n} a_{ij} x_j\right) y_i \leqslant \sum_{i=1}^{m} b_i y_i$。

定理 2.3(最优性)　若 $x_j^*(j=1,2,\cdots,n)$ 是原问题的可行解，$y_i^*(i=1,2,\cdots,m)$ 是对偶问题的可行解，且有

$$\sum_{j=1}^{n} c_j x_j^* = \sum_{i=1}^{m} b_i y_i^* 。$$

则有 $x_j^*(j=1,2,\cdots,n)$ 是原问题的最优解，$y_i^*(i=1,2,\cdots,m)$ 也是对偶问题的最优解。

证明：设 $\hat{x}_j^*(j=1,2,\cdots,n)$ 是原问题的最优解，$\hat{y}_i^*(i=1,2,\cdots,m)$ 是对偶问题

的最优解，由原问题(2-28)及其对偶问题(2-29)的目标函数可知：

$$\sum_{j=1}^{n} c_j x_j^* \leqslant \sum_{j=1}^{n} c_j \hat{x}_j^*, \sum_{i=1}^{m} b_i \hat{y}_i^* \leqslant \sum_{i=1}^{m} b_i y_i^*,$$

据定理 2.2 的弱对偶性可知，$\sum_{j=1}^{n} c_j \hat{x}_j^* \leqslant \sum_{i=1}^{m} b_i \hat{y}_i^*$，则有

$$\sum_{j=1}^{n} c_j x_j^* \leqslant \sum_{j=1}^{n} c_j \hat{x}_j^* \leqslant \sum_{i=1}^{m} b_i \hat{y}_i^* \leqslant \sum_{i=1}^{m} b_i y_i^*,$$

又因为 $\sum_{j=1}^{n} c_j x_j^* = \sum_{i=1}^{m} b_i y_i^*$，所以 $\sum_{j=1}^{n} c_j \hat{x}_j^* = \sum_{i=1}^{m} b_i \hat{y}_i^*$。

因而，$x_j^* = \hat{x}_j^* (j=1,2,\cdots,n)$，$y_i^* = \hat{y}_i^* (i=1,2,\cdots,m)$，即是说 $x_j^* (j=1,2,\cdots,n)$ 是原问题的最优解，$y_i^* (i=1,2,\cdots,m)$ 也是对偶问题的最优解。

定理 2.4(无解性) 若原问题(对偶问题)有无界解，则对偶问题(原问题)也有无界解。

证明：读者自行证明。

定理 2.5(强对偶性) 若原问题有最优解，则对偶问题必有最优解，且目标函数值相等，即($\max z = \min w$)。

证明：读者自行证明。

定理 2.6(互补松弛性) 在线性规划问题的最优解中，若对应某一约束条件的对偶变量取值非 0，则该约束条件取严格等式；反之，若约束条件取严格不等式，则该约束条件的对偶变量必为 0。数学语言描述为：

(1) 若 $\hat{y}_i^* > 0 (i=1,2,\cdots,m)$，则 $\sum_{j=1}^{n} a_{ij} \hat{x}_j^* = b_i$；

(2) 若 $\sum_{j=1}^{n} a_{ij} \hat{x}_j^* < b_i$，则 $\hat{y}_i^* = 0 (i=1,2,\cdots,m)$。

证明：设 $x_j^* (j=1,2,\cdots,n)$ 是原问题的最优解，$y_i^* (i=1,2,\cdots,m)$ 也是对偶问题的最优解，则 $\sum_{j=1}^{n} c_j x_j^* = \sum_{i=1}^{m} b_i y_i^*$。

因为 $\sum_{j=1}^{n} c_j x_i^* \leqslant \sum_{j=1}^{n}\sum_{i=1}^{m} a_{ij} y_i^* x_i^* \leqslant \sum_{i=1}^{m} b_i y_i^*$，所以 $\sum_{j=1}^{n} c_j x_i^* = \sum_{j=1}^{n}\sum_{i=1}^{m} a_{ij} y_i^* x_i^* = \sum_{i=1}^{m} b_i y_i^*$，于是有 $\sum_{i=1}^{m} (\sum_{j=1}^{n} a_{ij} x_i^* - b_i) y_i^* = 0$。

又因为 $y_i^* \geqslant 0$，$\sum_{j=1}^{n} a_{ij} x_i^* - b_i \leqslant 0$，故对所有的 $i=1,2,\cdots,m$ 恒有

$$\left(\sum_{j=1}^{n} a_{ij} x_i^* - b_i\right) y_i^* = 0,$$

由此可知,当$\hat{y}_i^* > 0$时,有 $\sum_{j=1}^{n} a_{ij}\hat{x}_j^* = b_i$;当 $\sum_{j=1}^{n} a_{ij}\hat{x}_j^* < b_i$ 时,必有 $\hat{y}_i^* = 0$。

将互补松弛性质应用于其对偶问题时可以这样叙述:

(1) 若$\hat{x}_j^* > 0 (j=1,2,\cdots,n)$,则 $\sum_{i=1}^{m} a_{ij}\hat{y}_i^* = c_j$;

(2) 若 $\sum_{i=1}^{m} a_{ij}\dot{y}_i^* < c_j$,则$\hat{x}_j^* = 0 (j=1,2,\cdots,n)$。

四、对偶单纯形法

(一) 原问题与对偶问题变量间的关系

在利用对偶单纯形法求解对偶问题时,我们需先理解原问题与对偶问题变量间的关系。由线性规划的特点可知:

定理 2.7 线性规划的原问题及其对偶问题间存在一对互补的基解,其中原问题的松弛变量对应对偶问题的变量,对偶问题的松弛变量对应原问题的变量;这些互相对应的变量若在一个问题的解中是基变量,则在其对偶问题的解中是非基变量,如表 2-31 所示;将这对互补的基解分别代入原问题和对偶问题的目标函数有 $z=w$。

表 2-31 原问题与对偶问题变量间的关系表

原问题	对应的对偶问题
原始变量 x_j	松弛变量 y_{sj}
松弛变量 x_{si}	原始变量 y_i
基变量 m 个	非基变量 m 个
非基变量 n 个	基变量 n 个

下面我们以例 2.3 为例,首先,我们将其对偶模型(2-27)标准化,引入松弛变量 $y_5, y_6 \geqslant 0$,得标准型

$$\min w = 12y_1 + 8y_2 + 16y_3 + 12y_4$$

$$s.t.\begin{cases} -2y_1 - y_2 - 4y_3 + y_5 = -2, \\ -2y_1 - 2y_2 - 4y_4 + y_6 = -3, \\ y_1, y_2, y_3, y_4, y_5, y_6 \geqslant 0. \end{cases} \tag{2-33}$$

其次,通过表 2-3 的最后一步迭代后的表格,说明原问题(2-18)的变量与其对偶问题(2-33)的变量间的关系,如表 2-32 所示。

表 2-32　例 2.3 原问题与对偶问题变量间的关系表

		原问题变量		原问题松弛变量			
X_B	b	x_1	x_2	x_3	x_4	x_5	x_6
x_6	1	0	0	1	−1	0	1
x_1	4	1	0	2	−1	0	0
x_5	0	0	0	−2	1	1	0
x_2	2	0	1	−1	1	0	0
		对偶问题松弛变量		对偶问题变量			
		y_5	y_6	y_1	y_2	y_3	y_4

（二）对偶单纯形法

由原问题的变量与对偶问题的变量间的关系，用单纯形法求解线性规划问题时，在得到原问题的一个基可行解的同时，检验数所在的行的值恰好为其对偶问题变量的值，于是可得对偶问题的一个可行解，且 $z=w$。单纯形法的求解主要是通过不断迭代，在保证原问题的可行解的基础上，来减小目标函数的值，以达到原问题目标函数的最优值。因而，对偶单纯形法就是指将单纯形法应用于对偶问题的计算中。

对偶单纯形法的基本思路：在保持对偶问题为可行解的基础上，通过不断迭代，增大目标函数的值，当原问题达到可行解时，就得到了目标函数的最优值。

下面我们以(2-33)来说明对偶单纯形法的求解步骤：

1. 建立对偶问题标准型(2-33)的单纯形表，如表 2-33 所示。

表 2-33　初始对偶单纯形表

b_i		12	8	16	12	0	0
Y_B	$\bar{b}_j=-c_j$	y_1	y_2	y_3	y_4	y_5	y_6
y_5	−2	−2	−1	−4	0	1	0
y_6	−3→	−2	−2	0	[−4]	0	1
$\bar{\theta}_i$		12	8	16	12↑	0	0

2. 出基变量的确定

在(2-30)中，令$\bar{b}_j=-c_j$，$\bar{a}_{kj}=-a_{kj}$，由定理 2.7 可知，原问题的检验数对应其对偶问题的一个解，因而，选择$\bar{b}_r=\min\limits_{j\in\{1,\cdots,n\}}\{\bar{b}_j<0\}$的变量 y_r 作为出基变量；若对于所有的$\bar{b}_j\geqslant 0$，则所对应的解就是问题的最优解。

例如表 2-34 中，我们选取$\bar{b}_r=\min\{-2,-3\}=-3$ 所对应的 y_6 作为出基变量。

3. 入基变量的确定

（1）为了保证基变量 $y_r \geqslant 0$，因而，入基变量对应的系数必须是$\bar{a}_{ri}<0$；若所有的$\bar{a}_{ki} \geqslant 0$，则无可行解。

例如，在表 2-34 中，当选定 y_6 作为出基变量后，入基变量只能在 y_1、y_2、y_4 中产生（因为$\bar{a}_{21}=\bar{a}_{22}=-2<0$，$\bar{a}_{24}=-4<0$）。那么到底是 y_1、y_2、y_4 中的谁作为入基变量呢？

（2）为了使迭代后表中的对偶问题的解仍为可行解，令

$$\bar{\theta}_k = \min_i \left\{ \frac{b_i}{|\bar{a}_{ri}|} \middle| \bar{a}_{ri}<0 \right\}$$

对应的 y_k 为入基变量，对应的$\bar{a}_{rk}$称为主元素。

例如，在表 2-33 中，$\bar{\theta}_k = \min_i \left\{ \frac{12}{|-2|}, \frac{8}{|-2|}, \frac{12}{|-4|}, \right\} = 3 \leftrightarrow y_4$ 为入基变量，此时主元素为$\bar{a}_{24}=-4$。

4. 换基迭代

以出基变量所在行为基准，将$\bar{a}_{24}=-4$ 化为 1，同时并将$\bar{a}_{24}=-4$ 所在列化为单位向量，如表 2-34 所示

表 2-34　对偶单纯形法的迭代结果

b_i		12	8	16	12	0	0
Y_B	$\bar{b}_j=-c_j$	y_1	y_2	y_3	y_4	y_5	y_6
y_5	−2	−2	−1	−4	0	1	0
y_4	3/4	1/2	1/2	0	1	0	−1/4
$\bar{\theta}_i$		6	2	16	0	0	3

不断重复上述过程，可得对偶问题（2-27）的单纯形表，如表 2-35 所示

表 2-35　对偶单纯形表

b_i		12	8	16	12	0	0
Y_B	$\bar{b}_j=-c_j$	y_1	y_2	y_3	y_4	y_5	y_6
y_5	−2	−2	−1	−4	0	1	0
y_6	−3→	−2	−2	0	[−4]	0	1
$\bar{\theta}_i$		12	8	16	12↑	0	0
y_5	−2→	−2	[−1]	−4	0	1	0
y_4	3/4	1/2	1/2	0	1	0	−1/4

（续）

$\bar{\theta}_i$		6	2↑	16	0	0	3
y_2	2	2	1	4	0	−1	0
y_4	−1/4→	[−1/2]	0	−2	1	1/2	−1/4
$\bar{\theta}_i$		2↑	0	8	0	2	3
y_2	1	0	1	−4	4	1	−1
y_1	1/2	1	0	4	−2	−1	1/2
$\bar{\theta}_i$		0	0	0	4	4	2

显然，在表 2−35 的第 4 步中，原问题的所有检验数 $\sigma_j \geqslant 0$，迭代结束，对偶问题(2−27)式的最优解和目标函数值分别为

$$Y^* = \left(\frac{1}{2},1,0,0,0,0\right), w^* = 14。$$

综上所述，用对偶单纯形法求解线性规划问题时，当约束条件为"≥"时，不必引入人工变量。但在初始单纯形表中，其对偶问题的解应是基可行解这点，对多数线性规划问题很难实现。因此，对偶单纯形法一般不单独使用，而主要应用于灵敏度分析及整数规划理论部分等中。

第六节　灵敏度分析

灵敏度分析是指对系统或事物因周围条件变化显示出来的敏感程度的分析。在这以前的对线性规划问题的分析讨论中，都假定的是 c_j, a_{ij}, b_i 为常数。但在实际情况的应用中，常常会遇到这样一系列问题：当这些参数中的一个或几个发生变化时，问题的最优解又会发生怎样的变化，或者这些参数在一个多大的变化范围内，不影响问题的最优解。在市场经济、后勤装备的生产管理、抢险救援物资的调运等等的情况下，c_j, a_{ij}, b_i 往往都是一些估计或预测的数字。比如：在抢险救援的物资调运系统中，若指定的应急救援物资储备中心无法满足救援物资的需求时，就需从其他地方调运而来，此时 c_j 值就会变化；a_{ij}是随储备中心到灾区的环境状态的改变而改变，而 b_i 值则是根据资源投入后能产生多大救援能力来决定的一种决策选择，这些都是灵敏度分析要解决的问题。

当然，当参数发生变化时，我们可以重新利用单纯形法从头计算，得到问题的最优解，但这样做既麻烦又没多大必要。因为单纯形法的迭代计算是从一组基向量变换为另一组基向量，表中每步迭代得到的数字只随基向量的不同选择而改变，因此，个别参数的变化有可能直接在计算最优解的单纯形表中可反映出

来，只需直接对最接解的单纯形表中的参数进行灵敏度分析。

下面讨论各个参数发生改变后，对最优解的影响。

一、目标函数中系数 c_j 的变化

目标函数中的系数 c_j 的变化只影响检验数 σ_j 的变化，所以 c_j 的变化直接反映到最优解对应的单纯形表中的检验数。

例 2.11 已知线性规划问题

$$\max z=(40+\alpha)x_1+(20+\beta)x_2$$

$$\begin{cases}2x_1+x_2\leqslant 60,\\ x_1\leqslant 25,\\ x_2\leqslant 20,\\ x_1,x_2\geqslant 0.\end{cases} \tag{2-34}$$

试分析 α 和 β 分别在什么范围内变化，不影响问题的最优解。

解：(1) 当 $\alpha=\beta=0$ 时，(2-34)即为原问题，其单纯形表如表 2-2 所示。

(2) 当 α、β 不同时为零时，有单纯形表，如表 2-36 所示

表 2-36　c_j 的变化后的单纯形表

c_j		$-40-\alpha$	$-20-\beta$	0	0	0	θ_i
X_B	b	x_1	x_2	x_3	x_4	x_5	
x_3	60	2	1	1	0	0	30
x_4	25	[1]	0	0	1	0	25→
x_5	20	0	1	0	0	1	—
σ_j		$-40-\alpha$↑	$-20-\beta$	0	0	0	
x_3	10	0	[1]	1	−2	0	10→
x_1	25	1	0	0	1	0	—
x_5	20	0	1	0	0	1	20
σ_j		0	$-20-\beta$↑	0	$40+\alpha$	0	
x_2	10	0	1	1	−2	0	
x_1	25	1	0	0	1	0	
x_5	10	0	0	−1	2	1	
σ_j		0	0	$20+\beta$	$\alpha-2\beta$	0	

① 当 $\alpha=0$ 时，为使(2-34)有最优解，则需 $20+\beta\geqslant 0$ 且 $-2\beta\geqslant 0$，即 $-20\leqslant\beta\leqslant 0$ 时，问题的最优解不发生变化；

② 当$\beta=0$时，为使(2-34)有最优解，则需$\alpha\geqslant 0$，此时问题的最优解不发生变化；

③ 当α、β全不为零时，为使(2-34)有最优解，则需$20+\beta\geqslant 0$且$\alpha-2\beta\geqslant 0$，解得$\alpha\geqslant 2\beta\geqslant -40$且$\alpha\neq 0,\beta\neq 0$，此时问题的最优解不发生变化。

二、资源拥有量 b_i 的变化

b_i的变化在实际问题中表明可用资源的数量发生变化，b_i的变化反映到单纯形表中只影响基变量的值的变化。

例 2.12 已知线性规划问题

$$\max z=40x_1+20x_2$$
$$\begin{cases}2x_1+x_2\leqslant 60+\alpha,\\ x_1\leqslant 25+\beta,\\ x_2\leqslant 20+\gamma,\\ x_1,x_2\geqslant 0.\end{cases}\tag{2-35}$$

试分析α、β和γ分别在什么范围内变化，不改变最优基。

解：(1) 当$\alpha=\beta=\gamma=0$时，(2-35)即为原问题，其单纯形表如表2-2所示。

(2) 当α、β、γ不同时为零时，有单纯形表，如表2-37所示

表 2-37 b_i 的变化后的单纯形表

c_j		-40	-20	0	0	0	θ_i
X_B	b	x_1	x_2	x_3	x_4	x_5	
x_3	$60+\alpha$	2	1	1	0	0	30
x_4	$25+\beta$	[1]	0	0	1	0	25→
x_5	$20+\gamma$	0	1	0	0	1	—
σ_j		-40↑	-20	0	0	0	
x_3	$10+\alpha-2\beta$	0	[1]	1	-2	0	10→
x_1	$25+\beta$	1	0	0	1	0	—
x_5	$20+\gamma$	0	1	0	0	1	20
σ_j		0	-20↑	0	40	0	
x_2	$10+\alpha-2\beta$	0	1	1	-2	0	
x_1	$25+\beta$	1	0	0	1	0	
x_5	$10-\alpha+2\beta+\gamma$	0	0	-1	2	1	
σ_j		0	0	20	0	0	

① 当 $\beta=\gamma=0$ 时,为保证原问题的最优基不变,则需 $10+\alpha\geqslant 0$ 且 $10-\alpha\geqslant 0$,解得 $-10\leqslant\alpha\leqslant 10$;

② 当 $\alpha=\gamma=0$ 时,为保证原问题的最优基不变,则需 $10-2\beta\geqslant 0$ 且 $25+\beta\geqslant 0$ 且 $10+2\beta\geqslant 0$,解得 $-5\leqslant\beta\leqslant 5$;

③ 当 $\alpha=\beta=0$ 时,为保证原问题的最优基不变,则需 $20+\gamma\geqslant 0$,解得 $\gamma\geqslant -20$;

④ 当 α、β、γ 不同时为零时,为保证原问题的最优基不变,则必须满足条件:

$$\begin{cases}10+\alpha-2\beta\geqslant 0\\25+\beta\geqslant 0,\\10-\alpha+2\beta+\gamma\geqslant 0\end{cases}$$

解得 $\beta\geqslant -25$ 且 $\alpha\geqslant 2\beta-10\geqslant -60$ 且 $\gamma\geqslant\alpha-2\beta-10\geqslant -20$。

三、增加一个变量

增加一个变量在实际问题中反映为增加一种新的产品、新的运输工具等等。

例 2.13 在例 2.3 现有资源约束的基础上,该军工厂同时有打算生产型号Ⅲ的武器零件,已知生产 1 个单位的Ⅲ号零件需要 A_1 设备 2 台,A_2 设备 1 台,原材料 B_1 为 4kg,原材料 B_2 为 4kg,可使武器的杀伤力增加 4 个单位。试确定最优生产方案,使武器的杀伤力增加值最大。

解:设增加生产的Ⅲ号武器零件共 x_{New} 个单位,则(2-17)的模型在增设一个变量后变化为

$$\max z=2x_1+3x_2+4x_{New}$$
$$s.t.\begin{cases}2x_1+2x_2+2x_{New}\leqslant 12,\\x_1+2x_2+x_{New}\leqslant 8,\\4x_1+4x_{New}\leqslant 16,\\4x_2+4x_{New}\leqslant 12,\\x_1,x_2,x_{New}\geqslant 0.\end{cases}\tag{2-36}$$

此时(2-18)的标准型的系数矩阵多增加一列 $P_{New}=(1,1,1,1)^T$,目标函数多增加一个变量 x_{New},且 $c_{New}=4$ 有

$$\min z'=-2x_1-3x_2-4x_{New}$$
$$s.t.\begin{cases}x_1+x_2+x_{New}+x_3=6,\\x_1+2x_2+x_{New}+x_4=8,\\x_1+x_{New}+x_5=4,\\x_2+x_{New}+x_6=3,\\x_1,x_2,x_{New},x_3,x_4,x_5,x_6\geqslant 0.\end{cases}\tag{2-37}$$

利用单纯形表求解,如表 2-38 所示。

表 2-38　例 2.13 的单纯形表

c_j		-2	-3	-4	0	0	0	0	θ_i
X_B	b	x_1	x_2	x_{New}	x_3	x_4	x_5	x_6	
x_3	6	1	1	1	1	0	0	0	6
x_4	8	1	2	1	0	1	0	0	8
x_5	4	1	0	1	0	0	1	0	4
x_6	3	0	1	[1]	0	0	0	1	3→
σ_j		-2	-3	-4↑	0	0	0	0	
x_3	3	1	0	0	1	0	0	-1	3
x_4	5	1	1	0	0	1	0	-1	5
x_5	1	[1]	-1	0	0	0	1	-1	1→
x_{New}	3	0	1	1	0	0	0	1	—
σ_j		-2↑	1	0	0	0	0	4	
x_3	2	0	[1]	0	1	0	-1	0	2→
x_4	4	0	2	0	0	1	-1	0	2
x_1	1	1	-1	0	0	0	1	-1	—
x_{New}	3	0	1	1	0	0	0	1	3
σ_j		0	-1↑	0	0	0	2	2	
x_2	2	0	1	0	1	0	-1	0	
x_4	0	0	0	0	-2	1	1	0	
x_1	3	1	0	0	1	0	0	-1	
x_{New}	1	0	0	1	-1	0	1	1	
σ_j		0	0	0	1	0	1	2	

显然,所有检验数 $\sigma_j \geqslant 0$,迭代结束,于是得线性规划问题的最优解和目标函数值分别为

$$X^* = (3,2,1,0,0,0,0), z^* = 16 \text{ 个单位。}$$

即是说,生产 3 个单位的 Ⅰ 号零件,生产 2 个单位的 Ⅱ 号零件,生产 1 个单位的Ⅲ号零件,可使武器的杀伤力增加 16 个单位。

四、增加一个约束条件

增加一个约束条件,在实际问题中相当于增添一道工序。分析的方法是:先

将原来问题的最优解变量取值代入这个新增的约束条件中,若满足,说明新增约束条件为起到限制作用,原最优解不变。否则,将新增约束直接反映到最终表中,再进行分析。

例 2.14 在例 2.1 的基础上,A、B 两种型号的直升机还将受到燃料的限制。

(1) 若每架 A 需 4 单位的燃料,每架 B 需 3 单位的燃料,现有 140 单位的燃料。问如何安排运输,使一次运送的人员最多?

(2) 若每架 A 需 4 单位的燃料,每架 B 需 3 单位的燃料,现有 100 单位的燃料。问如何安排运输,使一次运送的人员最多?

解:(1) 在例 2.1 模型的基础上增加了一个约束条件:$4x_1+3x_2\leqslant 140$。由于单纯形表 2-2 求得的最优解 $X^*=(25,10,0,0,10)$,易知该最优解满足约束条件:$4x_1+3x_2\leqslant 140$。所以问题的最优解不变。

(2) 在例 2.1 模型的基础上增加了一个约束条件:$4x_1+3x_2\leqslant 100$。由于单纯形表 2-2 求得的最优解 $X^*=(25,10,0,0,10)$,显然,$4\times25+3\times10>100$,不满足增加的约束条件。所以,将约束条件添加松弛变量 x_6 的方程 $4x_1+3x_2+x_6=100$ 直接反映到表 2-2 的最后一步迭代过程中,有表 2-39。

表 2-39　例 2.14(2)增加约束条件后的单纯形表

c_j		-40	-20	0	0	0	0	
X_B	b	x_1	x_2	x_3	x_4	x_5	x_6	
x_2	10	0	1	1	-2	0	0	利用对偶单纯形法求解
x_1	25	1	0	0	1	0	0	
x_5	10	0	0	-1	2	1	0	
x_6	-30→	0	0	[-3]	2	0	1	
σ_j		0	0	20↑	0	0	0	
x_2	0	0	1	0	-4/3	0	1/3	
x_1	25	1	0	0	1	0	0	
x_5	20	0	0	0	4/3	1	-1/3	
x_3	10	0	0	1	-2/3	0	-1/3	
σ_j		0	0	0	40/3	0	20/3	

显然,所有检验数 $\sigma_j\geqslant 0$,迭代结束,于是得线性规划问题的一个最优解和目标函数值分别为

$$X^*=(25,0,10,0,20,0),z^*=1000(\text{人})。$$

第七节 WinQSB 软件应用

WinQSB 软件求解线性规划问题不必化为标准型,如果是可以线性化的模型则先线性化,如绝对值约束的情形必须先线性化。对于有界变量及无约束变量可以不转化,只要修改系统变量类型即可,对于不等式约束可以在输入数据时直接输入不等式,如≥符号,输入>、=>及>=任何一种都是等价的。

例 2.15 某支队安排假期战备值班:值班人员每周连续值班 5 天后连续休息 2 天,轮流休息。根据统计,每天需要的值班人员如表 2-40 所列。支队应如何安排,使支队总的值班人数最少。

表 2-40

星　期	需要人数	星　期	需要人数
一	300	五	480
二	300	六	600
三	350	日	550
四	400		

解:设 $x_j(j=1,2,3,4,5,6,7)$ 为休息 2 天后从星期一到星期日开始值班的人员,则这个问题的线性规划模型为:

$$\min z=x_1+x_2+x_3+x_4+x_5+x_6+x_7$$

$$s.t\begin{cases} x_1+x_4+x_5+x_6+x_7\geqslant 300 \\ x_1+x_2+x_5+x_6+x_7\geqslant 300 \\ x_1+x_2+x_3+x_6+x_7\geqslant 350 \\ x_1+x_2+x_3+x_4+x_7\geqslant 400 \\ x_1+x_2+x_3+x_4+x_5\geqslant 480 \\ x_2+x_3+x_4+x_5+x_6\geqslant 600 \\ x_3+x_4+x_5+x_6+x_7\geqslant 550 \\ x_j\geqslant 0, j=1,2,\cdots,7 \end{cases}$$

求解线性规划的步骤:

(1) 启动线性规划和整数规划程序。

点击开始→程序→*WinQSBLinear and Integer Programming*。屏幕显示如图 2-3所示的线性规划和整数规划工作界面。

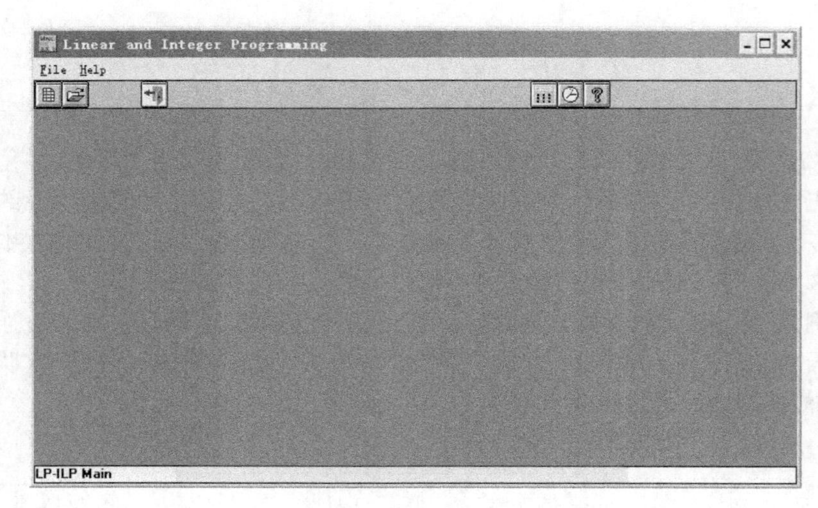

图 2-3

（2）点击 *File→New Problem* 建立新问题，按图 2-4 所示操作建立一个 *LP* 问题。

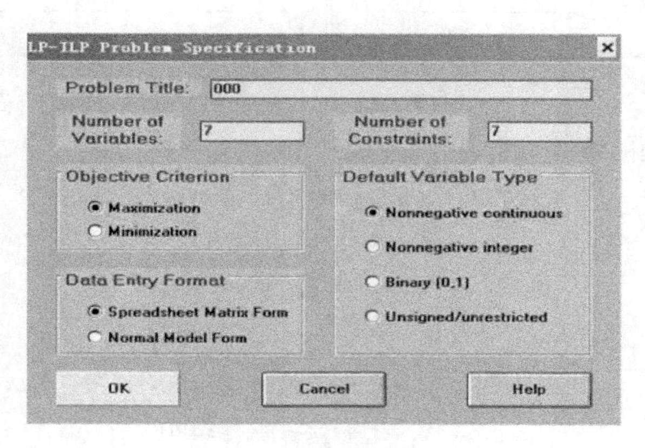

图 2-4

（2）输入数据。

在选择数据输入格式时，选择 *Spreadsheet Matrix Form*，表明以电子表格形式输入变量系数矩阵和右端常数矩阵，是固定格式，如图 2-5 所示。

（3）修改变量类型。

图 2-4 中给出了非负连续、非负整数、0-1 型和无符号限制或无约束四种变量类型选项，当选择了某一种类型后系统默认所有变量都属于该种类型．若在该例中有无约束变量存在，可以图 2-5 中通过双击类型改变。

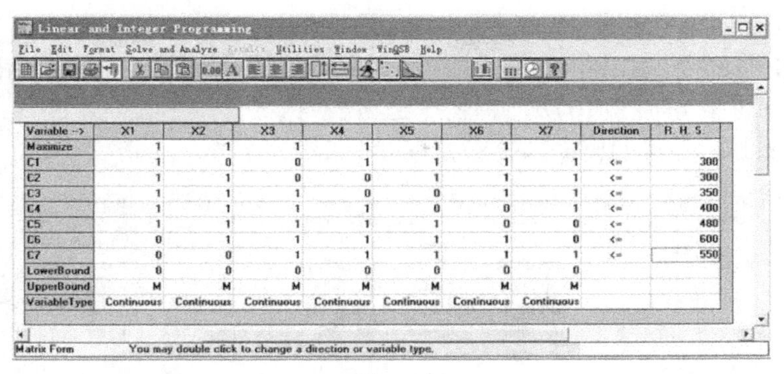

Linear and Integer Programming

File Edit Format Solve and Analyze Results Utilities Window WinQSB Help

Variable -->	X1	X2	X3	X4	X5	X6	X7	Direction	R. H. S.
Maximize	1	1	1	1	1	1	1		
C1	1	0	0	1	1	1	1	<=	300
C2	1	1	0	0	1	1	1	<=	300
C3	1	1	1	0	0	1	1	<=	350
C4	1	1	1	1	0	0	1	<=	400
C5	1	1	1	1	1	0	0	<=	480
C6	0	1	1	1	1	1	0	<=	600
C7	0	0	1	1	1	1	1	<=	550
LowerBound	0	0	0	0	0	0	0		
UpperBound	M	M	M	M	M	M	M		
VariableType	Continuous	Continuous	Continuous	Continuous	Continuous	Continuous	Continuous		

Matrix Form You may double click to change a direction or variable type.

图 2-5

（4）修改变量名及约束名。

系统默认变量名为 $X_1, X_2, \cdots, X_n$，约束名为 $C_1, C_2, \cdots, C_m$。如果对默认名不满意可以修改，点击菜单栏 *Edit* 后，下拉菜单有四个修改选项：修改标题名（*Program Name*），变量名（*Variable Name*），约束名（*Constraint Name*）和目标函数准则（*max* 或 *min*）。

（5）求解。

点击菜单栏 *Solve and Aanalyze*，下拉菜单有三个选项：求解不显示迭代过程（*Solve the problem*）、求解并显示单纯形法迭代步骤（*Solve and Displays Steps*）及图解法（*Graphic Method*，限两个决策变量）. 如选择 *Solve the Problem*，系统直接显示求解的综合报告如图 2-6 所示。

	10:49:45		Tuesday	July	08	2014		
	Decision Variable	Solution Value	Unit Cost or Profit c(j)	Total Contribution	Reduced Cost	Basis Status	Allowable Min. c(j)	Allowable Max. c(j)
1	X1	0	1.0000	0	-0.5000	at bound	-M	1.5000
2	X2	135.0000	1.0000	135.0000	0	basic	1.0000	2.0000
3	X3	130.0000	1.0000	130.0000	0	basic	0.5000	1.0000
4	X4	135.0000	1.0000	135.0000	0	basic	1.0000	2.0000
5	X5	80.0000	1.0000	80.0000	0	basic	0.5000	1.0000
6	X6	85.0000	1.0000	85.0000	0	basic	1.0000	2.0000
7	X7	0	1.0000	0	0	at bound	-M	1.0000
	Objective	Function	(Max.) =	565.0000	(Note:	Alternate	Solution	Exists!!)
	Constraint	Left Hand Side	Direction	Right Hand Side	Slack or Surplus	Shadow Price	Allowable Min. RHS	Allowable Max. RHS

	10:49:45		Tuesday	July	08	2014		
7	X7	0	1.0000	0	0	at bound	-M	1.0000
	Objective	Function	(Max.) =	565.0000	(Note:	Alternate	Solution	Exists!!)
	Constraint	Left Hand Side	Direction	Right Hand Side	Slack or Surplus	Shadow Price	Allowable Min. RHS	Allowable Max. RHS
1	C1	300.0000	<=	300.0000	0	0.5000	130.0000	370.0000
2	C2	300.0000	<=	300.0000	0	0	180.0000	430.0000
3	C3	350.0000	<=	350.0000	0	0.5000	220.0000	420.0000
4	C4	400.0000	<=	400.0000	0	0	280.0000	480.0000
5	C5	480.0000	<=	480.0000	0	0.5000	400.0000	550.0000
6	C6	565.0000	<=	600.0000	35.0000	0	565.0000	M
7	C7	430.0000	<=	550.0000	120.0000	0	430.0000	M

图 2-6

(6) 结果显示及分析。

点击菜单栏或点击快捷方式图标 *result*,存在最优解时,下拉菜单有 1)-9)个选项,无最优解时有 10)和 11)两个选项。

① 只显示最优解(*Solution Summary*),如图 2-7。

07-08-2014 10:56:44	Decision Variable	Solution Value	Unit Cost or Profit C(j)	Total Contribution	Reduced Cost	Basis Status
1	X1	0	1.0000	0	-0.5000	at bound
2	X2	135.0000	1.0000	135.0000	0	basic
3	X3	130.0000	1.0000	130.0000	0	basic
4	X4	135.0000	1.0000	135.0000	0	basic
5	X5	80.0000	1.0000	80.0000	0	basic
6	X6	85.0000	1.0000	85.0000	0	basic
7	X7	0	1.0000	0	0	at bound
	Objective	Function	(Max.) =	565.0000	Note: Alternate	Solution Exists!

图 2-7

② 约束条件摘要,比较约束条件两端的值(*Constraint Summary*),如图 2-7。

07-08-2014 10:59:20	Constraint	Left Hand Side	Direction	Right Hand Side	Slack or Surplus	Shadow Price
1	C1	300.0000	<=	300.0000	0	0.5000
2	C2	300.0000	<=	300.0000	0	0
3	C3	350.0000	<=	350.0000	0	0.5000
4	C4	400.0000	<=	400.0000	0	0
5	C5	480.0000	<=	480.0000	0	0.5000
6	C6	565.0000	<=	600.0000	35.0000	0
7	C7	430.0000	<=	550.0000	120.0000	0
	Objective	Function	(Max.) =	565.0000		

图 2-8

③ 对目标函数系数进行灵敏度分析(*Sensitivity Analysis of OBJ*),见图 2-9。

07-08-2014 11:00:19	Decision Variable	Solution Value	Reduced Cost	Unit Cost or Profit C(j)	Allowable Min. C(j)	Allowable Max. C(j)
1	X1	0	-0.5000	1.0000	-M	1.5000
2	X2	135.0000	0	1.0000	1.0000	2.0000
3	X3	130.0000	0	1.0000	0.5000	1.0000
4	X4	135.0000	0	1.0000	1.0000	2.0000
5	X5	80.0000	0	1.0000	0.5000	1.0000
6	X6	85.0000	0	1.0000	1.0000	2.0000
7	X7	0	0	1.0000	-M	1.0000

图 2-9

④ 对约束条件右端常数进行灵敏度分析(*Sensitivity Analysis of RHS*),如图 2-10所示。

07-08-2014 11:01:06	Constraint	Direction	Shadow Price	Right Hand Side	Allowable Min. RHS	Allowable Max. RHS
1	C1	<=	0.5000	300.0000	130.0000	370.0000
2	C2	<=	0	300.0000	180.0000	430.0000
3	C3	<=	0.5000	350.0000	220.0000	420.0000
4	C4	<=	0	400.0000	280.0000	480.0000
5	C5	<=	0.5000	480.0000	400.0000	550.0000
6	C6	<=	0	600.0000	565.0000	M
7	C7	<=	0	550.0000	430.0000	M

图 2-10

⑤ 求解结果组合报告(*Combined Report*),显示详细综合分析报告。

⑥ 进行参数分析(*Perform Parametric Analysis*),某个目标函数系数或约束条件右端常数带有参数,计算出参数的变化区间及其对应的最优解,属参数规划内容。

⑦ 显示最后一张单纯形表(*Final Simple Tableau*)。

⑧ 显示另外一个基本最优解(*Obtain Alternate Optimal*),存在多重解时,系统显示另一个基本最优解,然后对基本最优解凸组合可以得到最优解的通解。

⑨ 显示系统运行时间和迭代次数(*Show Run Time and Iteration*). 本例中迭代次数为 7 次。

⑩ 不可行性分析(*Infeasibility Analysis*),*LP* 无可行解时,系统指出存在无可行解的原因。

⑪ 无界性分析(*Unboundedness Analysis*),*LP* 存在无界解时,系统指出存在无界解得可能原因。

⑫ 保存结果。

求解后将结果显示在顶层窗口,点击 *Files→save as*,系统以文本格式存储计算结果,还可以打印结果、打印窗口。

⑬ 将计算表格转换成 Excel 表格。

先清空剪贴板,在计算结果界面中点击 *Files→Copy to Clipboard*,系统将计算结果复制到剪贴板,再粘贴到 Excel 表格中即可。

(7) 单纯形表。

选择求解并显示单纯形法迭代步骤,系统显示初始单纯形表,如图 2-11(a)和图 2-11(b)。

图 2-11(a)和图 2-11(b)最后两行为检验数,如 X_1 的检验数为 1。

下一步点击菜单栏 *Simplex Iteration*,选择 *Next Iteration* 继续迭代,还可以人工选择进基变量,或直接显示最终单纯形表。

Simplex Tableau — Iteration 1

		X1	X2	X3	X4	X5	X6	X7	Slack_C1	Slack_C2	Slack_C3
Basis	C(j)	1.0000	1.0000	1.0000	1.0000	1.0000	1.0000	1.0000	0	0	0
Slack_C1	0	1.0000	0	0	1.0000	1.0000	1.0000	1.0000	1.0000	0	0
Slack_C2	0	1.0000	1.0000	0	0	1.0000	1.0000	1.0000	0	1.0000	0
Slack_C3	0	1.0000	1.0000	1.0000	0	0	1.0000	1.0000	0	0	1.0000
Slack_C4	0	1.0000	1.0000	1.0000	1.0000	0	0	1.0000	0	0	0
Slack_C5	0	1.0000	1.0000	1.0000	1.0000	1.0000	0	0	0	0	0
Slack_C6	0	0	1.0000	1.0000	1.0000	1.0000	1.0000	0	0	0	0
Slack_C7	0	0	0	1.0000	1.0000	1.0000	1.0000	1.0000	0	0	0
	C(j)-Z(j)	1.0000	1.0000	1.0000	1.0000	1.0000	1.0000	1.0000	0	0	0

(a)

Slack_C4	Slack_C5	Slack_C6	Slack_C7		
0	0	0	0	R. H. S.	Ratio
0	0	0	0	300.0000	300.0000
0	0	0	0	300.0000	300.0000
0	0	0	0	350.0000	350.0000
1.0000	0	0	0	400.0000	400.0000
0	1.0000	0	0	480.0000	480.0000
0	0	1.0000	0	600.0000	M
0	0	0	1.0000	550.0000	M
0	0	0	0	0	

(b)

图 2-11

（8）模型形式转换。点击菜单栏 *Format* →*Switch to Normal Form*，将电子表格转换成标准的图表形式。

习　题　二

1. （干扰机配置问题）设我干扰营有 J_1、J_2 两种类型的干扰机，各为 8 部和 10 部。我方可使用的阵地有 Z_1、Z_2、Z_3 三个，不同的干扰机在不同的阵地上对来袭敌机的压制概率不同，每个阵地上可容纳的干扰机个数有限，如表 2-41 所示。问怎样配置这些干扰机，才能使总的干扰效果最好？

表 2-41

阵　　地	容纳干扰机数	对敌机压制概率	
		J_1	J_2
Z_1	5	0.7	0.5
Z_2	5	0.9	0.7
Z_3	10	0.8	0.6

2. （兵力展开问题）设某高炮连有 12 门高炮配置在北方的两个阵地上。现

在由于敌情的变化,要将它们重新布置在南方的三个新阵地上。各阵地的高炮数量和把高炮由原阵地 i 开向新阵地 j 所需时间 t_{ij}(单位:小时)如表 2-42。求最省时间的转移方案。

表 2-42

原阵地 \ 新阵地	新阵地 1	新阵地 2	新阵地 3	高炮数
原阵地 1	1	0.8	0.6	7
原阵地 2	0.5	1.2	1	5
高炮数	3	4	5	12

3. 某分队拟组建反坦克组,有甲、乙两种编成,依战术要求,配备 A、B、C、D 四种火器。预计甲种编成,每组击毁二辆坦克,四种弹药的耗量分别为 2、1、4、0 发;而乙种编成,每组击毁三辆坦克,各类弹药的耗量为 2、2、0、4 发。已知四种弹药的可供数分别为 12,8,16,12 发。问如何编组使击毁坦克最多(只建数学模型)?

4. 将下列线性规划问题化为标准形式

$$\min Z=-2x_1+x_2+3x_3$$

$$\begin{cases}5x_1+x_2+x_3\leqslant 7\\ x_1-x_2-4x_3\geqslant 2\\ -3x_1+x_2+2x_3=-5\\ x_1,x_2\geqslant 0,x_3\text{ 无约束}\end{cases}$$

5. 某军工厂生产甲、乙种产品,已知生产单位产品所需要的设备和 A、B 两种原材料的消耗以及资源的限制情况,生产一个单位的甲需 2 个单位的设备,1 个单位的原料 A,2 个单位的原料 B;生产一个单位的乙需 2 个单位的设备,3 个单位的原料 A,1 个单位的原料 B。现有 400 台设备,420kg 原料 A,280kg 原料 B,该工厂生产单位甲产品可获利 40 元,生产单位乙产品可获利 70 元,那么如何安排生产使得获利最大?

6. 某兵工厂为满足作战的应急需要,在短期内要安排Ⅰ、Ⅱ两种型号的武器,这些武器分别需要在 A,B 两种不同的设备上加工,武器Ⅰ和Ⅱ在各设备上所需要的台数如表 2-43 所示,已知各设备在短期内有效台时数分别是 11 和 8。该兵工厂每生产一件武器Ⅰ、Ⅱ可使部队能力增加 10 个单位和 6 个单位。问如何安排生产计划,才能使部队战斗力增加最多呢?

表 2-43

	A	B	战斗力
Ⅰ Ⅱ	1 4	2 1	10 6
有效台时	11	8	

7. 用单纯形法解下列线性规划(注意多重解和无解的判断)。

(1) $\min Z=-2x_1-3x_2$

$$s.t.\begin{cases}2x_1+x_2+x_3=2\\x_1+3x_3+x_4=4\\x_i\geqslant 0, i=1,2,3,4\end{cases}$$

(2) $\max Z=-2x_2+x_3$

$$s.t.\begin{cases}x_1+x_2+x_3\leqslant 12\\2x_1+x_2-x_3\leqslant 6\\-x_1+3x_3\leqslant 9\\x_i\geqslant 0, i=1,2,3\end{cases}$$

8. 在 5 个地点中选 3 处建生产同一装备的工厂,在这 5 个地点建厂所需投资,占用农田,建成以后的生产能力等数据如表 2-44 所示。

表 2-44

地点	1	2	3	4	5
所需投资(万元)	320	280	240	210	180
占地面积(亩)	20	18	15	11	8
生产能力(万吨)	70	55	42	28	11

现在有总投资 800 万元,占地面积指标 60 亩,应如何选择厂址,使建成后总生产能力最大。

9. 分别用单纯形法中的大 M 法和两阶段法求解下列线性规划问题,并指出解属于哪一类型。

(1) $\max z=-2x_1+x_2$

$$s.t.\begin{cases}x_1+x_2\geqslant 6,\\-2x_1-x_2\leqslant 0,\\x_1,x_2\geqslant 0\end{cases}$$

(2) $\min z=2x_1+3x_2+x_3$

$$s.t.\begin{cases}x_1+4x_2+2x_3\geqslant 8,\\3x_1+2x_2\geqslant 6,\\x_1,x_2,x_3\geqslant 0.\end{cases}$$

10. 设某种救灾物资有 3 个产地 A_1,A_2,A_3,4 个应急物资储备库 B_1,B_2,B_3,B_4。已知从 A_i 到 B_j 物资的单位运价如表 2-45(1)、(2)所示,分别求出下表中总运费最小的调运方案。

表 2-45　产地到应急物资储备库的单位运价表

(1)

	B_1	B_2	B_3	B_4	产量
A_1	10	6	7	12	4
A_2	16	10	5	9	9
A_3	5	4	10	10	4
需求量	5	2	4	6	

(2)

	B_1	B_2	B_3	B_4	产量
A_1	2	9	10	7	9
A_2	1	3	4	2	5
A_3	8	4	2	5	7
需求量	3	8	4	6	

11. 现将甲、乙、丙 3 个仓库的救灾物资分送到 A、B、C 三个灾区，由于道路情况不同，各仓库到各灾区的单位运价不同，数据如表 2-46 所示。分别求出下表中最佳调运方案？

表 2-46　仓库到灾区的单位运价表

	A	B	C	库存量
甲	17	18	16	80
乙	14	17	12	80
丙	15	16	14	40
需求量	60	90	60	

12. 现将甲、乙、丙 3 个仓库的救灾物资分送到 A、B、C、D 四个灾区。由于道路情况不同，各仓库到各灾区的单位运价不同，数据如表 2-47 所示。求最佳调运方案？

表 2-47　仓库到灾区的单位运价表

灾区 / 仓库	A	B	C	D	库存量
甲	8	10	10	18	75
乙	7	8	14	16	125
丙	20	14	8	14	120
需求量	80	65	70	85	

13. 已知线性规划问题：

$$\max z = 2x_1 + 4x_2 + x_3 + x_4$$

$$s.t.\begin{cases} x_1 + 3x_2 + x_4 \leqslant 8, \\ 2x_1 + x_2 \leqslant 6, \\ x_2 + x_3 + x_4 \leqslant 6, \\ x_1 + x_2 + x_3 \leqslant 9, \\ x_1, x_2, x_3, x_4 \geqslant 0. \end{cases}$$

求:(1) 写出其对偶问题;(2) 利用单纯形法求解。

14. 用对偶单纯形法求解下列线性规划问题:

(1) $\min z=4x_1+12x_2$

$$s.t.\begin{cases}x_1+3x_2\geqslant 3,\\2x_1+2x_2\geqslant 5,\\x_1,x_2\geqslant 0.\end{cases}$$

(2) $\min z=5x_1+2x_2+4x_3$

$$s.t.\begin{cases}3x_1+x_2+2x_3\geqslant 4,\\6x_1+3x_2+5x_3\geqslant 10,\\x_1,x_2,x_3\geqslant 0.\end{cases}$$

15. 已知线性规划问题:

$$\max z=60x_1+40x_2+80x_3$$

$$s.t.\begin{cases}3x_1+2x_2+x_3\leqslant 2,\\4x_1+x_2+3x_3\leqslant 4,\\2x_1+2x_2+2x_3\leqslant 3,\\x_1,x_2,x_3\geqslant 0.\end{cases}$$

求:(1)写出其对偶问题;(2)用单纯形法求解原问题;(3)用对偶单纯形法求解其对偶问题;(4)对比(2)与(3)中每步的计算结果。

16. 已知线性规划问题:

$$\max z=2x_1-x_2+x_3$$

$$s.t.\begin{cases}x_1+x_2+x_3\leqslant 6,\\-x_1+2x_2\leqslant 4,\\x_1,x_2,x_3\geqslant 0.\end{cases}$$

求:先用单纯形法求出最优解,再分别就下列情形进行讨论:

(1) 目标函数中变量 x_1,x_2,x_3 的系数分别在什么范围内变化,问题的最优解不变;

(2) 两个约束条件的右端项分别在什么范围内变化,问题的最优基不变;

(3) 添加一个新的约束条件 $-x_1+2x_3\geqslant 2$,寻找新的最优解。

17. 某军工厂生产甲、乙、丙三种装备,已知有关数据如表 2-48 所示,分别求解下列问题:

表 2-48

	甲	乙	丙	原料拥有量
A	6	3	5	45
B	3	4	5	30
单价利润	4	1	5	

(1) 建立线性规划模型,求使该军工厂获利最大的生产计划。

(2) 若装备乙、丙的单件利润不变,则装备甲的利润在什么范围内变化时,上述最优解不变？

(3) 若有一种新装备丁，其原料消耗定额：A 为 3 单位，B 为 2 单位，单件利润为 2.5 单位。问该种装备是否值得安排生产，并求新的最优计划。

(4) 若原材料 A 生产紧缺，除拥有量外一时无法购进，而原材料 B 如数量不足可去市场购买，但单价上涨了 0.2，问该厂应否购买，以购进多少为宜？

(5) 写出本问题的对偶问题模型。

思考题

抢险救灾中，某武警医院负责伤病员的救治工作，每天各时间段内所需医生和护士人数如表 2-49 所示，设医生和护士分别在各时间段开始时上班，并连续工作 8 小时，问应怎样安排医生和护士，即能满足工作需要，又使配备医生和护士的人数最少？

表 2-49

班　次	时　间	所需人员
1	6:00——10:00	60
2	10:00——14:00	70
3	14:00——18:00	60
4	18:00——22:00	50
5	22:00——2:00	20
6	2:00——6:00	30

第三章　动态规划及其在军事上的应用

动态规划(Dynamic Programming,DP)是运筹学的一个分支,20 世纪 50 年代由美国数学家贝尔曼(Richard Bellman)及他的学生们一同建立和发展起来的一种解决多阶段决策问题的优化方法.

多阶段决策问题是生活中较为常见的问题,该问题要求决策者在问题的每一个阶段都要做出决策,最后才能形成解决问题的方案,当问题的阶段多,规模大时往往很难作出问题的最优决策.所以,本章在介绍动态规划的基本概念和理论的基础上介绍了多阶段决策问题的动态规划求解方法;并例举了动态规划求解方法在军事领域的兵力的最佳投入问题、背包问题、物资存储问题中的应用;为便于应用,本章最后一节举例介绍了多阶段决策问题的动态规划 WinQSB 软件的求解方法。

第一节　动态规划概述

一、多阶段决策问题

军事领域中,有一类活动的过程,由于它的特殊性,可将过程按时间或空间分为若干个互相联系的阶段,在它的每一阶段都需要作出决策,才能得到执行活动的行动方案。而且各个阶段决策的选取不是任意确定的,它依赖于当前面临的状态,又影响以后的发展,当各个阶段决策确定后,就组成了一个决策序列,这种把一个问题可看作是一个前后关联具有链状结构的多阶段过程(如图 3-1 所示)就称为多阶段决策过程,也称为序贯决策过程,这种问题就称为多阶段决策问题。所谓多阶段决策问题就是求一个策略,使各个阶段的效益总和达到最优。

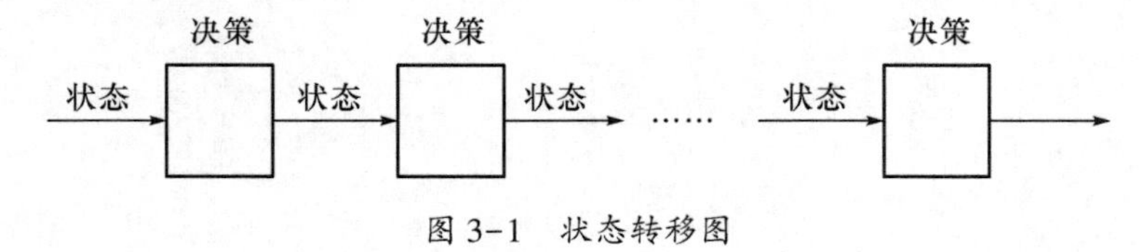

图 3-1　状态转移图

例 3.1 某部队要从图 3-2 中 A_1 开进到 A_{10}，图中数字表示两地之间的距离，求一条从 A_1 到 A_{10} 的最短开进路线。

解：A_1 到 A_{10} 的道路网络共有 18 条支路，支路的端点称为节点，把从起点 A_1 到终点 A_{10} 的所有节点，分为若干段，第一段有起点 A_1；第二段有节点 A_2,A_3,A_4；第四段有节点 A_7,A_8,A_9；最后有终点 A_{10}。这样，从 A_1 开进到 A_{10} 的全过程，就可分为 4 个阶段($k=1,2,3,4$)。在第一阶段，是从起点 A_1 开进到第二阶段，那么是开进到第二阶段的节点 A_2，还是节点 A_3，还是节点 A_4，这需要决策，…，最后第四个阶段，是从第四段的某个节点开进到终点 A_{10}。这是一个典型的多阶段决策问题。

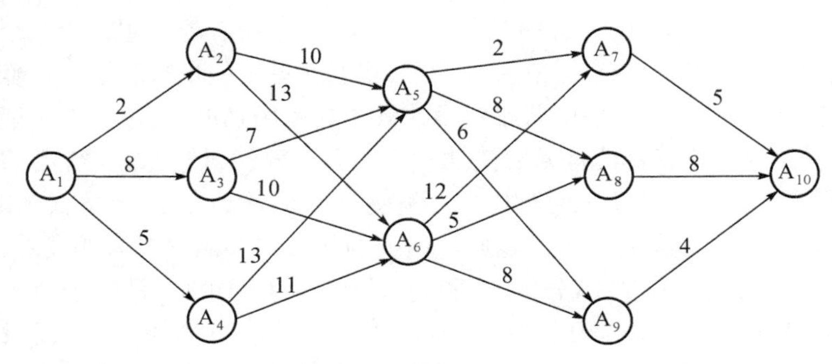

图 3-2　道路网路图

可以用枚举法求出 A_1 至 A_{10} 间的最短路，就是把 A_1 至 A_{10} 的所有可能路线都找出来，计算相应的距离，然后进行比较，其中最小值对应的线路即为所求。从 A_1 至 A_{10} 共有 18 条路线，也就是要计算 18 条线路的距离，计算量有点大，如果问题的规模再大点，计算量就更大。

能否找到一个更好的方法？其实，要是最短路线存在，则最短路线必具有这样的特性：若最短路线经过节点 A_i，则在这一条最短路线中，从 A_i 到终点的部分路线定是从 A_i 到终点的最短路线(称其为由 A_i 出发的最短子路线)。反之，如果从 A_i 到终点另有一条更"短"的子路线，则把它与原来最短路线中从起点到 A_i 的那部分连接起来，就将得到一条比最短路线更"短"的路线，从而和假设相矛盾，因此是不可能的。根据最短路线的这个特性，就可以用从终点向起点方向倒推的方法，求出各节点的最短子路线，最后得到从起点到终点的最短路线，这就是求最短路线的动态规划方法。

二、动态规划中的有关概念

阶段：把所给问题的过程，恰当地分为若干个相互联系的阶段，以便能按一定的次序去求解，描述阶段的变量称为阶段变量，常用 k 表示。阶段的划分，一般是根据时间和空间的自然特征来划分，但要便于把问题的过程能转化为多阶段决策的过程。如例 3.1 可分为 4 个阶段求解，$k=1,2,3,4$。

状态与状态变量：状态表示每个阶段开始所处的自然状态或客观条件，它描述了研究问题过程的状况，又称不可控因素。在例 3.1 中，状态就是某阶段的出发位置，它既是该阶段某支路的起点，又是前一阶段某支路的终点。通常一个阶段有若干个状态，描述状态的变量称为状态变量，通常将第 k 阶段状态变量记为 s_k，状态变量取值的全体称为状态集合，第 k 阶段的状态集合记为 S_k。如在例 3.1 中第三阶段有两个状态，则状态变量 s_3 可取两个值，即 A_5,A_6。第三阶段的状态集合为 $S_3=\{A_5,A_6\}$，有时为了方便起见，将该阶段的状态编上号码 1，2，…，这时也可记 $S_3=\{1,2\}$。在多维情形，状态变量用向量来表示。但作为动态规划模型的状态变量与一般的状态变量的概念是有区别的，这就是除了能反映过程演变的特征外，还需要具有无后效性。所谓无后效性，是指如果给定某一阶段的状态则在这一阶段以后过程的发展，不受这一阶段以前各阶段状态的影响。这也就是说，过程过去的历史只能通过当前的状态去影响它未来的发展，当前的状态就是未来过程的初始状态。之所以要求具有这种性质，是由于对不具有无后效性的多阶段决策过程而言，不可能在不知前面状态的情况下，逐段逆推求解。因此，对实际问题，必须正确地选择状态变量，使它所确定的过程具有无后效性，否则就不能用来构造问题的动态规划模型，并应用动态规划的方法求解。

决策与决策变量：决策表示当过程处于某一阶段的某个状态时，可以作出不同的决定（或选择）从而确定下一阶段的状态，这种决定称为决策。描述决策的变量称为决策变量，第 k 阶段的决策变量记为 $x_k(s_k)$，它可以是一个变量或一个 n 维向量，是状态变量 s_k 的函数 $x_k(s_k)$。决策变量取值的全体称为允许决策集合。第 k 阶段从状态 s_k 出发的允许决策集合记为 $D_k(s_k)$，显然有 $x_k(s_k)\in D_k(s_k)$。如在例 3.1 第二阶段中，若从状态 A_2 出发，就可作出两种不同的决策，其允许决集合 $D_2(A_2)=\{A_5,A_6\}$，若选取的点为 A_5，则 A_5 是状态 A_2 在决策 x_2 作用下的一个新的状态，记作：$x_2(A_2)=A_5$。

策略与最优策略：策略是一个按顺序排列的决策组成的集合。由过程的第 k 阶段开始到终止状态为止的过程，称为问题的后部子过程（或称为 k 子过程）。由每段的决策按顺序排列组成的决策函数序列 $\{x_k(s_k),\cdots,x_n(s_n)\}$ 称为 k 子过程策略，简称子策略，记为 $P_k(s_k)$，即当 $k=1$ 时，此决策函数序列称为全过程的一个策略，简称策略，记为 $P_1(s_1)$，即

$$P_1(s_1)=\{x_1(s_1),x_2(s_2),\cdots,x_n(s_n)\}$$

在实际问题中，可供选择的策略有一定的范围，此范围称为允许策略集合，

用 P 表示。从允许策略集合中找出达到最优效果的策略称为最优策略,记为 P^*。在例 3.1 中,P 的元素有 18 个(每一条路线相应于有一个策略),而最优路线所对应的策略为

$$P^* = \{A_1, A_2, A_5, A_7, A_{10}\}$$

状态转移方程:对于多阶段决策过程而言,如果已给定第 k 阶段状态变量 s_k 的值,则在该阶段的决策变量 x_k 确定之后,第 $k+1$ 阶段状态 s_{k+1} 的值也就随之确定,这样,可以把 s_{k+1} 看成是 (s_k, x_k) 的函数,并记为

$$s_{k+1} = T_k(s_k, x_k) \tag{3-1}$$

这一关系式指明了由第 k 阶段到第 $k+1$ 阶段的状态转移规律,称为状态转移方程 T_k 称为状态转移函数。如例 3.1 中,状态转移方程为 $s_{k+1} = T_k(s_k, x_k)$。

指标函数和最优值函数:用来衡量所选定策略优劣的一种数量指标,称为指标函数,分阶段指标函数(第 k 阶段,从状态 s_k 出发,采用决策 x_k 时的效益)和过程指标函数(第 k 阶段状态 s_k 采用策略 x_k 到过程终止时的效益)。它是定义在全过程和所有后部子过程上确定的数量函数,常用 V_k 表示之,即

$$V_k = V_k(s_k, x_k, s_{k+1}, \cdots, s_{n+1}) \quad k = 1, 2, \cdots, n$$

对于要构成动态规划模型的指标函数,应具有可分离性,并满足递推关系,即 V_k 可以表示为 s_k, x_k, V_{k+1} 的函数,记为

$$\begin{aligned} V_k &= V_k(s_k, x_k, s_{k+1}, \cdots, s_{n+1}) \\ &= \psi_k[s_k, x_k, V_{k+1}(s_{k+1}, \cdots, s_{n+1})] \end{aligned} \tag{3-2}$$

在实际问题中很多指标函数都满足这个性质,常见的指标函数的形式是有以下两种:

(1) 过程和它的任一子过程的指标是它所包含的各阶段的指标的和,即

$$V_k(s_k, x_k, \cdots, s_{n+1}) = \sum_{j=k}^{n} v_j(s_j, x_j) \tag{3-3}$$

其中 $v_j(s_j, x_j)$ 表示第 j 阶段的阶段指标。这时(3-2)式可写成

$$\begin{aligned} V_k &= V_k(s_k, x_k, s_{k+1}, \cdots, s_{n+1}) \\ &= v_k(s_k, x_k) + V_{k+1}(s_{k+1}, x_{k+1}, \cdots, s_{n+1}) \end{aligned} \tag{3-4}$$

(2) 过程和它的任一子过程的指标是它所包含的各阶段的指标的乘积,即

$$V_k = V_k(s_k, x_k, s_{k+1}, \cdots, s_{n+1}) = \prod_{j=k}^{n} v_j(s_j, x_j) \tag{3-5}$$

这时(3-2)式可写成

$$\begin{aligned} V_k &= V_k(s_k, x_k, s_{k+1}, \cdots, s_{n+1}) \\ &= v_k(s_k, x_k) \cdot V_{k+1}(s_{k+1}, x_{k+1}, \cdots, s_{n+1}) \end{aligned} \tag{3-6}$$

指标函数的最优值,称为最优值函数,记为 $f_k(x_k)$,它表示从第 k 阶段的状

态 s_k 开始到第 n 阶段的终止状态的过程，采取最优策略所得到的指标函数值。即

$$f_k(s_k)=\underset{\{x_k,\cdots,x_n\}}{opt} V_k(s_k,x_k,\cdots,s_{n+1}) \tag{3-7}$$

其中“opt”可根据题意而取 min 或 max。

在不同的问题中，指标函数的含义是不同的，它可能是距离、利润、成本、产品的产量或资源消耗等。在例 3.1 中，指标函数 V_k 就表示在第 k 阶段由点 s_k 至终点 A_{10} 的路程，用 $v_k(s_k,x_k)=d_k(s_k,x_k(s_k))$ 表示在第 k 阶段由点 s_k 到点 $s_{k+1}=x_k(s_k)$ 的距离，如 $d_4(A_7,A_{10})=5$，就表示在第 4 阶段中由点 A_7 到 A_{10} 的距离为 5。$f_k(s_k)$ 表示从第 k 阶段点 s_k 到终点 A_{10} 的最短距离，如 $f_2(A_3)$ 就表示从第 2 阶段中的点 A_3 到终点 A_{10} 的最短距离。

三、动态规划的基本方程

在第一节例 3.1 中，如果从 A_1 到 A_{10} 的最优路线在第 k 段经过某一节点 s_k，则最优路线中从 s_k 到 A_{10} 的线路，必然是从 s_k 到 A_{10} 点的最优路线，这也就是由贝尔曼所表达的最优化原理：“在多阶段决策过程中，最优策略具有如下性质，即不论先前的状态和决策是什么，对于由先前的决策所造成的状态来说，后续采取的决策，必然构成一个最优策略。”简言之，一个最优策略的子策略总是最优的。

根据这个原理，对于多阶段决策过程最优化问题，可通过逐段逆推求后部最优子策略的方法，来求得全过程的最优策略。也就是以终点作为边界条件，从倒数第一阶段开始，逐步利用第 k+1 阶段以后的最优子策略 P_{k+1}^*，求出第 k 阶段以后的最优子策略 P_k^*，最终求得 P^*，因此例 3.1 就可以这样来求解(图 3-3)。

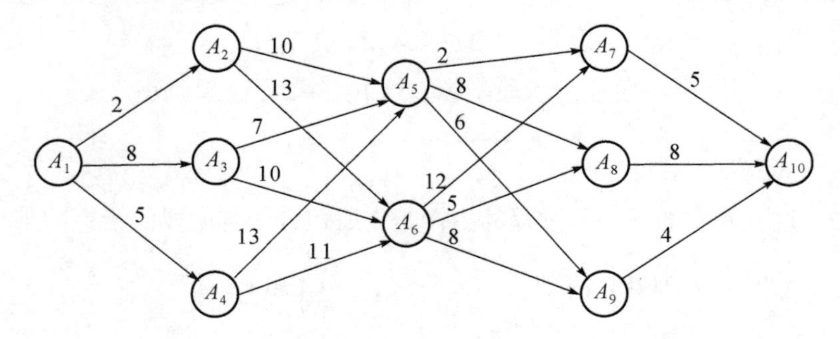

图 3-3　道路网路图

当 $k=4$ 时，此时状态集 $S_4=\{A_7,A_8,A_9\}$，故分三种情况进行讨论：

$$f_4(A_7)=5, f_4(A_8)=8, f_4(A_9)=4$$

故最优决策为：$x_4^*(A_7)=A_{10}, x_4^*(A_8)=A_{10}, x_4^*(A_9)=A_{10}$。

当 $k=3$ 时，状态集 $S_3=\{A_5,A_6\}$，故分两种情况进行讨论：

$$f_3(A_5)=\min\begin{Bmatrix}2+f_4(A_7)\\8+f_4(A_8)\\6+f_4(A_9)\end{Bmatrix}=\min\begin{Bmatrix}2+5\\8+8\\6+4\end{Bmatrix}=7$$

故最优决策为：$x_3^*(A_5)=A_7$，相应的最优子路线为 $A_5\to A_7\to A_{10}$，

$$f_3(A_6)=\min\begin{Bmatrix}12+f_4(A_7)\\5+f_4(A_8)\\8+f_4(A_9)\end{Bmatrix}=\min\begin{Bmatrix}12+5\\5+8\\8+4\end{Bmatrix}=12$$

故最优决策为：$x_3^*(A_6)=A_9$，相应的最优子路线为 $A_6\to A_9\to A_{10}$。

类似地，可算得，

当 $k=2$ 时，此时状态集 $S_2=\{A_2,A_3,A_4\}$，故分三种情况进行讨论：

$$f_2(A_2)=17,\quad x_2^*(A_2)=A_5\quad A_2\to A_5$$

$$f_2(A_3)=14,\quad x_2^*(A_3)=A_5\quad A_3\to A_5$$

$$f_2(A_4)=20,\quad x_2^*(A_4)=A_5\quad A_4\to A_5$$

当 $k=1$ 时，此时状态集 $S_2=\{A_1\}$，则

$$f_1(A_1)=\min\begin{Bmatrix}2+f_2(A_2)\\8+f_2(A_3)\\5+f_2(A_4)\end{Bmatrix}=\min\begin{Bmatrix}2+17\\8+14\\5+20\end{Bmatrix}=19$$

所以 $x_1^*(A_1)=A_2$，于是得到从起点 A_1 到终点 A_{10} 的最短距离为 19，其相应的最短路线是 $A_1\to A_2\to A_5\to A_7\to A_{10}$。

上例在求解过程中，不仅得到了从 A_1 到 A_{10} 的最短路线和最优值，而且还得到了从道路网络中所有节点到 A_{10} 点的最短路线和最优值，在实际问题当中是很有用的。如果问题本身要求求出所有节点到 A_{10} 的最短路线，动态规划方法就显得更优越。所以动态规划方法与枚举法比较，具有不仅计算量少，而且能得到一族解的优越性。

上述最短路线问题的计算过程，可用图上直接作业的标号法直观地表示出来，如图 3-4 所示。

在图 3-4 中，每节点处上方的方格内的数，表示该点到终点 A_{10} 的最短距离，用直线连接的点表示该点到终点 A_{10} 的最短路线。

因全过程的最优策略 P^* 所确定的各阶段状态事先并不知道，所以在求各阶

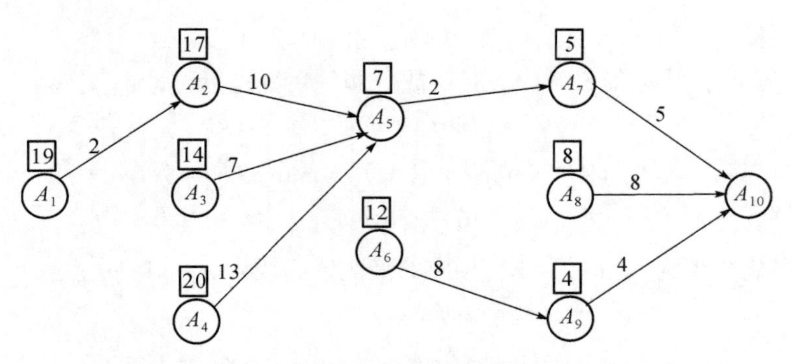

图 3-4 各点到终点的最短线路图

段后部最优子策略时,需对该段状态集合内所有的元素,求相应的后部最优子策略,因此当问题规模较大时,计算量也比较大,这也是该算法的不足之处。

由例 3.1 的求解过程也可以看出,要用动态规划方法求解多阶段决策问题,要建立相应的动态规划模型(简称 DP 模型)具体步骤为:

(1) 确定过程的阶段;

(2) 确定状态变量和决策变量;

(3) 给出各阶段状态集合、允许决策集合;

(4) 确定状态转移方程;

(5) 确定指标函数及最优指标函数。

设指标函数是取各阶段指标的和的形式,则用动态规划方法逆推求解时,以第 k 阶段任意一个 $s_k \in S_k$ 为起始状态的后部最优子策略 $P_k^*(s_k)$ 是问题

$$optV_k(s_k,p_k(s_k))=\sum_{i=k}^{n} v_i(s_i,x_i) \tag{3-8}$$

约束于 $p_k(s_k) \in P_k(s_k)$ 的解。这里已 $P_k(s_k)$ 是以 s_k 为起始状态的后部允许策略集合。又

$$\begin{aligned} V_k(s_k,p_{k+1}(s_{k+1})) &= \sum_{i=k}^{n} v_i(s_i,x_i) \\ &= v_k(s_k,x_k) + \sum_{i=k+1}^{n} v_i(s_i,x_i) \end{aligned} \tag{3-9}$$

即 $V_k(s_k,p_{k+1}(s_{k+1}))=v_k(s_k,x_k)+V_{k+1}(s_{k+1},x_{k+1},p_{k+2}(s_{k+2}))$

其中
$$\begin{cases} p_k(s_k)=\{x_k,p_{k+1}(s_{k+1})\} \\ s_{k+1}=T_k(s_k,x_k) \end{cases} \tag{3-10}$$

假定对任意 $s_{k+1} \in S_{k+1}$ 已求出其后部最优子策略 $P_{k+1}^*(s_{k+1})$ 问题的等价问

题是:

$$opt(v_k(s_k,x_k)+V_{k+1}(s_{k+1},x_{k+1},p_{k+2}^*(s_{k+2}))) \tag{3-11}$$

约束于
$$\begin{cases} x_k \in D_k(s_k) \\ s_{k+1}=T_k(s_k,x_k) \end{cases}$$

即:

$$\begin{cases} f_k(s_k)=\underset{x_k \in D_k(s_k)}{opt}\{v_k(s_k,x_k)+f_{k+1}(s_{k+1})\} \\ s_{k+1}=T_k(s_k,x_k) \end{cases} \tag{3-12}$$

由上式解出 x_k^*,则$\{x_k^*,p_{k+1}^*(s_{k+1})\}$就是所求的 $p_k^*(s_k)$,因此,原多阶段决策过程最优化问题的求解,就归结为如下方程的求解:

$$\begin{cases} f_k(x_k)=\underset{x_k \in D_k(s_k)}{opt}\{v_k(s_k,x_k)+f_{k+1}(s_{k+1})\} \\ s_k \in S_k(k=n,n-1,\cdots,2,1) \\ s_{k+1}=T_k(s_k,x_k) \\ f_{n+1}(s_{n+1})=0 \end{cases} \tag{3-13}$$

这是一个递推方程,其递推过程是从 $k=n$ 开始(这时要用到终端边界条件,终端边界条件由问题本身决定),由于指标函数是连加型,且只加到 $v_n(s_n,x_n)$为止,取$f_{n+1}(s_{n+1})=0$,逐段逆推,一直到求出 x_1^* 和$f_1(s_1)$,就能得到全过程的最优策略和相应的指标函数最优值。

上述方程通常称为动态规划基本方程,或简称为 DP 方程。

若指标函数为连乘型则相应的动态规划基本方程为:

$$\begin{cases} f_k(s_k)=\underset{x_k \in D_k(s_k)}{opt}\{v_k(s_k,x_k)\cdot f_{k+1}(s_{k+1})\} \\ s_k \in S_k(k=n,n-1,\cdots,2,1) \\ s_{k+1}=T_k(s_k,x_k) \\ f_{n+1}(s_{n+1})=1 \end{cases} \tag{3-14}$$

四、动态规划的最优性定理

定理 3.1 (动态规划的最优性定理)设阶段数为 n 的多阶段决策过程,其阶段编号为 $k=1,2,\cdots,n$。允许策略 $p_n^*=\{x_1^*,x_2^*,\cdots,x_n^*\}$是最优策略的充要条件是:对任一个 $k,1<k<n$ 和 $s_1 \in S_1$,有

$$V(s_1,p_n^*)=\underset{p_{k-1} \in P_{k-1}(s_1)}{opt}\{V_{k-1}(s_1,p_{k-1})+\underset{p_k \in P_k(\tilde{s}_k)}{opt}V_k(\tilde{s}_k,p_k)\} \tag{3-15}$$

式中 $p_{k-1}=\{x_1,x_2,\cdots,x_{k-1}\}$为前部子策略,$P_{k-1}(s_1)$为所对应的前部允许子策略

集合，$V_{k-1}(s_1, p_{k-1})$为所对应的子过程指标函数，p_k 为以$\tilde{s}_k$ 为起点的后部子策略，$P_k(\tilde{s}_k)$为所对应的后部允许子策略集合，$V_k(\tilde{s}_k, p_k)$为所对应的子过程指标函数，证明略。

推论1：对于给定的 $s_1 \in S_1$，若允许策略 P_1^* 是最优策略，则对任意的 k，$1<k<n$，它的子策略 p_k^* 对于以 $s_k^* = T_{k-1}(s_{k-1}^*, x_{k-1}^*)$为起点的 k 到 n 子过程来说，必是最优策略。

动态规划的最优性定理是策略最优性的充要条件，而最优性原理仅仅是策略最优性的必要条件，因此，最优性定理是动态规划的理论基础。

动态规划研究具有多阶段决策过程的一类问题，将问题的整体按时间或空间的特征而分成若干个前后衔接的时空阶段，把多阶段决策问题表示为前后有关联的一系列单阶段决策问题，然后逐个加以解决，从而求出了整个问题的最优决策序列，对于通常与时间无关的静态规划问题，如线性规划和非线性规划，也可以人为地引入时间因素把它看作是按阶段进行的一个动态规划问题，这就使得动态规划成为求解一些线性、非线性规划的有效方法。

第二节　动态规划在军事上的应用

军事领域很多问题都可以看作多阶段决策问题，所以动态规划理论在军事上应用广泛，如军事上的背包问题、物资存储问题、排序问题、兵力的最佳投入问题、武器设备的更新问题等等，下面就抗震救灾中的兵力投入问题、军车的最优装载问题及军事上的生产与存储问题三个方面举例说明动态规划在军事活动中的应用。

一、抗震救灾中兵力投入问题

例3.2　抗震救灾中，某支队准备用6个中队的兵力投放到4个灾区（整中队投入），由于各灾区受灾情况不同，中队装备不同，救灾预期效果也不同，其效率如表3-1。问应该怎样投入兵力，才能使总的预期效果最好。

表3-1

灾区＼兵力＼中队	0	1	2	3	4	5	6
1	0	20	42	60	75	85	90
2	0	25	45	57	65	70	73
3	0	18	39	61	78	90	95
4	0	28	47	65	74	80	85

解：把对 4 个灾区的兵力投入可以逐个考虑，因此该问题可以看成 4 个阶段的决策过程，确定对第 k 个灾区的投入的兵力数量看成第 k 个阶段的决策，$k=1,2,3,4$。图示如图 3-5。

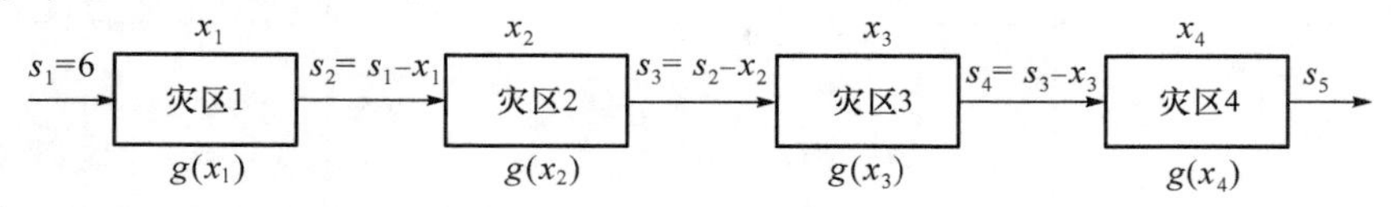

图 3-5 状态转移图

状态变量 s_k：可投入第 k, $k+1$, …个灾区的中队个数；

决策变量 x_k：第 k 阶段对第 k 个灾区的投入中队个数；

允许决策集：$D_k=\{0,1,\cdots s_k\}$；

状态转移方程：$s_{k+1}=s_k-x_k$, $k=1,2,3,4$，其中 $s_1=6$；

阶段指标函数 $g_i(x_j)$：第 i 阶段投入 x_j 个中队时所产生的预期效果；

最优指标函数 $f_k(s_k)$：第 k 阶段状态为 s_k 且对第 k 个灾区投入中队个数为 x_k 时，第 k 个灾区至第四个灾区投入兵力的最优效果。

基本递推方程：

$$\begin{cases} f_k(s_k)=\max\{g_k(x_k)+f_{k+1}(s_{k+1})\} \quad k=1,2,3,4 \\ f_5(s_5)=0 \end{cases},$$

初始条件已知：$s_1=6$，逆序法求解。

(1) $k=4$ 时，

考虑：若到最后一个，第 4 个灾区时，还有中队个数 s_4，若投入第 4 个灾区的中队数为 x_4，则最大效果为：

$$\begin{aligned} f_4(s_4) &= \max_{0\leqslant x_4\leqslant s_4}\{g_4(x_4)+f_5(s_5)\} \quad (\text{注意到此时} f_5(s_5)=0) \\ &= \max_{0\leqslant x_4\leqslant s_4}\{g_4(x_4)\} \end{aligned} \tag{3-16}$$

自然问：$s_4=$？ $s_4=0,1,2,3,4,5,6$ 都有可能。下面分情况讨论：

当 $s_4=0$ 时，$x_4=0$，所以 $g_4(x_4)=0$，此时 $f_4(s_4)=0$。

$s_4=1$ 时，$x_4=0$ 或 $x_4=1$，此时 $g_4(x_4)=0$ 或 28。

$$\max_{0\leqslant x_4\leqslant s_4}\{g_4(x_4)\}=\{0,28\}=28,$$

此种情况的最优决策 $x_4^*=1$。其他情况可类似讨论，所有结果汇总成表 3-2。

(2) $k=3$ 时，可利用的中队还有 s_3 个，若向第三个灾区投送中队个数为 x_3（个），则自此即以后最大效果为：

$$f_3(s_3)=\max_{0\leqslant x_3\leqslant s_3}\{g_3(x_3)+f_4(s_4)\}=\max_{0\leqslant x_3\leqslant s_3}\{g_3(x_3)+f_4(s_3-x_3)\}$$

同样分情况讨论可汇总成如表 3-3。

表 3-2

s_4 \ x_4	$g_4(x_4)$							$f_4(s_4)$	x_4^*
	0	1	2	3	4	5	6		
0	0							0	0
1	0	28						28	1
2	0	28	47					47	2
3	0	28	47	65				65	3
4	0	28	47	65	74			74	4
5	0	28	47	65	74	80		80	5
6	0	28	47	65	74	80	85	85	6

表 3-3

s_3 \ x_3	$g_3(x_3)+f_4(s_3-x_3)$							$f_3(s_3)$	x_3^*
	0	1	2	3	4	5	6		
0	0+0							0	0
1	0+28	18+0						28	0
2	0+47	18+28	39+0					47	0
3	0+65	18+47	39+28	61+0				67	2
4	0+74	18+65	39+47	61+28	78+0			89	3
5	0+80	18+74	39+65	61+47	78+28	90+0		108	3
6	0+85	18+80	39+74	61+65	78+47	90+28	95+0	126	3

(3) $k=2$ 时,

$$f_2(s_2)=\max_{0\leqslant x_2\leqslant s_2}\{g_2(x_2)+f_3(s_2-x_2)\}$$

同样分情况讨论,可将结果汇总成表 3-4。

表 3-4

s_2 \ x_2	$g_2(x_2)+f_3(s_2-x_2)$							$f_2(s_2)$	x_2^*
	0	1	2	3	4	5	6		
0	0+0							0	0
1	0+28	25+0						28	0
2	0+47	25+28	45+0					53	1
3	0+67	25+47	45+28	57+0				73	2
4	0+89	25+67	45+47	57+28	65+0			92	1 或 2
5	0+108	25+89	45+67	57+47	65+28	70+0		114	1
6	0+126	25+108	45+89	57+67	65+47	70+28	73+0	134	2

(4) $k=1$ 时，

$$f_1(s_1)=f_1(6)=\max_{0\leqslant x_1\leqslant s_1}\{g_1(x_1)+f_2(s_1-x_1)\}$$
$$=\max_{0\leqslant x_1\leqslant 6}\{g_1(x_1)+f_2(6-x_1)\}。$$

类似可得结果如表 3-5。

表 3-5

s_1 \ x_1	$g_1(x_1)+f_2(s_1-x_1)$							$f_1(s_1)$	x_1^*
	0	1	2	3	4	5	6		
6	0+134	20+114	42+92	60+73	75+53	85+28	90+0	134	0 或 1 或 2

此时对应最大值 134 的有三个值：$x_1^*=0,1,2$。所对应的最优策略分别为：$x_1^*=0$，得一最优策略：$x_1^*=0,x_2^*=2,x_3^*=3,x_4^*=1$；

同理还有另外三个最优策略：$x_1^*=2,x_2^*=1,x_3^*=2,x_4^*=1$；

$x_1^*=1,x_2^*=1,x_3^*=3,x_4^*=1$；

$x_1^*=2,x_2^*=2,x_3^*=0,x_4^*=2$

总的最大效果 $f_1(s_1)=f_1(6)=134$。

二、战斗中的武器分配问题

例 3.3 某战斗分三阶段进行，每一阶段中，一、二分队的武器效率分别为 0.7 和 0.8，每一阶段战斗结束时，一、二分队的武器剩存率分别为 0.9 和 0.6，假设战斗开始前共有武器 100 座，试求出各阶段最优武器分配方案，使三阶段战斗过程的武器的总效率最大．

解：这是一个三阶段的多阶段决策过程，$k=1,2,3$。

设 s_k 为第 k 阶段开始时的武器剩余数，则 s_k 为状态变量。

设 x_k 为第 k 阶段分配给第一分队的武器数，则第 k 阶段分配给第二分队的武器数为 s_k-x_k，x_k 为决策变量且允许决策集：

$$D_k(s_k)=\{x_k\mid 0\leqslant x_k\leqslant s_k\}.$$

由每一阶段战斗结束时的武器剩存率可知，在下一阶段开始时，武器剩余数 s_{k+1} 为

$$0.9x_k+0.6(s_k-x_k)=0.6s_k+0.3x_k,$$

即状态转移方程为：

$$s_{k+1}=T_k(s_k,x_k)=0.6s_k+0.3x_k,$$

第 k 阶段的武器效率为：

$$0.7x_k+0.8(s_k-x_k)=0.8s_k-0.1x_k,$$

即阶段指标函数：$v_k(s_k,x_k)=0.8s_k-0.1x_k$。

指标函数是：

$$V=\sum_{k=1}^{3}v_k(s_k,x_k)=\sum_{k=1}^{3}(0.8s_k-0.1x_k),$$

其相应的 DP 方程如下：

$$\begin{cases}f_k(s_k)=\max\limits_{u_k\in D_k(s_k)}\{0.8s_k-0.1x_k+f_{k+1}(s_{k+1})\}\\f_4(s_4)=0\end{cases}$$

当 $k=3$ 时，有

$$\begin{aligned}f_3(s_3)&=\max_{x_3\in D_k(s_k)}\{0.8s_3-0.1x_3+f_4(s_4)\}\\&=\max_{0\leqslant x_3\leqslant s_3}\{0.8s_3-0.1x_3\}\end{aligned}$$

所以 $x^*=0,\quad f_3(s_3)=0.8s_3$

当 $k=2$ 时，有

$$\begin{aligned}f_2(s_2)&=\max_{x_2\in D_2(s_2)}\{0.8s_2-0.1x_2+f_3(s_3)\}\\&=\max_{x_2\in D_2(s_2)}\{0.8s_2-0.1x_2+0.8s_3\}\\&=\max_{0\leqslant x_2\leqslant s_2}\{0.8s_2-0.1x_2+0.8(0.6s_2+0.3x_2)\}\\&=\max_{0\leqslant x_2\leqslant s_2}\{1.28s_2+0.14x_2\}\end{aligned}$$

所以 $x_2^*=s_2,\quad f_2(s_2)=1.42s_2$

当 $k=1$ 时，有

$$\begin{aligned}f_1(s_1)&=\max_{x_1\in D_1(s_1)}\{0.8s_1-0.1x_1+f_2(s_2)\}\\&=\max_{0\leqslant x_1\leqslant s_1}\{1.652s_1+0.326x_1\}\end{aligned}$$

所以 $x_1^*=s_1,\quad f_1(s_1)=1.978s_1.$

由假设，战斗开始前共有武器 100 座，即 $s_1=100$，故得到如下最优武器分配方案：

第一阶段：战斗开始时，$x_1^*=s_1=100$，全部 100 座武器分给第一分队，经过第一阶段战斗，剩存武器：$s_2=0.6s_1+0.3x_1=0.9s_1=90$ 座；

第二阶段：$x_2^*=s_2$，剩存的 90 座武器仍分给第一分队，经过第二阶段战斗，剩存武器 $s_3=0.6s_2+0.3x_2^*$ 座；

第三阶段：$x_3^*=0$，剩存的 81 座武器全部分给第二分队。

按上述分配方案可使三个阶段作战武器效率总和最大，其最大值为：

$$f_1(s_1)=197.8,$$

相应的最优策略为：

$$p^* = \{x_1^*, x_2^*, x_3^*\} = \{100, 90, 0\}.$$

三、军车的最优装载问题

例 3.4 有一辆最大货运量为 10 吨的军车,用于装载三种货物,每种货物的单位重量及相应单位价值如表 3-6 所示,应如何装载可使军车装载货物总价值最大?

表 3-6 货物价值与重量表

物品(i)	1(a)	2(b)	3(c)
单件重量 a_k(吨)	3	4	5
单件价值(万元)	4	5	6

解:设第 i 种货物装载的件数为 $x_i(i=1,2,3)$ 则问题可表示为:

$$\begin{cases} \max \quad f=4x_1+5x_2+6x_3 \\ 3x_1+4x_2+5x_3 \leqslant 10 \\ x_i \geqslant 0 \quad i=1,2,3 \end{cases}$$

它是一个整数规划问题,下面用动态规划的方法采取顺序法求解。

阶段:将可装入物品按 1,2,3 的顺序排序,每段装入一种物品,共划分 3 个阶段;

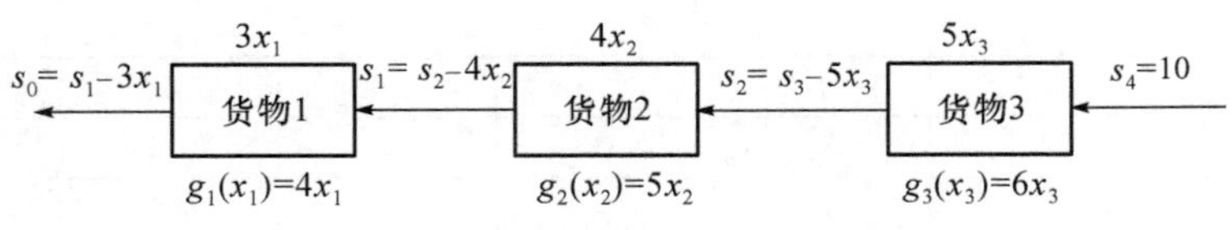

图 3-6 状态转移图

状态变量 s_k:在第 k 段时,车中允许装入前 k 种物品的总重量;

决策变量 x_k:装入第 k 种物品的件数;

状态转移方程:$s_{k-1}=s_k-a_kx_k$;

最优指标函数 $f_k(s_k)$:在装入物品的总重量不超过 s_kt,装前 k 种物品时的最大使用价值。

由此可得动态规划的顺序递推方程为:

$$\begin{cases} f_{k+1}(s_{k+1})=\max\limits_{0\leqslant a_{k+1}x_{k+1}\leqslant s_{k+1}}\{g_{k+1}(x_{k+1})+f_k(s_k)\} \quad k=0,1,2,3 \\ f_0(s_0)=0 \end{cases}$$

由于决策变量取整数,所以可以用列表法求解。

(1) $k=1$ 时,

$$f_1(s_1)=\max_{0\leqslant 3x_1\leqslant s_1}\{4x_1+f_0(s_0)\}=4\left[\frac{s_1}{3}\right],$$

计算结果如表 3-7。

表 3-7

s_1	0	1	2	3	4	5	6	7	8	9	10
x_1^*	0	0	0	1	1	1	2	2	2	3	3
$f_1(s_1)$	0	0	0	4	4	4	8	8	8	12	12

（2）$k=2$ 时，

$$f_2(s_2)=\max_{0\leqslant 4x_2\leqslant s_2}\{5x_2+f_1(s_2-4x_2)\},$$

计算结果如表 3-8(a)和表 3-8(b)。

（3）$k=3$ 时，

$$\begin{aligned}f_3(s_3)&=f_3(10)\\&=\max_{0\leqslant 5x_3\leqslant 10}\{6x_3+f_2(10-5x_3)\}\\&=\max_{0\leqslant x_3\leqslant 2}\{f_2(10),6+f_2(5),12+f_2(0)\}=13\end{aligned}$$

所以，最优装入方案为 $x_1^*=2,x_2^*=1,x_3^*=0$，最大使用价值为 13。

表 3-8(a)

s_2	0	1	2	3	4	5
x_2	0	0	0	0	0,1	0,1
g_2+f_1	0	0	0	4	4,5	4,5
$f_2(s_2)$	0	0	0	4	5	5
x_2^*	0	0	0	0	1	1

表 3-8(b)

s_2	6	7	8	9	10
x_2	0,1	0,1	0,1,2	0,1,2	0,1,2
g_2+f_1	8,5	8,9	8,9,10	12,9,10	12,13,10
$f_2(s_2)$	8	9	10	12	13
x_2^*	0	1	2	0	1

四、军事上的生产与存储问题

例 3.5　某军工厂生产某种产品，1-4 月份生产成本、生产能力和产品需求量的情况见表 3-9，仓库容量为 3 件，不允许缺货，求 4 个月生产成本最小的方案。

表 3-9　生产成本表

月份 i	1	2	3	4
需求量 n_i(件)	2	3	5	4
生产能力(件)	5	5	5	5
单件成本(万元/件)	1	2	5	3
单件月存储成本(万元/件)	1	1	2	1

解:阶段:每一个月为一个阶段,$k=1,2,3,4$;

状态变量 s_k:第 k 个月初的库存量,$0\leqslant s_k\leqslant 3, s_1=s_5=0$;

决策变量 x_k:第 k 个月初的生产量,$0\leqslant x_k\leqslant 5$, x_k 为整数;

状态转移方程:$s_{k+1}=s_k+x_k-n_k$;

阶段指标函数 $g_k(x_k)$:第 k 个月的生产和库存费用;

最优指标函数 $f_k(s_k)$:第 k 个月初状态为 s_k 时,到第 4 个月末的生产与库存最低费用。

下用逆序法建立动态规划基本方程(图 3-7):

$$\begin{cases} f_k(s_k)=\min\limits_{\substack{0\leqslant x_k\leqslant 50\\ s_k+x_k\geqslant n_k}}\{g_k(x_k)+f_{k+1}(s_{k+1})\} & k=4,3,2,1 \\ f_5(s_5)=0 \end{cases},$$

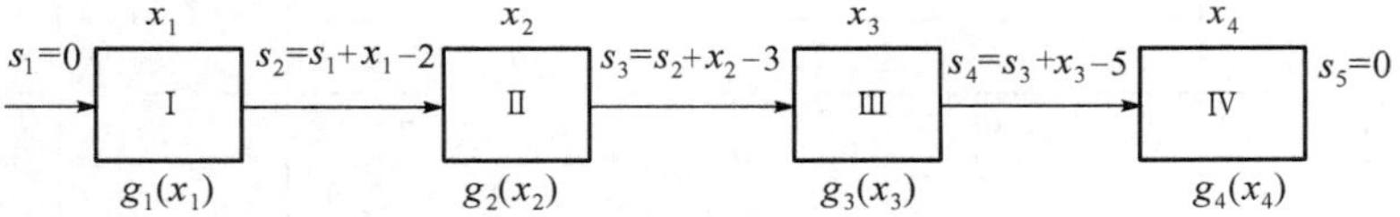

$s_1=0$ → I (x_1, $g_1(x_1)$) → $s_2=s_1+x_1-2$ → II (x_2, $g_2(x_2)$) → $s_3=s_2+x_2-3$ → III (x_3, $g_3(x_3)$) → $s_4=s_3+x_3-5$ → IV (x_4, $g_4(x_4)$) → $s_5=0$

图 3-7　状态转移图

从递推式可看出:$s_5=s_4+x_4-4=0$,且 $0\leqslant s_k+x_k-n_k\leqslant n_{k+1}$

下用逆序法求解:

(1) $k=4$,由于 $s_5=s_4+x_4-4=0$,所以有 $x_4=4-s_4$,

$$f_4(s_4)=\min_{\substack{x_4=4-s_4\\ 0\leqslant s_4\leqslant 3}}\{g_4(x_4)+f_5(s_5)\}=\min_{x_4=1,2,3,4}\{s_5\times 1+x_4\times 3\}=\min_{x_4=1,2,3,4}\{3x_4\},$$

状态变量(库存量)$s_4=0,1,2,3$,且

$f_4(0)=4\times 3=12$　　此时 $x_4=4$;

$f_4(1)=3\times 3=9$　　此时 $x_4=3$;

$f_4(2)=2\times 3=6$　　此时 $x_4=2$;

$f_4(3)=1\times 3=3$　　此时 $x_4=1$。

分情况讨论,可将结果汇总成表 3-10。

表 3-10

x_4 \ s_4	$3x_4, x_4=1,2,3,4$					$f_4(s_4)$	x_4^*
	0	1	2	3	4		
0					12	12	4
1				9		9	3
2			6			6	2
3		3				3	1

(2) $k=3, s_3=0,1,2,3$,分析决策变量 x_3 的允许决策集 U_3:

1) 满足需求:$s_3+x_3 \geqslant 5$,即 $x_3 \geqslant 5-s_3$;

2) 非负限制:$x_3 \geqslant 0$;

3) 最大生产能力的限制:$x_3 \leqslant 5$;

4) 最大库存量得限制:$s_4=s_3+x_3-5 \leqslant 3$,即 $x_3 \leqslant 8-s_3$。

综合 1)、2)、3)、4)得:

$$U_3: \mathrm{Max}\{0, 5-s_3\} \leqslant x_3 \leqslant \min\{5, 8-s_3\} \text{的整数} \tag{3-17}$$

$$f_3(s_3)=\min_{U_3}\{g_3(x_3)+f_4(s_4)\}=\min_{U_3}\{s_4 \times 2+x_3 \times 5+f_4(s_4)\}$$

计算 $f_3(s_3)$ 的值,结果如表 3-11。

表 3-11

x_3 \ s_3	$s_4 \times 2+x_3 \times 5+f_4(s_4)$						$f_3(s_3)$	x_3^*
	0	1	2	3	4	5		
0						25+12	37	5
1					20+12	27+9	32	4
2				15+12	22+9	29+6	27	3
3			10+12	17+9	24+6	31+3	22	2

(3) $k=2, s_2=0,1,2,3$,类似于 $k=3$ 时的分析,决策变量 x_2 允许决策集 U_2:

1) 满足需求:$s_2+x_2 \geqslant 3$,即 $x_2 \geqslant 3-s_2$;

2) 非负限制:$x_2 \geqslant 0$;

3) 最大库存量的限制:$s_3=s_2+x_2-3 \leqslant 3$,即 $x_2 \leqslant 6-s_2$;

4) 最大生产能力的限制:$x_2 \leqslant 5$。

综合 1)、2)、3)、4)得

$$U_2: \mathrm{Max}\{0, 3-s_2\} \leqslant x_2 \leqslant \min\{5, 6-s_2\} \text{的整数} \tag{3-18}$$

$$f_2(s_2)=\min_{x_2 \in U_2}\{s_3 \times 1+x_2 \times 2+f_3(s_3)\}$$

计算 $f_2(s_2)$ 的值,结果如表 3-12。

表 3-12

s_2 \ x_2	$s_3\times1+x_2\times2+f_3(s_3)$						$f_2(s_2)$	x_2^*
	0	1	2	3	4	5		
0				6+37	9+32	12+27	37	6
1			4+37	7+32	10+27	13+22	35	5
2		2+37	5+32	8+27	11+22		33	4
3	0+37	3+32	6+27	9+22			31	3

(4) $k=1, s_1=0$,决策变量 x_1 满足的约束为:

1) 需求量:$x_1 \geqslant 2$;

2) 最大生产能力:$x_1 \leqslant 5$;

3) 最大库存能力:$s_2 \leqslant 3$,即 $x_1-2 \leqslant 3$,即 $x_1 \leqslant 5$,所以 $2 \leqslant x_1 \leqslant 5$ 的整数;

从而$f_1(s_1)=f_1(0)=\min\limits_{2\leqslant x_1\leqslant 5}\{s_2\times1+x_1\times1+f_2(s_2)\}$。

计算$f_1(s_1)$的值,结果见表 3-13。故总最低费用为$f_1(s_1)=39$(万元)。

表 3-13

s_1 \ x_1	$s_2\times1+x_1\times1+f_2(s_2)$				$f_1(s_1)$	x_1^*
	2	3	4	5		
0	2+37	4+35	6+33	8+31	39	2,3,4,5

所以,最佳生产方案有四个,分别为:

$$x_1^*=2, x_2^*=6, x_3^*=2, x_4^*=4;$$
$$x_1^*=3, x_2^*=5, x_3^*=2, x_4^*=4;$$
$$x_1^*=4, x_2^*=4, x_3^*=2, x_4^*=4;$$
$$x_1^*=5, x_2^*=3, x_3^*=2, x_4^*=4。$$

第三节 WinQSB 软件应用

动态规划的规模较大的时候手工计算往往比较困难,这时经常用 WinQSB 求解软件来进行求解,求解中先调用子程序 Dynamic Programming(DP),然后在 file 菜单中选择 new problem,显示对话框如图 3-9 所示,包含 3 个问题:Stagecoach Problem(最短路问题)、Knapsack Problem(背包问题)和 Production Inventory Scheduling(生产与存储问题)。

一、行军最短路线问题

例 3.6 某部队要从图 3-8 中 A_1行军到 A_{10},图中箭杆上方数字表示两地之间的距离,求一条从 A_1 到 A_{10} 的最短开进路线。

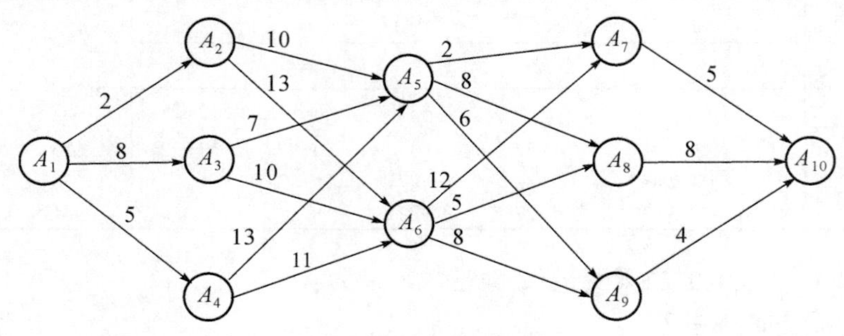

图 3-8　道路网络图

解:(1) 调用子程序,新建问题。在图 3-9 中选择第一项,输入标题和节点数。

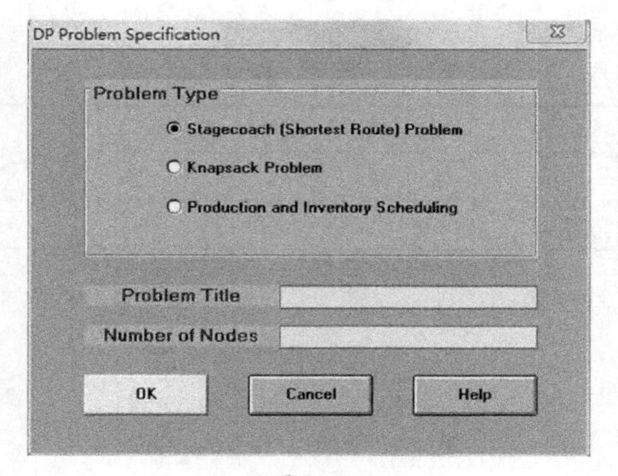

图 3-9

(2) 输入数据。按图弧的方向将距离输入到图 3-10(两点间没有弧连接时不输入数据)。

From \ To	Node1	Node2	Node3	Node4	Node5	Node6	Node7	Node8	Node9	Node10
Node1		2	8	5						
Node2					10	13				
Node3					7	10				
Node4					13	11				
Node5							2	8	6	
Node6							12	5	8	
Node7										5
Node8										8
Node9										4
Node10										

图 3-10

(3) 求解。点击菜单栏中 Solve and Analyze 中的下拉菜单中的 Solve the Problem 按钮,得到图 3-11 所示对话框,点击 solve 按钮得到图 3-12 所示结果,最优解为 $A_1 \to A_2 \to A_5 \to A_7 \to A_{10}$,最短距离为 19。

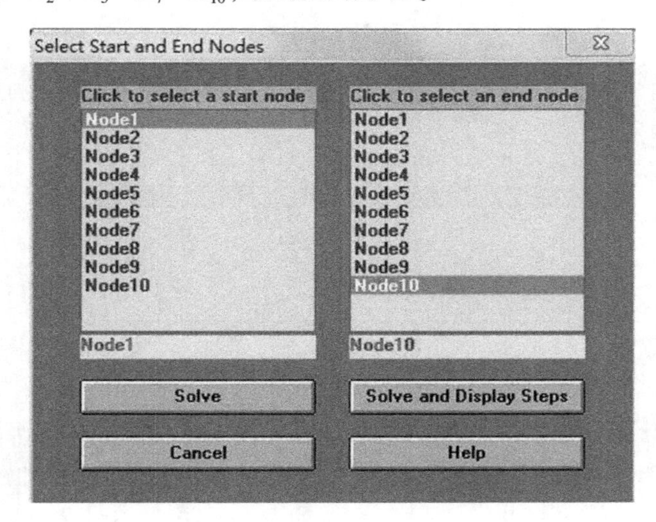

图 3-11

06-25-2014 Stage	From Input State	To Output State	Distance	Cumulative Distance	Distance to Node10
1	Node1	Node2	2	2	19
2	Node2	Node5	10	12	17
3	Node5	Node7	2	14	7
4	Node7	Node10	5	19	5
	From Node1	To Node10	Min. Distance	= 19	CPU = 0

图 3-12

二、军车的最优装载问题

例 3.7 有一辆最大货运量为 10 吨的军车,用于装载三种货物,每种货物的单位重量及相应单位价值如表 3-14,应如何装载可使军车装载货物的总价值最大?

表 3-14 货物重量及单价表

物品(i)	a	b	c
单件重量 $a_k(t)$	3	4	5
单件价值(万元)	4	5	6

解:(1) 在图 3-9 中选择第二项,输入标题和物品总数。

(2) 输入数据。将有关数据输入表中,如图 3-13 所示,第一列为物品名称,第二列物品限量及背囊载重量,第三列为单位物品重量,第四列物品的价值函数。

Item (Stage)	Item Identification	Units Available	Unit Capacity Required	Return Function (X: Item ID) (e.g., 50X, 3X+100, 2.15X^2+5)
1	a	M	3	4a
2	b	M	4	5b
3	c	M	5	6c
Knapsack	Capacity =	10		

图 3-13

(3) 求解。点击菜单栏中 Solve and Analyze 中的下拉菜单中的 Solve the Problem 按钮,得到图 3-14 所示结果,最优解为装 a 货物 2 件,装 b 货物 1 件,装 c 货物 0 件,此时所装货物最大总价值为 13 万元。

06-26-2014 Stage	Item Name	Decision Quantity (X)	Return Function	Total Item Return Value	Capacity Left
1	a	2	4a	8	4
2	b	1	5b	5	0
3	c	0	6c	0	0
	Total	Return	Value =	13	CPU = 0

图 3-14

三、军事上的生产与存储问题

例 3.8 某军工厂生产某种产品,1-4 月份生产成本、生产能力和产品需求量的情况见表 3-15,仓库容量为 3 件,不允许缺货,求 4 个月生产成本最小的方案。

表 3-15 生产成本表

月份 i	1	2	3	4
需求量 n_i(件)	2	3	5	4
生产能力(件)	5	5	5	5
单件成本(万元/件)	1	2	5	3
单件月存储成本(万元/件)	1	1	2	1

解:(1) 调用子程序,新建问题。在图 3-9 中选择第三项,输入标题和期数。

（2）输入数据。将有关数据输入表中，如图 3-15 所示，第二列需求量，第三列为各期的生产能力，能力无限制输入 M，第四列为存储容量限制，第五列为生产固定成本，第六列为变动成本函数（其中 P 代表产量、H 代表存量、B 代表缺货量）。

Period (Stage)	Period Identification	Demand	Production Capacity	Storage Capacity	Production Setup Cost	Variable Cost Function (P,H,B: Variables) (e.g., 5P+2H+10B, 3(P-5)^2+100H)
1	Period1	2	5	3	0	P+H
2	Period2	3	5	3	0	2P+H
3	Period3	5	5	3	0	5P+2H
4	Period4	4	5	3	0	3P+H
Initial	Inventory =	0				

图 3-15

（3）求解。点击菜单栏中 Solve and Analyze 中的下拉菜单中的 Solve the Problem 按钮，得到图 3-16 所示的结果，最优解为第一阶段生产 3 件，最优解为第二阶段生产 5 件，最优解为第三阶段生产 2 件，最优解为第四阶段生产 4 件，最低成本为 39 万元。

06-27-2014 Stage	Period Description	Net Demand	Starting Inventory	Production Quantity	Ending Inventory	Setup Cost	Variable Cost Function (P,H,B)	Variable Cost	Total Cost
1	Period1	2	0	3	1	0	P+H	¥4.00	¥4.00
2	Period2	3	1	5	3	0	2P+H	¥13.00	¥13.00
3	Period3	5	3	2	0	0	5P+2H	¥10.00	¥10.00
4	Period4	4	0	4	0	0	3P+H	¥12.00	¥12.00
Total		14	4	14	4	0		¥39.00	¥39.00

图 3-16

习　题　三

1. 某运输车队需从 A 地运送物资到 M 地，从 A 地到 M 地的道路网络如图 3-17所示，图中数字表示二地之间的距离，试求一条由 A 地到 M 地的最短运输路线。

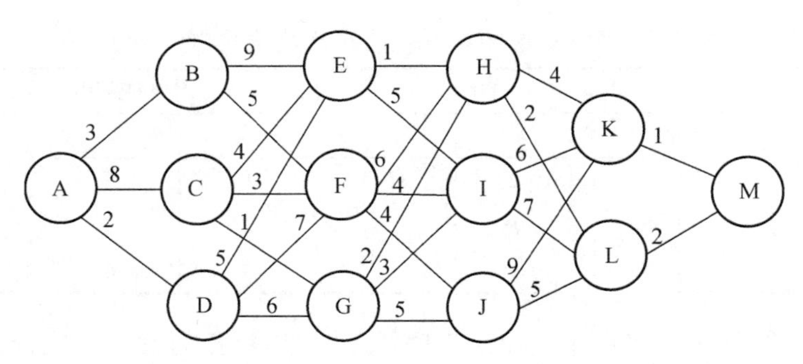

图 3-17

2. 试用动态规划方法求出从 P 点到 K、M 、L 三点的最短路线,已知各段路线的长度如图 3-18 所示。

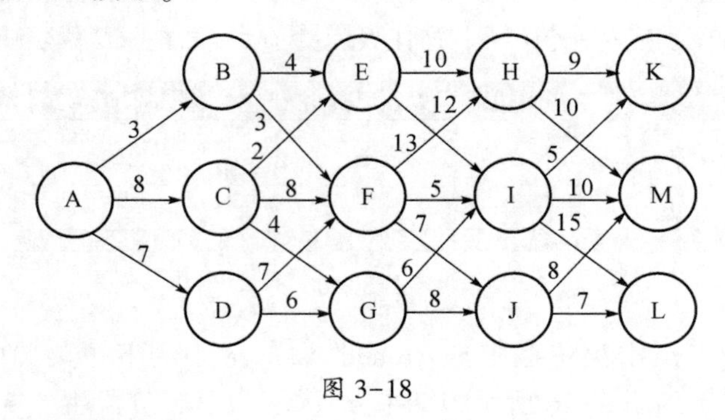

图 3-18

3. 用动态规划方法求解

$$(1)\ \max z=4x_1+9x_2+2x_3^2 \quad \begin{cases} x_1+x_2+x_3=10 \\ x_i\geqslant 0 \quad i=1,2,3 \end{cases}$$

$$(2)\ \max z=x_ix_2^2x_3 \quad \begin{cases} x_1+x_2+x_3=c(c>0) \\ x_i\geqslant 0, \quad i=1,2,3 \end{cases}$$

4. 某厂有 100 台机器,拟使用四个生产周期,在每一周期内有两种生产任务。据经验要把 x 台机器投人第一种生产任务,则在一个生产周期中将有 $3x$ 台机器报废,余下的机器全部投入第二种生产任务,其报废率为 u 如果在一个生产周期中,第一种生产任务,每一台机器可收益 1000 元,第二种生产任务,每一台机器可收益 700 元。试问:应怎样分配机器,才能使总收益最大?

5. 为保证某设备的正常运转,需备有三种不同零件 E_1、E_2、E_3。若增加备用件的数量,可提高设备正常运转的可靠性,但增加了费用。现投资额为 8,000 元,且已知增加备用零件数与增加的可靠性及费用如表 3-16。试问:在投资额的限制下,各种零件的备件数量各为多少时,可使设备正常运转的可靠性提高最多?

表 3-16　零件的可靠性及费用表

备 件 数	增加的可靠性			增加的费用(千元)		
	E_1	E_2	E_3	E_1	E_2	E_3
1	0.3	0.2	0.1	1	3	2
2	0.4	0.5	0.2	2	5	3
3	0.5	0.9	0.7	3	6	4

6. 有 20 个战士可用于分配给三项任务,三项任务的效率与执行该项任务的战士数量之间的关系分别为

$$g_1(x)=5\sqrt{x} \qquad 0\leqslant x\leqslant 20$$

$$g_2(x)=x \qquad 0\leqslant x\leqslant 20$$

$$g_3(x)=0.07x^2 \qquad 0\leqslant x\leqslant 20$$

试求使三项任务的总效率最大的任务分配方案。

7. 有 7 位工人可安排去做三项工作，每项工作能接纳的工人数为 0 到 7 的任一整数（包括 0 和 7）。设 x 位工人做第 i 项工作的经济收益为 $g_i(x)$，($i=1, 2,3$)，其数据见表 3-17。

表 3-17 经济收益表

x	0	1	2	3	4	5	6	7
$g_1(x)$	0	14	18	21	30	38	40	50
$g_2(x)$	0	6	12	20	32	35	45	55
$g_3(x)$	0	8	20	22	35	40	42	52

现在要将 7 位工人全部安排工作。试问：每项工作安排多少人时，可使总的经济收益最大？

思考题

某重大活动安保勤务中，部队拟组建 12 支巡逻队，负责 4 个要害部位 A、B、C、D 的武装巡逻。对每个部位可分别派出 2~4 支巡逻队，并且由于派出巡逻队数的不同，预期各部位得到成功保卫的概率不同，具体如下表。问部队应往各部位分别派多少支巡逻队，才能使各部位受到成功保卫的概率和最大。

巡逻队数 \ 部位	A	B	C	D
2	0.80	0.70	0.81	0.90
3	0.88	0.85	0.85	0.93
4	0.91	0.96	0.88	0.95

第四章　军事决策分析

决策工作在军事活动中占有特别重要的地位,现代战争的决定因素是人、武器和组织指挥,而组织指挥就是决策。指挥员的决策是决定部队行动的关键环节,指挥员的决策能力及水平是战斗力至关重要的组成部分,在一定条件下,决策得当与否直接决定战争的胜败。军事决策方法实质上是辅助进行军事决策的方法,而军事决策中最为核心的是辅助军事指挥决策。客观地讲,军事指挥既是科学又是艺术,试图完全用定量分析的方法去解决是不现实的,但随着理论的发展,给指挥员提供更多更好的支持是可能的。现代战争条件下,高新技术兵器的广泛应用,战场空间迅速扩展,攻防转换节奏不断加快,全纵深、空地一体、非线式等新型军事理论不断涌现等,这一切都使得快速、准确、高效地作出军事决策显得更加迫切和重要。因此,我军各级各类指挥与参谋人员,除了要具备科学的头脑、勇担重任的精神、正确的思维方式、高超的指挥艺术外,还应该了解和学习一些辅助决策的方法和工具。

第一节　军事决策的基本概念

一、决策论及其发展简史

决策是指为了实现某一目标,依据一定的准则从若干个可行方案中选择一个满意方案的分析决断过程。研究决策者作出决策过程的系统理论方法就是决策论。决策论在军事领域中,诸如制定军事战略、确定作战方案、进行兵力部署、实施作战指挥以及后勤保障等都有广泛的应用。军事领域中的决策问题只有运用科学的决策理论和方法,才能实现决策科学化,使作出的决策最大限度地满足决策者的需要。

决策论起源于20世纪50年代,美国学者瓦尔德(A・Wald)的统计决策理论是决策论的奠基之作,决策论的一些基本概念,如主观概率、贝叶斯分析方法、效用函数等,都与早期的统计学和经济学的发展存在着密切的关系。1961年,美国学者赖法(H・Raiffa)与施莱弗(R.O.Schlaifer)的《应用统计决策理论》一书的出版,使决策论具备了学科分支的雏形。1966年,美国学者霍华德(R.A.Howard)在文献《决策分析:应用决策理论》中,明确地将决策分析作为决策理论的应用分支。现代决策理论与行为科学、心理学、经济学以及军事科学等有关学科交叉发展,其内容已远远超出这些经典文献所包含的内容。

二、决策问题的分类

为了便于对决策问题的研究,往往根据决策问题的性质、特点,从不同的角度和分类标准将决策问题分为各种类型。下面是几种重要的也是常见的决策分类形式。

按决策的层次可分为战略决策、战役决策和战术决策;

按决策问题所处的社会领域可分为政治决策、经济决策、军事决策、外交决策、科技决策等;

按决策问题重复出现的程度可分为程序化决策和非程序化决策;

按对决策目标的要求可分为最优决策和满意决策;

按决策目标的数量可分为单目标决策和多目标决策;

按决策过程的连续性可分为单项决策和序贯决策;

按决策者所掌握信息程度的不同可分为确定型决策、不确定型决策和风险型决策。

本书主要从决策者所掌握信息程度的角度来划分决策问题,其中确定型决策是指决策者完全掌握了将出现的客观情况,从多个备选行动方案中,选择一个最有利的方案;在完全不掌握客观情况的概率规律性条件下作出决策,叫做不确定型决策;如果不完全掌握客观情况出现的规律,但掌握了它们的概率分布,这时的决策就叫风险型决策。

三、军事决策的要素

军事决策主体所作的决策必然对军事决策的承受对象产生影响,军事决策承受对象的变化反过来又促使军事决策主体修改原来的决策或进行新的决策。同一个军事决策主体在不同的决策环境下,就同一军事决策问题而言,对同样的军事决策承受对象可能采取不同的军事决策。因此,军事决策的正确与否不仅取决于军事决策主体,而且与军事决策承受对象和军事决策环境密切相关。从系统学的角度来看,军事决策主体、军事决策对象和军事决策环境是军事决策的三个基本要素,它们相互制约、相互联系,从而构成一个军事决策系统。

(一)军事决策主体

军事决策主体是军事决策系统的主观能力的体现者,是指参与军事决策制定的人或集体,包括军事决策者和军事决策参与者。

所谓决策者是指拥有决策权的领导集团或领导者个人。在军事活动中,各级军事指挥员就是军事决策者。军事决策者又可分为两种类型:凡是最后由一个人作出军事决策的,个人在军事决策中起决定性作用的军事决策者称为决策个体;凡是由两人或两人以上组成的集体在军事决策中起主导作用的军事决策者称为决策集体,也称为决策集团。

军事决策参与者是指在军事决策过程中具体负责军事方案的制定以及方案评估论证的人员,主要是指挥机构中的参谋人员和智囊系统中的专家。军事决策参与者必须具备相应的专门知识。

(二)军事决策对象

军事决策对象是指军事决策的承受者,主要包括实施军事决策的部(分)队和军事对象。军事决策者作出的军事决策以军事命令的形式下达给参战部队,从这点考虑,实施军事决策的部(分)队,也就是军事行动的主体,是军事决策的直接对象。军事行动的施加对象即作战对象(也就是敌军部队),是作战决策的间接对象。

制定军事决策时,在考虑军事对象对军事的制约因素的同时,也要考虑实施军事行动的部队的能力,如果部队没有能力完成军事决策,那军事决策主体所作出的决策必将以失败而告终。

(三)军事决策环境

军事决策的制定只考虑军事决策主体和军事决策对象是不够的,如果不考虑军事环境对军事决策的影响往往会导致军事决策失误,因为军事决策系统制定军事决策离不开环境因素的制约和影响,并对其所处的环境具有依赖性。

军事决策环境主要有社会环境和自然环境。社会环境主要是指与军事决策有关的人类社会活动的各种因素,如政治、经济、人文环境等;自然环境主要指军事地理、气象条件等。社会环境一般是无形的,利用一定的方法可以加以改造,军事指挥员应通过主观努力以各种手段和方式营造一个有利的社会环境条件。自然环境一般是有形的,军事指挥员应积极利用有利的自然环境或部分地加以改造,如预先设置战场和防线、构筑工事等。

四、军事决策问题的数学描述

军事指挥中的许多问题是这样给出的:决策者面对几种不同的自然状态,又存在着可能采取的几种不同的行动方案,要求决策者选定一个最优方案加以实施,这就提出和构成了一个决策问题。

例 4.1 某机动中队接到去某高地进行捕歼战斗的紧急命令,由驻地到目的地有两条路线可供选择:走大路或走小路。当时天气情况是阴天,晴雨不定,据当地气象部门预测，下大雨的概率为0.7，不下大雨的概率为0.3。在各种情况下由驻地到达目的地所花费时间如表4-1所列。现在要作出决策，确定合理的路线，使达到目的地所用的时间最少。

表4-1　道路选择决策表

方案＼结果＼状态	下大雨 $P_1=0.7$	不下大雨 $P_2=0.3$
A_1 走大路	28	25
A_2 走小路	30	15

从上例中，我们可以看出决策问题所涉及的几个基本概念。

（一）状态（或条件）

一个问题所面临的几种自然状况或客观条件，简称为状态或条件。如例4.1中的“下大雨”或“不下大雨”。这些状态是不以人的意志为转移的，所以也称为不可控因素。状态可分为确定型、不确定型和随机型。在随机型中，预先知道各种状态中，必定会出现且只会出现一种状态，而且知道各种状态出现的可能性（概率）的大小，但究竟哪一种状态会出现是预先不知道的。状态用 $\theta_1,\theta_2,\cdots,\theta_n$ 表示，其出现概率为 $P(\theta_1),P(\theta_2),\cdots,P(\theta_n)$。

（二）方案（或策略）

决策者可能采取的不同的行动方案，简称方案（或策略），一般用 $A_1,A_1,\cdots,A_m$ 表示。这一部分因素是决策者可自由选择的，因此又称为可控因素。如例4.1中决策者可选择的策略有“走大路”和“走小路”两种。

（三）益损值（效益值或风险值）

当决策者选定行动方案 A_i，当出现自然状态 θ_j 时，会产生一定的效益，或造成一定的损失，这得失的大小可用一个数值 a_{ij} 来衡量，这个值就称为益损值，有时又将效益称为效益值，将损失称为风险值。a_{ij} 是 A_i、θ_j 的函数，记为 $a_{ij}=f(A_i,\theta_j)$，其中 $i=1,2,\cdots,m;j=1,2,\cdots,n$。也可以更简便地用益损矩阵来表示所有益损值：$M=[a_{ij}]_{m\times n}$。

（四）最优决策

最优决策是按照某种准则，选择一个行动方案，使行动的效益最大或损失最小。科学的决策必须依据科学的理论，遵循科学的程序，运用科学的决策方法，并通过决策者的科学思维和决断能力来实现。其中，选择科学的决策方法对决策成败起着十分重要的作用。

第二节　确定型决策

一、确定型决策的概念

确定型决策是指决策者完全掌握了将出现的自然状态或客观条件的情况，从而在该情况下，从多个备选方案中，选择一个最有利的方案。具备以下4个条件的决策为确定型决策：

(1) 存在决策人希望达到的一个明确目标(效益最大或损失最小)；

(2) 未来的发展趋势可以有把握地断定为某一确定的状态；

(3) 存在可供决策者选择的两个或两个以上的行动方案；

(4) 不同的行动方案在确定状态下的益损值可以计算出来。

二、确定型决策的方法

(一) 直观决策法

确定型决策中，由于决策者对决策的有关信息掌握得比较详细，因此确定型决策可以根据益损值的大小，即可直接确定出最优的决策方案。

例4.2　武警海警总队某支队在接受海上搜索任务后，制定了4个备选方案 *A*、*B*、*C*、*D*，根据有关资料可以确定，当时海情为1~2级海浪，在此情况下，4个搜索方案发现目标的概率如表4-2所列。根据表4-2中的益损值，可以直接确定 *B* 方案为该支队的最佳搜索方案。

表4-2　确定型决策表

方案 / 益损值 / 状态	*A*	*B*	*C*	*D*
1~2级海浪	0.3	0.8	0.6	0.5

例4.3　武警某支队在一次捕歼战斗中，根据犯罪分子的相关情况和他们所藏匿地点的地形，在选择突破口时有两种方案可供决策，即从中间或右翼突破。在投入抓捕行动的兵力相同的情况下，对每种方案均可估计出完成突破任务可能性的大小。决策准则是突破敌藏匿阵地。为了有把握地完成突破任务，该支队进行了大量的调查研究，发现敌右翼与中间相比实力薄弱，也有利于进攻和向纵深发展，所以也很容易作出决策，肯定选择将右翼定为进攻的突破口。

(二) 线性规划决策法

确定型的决策看起来似乎很简单，但实际问题往往很复杂。一是可供选择的方案很多，有时甚至为无限多，益损值往往不容易看出；二是有时求益损值的最大或最小值常常也不是容易的。因此，对大型较复杂的确定型决策，往往还要借助线性规划等运筹学方法和电子计算机才能解决。

例 4.4 武警某部要组建一个装甲车分队以完成各类防暴任务，要求战斗力指数不小于 40，机动指数不小于 50，而轮式装甲车分为大、中、小三种类型，它们所具有的指标见表 4-3。已知这三种装甲车的造价分别为 50 万元、30 万元和 20 万元，试求出用最小的造价且能完成任务的组建战斗单位的最佳方案。

表 4-3 指数表

	大型装甲车	中型装甲车	小型装甲车	要求
战斗力指数	7	4	1	40
机动性指数	2	4	5	50
造价	50 万元	30 万元	20 万元	

上例可供选择的方案有无穷多种，各方案的益损值也不容易直接看出，因此就不能采用直观决策法。可以采用线性规划决策的方法，通过建立该问题的线性规划数学模型，然后求解就可以得到最佳方案。

第三节 不确定型决策

一、不确定型决策的概念

不确定型决策就是不能确定将来可能出现的自然状态或不能确定各种自然状态出现概率的决策。从这一定义可以看出，不确定型决策包括两种情况：

第一种情况指的是决策者不能确定将来可能出现的各种自然状态，当然相应的概率和益损值也就无从谈起了。这种类型的不确定型决策，决策者只能凭借他的经验、学识、智慧等进行决策，没有规律性可循。

第二种情况指的是决策者可以确定将来可能出现的各种自然状态及相应的益损值，但不能对各种自然状态出现的概率作出客观估计。

本节我们主要研究第二种不确定型决策的方法。

二、不确定型决策模型的基本结构

不确定型决策模型的基本结构可以表述为如下形式：

$$a_{ij}=f(A_i,\theta_j) \tag{4-1}$$

式中，$i=1,2,\cdots,m(m\geqslant 2)$；$j=1,2,\cdots,n(n\geqslant 2)$。式中 a_{ij}、A_i、θ_j 体现了决策分析

问题的三个要素。

（一）决策变量

式(4-1)中的 A_i 表示决策变量，即备选方案，它们是决策者可控制的因素。决策分析问题的前提条件之一就是存在两个或两个以上可供选择的备选方案。

（二）随机自然状态

式(4-1)中的 θ_j 表示随机自然状态，即决策者有所了解而不能控制的随机环境信息。正是由于自然状态的存在，使同一备选方案的实施可能产生不同的结果。决策者列举的自然状态 $\theta_j(j=1,2,\cdots,n)$ 应当是互斥且完备的，即所有可能自然状态只有一个会发生。

（三）决策方案的属性或价值

式(4-1)中的 a_{ij} 表示决策方案的属性或价值，即当决策者采用方案 A_i，而自然状态为 θ_j 时的益损值。由于决策目标要在行动的结果中体现出来，而在做决策时，行动尚未开始，结果更没有产生，因此决策方案的价值常常要根据决策者对决策方案所能达到目标程度的主观评价确定。

决策矩阵或益损值矩阵是决策分析问题的一种形式化表达。不确定型决策问题矩阵的左边按行表示可能的备选方案，矩阵的上方按列表示可能的自然状态，矩阵元素则给出每一对备选方案与自然状态组合下的益损值。

三、不确定型决策方法

例 4.5 武警某机动中队奉命执行搜捕任务，搜捕一持枪抢劫的犯罪团伙，制定了 4 种搜捕方案：A_1、A_2、A_3、A_4。根据当时的气象资料，估计可能出现的天气状况有 3 种：θ_1(晴天)、θ_2(雨天)、θ_3(大雾)。假定在各种自然条件下发现目标的概率已知(表 4-4)。问：应选择哪种搜捕方案？

表 4-4 不确定型决策问题的决策矩阵

状态 / 概率 / 方案	θ_1	θ_2	θ_3
A_1	0.9	0.4	0.1
A_2	0.7	0.5	0.4
A_3	0.8	0.7	0.2
A_4	0.5	0.5	0.5

由上表看出，由于可能有 3 种天气状况，而指挥员又不知每种天气状况出现的可能性大小，无法比较各搜索方案的优劣，因而这一决策问题属于不确定型决

策问题。

不确定情况下的决策分析，关键在于根据决策者对风险的态度确定决策准则。决策准则不同，决策结果也会有所不同。

（一）等可能决策准则

这一准则是法国数学家拉普拉斯（Laplace）首先提出的，所以又叫拉普拉斯准则。该准则的基本假定是：既然无法确定各个自然状态出现的概率，那么就应该对这些状态"一视同仁"，认为他们出现的可能性（概率）是相等的。如果有 n 个状态，就认为每一自然状态出现的概率为 $1/n$，依此主观概率计算出每一方案的期望益损值

$$E(A_i) = \frac{1}{n}\sum_{j=1}^{n} a_{ij}(i = 1,2,\cdots,m) \tag{4-2}$$

然后比较每一方案的期望益损值，从而选择最佳方案。

在例 4.5 中，按等可能决策准则，可以主观认为晴天、雨天、大雾这 3 种天气状况出现的概率相等，即

$$P(\theta_1) = P(\theta_2) = P(\theta_3) = \frac{1}{3}$$

然后利用式（4-2）计算各种搜捕方案的益损值为

$$E(A_1) = \frac{1}{3} \times (0.9 + 0.4 + 0.1) \approx 0.47$$

$$E(A_2) = \frac{1}{3} \times (0.7 + 0.5 + 0.4) \approx 0.53$$

$$E(A_3) = \frac{1}{3} \times (0.8 + 0.7 + 0.2) \approx 0.57$$

$$E(A_4) = \frac{1}{3} \times (0.5 + 0.5 + 0.5) = 0.5$$

故按等可能决策准则，该问题的最优决策为选择搜捕方案 A_3。

（二）乐观决策准则

乐观决策准则又称好中取好决策准则。使用这种准则时，决策者对客观状态的出现总持乐观态度，具有冒险精神，不放弃任何一种获得最好结果的机会，认为最有利的自然状态会出现。

（1）如果决策目标是使效益最大，即益损值矩阵为效益矩阵，那么采用乐观决策准则选择最优决策的步骤是：

① 找出效益矩阵各行中的最大元素

$$\max_j a_{ij} \quad (j = 1,2,\cdots,n)$$

② 选择上述最大元素的最大值

$$\max_i\{\max_j a_{ij}\}\quad (i = 1,2,\cdots,m)$$

③ 上述最大值对应的方案就是最优方案。

(2) 如果决策目标是使损失最小,即益损值矩阵为损失矩阵,那么采用乐观决策准则选择最优决策的步骤是:

① 找出效益矩阵各行中的最小元素

$$\min_j a_{ij}\quad (j = 1,2,\cdots,n)$$

② 选择上述最小元素的最小值

$$\min_i\{\min_j a_{ij}\}\quad (i = 1,2,\cdots,m)$$

③ 上述最小值对应的方案就是最优方案。

在例 4.5 中,决策目标是使效益最大,采用乐观决策准则

$$\max_j a_{1j} = \max\{a_{11},a_{12},a_{13}\} = a_{11} = 0.9$$

$$\max_j a_{2j} = \max\{a_{21},a_{22},a_{23}\} = a_{21} = 0.7$$

$$\max_j a_{3j} = \max\{a_{31},a_{32},a_{33}\} = a_{31} = 0.8$$

$$\max_j a_{4j} = \max\{a_{41},a_{42},a_{43}\} = a_{41} = a_{42} = a_{43} = 0.5$$

$$\max_i\{\max_j a_{ij}\} = \max_i\{0.9,0.7,0.8,0.5\} = a_{11} = 0.9$$

故按乐观决策准则,该问题的最优决策为选择搜捕方案 A_1。

(三) 悲观决策准则

悲观决策准则又称坏中取好决策准则。采取这种决策准则的思路是,决策者对客观情况的估计持悲观、保守的态度,从最不利的情况中找出一个最有利的方案。

(1) 如果决策目标是使效益最大,即益损值矩阵为效益矩阵,那么采用悲观决策准则选择最优决策的步骤是:

① 找出效益矩阵各行中的最小元素

$$\min_j a_{ij}\quad (j = 1,2,\cdots,n)$$

② 选择上述最小元素的最大值

$$\max_i\{\min_j a_{ij}\}\quad (i = 1,2,\cdots,m)$$

③ 上述最大值对应的方案就是最优方案。

(2) 如果决策目标是使损失最小,即益损值矩阵为损失矩阵,那么采用悲观决策准则选择最优决策的步骤是:

① 找出效益矩阵各行中的最大元素

$$\max_j a_{ij} \quad (j = 1,2,\cdots,n)$$

② 选择上述最大元素的最小值

$$\min_i\{\max_j a_{ij}\} \quad (i = 1,2,\cdots,m)$$

③ 上述最小值对应的方案就是最优方案。

在例 4.5 中,决策目标是使效益最大,采用悲观决策准则,从最不利的情况中找出一个最有利的方案

$$\min_j a_{1j} = \min\{a_{11},a_{12},a_{13}\} = a_{13} = 0.1$$

$$\min_j a_{2j} = \min\{a_{21},a_{22},a_{23}\} = a_{23} = 0.4$$

$$\min_j a_{3j} = \min\{a_{31},a_{32},a_{33}\} = a_{33} = 0.2$$

$$\min_j a_{4j} = \min\{a_{41},a_{42},a_{43}\} = a_{41} = a_{42} = a_{43} = 0.5$$

$$\max_i\{\min_j a_{ij}\} = \max_i\{0.9,0.7,0.8,0.5\} = a_{4j} = 0.5$$

故按悲观决策准则,该问题的最优决策为选择搜捕方案 A_4。

(四) 折中决策准则

折中决策准则又称 α 决策准则,是乐观准则与悲观准则的折中,需设定一个折中系数 α。折中益损值的计算公式为

$$H_i = \alpha \max_j a_{ij} + (1-\alpha)\min_j a_{ij} \quad (j = 1,2,\cdots,n) \tag{4-3}$$

表示第 i 种被选方案的折中益损值,其中 $i=1,2,\cdots,m$。然后比较这 m 个折中益损值,进行选择。如果决策目标是使效益最大,那么选择最大的折中益损值,它所对应的方案就为最优方案;如果决策目标是使损失最小,那么选择最小的折中益损值,它所对应的方案就为最优方案。

在例 4.5 中,若取折中系数 $\alpha=0.5$,则各方案的折中益损值为

$$H_1 = 0.5 \times 0.9 + 0.5 \times 0.1 = 0.5$$

$$H_2 = 0.5 \times 0.7 + 0.5 \times 0.4 = 0.55$$

$$H_3 = 0.5 \times 0.8 + 0.5 \times 0.2 = 0.5$$

$$H_4 = 0.5 \times 0.5 + 0.5 \times 0.5 = 0.5$$

该问题的决策目标是使效益最大,故按折中决策准则,最优决策为选择搜捕方案 A_2。

(五) 后悔值决策准则

后悔值决策准则也称为萨万奇(Savage)决策准则。这种决策的想法是,当决策者选择某方案之后,某一自然状态发生时,由于决策者没有选择该自然状态

下最理想的方案,势必会有后悔的感觉。当决策目标是使效益最大时,将每种自然状态下效益的最大值(即效益矩阵中各列的最大值)定为该状态的理想目标;当决策目标是使风险最小时,将每种自然状态下损失的最小值(即损失矩阵中各列的最小值)定为该状态的理想目标,并将该状态中其他值与理想值之差的绝对值称为未达到理想的后悔值,这样便由益损值矩阵导出了一个后悔值矩阵。最优决策的选取,是先找出每个行动方案的最大后悔值(即后悔矩阵每行中最大元素),然后选择这些最大后悔值中的最小者,其对应的行动方案作为最优方案。

后悔值决策准则选取最优方案的步骤为:

(1) 求后悔值矩阵

$$R = [r_{ij}]_{m\times n}$$

其中,当决策目标是使效益最大时

$$r_{ij} = \max_{k} a_{kj} - a_{ij}$$

当决策目标是使风险最小时

$$r_{ij} = a_{ij} - \min_{k} a_{kj}$$

(2) 找出 R 中各行的最大元素;

(3) 选择上述 m 个最大元素中的最小值;

(4) 上述最小值所对应的行动方案为最优方案。

在例 4.5 中,益损值矩阵为

$$\begin{bmatrix} 0.9 & 0.4 & 0.1 \\ 0.7 & 0.5 & 0.4 \\ 0.8 & 0.7 & 0.2 \\ 0.5 & 0.5 & 0.5 \end{bmatrix}$$

决策目标是使效益最大,因此,由式(4-3)可以计算出与该益损值矩阵对应的后悔值矩阵为

$$\begin{bmatrix} 0 & 0.3 & 0.4 \\ 0.2 & 0.2 & 0.1 \\ 0.1 & 0 & 0.3 \\ 0.4 & 0.2 & 0 \end{bmatrix}$$

由该后悔值矩阵可以得出:对方案 A_1,最大后悔值为 0.4;对方案 A_2,最大后悔值为 0.2;对方案 A_3,最大后悔值为 0.3;对方案 A_4,最大后悔值为 0.4。找出这四个最大后悔值中的最小者

$$\min\{0.4, 0.2, 0.3, 0.4\} = 0.2$$

故按后悔值决策准则,该问题的最优决策为选择搜捕方案 A_2。

综上共列举了不确定型决策问题的五种决策准则,对于同一决策问题,采用不同决策准则得到的最优决策往往不同,这是合乎逻辑的。事实上,不同的决策者对各种自然状态所持的看法不同:敢于冒险的人持乐观准则,保守稳妥的人持悲观准则,介于乐观与悲观之间的人持折中准则,不偏不倚的人持等可能性准则,不愿过分后悔的人持后悔值决策准则。因此,究竟哪一种决策准则好,哪种决策准则不好,是很难统一衡量的。在进行决策时,可以选用一种决策准则来辅助决策,也可以综合应用,即将几个决策准则的结果进行综合评定,将被选为最佳方案次数最多的方案作为最终决策方案。如在例 4.5 中,按照五种决策准则,A_2 方案被选中 2 次,比其他方案被选中的次数要多,因此可列为首选方案。

第四节　风险型决策

一、风险型决策的概念

在不确定型决策问题中,如果根据以往经验或经调查研究,对各自然状态出现的可能性大小可以作出估计,这个问题就成了风险型决策问题。

风险型决策又叫随机型决策。在具有多个自然状态的决策问题中,决策者虽然不知道未来哪种状态一定发生,但可以估计出每种状态发生的可能性有多大,即可以估计出各种自然状态发生的概率。由于概率的存在,决策者在对这类问题进行决策时,无论选择哪一种方案去执行,都要承担一定的风险,但正是由于可以分析、估算出各种自然状态出现的概率,才使解决风险型决策问题有了数学依据和较多的成熟方法。

风险型决策问题一般具备下列条件:

(1) 决策者希望达到一个明确的目标(效益最大或损失最小);

(2) 存在着两个或两个以上的自然状态,决策者不能确定哪种状态出现,但知道各种自然状态出现的可能性的大小(概率);

(3) 存在可供决策者选择的两个或两个以上的行动方案;

(4) 不同的行动方案在不同的自然状态下的益损值可以计算出来。

二、最大可能决策法

从第二节我们已经看到,确定型决策是比较容易决定的,其实它可以看成风险型决策的特例,只要把确定要出现的自然状态看成必然事件,其出现概率为1,其余自然状态,出现概率为 0 即可,这启发我们可以把风险型决策简化成确定型决策来解决。如果决策者面临的各种状态中,某一状态的概率明显大于其他状态的概率,并且效益不明显低于其他状态时,我们就可以只考虑该自然状态来进行决策,其他自然状态不予考虑,这就使原问题变成了确定型决策问题。这种决策方法称为最大可能决策法。

在例 4.1 中,下大雨的概率 $P(\theta_1)=0.7$,不下大雨的概率 $P(\theta_2)=0.3$,故我们按最大可能决策法,状态 θ_1(下大雨)出现的可能性明显大于状态 θ_2(不下大雨)出现的可能性,只考虑下大雨这一状态,按确定型决策的方法直接得出最优行动方案为 A_1(走大路)。

三、期望值决策法

由于自然状态的出现具有随机性,因此每个行动方案的益损值是一个随机变量。一个合理的想法是根据每个行动方案益损值的数学期望的大小来选择行动方案,使最优方案的期望效益值最大,期望损失值最小,这就是期望值决策法。

在所有的行动方案中,任何一个方案 A_i 的期望益损值可按下式计算

$$E(A_i)=\sum_{j=1}^{n}a_{ij}P(\theta_j)\quad(i=1,2,\cdots,m)\tag{4-4}$$

式中:$E(A_i)$ 表示方案 A_i 期望益损值;a_{ij} 表示方案 A_i 在状态 θ_j 下的益损值;$P(\theta_j)$ 表示自然状态 θ_j 出现的概率。

期望值决策法可以用向量、矩阵等形式来表述,这种矩阵表示法使决策问题的结构更加清楚,并且便于使用计算机计算。

定义 4.1 方案向量

$$\boldsymbol{A}=(A_1,A_2,\cdots,A_m)^{\mathrm{T}}$$

状态向量

$$\boldsymbol{\theta}=(\theta_1,\theta_2,\cdots,\theta_n)^{\mathrm{T}}$$

状态概率向量

$$\boldsymbol{P}=(P(\theta_1),P(\theta_2),\cdots P(\theta_n))^{\mathrm{T}}$$

或简记为

$$\boldsymbol{P}=(P_1,P_2,\cdots,P_n)^{\mathrm{T}}$$

益损值矩阵

$$\boldsymbol{M}=[a_{ij}]_{m\times n}$$

各行动方案 A_i 的期望益损值构成的向量称为期望益损值向量,即

$$\boldsymbol{E}(A)=(E(A_1),E(A_2),\cdots,E(A_m))^{\mathrm{T}}$$

则期望益损值向量、益损值矩阵、状态概率向量之间有如下关系

$$\boldsymbol{E}(A) = \boldsymbol{MP}$$

或

$$\begin{bmatrix} \boldsymbol{E}(A_1) \\ \boldsymbol{E}(A_2) \\ \vdots \\ \boldsymbol{E}(A_m) \end{bmatrix} = \begin{bmatrix} a_{11} & a_{12} & \cdots & a_{1n} \\ a_{21} & a_{22} & \cdots & a_{2n} \\ \cdots & \cdots & \cdots & \cdots \\ a_{m1} & a_{m2} & \cdots & a_{mn} \end{bmatrix} \begin{bmatrix} P_1 \\ P_2 \\ \vdots \\ P_n \end{bmatrix}$$

进行决策时,若决策目标是使效益最大,求

$$\max_i \{\boldsymbol{E}(A_i), i = 1,2,\cdots,m\} = \boldsymbol{E}(A_r)$$

则 A_r 是最优方案。若决策目标是使损失最小,求

$$\min_i \{\boldsymbol{E}(A_i), i = 1,2,\cdots,m\} = \boldsymbol{E}(A_s)$$

则 A_s 是最优方案。

例 4.6 武警某中队接到上级命令,要求在最短的时间内赶到 140km 以外的某山口抓捕逃犯,可供选择的路线有 3 条。由于连日暴雨,据估计每条道路受到“严重破坏”“一般破坏”“轻度破坏”的概率分别为 0.3,0.2,0.5。部队通过每条道路,在受到不同破坏条件下所需的时间分别近似为 10h、4.5h、3h;6. 5h、5h、3.5h;7h、6h、5h,见表 4-5。问:部队应选择哪一条路线?

表 4-5 风险型决策问题的决策矩阵

方案 \ 时间 \ 状态	严重破坏 $P_1=0.3$	一般破坏 $P_2=0.2$	轻度破坏 $P_3=0.5$
A_1	10	4.5	3
A_2	6.5	5	3.5
A_3	7	6	5

解:按期望益损值决策法计算,这 3 个方案的期望益损值为

$$E(A_1) = 0.3 \times 10 + 0.2 \times 4.5 + 0.5 \times 3 = 5.4$$

$$E(A_2) = 0.3 \times 6.5 + 0.2 \times 5 + 0.5 \times 3.5 = 4.7$$

$$E(A_3) = 0.3 \times 7 + 0.2 \times 6 + 0.5 \times 5 = 5.8$$

该问题的决策目标是使损失最小,故选择方案 A_2 作为最优方案。

四、决策树法

(一) 决策树法的概念

前面介绍的最大可能决策法和期望值决策法解决的是一步决策问题,可以直接用一个决策表来表示,而实际上很多决策往往是多步决策问题,每一步都需要选择一个决策方案,并且下一步的决策取决于上一步决策及其结果。这类决策一般不便用决策表来表示,常用的方法是决策树法。

所谓决策树就是指把决策问题的方案、状态、结果、益损值和概率等按照它们之间的相互关系,用一些符号连接起来,所构成的类似于树枝状的图形,如图 4-1所示,并利用该图反映出人们进行思考、预测、决策的全过程,既直观,又使问题条理清楚。

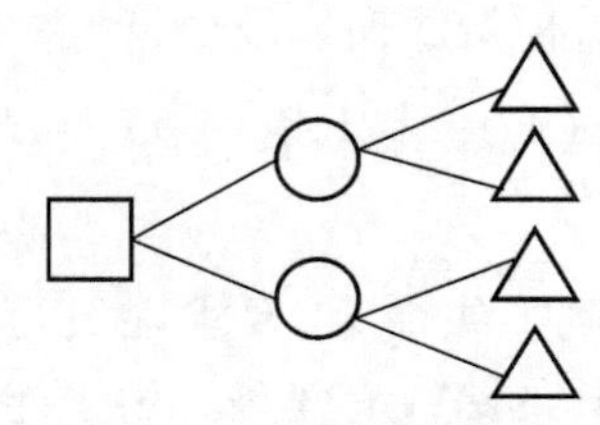

图 4-1　决策树结构图

(二) 决策树的组成要素

(1) 决策点:一般用方形节点"□"表示。决策点表示对可行性方案进行的比较与选择。决策点上标注的数字是所选方案的期望益损值。

(2) 方案枝:是由决策点引出来的线段。方案枝表示可供选择的备选方案,每一条方案枝只代表一种备选方案,反过来,有几种可供选择的备选方案,就应该由该决策点引出几条方案枝。

(3) 状态点:一般用圆形节点"○"表示。状态点表示某种方案可能面临的自然状态的影响。

(4) 概率枝:由状态点引出来的线段,概率枝上注明的数字为该状态的概率。每一条概率枝只代表一种自然状态,反过来,某种方案面临着几种自然状态的影响,就应该由该状态点引出几条概率枝。

(5) 结果点:一般用三角形节点"△"表示。结果点有两层含义:一是表示某一决策过程的结束;二是表示该决策过程的最终结果,即益损值。

(三) 决策树法的步骤

第一步,画决策树。由左至右,自上而下分段进行推画。这个过程实质上是拟定各种可能方案的过程,是对决策问题逐步深入探索的过程。

第二步,标出状态值的概率和结果点的益损值。

第三步,期望益损值计算。在决策树中,由末梢(即结果点)开始由右向左顺序进行,利用益损值和它们相应的状态概率分段计算出每个方案的期望益损值,并标在各方案枝的上方。

第四步,在决策点作出决策。按目标要求比较各方案期望益损值的大小,决定最优决策。对于舍弃的方案要在其方案枝上打上双截号“‖”以表示不用,对于选用的方案,则把其期望益损值标写在对应的决策点上方。

如此进行下去,直到最左边的决策点只剩下一条方案枝,这条方案枝所对应的就是最满意的方案,该决策点上方的数值就是该方案的期望益损值。

例 4.7 在一次反恐行动中,武警某部要求用汽车把反恐分队以最短的时间从甲地运送到乙地。前送路线有 1 号、2 号、3 号 3 条公路可供选择,所需时间分别为 4h、2h 和 2.5h。其中 2、3 号道路上均有桥梁,如图 4-2 所示,2 号路上的桥梁位置离出发点有 1h 的路程,3 号路上的桥梁离出发点有 0.5h 路程。由于遭恐怖分子破坏,桥梁损坏程度不明,只知道 2、3 号路线上的桥梁损坏的概率分别为 0.3、0.4。如果遇到桥梁损坏,可立即返回,仍有 2 条道路选择,并且同样会遇到桥好桥坏的问题。问:应选择哪条道路才是合理的决策方案?

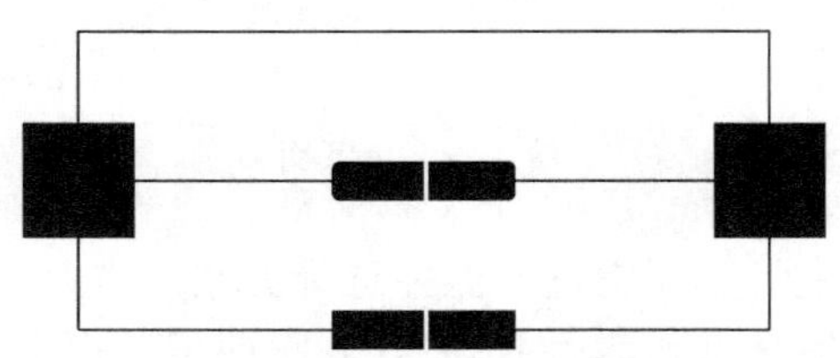

图 4-2 公路简易图

该决策问题可供选择的方案有以下几种:

方案 1:走 1 号路,需要 4h。

方案 2:走 2 号路,如果桥没有损坏,只需要 2h。如果桥损坏,立即返回,仍有 2 条路线可供选择:其一,走 1 号路,加上原先走 2 号路的往返 2h,共需 6h;其二,走 3 号路,如果桥没有损坏,共需 4.5h,如果桥损坏,再返回走 1 号路,共需 7h。

方案 3:走 3 号路,如果桥没有损坏,只需要 2.5h。如果桥损坏,立即返回,仍有 2 条路可供选择:其一,走 1 号路,加上原先走 3 号路的往返 1h,共需 5h;其二,走 2 号路,如果桥没有损坏,共需 3h,如果桥损坏,再返回走 1 号路,共需 7h。

根据以上分析，可用决策树法进行决策，具体步骤为：

第一步：从图 4-3 左端的决策点 1 出发，先按方案的数量分出 3 条方案枝，表示刚开始有 3 种选择方案，分别到达 3 个节点。其中，1 条到达结果点，2 条到达方案节点。由于走 1 号路到达乙地需 4h，就在结果点“△”旁标上 4h。另外 2 条到达状态点，从状态点“○”开始，按可能出现的客观状态数量，又分出 2 条概率枝，分别到达结果点和决策点，在每条概率枝上标上桥梁完好和损坏的状态及出现概率的大小。从决策点 4、5 出发，参照上述再分出方案枝，直到结果点全部列完为止，构成该问题的一棵完整的决策树，如图 4-3 所示。

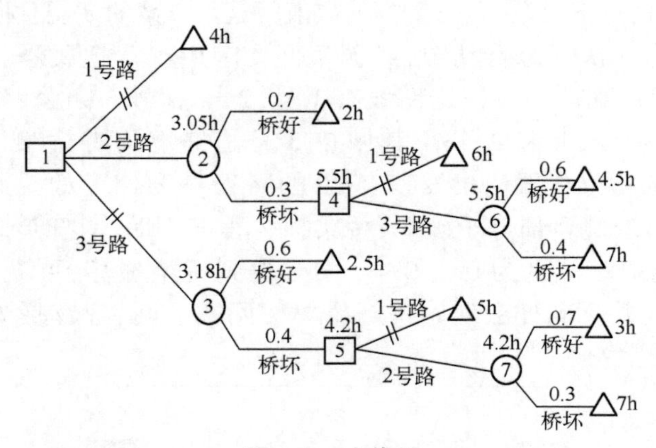

图 4-3　决策树

第二步：从右到左计算期望益损值并选择方案。先计算各个方案的期望益损值，并标记在各方案枝上。然后，比较各方案期望益损值的大小，从中选出最佳方案，并把最佳方案的期望益损值标在决策点旁，以表示选择的结果。同时，在淘汰的方案枝上划双截号，以表示这些方案被舍弃。

各方案枝上的期望益损值为：

（1）状态点 6 前的方案枝：$0.6\times4.5+0.4\times7=5.5$

（2）状态点 7 前的方案枝：$0.7\times3+0.3\times7=4.2$

在决策点 4，走 1 号路需 6h，走 3 号路的期望益损值是 5.5h，因此，应选择走 3 号路，并把 5.5h 标在决策点 4 旁。同理，在决策点 5 旁标上 4.2h。

（3）状态点 2 前的方案枝：$0.7\times2+0.3\times5.5=3.05$

（4）状态点 3 前的方案枝：$0.6\times2.5+0.4\times4.2=3.18$

由此可见，在决策点 1 选择走 2 号路的方案为最优方案，淘汰走 1、3 号路的方案，在相应的方案枝上划上双截号。

(四) 决策树的特点

(1) 决策树构成了一个简单决策过程，使决策者有顺序有步骤地进行决策；

(2) 决策树比较直观，可以使决策者以科学的推理去周密地思考各有关问题；

(3) 对要决策的问题画一个决策树，便于集体决策；

(4) 对于较复杂的决策问题，特别是多步决策问题，用决策树法更为方便。

第五节　贝叶斯决策分析

一、贝叶斯决策分析的概念

解决风险型决策问题的关键是估计自然状态的概率，但是在复杂的情况下往往很难正确估计自然状态的概率。为此，在风险型决策中，决策者先提出一个自然状态概率的估计值，这个概率称为“先验概率”，并用它来进行初步决策。如果通过试验或调查研究，得到有关将要发生的自然状态的附加信息，则可能会改变原来的决策。获得附加信息之后，可能会出现两种情况：一种是完全排除不确定性，在确定的状态下作出决策，这样的信息称为完全信息；另一种情况是决策者获得不完全的附加信息，也就是说，决策者不能精确地预料所发生的自然状态，但是决策者可以利用这个不完全的附加信息来修改他们最初估计的概率，即先验概率，修改后的概率称为“后验概率”，解决这一类决策问题，所应用的分析方法就称为贝叶斯决策分析。

二、贝叶斯决策分析的基本理论

(一) 全概率公式和贝叶斯公式

定义 4.2　设 S 为随机试验 E 的样本空间，$s_1, s_2, \cdots, s_n$ 为 E 的一组事件，满足条件 $s_i \cap s_j = \varnothing (i,j=1,2,\cdots,n; i \neq j)$，且 $\sum_{j=1}^{n} s_j = \Omega$，对任一随机事件 H，其全概率公式为

$$P(H) = \sum_{j=1}^{n} P(H/s_j) P(s_j) (P(s_j) > 0) \tag{4-5}$$

贝叶斯公式为

$$P(s_i/H) = \frac{P(H/s_i) P(s_i)}{P(H)}$$

$$= \frac{P(H/s_i)P(s_i)}{\sum_{j=1}^{n} P(H/s_j)P(s_j)} (i = 1,2,\cdots,n) \tag{4-6}$$

（二）后验分析

一般来说，设风险型决策的状态参数为 S，所谓附加信息，是指增添了这样的一个信息：它指出某一随机事件 H 已经发生（或某一随机变量已经取值），这里的 H 叫做信息值。这一信息的可靠程度，可用在状态参数 S 固定时信息值的条件分布 $P(H/S)$ 来描述，这个条件分布称为似然分布。在 S 为只取 $s_1,s_2,\cdots,s_n$ 这 n 个值的离散型随机变量，信息 H 只取 $H_1,H_2,\cdots,H_k$ 这 k 个值的情况下，称矩阵

$$\begin{bmatrix} P(H_1/s_1) & P(H_2/s_1) & \cdots & P(H_k/s_1) \\ P(H_1/s_2) & P(H_2/s_2) & \cdots & P(H_k/s_2) \\ \vdots & \vdots & \vdots & \vdots \\ P(H_1/s_n) & P(H_2/s_n) & \cdots & P(H_k/s_n) \end{bmatrix}$$

为似然分布矩阵。它完整地描述了信息 H 与状态 S 间的关系。用附加信息改善状态参数原来的分布，就需要求出在信息值 H 发生的条件下 S 的条件分布 $P(S/H)$，称这个条件分布为状态参数 S 的后验分布。为区别起见，将状态参数 S 原来的分布 $P(S)$，即先验概率的分布，称为先验分布。利用附加信息进行决策的关键，就是由先验分布及似然分布产生后验分布，这一过程称为后验分析。

三、贝叶斯决策分析的步骤

贝叶斯决策分析的基本思路是，利用附加信息 H，去修正状态变量 S 的先验分布（修正先验概率），即依据似然分布矩阵所提供的充分信息，用贝叶斯公式求出在信息值 H 发生的条件下，状态变量 S 的条件分布 $P(S/H)$（即后验分布），后验分布能够更准确地表示状态变量概率分布的实际情况。求出 S 的后验分布后，将各自然状态的后验概率代替其先验概率，然后便可进行决策分析了。下面通过例 4.8 说明贝叶斯决策分析的步骤。

例 4.8 某军工厂考虑是否开发一种新装备用于出口。市场形势有三种可能性：好、中、差。估计这三种市场状态出现的概率分别为：0.2，0.5，0.3。在不同市场形势下可能获得的利润分别为 30 万元、20 万元、-60 万元。

解：第一步，利用已有的信息作初步评价。

利用已知的先验概率及利润值计算期望益损值，结果如表 4-6 所列：

表 4-6　已知的有关信息及初步评价

方案＼状态	好 S_1 $P(S_1)=0.2$	中 S_2 $P(S_2)=0.5$	差 S_3 $P(S_3)=0.3$	期望利润值
开发 A_1	300000	200000	-600000	-20000
不开发 A_2	0	0	0	0

预期开发新装备将平均损失 20000 元，所以最初选择的方案是不开发。

第二步，获取部分附加信息：该军工厂委托咨询部门通过调查进行预测。根据过去的记录表明，该咨询部门所作调查预测的可信度如表 4-7 所列。进行这种调查的费用为 1 万元。该厂必须决定是否进行这种调查，然后再决定是否开发这种新产品。

表 4-7　咨询的可信度

调查结果＼状态	好(S_1)	中(S_2)	差(S_3)
B_1(调查预报 S_1)	$P(B_1/S_1)=0.8$	$P(B_1/S_2)=0.1$	$P(B_1/S_3)=0.1$
B_2(调查预报 S_2)	$P(B_2/S_1)=0.1$	$P(B_2/S_2)=0.9$	$P(B_2/S_3)=0.2$
B_3(调查预报 S_3)	$P(B_3/S_1)=0.1$	$P(B_3/S_2)=0$	$P(B_3/S_3)=0.7$

可以用图 4-4 的决策树表明这种决策的过程：

$$P(S_1/B_1)=\frac{P(S_1)\cdot P(B_1/S_1)}{\sum_{i=1}^{3}P(S_i)P(B_1/S_i)}$$

$$=\frac{0.2\times0.8}{0.2\times0.8+0.5\times0.1+0.3\times0.1}=0.667$$

即咨询部门预报 S_1 而出现 S_1 的概率为 0.667；

$$P(S_2/B_1)=\frac{P(S_2)P(B_1/S_2)}{\sum_{i=1}^{3}P(S_i)P(B_1/S_i)}$$

$$=\frac{0.5\times0.1}{0.2\times0.8+0.5\times0.1+0.3\times0.1}=0.208$$

即咨询部门预报 S_1 而出现 S_2 的概率为 0.208；

$$P(S_3/B_1)=\frac{P(S_3)P(B_1/S_3)}{\sum_{i=1}^{3}P(S_i)P(B_1/S_i)}$$

$$=\frac{0.3\times0.1}{0.2\times0.8+0.5\times0.1+0.3\times0.1}=0.125$$

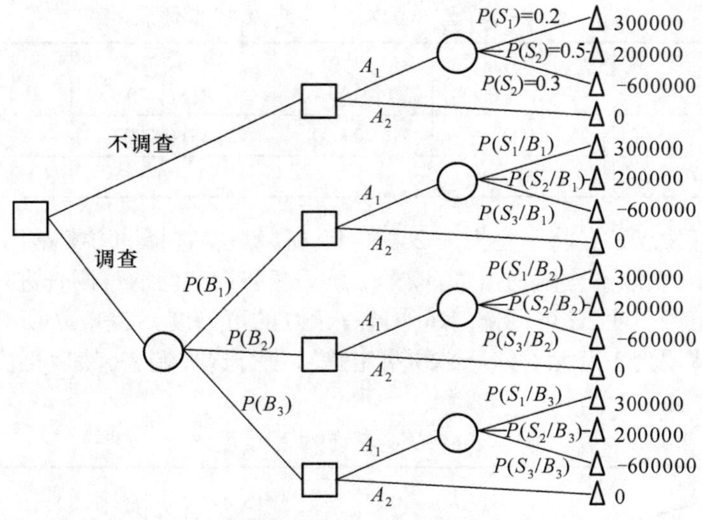

图 4-4　贝叶斯分析决策树的一般结构

即咨询部门预报 S_1 而出现 S_3 的概率为 0.125；

$$P(S_1/B_2)=\frac{P(S_1)P(B_2/S_1)}{\sum_{i=1}^{3}P(S_i)P(B_2/S_i)}$$

$$=\frac{0.2\times0.1}{0.2\times0.1+0.5\times0.9+0.3\times0.2}=0.038$$

即咨询部门预报 S_2 而出现 S_1 的概率为 0.038；

$$P(S_2/B_2)=\frac{P(S_2)P(B_2/S_2)}{\sum_{i=1}^{3}P(S_i)P(B_2/S_i)}$$

$$=\frac{0.5\times0.9}{0.2\times0.1+0.5\times0.9+0.3\times0.2}=0.849$$

即咨询部门预报 S_2 而出现 S_2 的概率为 0.849；

$$P(S_3/B_2)=\frac{P(S_3)P(B_2/S_3)}{\sum_{i=1}^{3}P(S_i)P(B_2/S_i)}$$

$$=\frac{0.3\times0.2}{0.2\times0.1+0.5\times0.9+0.3\times0.2}=0.113$$

即咨询部门预报 S_2 而出现 S_3 的概率为 0.113；

$$P(S_1/B_3)=\frac{P(S_1)P(B_3/S_1)}{\sum_{i=1}^{3}P(S_i)P(B_3/S_i)}$$

$$=\frac{0.2\times0.1}{0.2\times0.1+0.5\times0+0.3\times0.7}=0.087$$

即咨询部门预报 S_3 而出现 S_1 的概率为 0.087；

$$P(S_2/B_3)=\frac{P(S_2)P(B_3/S_2)}{\sum_{i=1}^{3}P(S_i)P(B_3/S_i)}$$

$$=\frac{0.5\times0}{0.2\times0.1+0.5\times0+0.3\times0.7}=0$$

即咨询部门预报 S_3 而出现 S_2 的概率为 0；

$$P(S_3/B_3)=\frac{P(S_3)P(B_3/S_3)}{\sum_{i=1}^{3}P(S_i)P(B_3/S_i)}$$

$$=\frac{0.3\times0.7}{0.2\times0.1+0.5\times0+0.3\times0.7}=0.931$$

即咨询部门预报 S_3 而出现 S_3 的概率为 0.931。

第四步：计算预期调查结果。为了决定是否通过调查，必须利用咨询后所得到的调查预报事件 B_1,B_2,B_3 的概率，可以用全概率公式计算，即

$$P(B_1)=P(S_1)P(B_1/S_1)+P(S_2)P(B_1/S_2)+P(S_3)P(B_1/S_3)$$
$$=0.24$$

$$P(B_2)=P(S_1)P(B_2/S_1)+P(S_2)P(B_2/S_2)+P(S_3)P(B_2/S_3)$$
$$=0.53$$

$$P(B_3)=P(S_1)P(B_3/S_1)+P(S_2)P(B_3/S_2)+P(S_3)P(B_3/S_3)$$
$$=0.23$$

表示该咨询部门预报各种状态的概率，然后把这些信息填入决策树的相应位置，如图 4-5 所示，再分析决策，决定是否进行调查。

第五步：计算所有状态点上的期望益损值，在每个决策点上选择最佳方案，将其表示在决策树上，如图 4-6 所示。

如果不调查，期望益损值为 0；如果调查，则在支付 10000 元调查费后期望益损值为

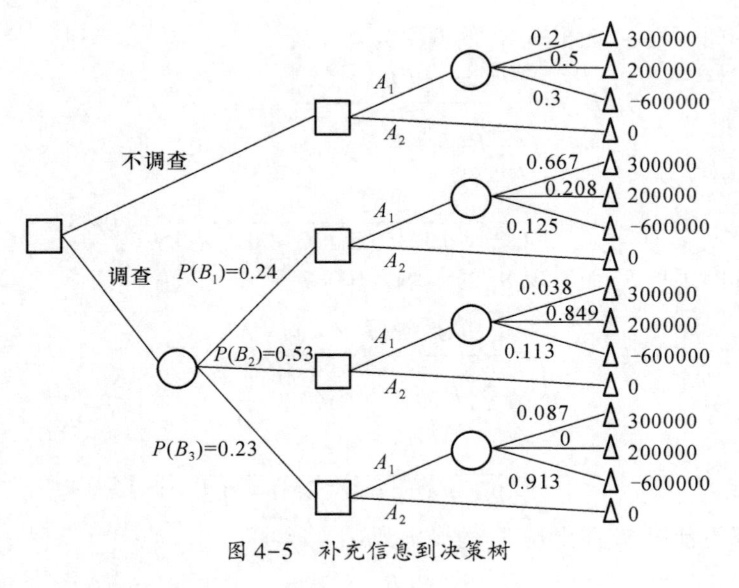

图 4-5　补充信息到决策树

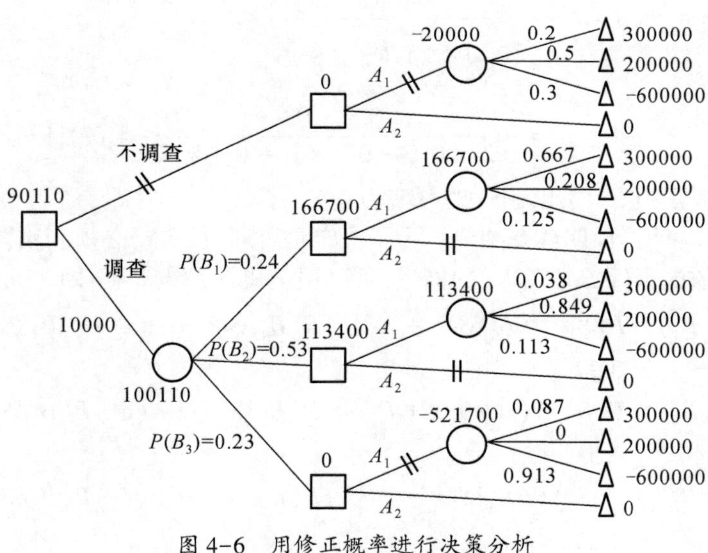

图 4-6　用修正概率进行决策分析

$$0.24\times166700+0.53\times113400+0.23\times0-10000=90110$$

第六步:决定是否调查。通过调查,扣除调查费用,期望值将增加 90110 元,故决定进行调查。

第七步:选择行动方案。最终选择的行动方案,取决于调查结果采取的策略:如果调查为 B_1,选择方案 A_1,即经过调查,预报市场形势为好,就开发新装备;如果经过调查,预报市场形势为中,也选择开发新装备;如果经过调查,预报市场形势为差,则不开发新装备。

第六节　效用理论及其在决策中的应用

军事指挥决策往往是一次性的,但按期望值决策方法只能选出平均意义下的最好方案。为了解决这种矛盾,需要寻找一种方法,既利用决策环境的概率信息,又避免有平均意义的处理。这就可以借助效用的相关理论,通过效用函数把决策者对风险的态度引入到方案后果的对比中。

一、效用与效用函数

(一) 效用及效用函数的定义

效用的概念首先是由伯努利提出来的,原意是指人们对其拥有钱财真实价值的态度。在决策理论中,效用常常表示人们对风险条件下决策后果或益损值的偏好态度,可用 0 与 1 之间的数值表示,称为效用值。决策者的偏好态度不仅与其所处客观环境有关,还与其所处的地位、品格素质、心理状态等主观因素有关。例如,突破概率为 0.6 的进攻方案,对谨慎的指挥员来说,可能是不可接受的,而对具有冒险精神的指挥员或某种客观紧迫情况来说,则不失为一种可接受的方案。所以,效用具有很强的主观特性,代表了决策者对于风险的态度。

定义 4.3　设 ω 为度量决策方案后果的准则变量(如益损值),则决策者对决策方案后果的评价可用一个函数来描述,即

$$u = U(\omega)$$

这个函数就称为效用函数,效用函数对应的曲线称为效用曲线。

(二) 关于效用函数的公理

为了具体确定效用函数的形式,需要对效用作一系列规定。在决策理论中,这些规定以公理形式给出。主要的规定有如下几点:

(1) 效用值是一个相对指标值,决策者最偏好的益损值的效用为 1,而最不偏好的益损值为 0,即 $u \in [0,1]$。

(2) 效用值在线性变换范围内是唯一的。这意味着效用值的增量有意义,而效用值之比无意义。

(3) 若有三个益损值 $\omega_1 > \omega_2 > \omega_3$,则必存在概率 P,使

$$PU(\omega_1) + (1 - P)U(\omega_3) = U(\omega_2) \tag{4-7}$$

成立。式(4-7)说明,对决策者而言,以概率 P 获得益损值 ω_1,而以概率$(1-P)$

获得益损值 ω_3 和必然获得 ω_2 是等价的。更确切地说,益损值 ω_2 的效用值与 ω_1、ω_3 的效用期望值等价。式(4-7)中有 ω_1、ω_2、ω_3、P 4 个变量,若其中任意 3 个变量为已知时,通过由决策者判断给出第四个变量的取值,可作出决策者的效用曲线。

二、效用曲线的确定

效用曲线通常由分析者和决策者用交互方法合作确定,一般分为四个步骤。

第一步:根据方案后果,如益损值的取值范围,确定其最大值与最小值,并分别将其效用值定为 1 和 0。

第二步:利用肯定等值的概念,通过与决策者问答的方法,测出与益损值取值相对应的效用值。问答的方式有多种,常用的一种方法是按 50%的可能性,由风险收益求等价肯定收益。设决策者面临两种可选方案 A_1、A_2,其中 A_1 表示他无风险地得到收益 ω_2;A_2 表示他以 50%的概率得到收益 ω_1,以 50%的概率得到收益 ω_3,且 $\omega_1>\omega_2>\omega_3$。每次问决策者,$\omega_2$ 取何值时,你认为 A_1 与 A_2 等价。得出 ω_2 后,将 $P=0.5$ 代入式(4-7)就有

$$U(\omega_2) = 0.5U(\omega_1) + 0.5U(\omega_3) \tag{4-8}$$

按上式,由 $U(\omega_1)$ 和 $U(\omega_3)$ 就可求出 $U(\omega_2)$。

第三步:用类似方法由 $U(\omega_3)$ 和 $U(\omega_2)$ 求 $\omega_4(\omega_3>\omega_4>\omega_2)$ 及对应的 $U(\omega_4)$;由 $U(\omega_1)$ 和 $U(\omega_2)$ 求 $\omega_5(\omega_1>\omega_5>\omega_2)$ 及对应的 $U(\omega_5)$。如此继续下去直到点足够多。

第四步:在直角坐标系中,用横坐标表示收益值,用纵坐标表示效用值,标出各点,然后逐点连接各益损值对应的效用值,即得到符合决策者主观偏好的效用函数曲线。

例 4.9 武警某支队指挥员进行处突决策。假定有两个处突方案 A 和 B,顺利情况的概率为 0.7,意外情况的概率为 0.3。方案 A 在顺利情况下可推进 8km,而意外情况下将后退 3km;方案 B 在顺利情况下推进 5km,而意外情况下将原地不动。问:支队指挥员应选哪个方案?

为了解决这个一次性风险决策问题,需要先测定支队指挥员的效用曲线。由益损值的取值范围可确定

$$U(8\text{km}) = 1, U(-3\text{km}) = 0$$

接着就与指挥员对话确定他的效用值:

问:以概率 50%推进 8km 或以 50%的概率退后 3km 的肯定等效推进是多少?

答:1km,支队指挥员是根据作战经验及对所冒风险的态度作的回答。由式(4-5)得

$$U(1)=0.5U(8)+0.5U(-3)=0.5$$

问:以 50%概率推进 8km 或以 50%的概率推进 1km 的肯定等效推进是多少?

答:2.5km。由式(4-5)得

$$U(2.5)=0.5U(8)+0.5U(1)=0.75$$

问:以 50%概率推进 1km 或以 50%的概率后退 3km 的肯定等效推进是多少?

答:后退 1km。由式(4-5)得

$$U(-1)=0.5U(1)+0.5U(3)=0.25$$

问:以 50%概率推进 8km 或以 50%概率推进 2.5km 的肯定等效推进是多少?

答:5km。由式(4-5)得

$$U(5)=0.5U(8)+0.5U(2.5)=0.875$$

如此将每一个小区间都按两端数值具有 50%的概率方法不断分割下去,就得出以下各点的效用值(表 4-8)。

表 4-8 效用值

益损值 ω	8	5	2.5	1	−1	−3
效用值 $U(\omega)$	1	0.875	0.75	0.5	0.25	0

将这些点用光滑曲线连接起来,即得到该支队指挥员的效用曲线,如图 4-7 所示。

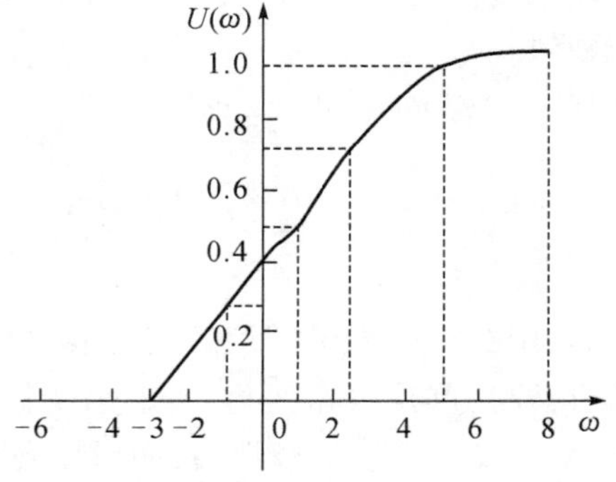

图 4-7 指挥员的效用曲线

三、效用曲线的类型

从以上效用曲线的绘制过程可以看出，不同的决策者会选择不同的肯定等效值 ω_2，使式(4-8)成立，因而能得到不同形状的效用曲线。这些不同形状的效用曲线表示了不同决策者对待风险的不同态度。对待风险的态度大致可以分成保守型、中间型和冒险型这三种基本类型，其对应曲线如图 4-8所示。

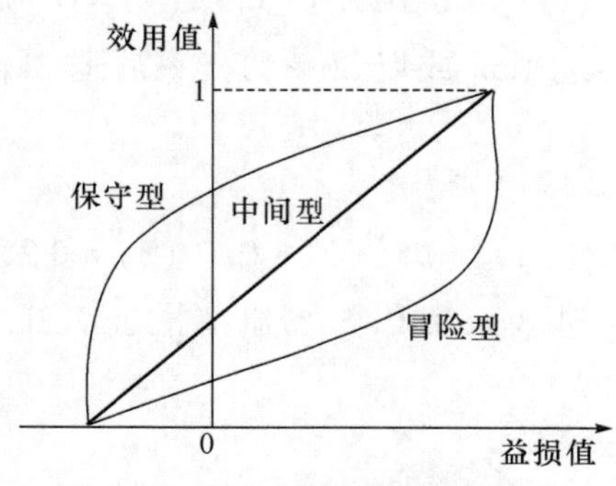

图 4-8 效用曲线的三种基本类型

(一) 中间型效用曲线

设效用函数为 $u=U(\omega)$，若 $\forall\omega_1,\omega_2,\omega_1<\omega_2$，则有

$$U\left(\frac{\omega_1+\omega_2}{2}\right)=\frac{U(\omega_1)+U(\omega_2)}{2} \tag{4-9}$$

该效用函数对应的效用曲线称为中间型效用曲线，反映了决策者认为效用值与益损值成正比，所以他是根据期望益损值的大小作出决策的。对于这种类型的决策者，只需利用期望益损值作为决策标准，而不需要利用效用曲线。

(二) 保守型效用曲线

设效用函数为 $u=U(\omega)$，若 $\forall\omega_1,\omega_2,\omega_1<\omega_2$，则有

$$U\left(\frac{\omega_1+\omega_2}{2}\right)>\frac{U(\omega_1)+U(\omega_2)}{2} \tag{4-10}$$

该效用函数对应的效用曲线称为保守型效用曲线，反映了决策者在高收益时不在乎收益变化，低收益时，重视收益变化，不愿承受损失风险的态度。这就说明这种类型的决策者对利益的反应比较迟缓，而对损失却比较敏感，所以在决策时不求大利，但求避免风险，是一种谨慎小心的保守型决策者。

（三）冒险型效用曲线

设效用函数为 $u=U(\omega)$，若 $\forall\,\omega_1,\omega_2,\omega_1<\omega_2$，则有

$$U\left(\frac{\omega_1+\omega_2}{2}\right)<\frac{U(\omega_1)+U(\omega_2)}{2} \tag{4-11}$$

该效用函数对应的效用曲线称为乐观型效用曲线，反映了决策者不在乎低收益时的收益变化，而重视高收益时的收益变化，愿为高收益冒风险的态度。这种类型的决策者对损失的反应比较迟缓，而对利益却比较敏感，是一种不怕风险、谋求大利的冒险型决策者。

第七节　WinQSB 软件应用

WinQSB 软件用于决策分析的子程序是 Decision Analysis（DA），主要功能包括效益表分析、贝叶斯分析、决策树等问题的求解，如图 4-9 所示。

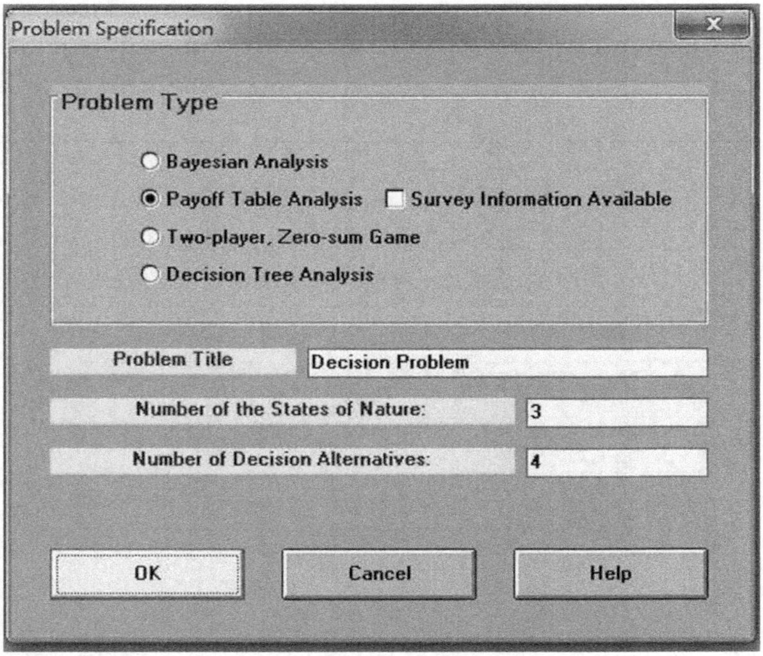

Problem Specification
Problem Type
Bayesian Analysis
Payoff Table Analysis
Survey Information Available
Two-player, Zero-sum Game
Decision Tree Analysis
Problem Title
Decision Problem
Number of the States of Nature:
3
Number of Decision Alternatives:
4
OK
Cancel
Help

图 4-9

一、效益表分析

效益表分析是已知策略各状态的效益和概率,根据不同的决策准则求解决策结果。

例 4.10 某军工厂为提升市场经济下的竞争力,决定在现有生产条件不变的情况下,生产一种新产品,现可供开发生产的产品有Ⅰ、Ⅱ、Ⅲ、Ⅳ四种不同产品,对应的方案为 A_1、A_2、A_3、A_4。由于缺乏相关资料背景,对产品的市场需求只能估计为大、中、小三种状态,而且对于每种状态出现的概率也无法预测。每种方案在各种自然状态下的效益值见表 4-9。试用 WinQSB 软件求解该决策问题。

表 4-9 各方案在各状态下的效益表

状态 / 效益 / 方案	需求量大 S_1	需求量大 S_2	需求量大 S_3
A_1	800	320	-250
A_2	600	300	-200
A_3	300	150	50
A_4	400	250	100

解:(1)建立新问题后,系统显示如图 4-9 所示的对话框,选择 Payoff Table Analysis,输入标题、自然状态 3 和供选方案数 4,将表 4-9 的数据输入到程序中,如图 4-10 所示。第 1 行是输入先验概率,本例没有先验概率,所以在求解之前以等概率均设置为 1/3。

Decision \ State	State1	State2	State3
Prior Probability	0.333333	0.333333	0.333334
Alternative1	800	320	-250
Alternative2	600	300	-200
Alternative3	300	150	50
Alternative4	400	250	100

图 4-10

(2)单击 Solve the Problem,系统显示如图 4-11 所示的界面,提示将用到的各种决策准则得到对应的结果,输入折中系数为 0.3,求解结果如图 4-12 所示。

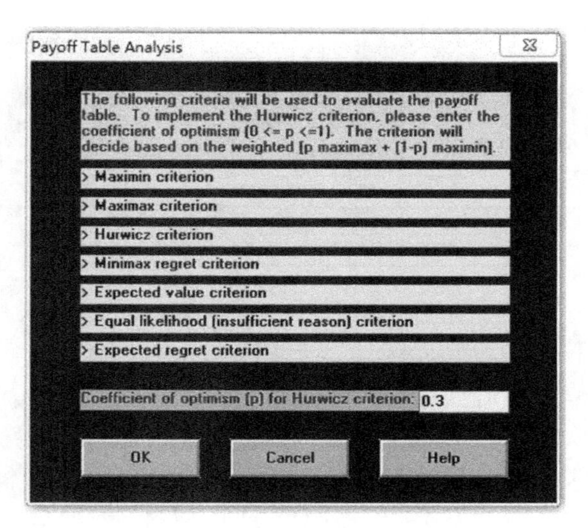

图 4-11

07-10-2014 Alternative	Maximin Value	Maximax Value	Hurwicz (p=0.3) Value	Minimax Regret Value	Equal Likelihood Value	Expected Value	Expected Regret
Alternative1	($250)	$800**	¥65.00	$350	¥290.00**	¥290.00**	¥116.67**
Alternative2	($200)	$600	¥40.00	$300**	¥233.33	¥233.33	¥173.33
Alternative3	$50	$300	$125	$500	¥166.67	¥166.67	¥240.00
Alternative4	$100**	$400	$190**	$400	¥250.00	¥250.00	¥156.67

图 4-12

单击 Results-Show Payoff Table Decision,显示各决策准则的详细分析结果,见图 4-13。单击 Show Regret Table 显示后悔值表,单击 Show Decision Tree Gragh 显示决策树图。

07-10-2014 Criterion	Best Decision	Decision Value	
Maximin	Alternative4	$100	
Maximax	Alternative1	$800	
Hurwicz (p=0.3)	Alternative4	$190	
Minimax Regret	Alternative2	$300	
Expected Value	Alternative1	¥290.00	
Equal Likelihood	Alternative1	¥290.00	
Expected Regret	Alternative1	¥116.67	
Expected Value	without any	Information =	¥290.00
Expected Value	with Perfect	Information =	¥406.67
Expected Value	of Perfect	Information =	¥116.67

图 4-13

如果在图 4-10 中第 1 行输入概率 0.35,0.4,0.25,结果如图 4-14 所示。

07-10-2014 Alternative	Maximin Value	Maximax Value	Hurwicz (p=0.3) Value	Minimax Regret Value	Equal Likelihood Value	Expected Value	Expected Regret
Alternative1	($250)	$800**	¥65.00	$350	¥290.00**	¥345.50**	¥87.50**
Alternative2	($200)	$600	¥40.00	$300**	¥233.33	$280	$153
Alternative3	$50	$300	$125	$500	¥166.67	¥177.50	¥255.50
Alternative4	$100**	$400	$190**	$400	¥250.00	$265	$168

图 4-14

二、贝叶斯分析

WinQSB 软件作贝叶斯分析只能计算后验概率,期望益损值需要手工计算。

例 4.11 某部需对一台设备的换代问题作出决策,有三种方案:A_1 为另买一台新机器;A_2 为对老机器进行技术革新;A_3 是维护老机器。输入不同质量的原料,三种方案的收益见表 4-10。约有 30%的原料质量是好的,还可以花 600 元对原料的质量进行测试,这种测试的可靠性见表 4-11。用 WinQSB 软件求该问题的后验概率。

表 4-10 收益值标 (单位:万元)

原料质量 N_i	购新机器 A_1	改建老机器 A_2	维护老机器 A_3
N_1 好(0.3)	3	1	0.8
N_2 差(0.7)	-1.5	0.5	0.6

表 4-11 测试可靠性

$P(Z_y/N_i)$		原料的实际质量	
		N_1 好	N_2 差
测试结果	Z_1 好	0.8	0.3
	Z_2 差	0.2	0.7

解:(1) 建立新问题后,在图 4-9 中选择 Bayesian Analysis,输入标题、状态数 2 及试验指标数 2。

(2) 输入数据。如图 4-15 所示,在第 1 行输入先验概率,第 2、3 行输入条件概率,可以对状态和试验指标重命名。

(3) 计算后验概率。单击 Solve the Problem 得到如图 4-16 所示的后验概率表。

Outcome \ State	State1	State2
Prior Probability	0.3	0.7
Indicator1	0.8	0.3
Indicator2	0.2	0.7

图 4-15

Indicator\State	State1	State2
Indicator1	0.5333	0.4667
Indicator2	0.1091	0.8909

图 4-16

习 题 四

1. 某军工厂有一种新武器产品,现向国际武器市场进行推销,推销策略有 A_1、A_2、A_3 三种选择方案,但各方案所需的资金、时间都不同,加上市场情况的差别,因而获利和亏损情况也不同。市场情况有三种:θ_1(需求量大)、θ_2(需求量一般)、θ_3(需求量低)。市场情况的概率并不知道,其益损值矩阵见表 4-12,请用不同的决策准则进行决策。

表 4-12 益损值表

方案 \ 益损值 \ 状态	θ_1	θ_2	θ_3
A_1	50	10	-5
A_2	30	25	0
A_3	10	10	10

2. 假设敌机群来袭的主要方向有三个,分别为 s_1、s_2、s_3,经预测其概率分别为 0.1,0.6,0.3,我防空兵有三种部署方案,分别为 A_1、A_2、A_3,可估算出我方每一种部署方案在敌机群不同方向来袭时被我方击落、击伤的敌机架数,如表 4-13 所列。问:应选择哪一种部署方案,才能使被击落、击伤的敌机架数最多?

表 4-13　益损值表

方案 \ 状态 益损值	S_1 $P(S_1)=0.1$	S_2 $P(S_2)=0.6$	S_3 $P(S_3)=0.3$
A_1	5	3	2
A_2	4	4	3
A_3	3	3	3

3. 有一军工厂为生产某种产品,设计三种基建方案:一是建大厂,二是建小厂。建大厂需投资 300 万元,小厂需投资 160 万元,两者的使用期限都是 10 年。三是先建小厂,如销路好,则 3 年后考虑扩建,扩建需投资 140 万元,扩建后使用 7 年,每年的益损值与大厂相同。估计前 3 年销路好的可能性是 0.7,如果前 3 年销路好,则后 7 年销路好的概率为 0.9,如果前 3 年销路差,则后 7 年销路肯定差。大厂、小厂的年度损益值见表 4-14。问:应该选择哪种方案?

表 4-14　益损值表

方案 \ 状态	销路好	销路差
建大厂	100	-20
建小厂	40	10

4. 某工厂试制某新产品准备投产,有两种方案:大批投产(A_1)和不投产(A_2)。根据统计资料,新产品的销售状态和收益(单位:万元)如表 4-15 所列。

表 4-15

方案 \ 状态	畅销 S_1 $P(S_1)=0.25$	一般 S_2 $P(S_2)=0.30$	滞销 S_3 $P(S_3)=0.45$
A_1	15	1	-6
A_2	0	0	0

由于滞销亏损较大,厂家考虑采取试销法,试销费用 1 万元。根据过去资料,试销对市场情况估计的可靠程度如表 4-16 所列。

表 4-16　益损值表

调查结果＼状态	S_1(畅销)	S_2(一般)	S_3(滞销)
B_1(畅销)	$P(B_1/S_1)=0.65$	$P(B_1/S_2)=0.25$	$P(B_1/B_3)=0.10$
B_2(一般)	$P(B_2/S_1)=0.25$	$P(B_2/S_2)=0.45$	$P(B_2/B_3)=0.15$
B_3(滞销)	$P(B_3/S_1)=0.10$	$P(B_3/S_2)=0.30$	$P(B_3/B_3)=0.75$

试利用贝叶斯分析作出决策。

5. 某军工厂计划生产一种新产品,经预测,该新产品销路好与差的概率各占 50%,该生产工艺有三种。第Ⅰ、Ⅱ种为现有工艺,第Ⅲ种为新工艺,因此第Ⅲ种工艺的生产又顺利与不顺利两种情况,已知顺利的概率为 0.8,不顺利的概率为 0.2。三种工艺在销路好、差状态下的收益值见收益值表。又利用心理测试法,对该厂厂长在生产工艺决策问题上的效用函数已测出,见厂长效用函数表。

现求:(1) 作出此问题的决策树。

(2) 以最大期望益损值为最优决策准则求此问题的最优决策

(3) 以最大效用期望值为最优决策准则求此问题的最优决策

表 4-17　厂长效用函数表

收益值 v/万元	200	100	50	20	-10	-20	-50	-100
效用值 $u(v)$	1.0	0.79	0.66	0.57	0.46	0.42	0.29	0

表 4-18　收益值表

Ⅰ			Ⅱ			Ⅲ					
						顺利(0.8)			不顺利(0.2)		
销路	概率	收益	销路	概率	收益	销路	概率	收益	销路	概率	收益
好	0.5	20	好	0.5	100	好	0.5	200	好	0.5	50
差	0.5	-10	差	0.5	-20	差	0.5	-50	差	0.5	-100

思考题:

甲国与两个友邻国乙、丙的关系过去一直较紧张。近年来,随着国际局势的缓和和三国政府的努力,甲国与乙、丙两国的关系有了较大的改善。甲国政府苦于军费开支过大,影响了国民经济的发展,决定趁现在这个有利时机和乙、丙两国进行限制武器发展的谈判。考虑到自身安全,甲国政府决定一旦与乙、丙两国之一谈判成功,则不再和另一国谈判。根据各方面的情报。甲国政府认为:如果首先和乙国谈判,则成功的可能性为 0.8;如果和乙国谈判失败再和丙国谈判,则成功的可能性为 0.4;如果首先和丙国谈判,则成功的可能性为 0.5,如果和丙国谈判失败再和乙国谈判,则成功的可能性为 0.7。如果和乙国谈判成功,则甲国可节省军费 8 亿美元,如果和丙国谈判成功,则甲国可节省军费 10 亿美元。问甲国政府应如何安排与两个邻国的谈判?

第五章　作战指挥中的矩阵博弈

博弈是一种行为现象,描述的是一种具有对抗或竞争性质的行为,它广泛存在于我们的社会生活之中。博弈论是研究博弈行为的科学。博弈论这个名词译自英文“Game Theory”,在经济学著作中经常称博弈论,在其他领域经常称对策论。博弈论所包含的规律散布于数学、生物学、经济学、法学和其他社会科学及行为科学之中。博弈论是现代数学的一个分支,也是运筹学研究的重要内容之一,更是现代微观经济学的一个重要组成部分。博弈论是一门交叉学科。

博弈行为始于人们的交往。人一形成群体就有了交往,从小的方面看居家生活是一种交往,从大的方面看国家冲突也是一种交往,人们随时随地都在从事交往活动,而博弈活动就蕴藏于交往之中。从古典小说《三国演义》《水浒传》和《红楼梦》中可以找到为实现一个目的而采取某种手段的例子,用博弈论的观点看,这些手段都是博弈行为;战国时的齐王赛马则是一个清楚简洁的非合作博弈实例;1500 年前犹太法典中的婚姻合同问题则是一个合作博弈的实例。

经验告诉我们,不同的交往行为会有不同的结果,于是人们就特别希望知道,在面对某些问题时,如何行动才能更好地趋利避害。正是在这种强劲需求的驱动下,博弈论正式诞生后立即有了迅速的发展。

从理论上描述博弈行为和研究博弈行为可以追溯到 18 世纪初或更早。如瓦德格拉夫(Waldegrave)1713 年就得出了已知是最早的两人博弈的极小化混合策略解,古诺(Cournot)和伯特兰德(Bertrand)则分别在 1838 年和 1883 年提出了博弈论最经典的模型,这可以看作博弈论早期研究起点。1944 年,数学家冯·诺依曼(Von Neumann)与经济学家摩根斯坦(Morgenstern)合作撰写出版了《博弈论与经济行为》一书,系统地建立了博弈论的数学分析模型和理论分析体系框架。这本书的出版,也标志着博弈论的正式诞生。博弈论研究的第一个高潮出现在 20 世纪 40 年代末和 50 年代初。约翰·纳什(John Nash)是博弈论研究的一个非常重要的人物,纳什在 1950 年提出了将博弈论扩展到非零和博弈,最终成为非合作博弈理论的奠基人。纳什均衡(Nash Equilibrium)概念和纳什均衡存在性定理是其中最重要的成果。由于博弈论对现代经济学研究有重大影响,有多位学者因博弈论研究而获得诺贝尔经济学奖。

除了纳什的奠基性成果外,1950 年,Merrill Flood 在兰德公司首先进行了后来所说的“囚徒困境”(Prisoners' Dilemma)博弈实验,另一个博弈论学者(Howard Raiffa)也独立进行了这个博弈实验,随后囚徒困境博弈由A。W。Tucher介绍而闻名于世。

自从冯·诺依曼和摩根斯坦的书出版之后,博弈成了科学专有名词。它描述了广泛的人类相互作用:利益相对的两人或多人,当其行为对对方产生影响时,其行为结果总取决于两人采取的策略或行动。

可以这样说,博弈论是一个工具,是一种独特的人类行为研究方法,它用来分析与理解我们所观察到的,在决策者交互动作中发生的种种现象。

博弈论的基础建立在一个假设之上,那就是博弈参与者均是理性经济人的假设(如果剔除了理性人假设,或者没有考虑理性人的理性程度,所有的博弈分析都可能是谬误,结论会显得荒谬,会无法解释现实中发生的现象)。理性经济人行为或行动遵循明确的外在的目标,考虑其他决策者的行为,参照自己的经验,实施最恰当的行为。理性经济人有一个容易定义的偏好,他会在面临给定的约束条件下,最大化自己的偏好。正是由于有理性经济人的假设,才可以采用数学方法来分析博弈问题。

博弈论模型来自现实生活,是对策略行为的抽象。这种抽象可以将小范围内发生的现象用于研究更大范围内发生的现象。例如,纳什均衡理论就被用于研究市场垄断和政治竞争;混合策略均衡则被用于研究蜜蜂与花朵的关系;重复博弈理论用于分析社会现象,如威胁与承诺;核(core)理论可分析稳定价格问题。

尽管博弈论本身所想表达的内容不一定直接是数学形式,但通过数学形式可以精确定义概念、考察思想的一致性和体现暗含的假设,因此博弈论问题广泛采用数学方法表达。

第一节 博弈问题的基本概念

一、影响博弈的要素

先来看大家熟知的著名的齐王赛马博弈。

战国时期,齐王与田忌赛马。双方约定,各自出上、中、下三匹马,每匹马都要参赛一次且只赛一次,一共比赛三次,每次比赛后负者要付给胜者一千金。当时的形势是,齐王的三种马都分别强于田忌的三种马,但是,齐王的中马没有田忌的上马好,齐王的下马没有田忌的中马好。齐王志在必得,在比赛前,田忌的谋士孙膑准确地猜到了齐王出马顺序,给田忌谋划:让田忌用下马对齐王的上马,用中马对齐王的下马,用上马对齐王的中马。结果田忌二胜一负得千金。

如果仅进行一次比赛,田忌确实取得了胜利;但是,如果进行多次比赛,则可以预测齐王必为赢家。对于齐王和田忌来说,尽管齐王胜的可能性大,但田忌毕竟还有赢的机会,是否应该再继续进行比赛?田忌又是靠什么赢得了胜利?要深入回答这个问题其实并不容易,它涉及影响博弈的若干因素,特别是涉及采用什么规则和谁都知道些什么信息。齐王赛马中,采用不同的规则,例如,假如允许在第一场比赛后换马匹的顺序,则齐王可能用下马来对付田忌可能出场的上马,这就会得出不同的结果。在可以中间换马的情况下,如果不允许某一方在比赛过程中观察结果,则允许观察的另外一方,就有可能会从额外的中间结果信息中得益。

影响博弈的因素一般有7个,分别是局中人、信息、策略、行动、支付、结果和均衡。其中,局中人、策略和支付是描述一个博弈所需要的最少元素,局中人、行动和结果统称为博弈规则,博弈分析的目的就是使用博弈规则达到均衡。

(一)局中人(Player or Adversary)

局中人也称参与人或博弈方,是博弈中独立决策、独立承担博弈结果的个人或团体。局中人通过选择策略或行动追求己方偏好最大化。局中人还必须有一个易于定义和描述的偏好函数。偏好容易定义,就是要让偏好成为局中人的共识,而偏好本身,就是局中人所追求的目标;寻求目标最大化,就是局中人的追求。

根据局中人的定义,齐王赛马中齐王和田忌是局中人,而谋士和马均不是局中人;在棋赛中,公证人不算局中人,棋手为局中人,为分析问题方便,有时将自然(nature)作为虚拟局中人(pseudo-player)来处理。局中人可能是个体,也可能是团体。

通常用I表示局中人的集合。如有n个局中人,则$I=\{1,2,\cdots,n\}$,如不特殊说明,认定一个博弈中至少有2个局中人,多个人组成的团体,可以是1个局人,例如,桥牌赛4人参加,就只有2个局中人。

(二)行动(Actions or Moves)

行动是指局中人在某个时刻可以进行的选择,一般用a_i表示第i个局中人的一个行动,$A_i=\{a_i\}$表示可供i选择的所有行动的集合。在n人博弈中,n个局中人的行动的有序集$a=(a_1,\cdots,a_i,\cdots,a_n)$称为"行动组合",其中$a_i$表示第$i$个局中人的行动。

行动的顺序是一个重要的因素。局中人相同,行动集合也相同,但是如果行动顺序不同,则可能导致每个局中人的最优选择不同,博弈的结果就不同。在齐王赛马博弈中,如果允许出马有先后顺序,马匹标出上、中、下几个等级,并且不允许作伪,则后出马的一方就必然会取胜。

(三)信息(Information)

信息是局中人有关博弈的知识,特别是有关“自然”的选择、其他局中人的特征和行动的知识。信息对局中人非常重要,因为每个局中人在每次进行策略选择之前,必须根据观察到的其他局中人的行动和了解的有关情况作出最佳决策。例如,齐王赛马中,田忌对齐王有更多的了解,这种了解即为拥有了额外的信息。依靠拥有的额外信息,田忌在与齐王的赛马中取得了胜利。信息是博弈中一个非常复杂的内容,既存在知道多少,还存在在什么时候知道的等一系列问题。

对于本章学习的较为简单的博弈,将信息结构设定为“对称信息”,即博弈各方知道的一样多。

(四)策略(Strategies)

策略是局中人在给定信息集的情况下的行动,它规定局中人在什么时候选择什么行动,即策略告诉局中人如何对其他局中人的行动作出反应。

受博弈规则限定,一局博弈中,可供局中人选择的一个实际可行的完整的行动方案称为一个行动策略,简称为策略。把所有可供该局中人选择的策略的全体,称为这个局中人的策略集合。参加博弈的每个局中人,都有自己的策略集合。一般,用 s_i 表示第 i 个局中人的一个策略,$S_i=\{s_i\}$ 表示可供 i 选择的所有策略的集合。

例如,齐王赛马中,用(上、中、下)表示上马、中马、下马依次参赛,则(上、中、下)为一个策略,局中人齐王和田忌各有 6 个策略:

(上、中、下),(上、下、中),(中、上、下),(中、下、上),(下、上、中),(下、中、上)。

策略与行动是两个不同的概念。如果局中人只进行一次行动选择,或局中人同时作出行动选择,或者即使局中人不同时作出行动选择,也不能探得对方的行动信息,则策略与行动相同。否则,局中人按照一个指定的顺序完成行动,局中人不仅在博弈开始时考虑其行动,而且在任何需要的时刻都可以考虑对手已经采取的行动,按照相应的策略采取行动。在静态博弈中,策略和行动是相同的。因为静态博弈中,所有局中人同时行动,没有任何人能获得他人行动的信息,所以策略选择就是简单的行动选择。

我们可能都听说过这样的口号:人不犯我,我不犯人;人若犯我,我必犯人。这就是一个“策略”,它说明了在什么条件下会采取什么样的作为,那就是“不犯人”或者“犯人”。而“不犯人”或者“犯人”则是“行动”。“犯我”或者“不犯我”是行动发生的条件。

（五）支付或赢得(Payoffs)

支付或赢得(Payoffs)就是参加博弈的局中人从博弈中所获得的利益，它可以是胜利或失败、名次前后、收入或支出等，这些都为支付或赢得，也可称为“得失”。

在齐王赛马中齐王“失”千金，田忌“得”千金就是其中一局博弈的“得失”。

从齐王赛马中可以看出，每一局中人在一局博弈结束时的得失，是与全体局中人所选取的一组策略有关。当齐王用(上、中、下)策略，田忌用(下、上、中)策略时，田忌得千金，如果齐王与田忌均使用(上、中、下)策略时，田忌将付出三千金。

所以一局博弈结束时，每个局中人的“得失”是全体局中人所选定的一组策略的函数，通常称为赢得函数或支付函数。从每个局中人的策略集合中，各取一个策略所组成的策略组合称“局势”。在 n 人博弈中，若 s_i 表示第 i 个局中人选择的一个策略，则 n 个局中人选择的策略的集合 $S=(s_1,\cdots,s_i,\cdots,s_n)$ 称为策略组合，也称为局势。全体局势的集合 S 可以用各局中人策略集的笛卡儿积表示，即

$$S = S_1 \times S_2 \times \cdots \times S_n \tag{5-1}$$

对任一局势 $s \in S$，局中人 i 可以得到一个赢得 $u_i(s)$ 是局势 s 的函数，称为第 i 个局中人的赢得函数，表示为

$$u_i = u_i(s_1,\cdots s_i,\cdots,s_n) \tag{5-2}$$

如果在任一“局势”中，全体局中人的“得失”相加总是等于零时，这个博弈就称为“零和博弈”，否则就称“非零和博弈”。

（六）结果(Outcome)

结果是博弈分析者所感兴趣的所有东西，如均衡行动组合、均衡策略组合、均衡支付组合等。

（七）均衡(Equilibrium)

均衡是所有局中人的最优策略的组合，表示为

$$s^* = (s_1^*,\cdots,s_i^*,\cdots,s_n^*) \tag{5-3}$$

式中：s_i^* 为第 i 个局中人在均衡条件下的最优策略，是 i 所有可能的策略中使得 u_i 最大化的策略。

由于 u_i 是所有局中人的策略组合的函数，因此 i 的最优策略一般也依赖于其他局中人的策略选择。通常，用 $s_{-i}=(s_1,\cdots,s_{i-1},s_{i+1},\cdots,s_n)$ 表示除 i 外的所有局中人的策略组成的向量。如果对于 $\forall s'_i \in S_i, s'_i \neq s_i^*$，有

$$u_i(s_i^*,s_{-i}) \geqslant u_i(s'_i,s_{-i}) \tag{5-4}$$

则 s_i^* 是在给定其他局中人策略选择(s_{-i})条件下第 i 个局中人的最优策略。如果对于所有的 $i=1,2,\cdots,n$,式(5-4)同时成立,就意味着存在一个均衡。一个博弈可能有多个均衡存在。

二、博弈问题战略式表述

战略式表述(Strategic from Representation)中,所有局中人同时选择各自的策略,所有局中人选择的策略一起决定每个局中人的支付。一般地,战略式表述用下式描述

$$G=(S_1,\cdots,S_n;u_1,\cdots,u_n) \tag{5-5}$$

如果一个博弈中,局中人 i 的个数是有限的,并且每个局中人可选择的策略也是有限的,那么这个博弈就称为有限博弈(Finite Game)。两人有限博弈的战略式表述可以用矩阵表来直观地给出。有关矩阵表的内容,将在后面几节中结合例子进行说明。

三、博弈的分类

可以从不同的角度对博弈进行分类。

按局中人数量分:单人博弈、两人博弈和无限博弈;

按策略集合中策略有限或无限分:有限博弈和无限博弈。

按局中人赢得函数值的代数和(赢得为正,失去为负)是否为零,将博弈分为零和博弈和非零和博弈。按局中人赢得函数的代数和是否为常数将博弈分为常和博弈和非常和博弈(也称变和博弈)。零和博弈的博弈方之间利益始终是相对立的,偏好通常不一致,有一方获利必将有一方失利。常和博弈中博弈方的利益也是相对的,但是其利益对立体现在各自所得利益的多少,可以实现共同获利。齐王赛马为零和博弈,数人合分一块蛋糕即为常和博弈,而商家销售商品以及囚徒困境则为变和博弈。

按博弈过程分:静态博弈、动态博弈和重复博弈。博弈参与者同时选择策略或行动,或虽然行动有先后,但后行动者并不知道先行动者所选择的行动,为静态博弈,如投标、齐王赛马等。动态博弈则是博弈参加者的行动有先后次序,后行动者可以根据先行动者的动作作出相应的选择。

按信息结构分:完全信息博弈和不完全信息博弈,完美信息动态博弈和不完美信息动态博弈。如果博弈参加者对其他对手的特征(偏好)策略或行动、支付函数都有精确了解,则为完全信息,否则为不完全信息;如果对博弈历史进程完全了解为有完美信息,否则为不完美信息。

按博弈方的理性分:完全理性博弈和有限理性博弈。理性来源于"理性经

济人假设”即认为博弈方都是以个体利益最大化为目标,并且有准确地判断选择能力,也不会“犯错误”。以个体利益最大化为目标被称为“个体理性”(Individual Rationality),有完美的分析判断能力和不会犯选择行为的错误称为“完全理性”。

按能否达成有约束力的协议分:合作博弈和非合作博弈。合作博弈和非合作博弈之间的主要区别是当局中人的行为互相作用时,能否达成一个只有约束力的协议。如果有这样的协议,称为合作博弈;反之,称为非合作博弈。目前,博弈论主要研究非合作博弈。

下两节介绍非合作完全信息静态博弈。在这种博弈中,每个局中人对所有其他局中人的特征(包括策略空间、支付函数等)有完全的了解,而所有局中人同时选择行动。

第二节 有限零和二人博弈

如果一个博弈只有两个局中人,每个局中人都只有有限个可选策略,在任意一个局势中两个局中人的得失代数和总为零,则这种博弈为“有限零和二人博弈”(Two-person,Zero-sum Games),也称为矩阵博弈、矩阵对策、两人对策。

有限零和二人博弈中,局中人的利益和偏好始终不一致,是一种“严格竞争博弈”。

一般地,用Ⅰ、Ⅱ分别表示两个局中人,并称局中人Ⅰ为行局中人(Row Player),称局中人Ⅱ为列局中人(Column Player)。设局中人Ⅰ有 m 个纯策略 $\alpha_1,\alpha_2,\cdots,\alpha_m$ 可供选择,局中人Ⅱ共有 n 个纯策略 $\beta_1,\beta_2,\cdots,\beta_n$ 可供选择,则局中人Ⅰ、Ⅱ的策略集合分别 $S_1=\{\alpha_1,\alpha_2,\cdots,\alpha_m\}$,$S_2=\{\beta_1,\beta_2,\cdots,\beta_n\}$。

当局中人Ⅰ选定纯策略 α_i 和局中人Ⅱ选定纯策略 β_j 后,就形成了一个纯局势 (α_i,β_j),可见这样的纯局势共有 $m\cdot n$ 个。对任一纯局势 (α_i,β_j),记局中人Ⅰ的赢得值为 a_{ij},则局中人Ⅰ的赢得矩阵(或局中人Ⅱ的支付矩阵)为

$$\boldsymbol{A}=\begin{bmatrix} a_{11} & a_{12} & \cdots & a_{1n} \\ a_{21} & a_{22} & \cdots & a_{2n} \\ \vdots & \vdots & \vdots & \vdots \\ a_{m1} & a_{m2} & \cdots & a_{mn} \end{bmatrix} \tag{5-6}$$

由于假定博弈为零和博弈,故局中人Ⅱ的赢得矩阵为 $-\boldsymbol{A}$。

在齐王赛马博弈中,齐王的赢得矩阵为下例矩阵

$$\begin{bmatrix} 3 & 1 & 1 & 1 & -1 & 1 \\ 1 & 3 & 1 & 1 & 1 & -1 \\ 1 & -1 & 3 & 1 & 1 & 1 \\ -1 & 1 & 1 & 3 & 1 & 1 \\ 1 & 1 & 1 & -1 & 3 & 1 \\ 1 & 1 & -1 & 1 & 1 & 3 \end{bmatrix}$$

当局中人Ⅰ、Ⅱ的策略集合 S_1、S_2 及局中人Ⅰ的赢得函数 A 确定后，一个矩阵博弈也就确定了。通常将博弈记为 $G=\{\text{Ⅰ},\text{Ⅱ};S_1,S_2;A\}$，或 $G=\{S_1,S_2;A\}$。

在有限零和二人博弈(矩阵博弈)中,双方的利益完全对立。作为选择最优策略的基础,假设对方是有理智的行动者,那么理智的行为应当是采取一种不图侥幸、稳中求胜的策略,而不能指望对方会犯错误。

当选择自己的行动方案时,对方总是选择最不利于我们的行动方案。由于零和博弈的性质,任何能使对方获得最好结果的选择,都会使我们获得最差的结果。博弈双方都会在各自所有可能选择的策略中,选择一个对对方最不利的策略。这就是博弈论的基本原理,称为"最小化最大原理"。

因此,双方最明智的决策,应是从各自的各种不利的情况出发,从中选取一个最好的结果。这就是说,每个局中人都应该按照"坏中求好"准则进行决策。

一、有最优纯策略的情况

例 5.1 设 2 人有限零和博弈 $G=\{S_1,S_2,A\}$,$S_1=\{\alpha_1,\alpha_2,\alpha_3\}$,$S_2=\{\beta_1,\beta_2,\beta_3\}$,甲方赢得矩阵为

$$\begin{array}{cc} & \text{乙}\quad \beta_1 \quad \beta_2 \quad \beta_3 \\ \text{甲} & \begin{array}{c}\alpha_1\\ \alpha_2\\ \alpha_3\end{array}\begin{bmatrix} 2 & 5 & 1 \\ 3 & 4 & 4 \\ 1 & 3 & 2 \end{bmatrix} \end{array}$$

分析:甲方不能图侥幸去得那个最高赢得 5,乙方也不能图侥幸去得那个最小支付 1,双方理智的考虑应该是稳中求胜:

若甲选策略 α_1,他应考虑到最不利的情况,即乙选策略 β_3,他赢得最少为 1;

若甲选策略 α_2,他应考虑到最不利的情况,即乙选策略 β_1,他赢得最少为 3;

若甲选策略 α_3，他应考虑到最不利的情况，即乙选策略 β_1，他赢得最少为 1。

在这三种最不利的情况中，相比之下，对局中人甲最有利的情形是选策略 α_2，这时他的最少赢得最大，也就是说他至少可以赢得 3。甲方这样的选择，即行中取小，各行求大的策略，称为最大最小策略，对甲方来说是一个稳妥理智的策略。记

$$\underline{v} = \max_i(\min_j a_{ij}) = a_{rs} \tag{5-7}$$

称 $\underline{v}$ 为对策的最大最小值，α_{vs} 为局中人甲的最大最小策略，当局中人甲采用最大最小策略时，他的赢得不会少于 $\underline{v}$。

同样，分析局中人乙的理智行为，应先考虑到在选各个策略时对自己最不利的情形，即各列中最大（支付最多）的元素，然后比较这些最不利的情形，从中找出支付最少的策略，即列中取大，各列求小的策略，我们把这种策略称为最小最大策略，对乙方来说这是一个稳妥理智的策略。记

$$\bar{v} = \min(\max a_{ij}) = a_{tu} \tag{5-8}$$

称 $\bar{v}$ 为对策的最小最大值，β_u 为局中人乙的最小最大策略，当局中人乙采用最小最大策略时，他的支付不会超过 $\bar{v}$。

关于 $\underline{v}$ 和 $\bar{v}$ 的关系，有

定理 5.1 $\quad \underline{v} \leqslant \bar{v}$。 (5-9)

证明：对任意 a_{ij}，有 $a_{ij} \leqslant \max_i a_{ij}$。

上式对所有 j 成立，故两边对 j 取最小值仍然成立，即

$$\min_j a_{ij} \leqslant \min_j(\max_i a_{ij})$$

上式对所有 i 都成立，右边为常数，左边对 i 取最大值后依然成立，即

$$\max_i(\min_j a_{ij}) \leqslant \min_j(\max_i a_{ij})$$

即 $\underline{v} \leqslant \bar{v}$，证毕。

下面分两种情形讨论，本节讨论 $\underline{v}=\bar{v}$ 的情形，下节讨论 $\underline{v} \leqslant \bar{v}$ 的情形。

当 $\underline{v}=\bar{v}=a_{i*j*}$ 时，a_{i*j*} 既是第 $i*$ 行的最小元素，又是 $j*$ 列的最大元素，因此我们把 a_{i*j*} 称为支付矩阵 $\boldsymbol{A}$ 的一个鞍点，将纯局势（a_{i*}，β_{j*}）称为对策 G 的鞍点，将值 $v=\underline{v}=\bar{v}$ 称为对策的值。

我们将说明：当支付矩阵 $\boldsymbol{A}$ 有鞍点（α_{i*}，β_{j*}）时，α_{i*}、β_{j*} 分别是局中人甲和乙的最优纯策略。事实上，甲使用策略 α_{i*} 时，他至少可赢得 v，而这时乙使用策

略 β_{j*}，只让甲赢得 v，所以 β_{j*} 是局中人乙的最优纯策略。同理，乙使用策略 β_{j*} 时，他最多会输 v，而这时甲使用策略 α_{i*}，赢得了 v，所以 α_{i*} 是局中人甲的最优纯策略。

当矩阵存在鞍点时，任何一个局中人都不能图侥幸而指望对方不使用最优纯策略，当对方使用最优纯策略时，局中人如果不同时使用自己的最优纯策略，自己只会遭到更大损失。所以双方必须都使用自己的最优纯策略，这时甲方赢得 v，乙方支付 v。

下面我们介绍一种搜索矩阵鞍点，从而求出最优纯策略或判断鞍点不存在的方法——圈框法。将支付矩阵中每一行的所有的最小元素，用"圆圈"圈住，对每一列的所有的最大元素，用"方框"框住。一旦"圆圈"和"方框"重合在一个元素上，这个元素就是矩阵对策的值 v。该元素所在的行、列所对应的纯策略，就分别是甲、乙各方的最优纯策略，一组纯策略构成的纯局势就是矩阵对策的鞍点。

例 5.2 设矩阵对策 $\boldsymbol{G}=\{\boldsymbol{S}_1,\boldsymbol{S}_2,\boldsymbol{A}\}$，其中 $\boldsymbol{S}_1=\{\alpha_1,\alpha_2,\alpha_3,\alpha_4\}$，$\boldsymbol{S}_2=\{\beta_1,\beta_2,\beta_3,\beta_4\}$，

$$\boldsymbol{A}=\begin{bmatrix} 7 & 10 & 4 & 3 \\ -6 & 8 & 5 & 2 \\ 9 & -11 & 2 & 1 \\ 15 & 3 & 8 & -4 \end{bmatrix}$$

试求对策的值和各局中人的最优策略。

解：用圈框法得出：$\underline{v}=\bar{v}=a_{14}=3$，矩阵对策在纯策略下有解。对策的值 $v=3$，(α_1,β_4) 是矩阵对策的鞍点，α_1 是局中人甲的最优纯策略，β_4 是局中人乙的最优纯策略。

矩阵对策的鞍点是否唯一？请看下面的例子。

例 5.3 设矩阵对策 $\boldsymbol{G}=\{\boldsymbol{S}_1,\boldsymbol{S}_2,\boldsymbol{A}\}$，其中 $\boldsymbol{S}_1=\{\alpha_1,\alpha_2,\alpha_3,\alpha_4\}$，$\boldsymbol{S}_2=\{\beta_1,\beta_2,\beta_3,\beta_4\}$，

$$\boldsymbol{A}=\begin{bmatrix} 7 & 3 & 5 & 3 \\ 0 & 1 & 6 & 2 \\ 4 & 3 & 8 & 3 \\ 9 & 2 & 0 & 1 \end{bmatrix}$$

试求对策的值和纯策略意义下的解。

解：由圈框法得

$$\underline{v}=\bar{v}=a_{12}=a_{14}=a_{32}=a_{34}=3$$

故对策的值 $v=3$,对策在纯策略意义下有解,对策的鞍点有 4 个:(α_1,β_2),(α_1,β_4),(α_3,β_2),(α_3,β_4)。a_1、a_3 都是局中人甲的最优纯策略,β_2、β_4 都是局中人乙的最优纯策略。

可以看出,矩阵对策解的下列性质:

性质 5.1 无差别性:若$(\alpha_{i_1},\beta_{j_1})$,$(\alpha_{i_2},\beta_{j_2})$都是矩阵对策的鞍点,则必有

$$a_{i_1j_1}=a_{i_2j_2}=v$$

性质 5.2 可交换性:若$(\alpha_{i_1},\beta_{j_1})$,$(\alpha_{i_2},\beta_{j_2})$都是矩阵对策的鞍点,则$(\alpha_{i_1},\beta_{j_2})$,$(\alpha_{i_2},\beta_{j_1})$也一定是矩阵对策的鞍点。

例 5.4 第二次世界大战期间,美军获知日军护航舰队将从新不列颠岛东岸的腊包尔启航,开往新几内亚的莱城。从腊包尔到莱城有两条航线——南线与北线。无论日军走哪一条航线,到达莱城均需要 3 天时间。美军拟从新几内亚派飞机去轰炸日军船队,也有飞往南线和飞往北线两种策略,不同策略的对抗结果不同。当时气象情况是北线有雾,南线晴朗。美军分析后认为:若日舰走北线,美机飞北线,则由于北线有雾,能见度差,要花 1 天时间侦察,只能轰炸 2 天;若日舰走北线,美机飞南线,还会多损失 1 天时间用来使飞机从南线转回北线,故只能轰炸 1 天;若日舰走南线,美机飞南线,由于南线能见度好,可轰炸 3 天;若日舰走南线,美机飞北线,则美机发现无日舰已损失 1 天,再转回南线还可轰炸 2 天。所以如果用美机能轰炸日舰的天数作为衡量策略优劣的尺度,可得如下的美军赢得矩阵

	日舰	北线	南线
美机	北线	2	2
	南线	1	3

用圈框法解这个矩阵对策得:$v=\underline{v}=\bar{v}=a_{11}=2$。

日美双方的最优策略是:美机飞北线,日舰走北线。历史的事实是,日军选择了北线,美军飞北线侦察,轰炸了 2 天,日军损失惨重。

需要注意的是:我们研究具有鞍点的对策时,双方既知道己方的最优策略,也知道对方的最优策略,双方的最优策略是不必要保密的。同时在决策时并没有得到对方行动的任何信息,也没有考虑对方的失策。在实际对抗过程中,如果不知对方行动的信息,或已知对方使用了最优策略,则己方一定要使用最优策略。如果得到情报得知对方犯了错误,没有使用最优策略,那么己方也可以使用更有针对性的策略。例如,在新几内亚海战中,如果已知日舰走了南线,那么美军最佳的选择是也去南线轰炸。

当 $\underline{v}<\bar{v}$ 时,鞍点不存在,对策问题在纯策略意义下无解。

二、没有最优纯策略的情况

（一）混合策略和期望支付

上节指出，在 2 人有限零和对策中，若 $\underline{v}=\bar{v}$，即鞍点存在，对策存在最优纯策略；若 $\underline{v}<\bar{v}$ 则对策不存在最优纯策略，可以证明，两局中人各自存在着最优混合策略。

例 5.5 给出矩阵对策 $\boldsymbol{G}=\{\boldsymbol{S}_1,\boldsymbol{S}_2,\boldsymbol{A}\}$，其中 $\boldsymbol{S}_1=\{\alpha_1,\alpha_2\}$，$\boldsymbol{S}_2=\{\beta_1,\beta_2\}$，甲的赢得矩阵为

$$\begin{array}{c c} & \begin{array}{cc}\beta_1 & \beta_2\end{array} \\ \begin{array}{c}\alpha_1 \\ \alpha_2\end{array} & \begin{bmatrix}1 & 4 \\ 3 & 2\end{bmatrix}\end{array}$$

解：用圈框法，发现该矩阵对策不存在鞍点。

$$\underline{v}=\max_i(\min_j a_{ij})=a_{22}=2$$

$$\bar{v}=\min_j(\max_i a_{ij})=a_{21}=3$$

显然，$\underline{v}<\bar{v}$。

这时甲方若选择最大最小策略 α_2，至少可赢得 2；乙方选最小最大策略 β_1，至多支付 3。下面我们说明 α_2，β_1 并不是甲、乙各方的最优纯策略。事实上，若甲方抱定 α_2，这时乙方可不选 β_1，而改选 β_2，使自己只支付 2；若甲方发现乙方选了 β_2，甲方也会改选 α_1，使自己赢得更多，即赢得 4；若乙方发现甲方选 α_1，则他又可以改选 β_1，使自己输得更少；……，如此一来，我们发现：

（1）当鞍点不存在时，甲、乙双方都不存在最优纯策略；

（2）双方应交替地、不暴露行动计划地、随机地采用各种策略，才有可能得到最佳结果。故这时双方存在着最优混合策略。

给出矩阵对策 $\boldsymbol{G}=\{\boldsymbol{S}_1,\boldsymbol{S}_2,\boldsymbol{A}\}$，其中 $\boldsymbol{S}_1=\{\alpha_1,\alpha_2,\cdots,\alpha_m\}$，$\boldsymbol{S}_2=\{\beta_1,\beta_2,\cdots,\beta_n\}$，$\boldsymbol{A}=[a_{ij}]_{m\times n}$。设甲方以概率 $x_1,x_2,\cdots,x_m$ 分别去选择策略 $\alpha_1,\alpha_2,\cdots,\alpha_m$，$\sum_{i=1}^{m}x_i=1$，$x_i\geqslant 0(i=1,2,\cdots,m)$。我们称 $\boldsymbol{X}=(x_1,x_2,\cdots,x_m)^{\mathrm{T}}$ 为甲方的一个混合策略。同样可以定义乙方的一个混合策略 $\boldsymbol{Y}=(y_1,y_2,\cdots,y_n)^{\mathrm{T}}$，其中 $\sum_{j=1}^{n}y_j=1$，$y_j\geqslant 0(j=1,2,\cdots,n)$。显然，纯策略是混合策略的特例。

甲、乙各方混合策略的全体，称为甲、乙各方的混合策略集，记为 S_1^*、S_2^*，即

$$S_1^* = \{X \mid X = (x_1, x_2, \cdots, x_m)^{\mathrm{T}}, \sum_{i=1}^{m} x_i = 1, x_i \geqslant 0, i = 1, 2, \cdots, m\} \tag{5-10}$$

$$S_2^* = \{Y \mid Y = (y_1, y_2, \cdots, y_n)^{\mathrm{T}}, \sum_{j=1}^{n} y_i = 1, y_j \geqslant 0, j = 1, 2, \cdots, n\} \tag{5-11}$$

当甲、乙双方分别采用混合策略 $\boldsymbol{X}$、$\boldsymbol{Y}$ 时，混合策略组 $(\boldsymbol{X}, \boldsymbol{Y})$ 称为一个混合局势。这时的支付也变成了一个随机变量，甲方赢得(或乙方支付)的数学期望称为甲方的期望赢得(或乙方的期望支付)，记为

$$E(X, Y) = \sum_{i=1}^{m} \sum_{j=1}^{n} a_{ij} x_i y_j = \boldsymbol{X}^{\mathrm{T}} \boldsymbol{A} \boldsymbol{Y} \tag{5-12}$$

定义 5.1 给定矩阵对策 $\boldsymbol{G} = \{\boldsymbol{S}_1, \boldsymbol{S}_2, A\}$，则 $\boldsymbol{G}^* = \{\boldsymbol{S}_1^*, \boldsymbol{S}_2^*, \boldsymbol{E}\}$ 称为 G 的混合扩充。策略和支付概念扩充以后，我们仍采用"理智"的想法。如果不图侥幸，甲方在使用混合策略 X 时，应考虑对自己最不利的情形，即赢得最少为 $\min\limits_{Y \in S_2^*} (\boldsymbol{X}, \boldsymbol{Y})$，他应选 $X \in \boldsymbol{S}_1^*$，使在最不利的情况下赢得最多，故甲的理智选择是

$$v_1 = \max_{X \in S_1^*} \min_{Y \in S_2^*} E(\boldsymbol{X}, \boldsymbol{Y}) \tag{5-13}$$

甲的这种选择可以使自己的期望赢得不少于 v_1。同理，乙的理智选择是

$$v_2 = \min_{Y \in S_2^*} \max_{X \in S_1^*} E(\boldsymbol{X}, \boldsymbol{Y}) \tag{5-14}$$

乙的这种选择可以使自己的期望支付不大于 v_2。

v_1 与 v_2 有什么关系呢？1944 年冯·诺依曼给出并证明了下述对策论基本定理。

定理 5.2 任何一个矩阵对策 $\boldsymbol{G}$ 在混合扩充中一定有解。

这个定理意味着：

(1) $v_1 = v_2$ 一定成立，令 $v = v_1 = v_2$；

(2) 一定存在 $\boldsymbol{X}^* \in \boldsymbol{S}_1^*$，$\boldsymbol{Y}^* \in \boldsymbol{S}_2^*$，使得 $\boldsymbol{E}(\boldsymbol{X}^*, \boldsymbol{Y}^*) = v$。

定义 5.2 设 $\boldsymbol{G}^*$ 是 $\boldsymbol{G}$ 的混合扩充，若存在混合局势 $(\boldsymbol{X}^*, \boldsymbol{Y}^*)$，其中 $\boldsymbol{X}^* \in \boldsymbol{S}_1^*$，$\boldsymbol{Y}^* \in \boldsymbol{S}_2^*$，使 $E(\boldsymbol{X}^*, \boldsymbol{Y}^*) = v_1 = v_2 = v$，则称 v 为对策的值，混合局势 $(\boldsymbol{X}^*, \boldsymbol{Y}^*)$ 称为 G 在混合策略下的解(或称 $\boldsymbol{G}^*$ 的广义鞍点)，$\boldsymbol{X}^*$、$\boldsymbol{Y}^*$ 分别称为局中人甲和乙的最优混合策略，这时甲的期望赢得(乙的期望支付)是 v。

（二）2×2 矩阵对策的解法

我们利用矩阵对策的上述性质来求解 2×2 矩阵对策。给定矩阵对策 $\boldsymbol{G}=\{\boldsymbol{S}_1,\boldsymbol{S}_2,\boldsymbol{A}\}$，其中 $\boldsymbol{S}_1=\{\alpha_1,\alpha_2\}$，$\boldsymbol{S}_2=\{\beta_1,\beta_2\}$，

$$\boldsymbol{A}=\begin{bmatrix} a_{11} & a_{12} \\ a_{21} & a_{22} \end{bmatrix}$$

首先考查它是否有鞍点？如果鞍点存在，则不难求出其纯策略中的解。否则，它在纯策略中无解，设其最优混合策略为

$$\boldsymbol{X}^*=\begin{bmatrix} x_1^* \\ x_2^* \end{bmatrix},\boldsymbol{Y}^*=\begin{bmatrix} y_1^* \\ y_2^* \end{bmatrix}$$

则必有 $x_i^*\neq 0, y_j^*\neq 0, i=1,2, j=1,2$。可得方程组

$$\begin{cases} a_{11}y_1^*+a_{12}y_2^*=v \\ a_{21}y_1^*+a_{22}y_2^*=v \\ y_1^*+y_2^*=1 \end{cases} \quad 和 \quad \begin{cases} a_{11}x_1^*+a_{21}x_2^*=v \\ a_{12}x_1^*+a_{22}x_2^*=v \\ x_1^*+x_2^*=1 \end{cases}$$

解得

$$v=\frac{a_{11}a_{22}-a_{12}a_{21}}{(a_{11}+a_{22})-(a_{12}+a_{21})} \tag{5-15}$$

$$x_1^*=\frac{a_{22}-a_{21}}{(a_{11}+a_{22})-(a_{12}+a_{21})} \tag{5-16}$$

$$x_2^*=\frac{a_{11}-a_{12}}{(a_{11}+a_{22})-(a_{12}+a_{21})}=1-x_1^* \tag{5-17}$$

$$y_1^*=\frac{a_{22}-a_{12}}{(a_{11}+a_{22})-(a_{12}+a_{21})} \tag{5-18}$$

$$y_2^*=\frac{a_{11}-a_{21}}{(a_{11}+a_{22})-(a_{12}+a_{21})}=1-y_1^* \tag{5-19}$$

仍考查例 5.5：

$$\boldsymbol{A}=\begin{bmatrix} 1 & 4 \\ 3 & 2 \end{bmatrix}$$

已知没有鞍点，利用公式(5-15)，…，(5-19)算得

$$x_1^*=\frac{1}{4},x_2^*=\frac{3}{4};y_1^*=\frac{1}{2},y_2^*=\frac{1}{2};v=2\frac{1}{2}$$

（三）特殊情况下矩阵对策的解法

1. 矩阵降阶法

2×2 矩阵对策的求解方法已经阐明，但求解更高阶的矩阵对策就不那么简单了。如果可能的话，把一个矩阵对策的阶数尽量降低是有益的，下面介绍一种降阶的方法。

如果支付矩阵中，某一行的元素都不小于另一行的对应元素，即

$$a_{ij} \geqslant a_{kj} \quad (j = 1,2,\cdots,n)$$

这时我们称第 i 行较第 k 行具有优势，或称局中人甲的第 i 个策略优于第 k 个策略，这时可以划去矩阵的第 k 行。这样做的道理是不难理解的。不管乙方怎样决策，甲采取第 i 个策略总比采取第 k 个策略能有更多的赢得，因此甲可以根本不考虑自己的第 k 个策略。

同理，若支付矩阵中，某一列的元素都不大于另一列的元素，即

$$a_{ij} \leqslant a_{ik} \quad (i = 1,2,\cdots,m)$$

则称第 j 列较第 k 列具有优势，或称局中人乙的第 j 个策略优于第 k 个策略，这时可划去矩阵的第 k 列。

例 5.6 已知矩阵对策 $\boldsymbol{G}=\{\boldsymbol{S}_1,\boldsymbol{S}_2,\boldsymbol{A}\}$，其中

$$\boldsymbol{A}=\begin{bmatrix}3&5&4&2\\5&6&2&4\\2&1&4&0\\3&3&5&2\end{bmatrix}$$

解：我们发现，第 1 行较第 3 行具有优势，划去第 3 行得

$$\begin{bmatrix}3&5&4&2\\5&6&2&4\\3&3&5&2\end{bmatrix}$$

上矩阵中第 4 列较第 1、2 列具有优势，划去第 1、2 列得

$$\begin{bmatrix}4&2\\2&4\\5&2\end{bmatrix}$$

上矩阵中第 3 行较第 1 行具有优势，划去第 1 行得 2×2 矩阵，标出它们对应的策略

$$\begin{array}{c}\\ \alpha_2\\ \alpha_4\end{array}\begin{array}{c}\begin{matrix}\beta_3&\beta_4\end{matrix}\\ \begin{bmatrix}2&4\\5&2\end{bmatrix}\end{array}$$

代入公式解得

$$x_2^* = \frac{3}{5}, x_4^* = \frac{2}{5}, y_3^* = \frac{2}{5}, y_4^* = \frac{3}{5}, v = 3\frac{1}{5}$$

对消去的行列应该补0,最终得双方的最优混合策略是

$$\boldsymbol{X}^* = \left(0,\frac{3}{5},0,\frac{2}{5}\right)^{\mathrm{T}}, \boldsymbol{Y}^* = \left(0,0,\frac{2}{5},\frac{3}{5}\right)^{\mathrm{T}}, v = 3\frac{1}{5}$$

优势的概念可以作如下的推广。

若存在 p 个非负数 $\lambda_i \geqslant 0$, $i=1,2,\cdots,p$,满足 $\sum_{i=1}^{p}\lambda_i = 1$,则 p 个 n 维向量 $\boldsymbol{A}_1$, $\boldsymbol{A}_2,\cdots,\boldsymbol{A}_p$ 的线性组合:$\sum_{i=1}^{p}\lambda_i\boldsymbol{A}_i$ 称为 $\boldsymbol{A}_1,\boldsymbol{A}_2,\cdots,\boldsymbol{A}_p$ 的一个凸组合。它实际上是向量组的一个加权平均。若将 $\lambda_i, i=1,2,\cdots,p$ 视为概率,则它实际上是将各向量按概率取平均。

若矩阵对策支付矩阵的若干行(列)的凸组合优于另一行(列),则这处于劣势的一行(列)可以划去。以行为例,若存在一组 λ_i、$\lambda_i \geqslant 0$, $\sum_{\substack{i=1\\i\neq k}}^{m}\lambda_i = 1$ 有 $\sum_{\substack{i=1\\i\neq k}}^{m}\lambda_i a_{ij} \geqslant a_{kj}$,对 $j=1,2,\cdots,n$ 成立,则可划去支付矩阵的第 k 行。可以这样做的原因是,如果其他 $(m-1)$ 行组成的某种混合策略优于第 k 个策略,那么在最优策略中我们将不再考虑使用第 k 个策略。

例 5.7 已知矩阵对策的支付矩阵

$$\begin{bmatrix} 2 & 4 \\ 5 & 1 \\ 3 & 2 \end{bmatrix}$$

解:第1、2行的平均值,即$\frac{1}{2}\times$(第1行)$+\frac{1}{2}\times$(第2行)$\geqslant$第3行,故可将第3行划去。

2. 线性方程组法

在特殊情况下,若查明 $\boldsymbol{G}$ 没有鞍点,并事先分析出 x_i^*、y_j^* 均不为0,可以用线性方程组来解。

例如“齐王赛马”的对策中,鞍点不存在,求齐王、田忌各自的最优混合策略。

解:齐王、田忌各有6个策略,由对称性,每1个策略被选取的可能性都存在,有理由认为 $x_i \neq 0, y_j \neq 0$ $(i=1,2,\cdots,6; j=1,2,\cdots,6)$。于是得线性方程组

$$
\begin{cases}
3x_1+x_2+x_3-x_4+x_5+x_6=v\\
x_1+3x_2-x_3+x_4+x_5+x_6=v\\
x_1+x_2+3x_3+x_4+x_5-x_6=v\\
x_1+x_2+x_3+3x_4-x_5+x_6=v\\
-x_1+x_2+x_3+x_4+3x_5+x_6=v\\
x_1-x_2+x_3+x_4+x_5+3x_6=v\\
x_1+x_2+x_3+x_4+x_5+x_6=v
\end{cases}
$$

解得

$$
\boldsymbol{X}^*=\left(\frac{1}{6},\frac{1}{6},\frac{1}{6},\frac{1}{6},\frac{1}{6},\frac{1}{6}\right)^{\mathrm{T}},v=1
$$

同理可得

$$
\boldsymbol{Y}^*=\left(\frac{1}{6},\frac{1}{6},\frac{1}{6},\frac{1}{6},\frac{1}{6},\frac{1}{6}\right)^{\mathrm{T}}
$$

这个结果说明:双方应等概率随机选择自己的每个策略,而不能对某一策略有所偏爱,这样经过多次比赛后,齐王平均每次可赢一千金。这是因为齐王的实力较强。但若某一方不采用这一最优混合策略,而表现了对某一策略的偏爱,对方采用相应的有针对性的策略,自己一方就会吃更大的亏。

同时,我们可以看出,一个对策有鞍点时,局中人可以事先公开告诉对方自己选取的最优纯策略,而结局仍不会改变。但一个对策无鞍点时,局中人的行动一定要互相保密,不保密的一方要吃大亏。

3. 图解法

根据经验已知:用燃烧弹击落带副油箱敌机的概率为0.5,用穿甲射击落带副油箱敌机的概率为0.3;用燃烧弹击落不带副油箱敌机的概率为0.2,用穿甲弹击落不带副油箱敌机的概率为0.4。如果不知敌方是否抛弃副油箱,如何选择方案可使获得的战果最大? 对策结果如何?

分析:由表5-1可知无最优纯策略。采用图解法分析该混合策略问题。首先讨论我方选择燃烧弹与穿甲弹两种策略的概率的确定。

表5-1 参数值

我方赢得	敌机策略		各行最小数
我机策略 α_i	带副油箱 β_1	不带副油箱 β_2	
燃烧弹 α_1	0.5	0.2	0.2
穿甲弹 α_2	0.3	0.4	0.3*
各列最大数	0.5	0.4*	

图 5-1 中横轴表示我方选择燃烧弹的概率 p，分布在 0~1 之间，选择穿甲弹的概率则等于 $1-p$。若使用燃烧弹概率为 0，表示只用穿甲弹击中敌机；使用燃烧弹概率为 1，表示只用燃烧弹击中敌机。纵轴表示我方选择燃烧弹不同概率时所对应的击落敌机的概率。图 5-1 中两条直线分别表示敌机选择带副油箱和不带副油箱两种策略下，随着我方选择燃烧弹的不同概率。击落敌机的概率。由"选择 β_1"所对应的直线可知，我方选择使用燃烧弹概率为 p 时，击落敌机的概率即期望值 $V=0.3(1-p)+0.5p$。同样，由"选择 β_2"所对应的直线可知，我方选择使用燃烧弹概率为 p 时，击落敌机的概率即期望值 $V=0.4(1-p)+0.2p$。根据逻辑假设（局中人不论对方选择何种策略，总期望赢得相同）可知，两条直线的交点所对应的横坐标就是甲选择燃烧弹的概率的最优值。

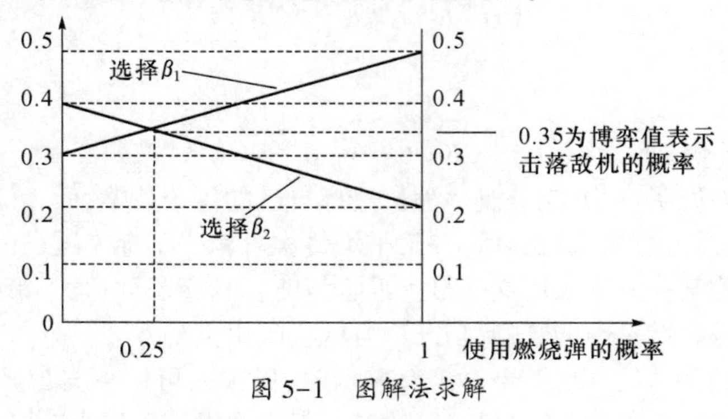

图 5-1　图解法求解

由图 5-1 可知，$p=0.25$ 表示使用燃烧弹的概率为 25%，使用穿甲弹的概率为 75%。

因此，按 25%和 75%比例混合使用燃烧弹和穿甲弹为我方最优混合策略，击落敌机的概率不低于 0.35。

第三节　有限非零和二人博弈

在实际博弈中并不全是利益和偏好严格对立，因此会有另外一种博弈，那就是非零和博弈。非零和博弈中，每个局中人赢得并不一定意味着对方有所损失，更不一定意味着该局中人的赢得就是对方的损失。局中人之间可能存在共同的利益，从而达到"双赢"或"多赢"的目的，这种博弈可以表示为 $\boldsymbol{G}=\{\boldsymbol{S}_1,\boldsymbol{S}_2;(\boldsymbol{A},\boldsymbol{B})\}$。

一、上策均衡

一般来说，在博弈中每个局中人的赢得是所有局中人策略的函数，因此，每个局中人的最优策略依赖于其他局中人的策略选择。但是,在一些特殊的博弈中,一个局中人的某个最优策略可以不依赖其他局中人的选择,即不论其他局中人选择什么策略,该局中人的某个策略选择给他带来的收益始终高于其他策略选择,或者至少不低于其他策略选择,这种最优策略就称为“上策”(Dominant Strategies),也称为“占优策略”。

如果无论其他局中人选择什么策略,该局中人有唯一一个最优策略给他带来的收益总高于其他策略选择,该最优策略就称为“严格占优策略”(Strictly Dominant Strategies)。

严格占优策略的定义如下:

定义 5.3 设在一个两人博弈中,S_1 和 S_2 分别表示局中人Ⅰ和局中人Ⅱ的可选策略集合,如果对于任一 $s'_1 \in S_1, s'_1 \neq s_1^*$ 和局中人Ⅱ的每一个策略 $s_2 \in S_2$,都有

$$u_1(s_1^*, s_2) > u_1(s'_1, s_2)$$

成立,则称策略 s_1^* 为局中人Ⅰ的严格占优策略。

与有限零和两人对策相对应,“上策”可看作为一个“优超”于其他所有策略的策略。所有局中人的最优策略或行动的组合为“均衡”。如果某个策略组合(或某纯局势)中的各个策略均是各个局中人的上策,则这样的策略组合或纯局势为博弈的一个“上策均衡”。由于上策是各局中人的最佳策略,因此由上策构成的上策均衡是一个所有局中人均愿意的选择,是一个稳定的选择。

上策均衡的定义为:

定义 5.4 设 $s^* = (s_1^*, s_2^*, \cdots, s_n^*)$ 是 n 人博弈 $G = \{S_1, S_2, \cdots, s_n; u_1, u_2, \cdots, u_n\}$ 的一个策略组合。如果对于所有的 s_{-i},都有

$$u_i(s_i^*, s_{-i}) > u_i(s'_i, s_{-i}) \quad \forall s_{-i}, \forall s'_i \neq s_i^*$$

成立,则称 $s^* = (s_1^*, s_2^*, \cdots, s_n^*)$ 为该博弈的一个上策均衡(也称优势策略均衡)。$s_{-i} = (s_1, \cdots, s_{i-1}, s_{i+1}, \cdots, s_n)$ 表示除 i 之外的所有局中人的策略组成的向量。

上策均衡是博弈分析中最基本的均衡概念之一,上策均衡分析是最基本的博弈分析方法。

为说明上策均衡,现引用经典的囚徒困境博弈模型。这一博弈是 1950 年图克(Tucker)教授提出的,它非常简单,但是很好地解释了众多社会经济现象,是一个非常有效的基本模型。

囚徒困境的博弈描述为:两个合伙作案的犯罪嫌疑人被捉住了,警方怀疑他们作了案,但是警方没有他们作案的确切刑事证据,只有他们妨碍司法证据,对

两名犯罪嫌疑人犯罪事实的认定和量刑取决于他们自己的供认。两名犯罪嫌疑人被分别关押,无法相互通气。同时警察分别明确告诉他们面临的后果。如果两人都坦白,则各判 5 年;如果两人都抵赖,则各判 2 年;如果一个坦白一个抵赖,则坦白的判 1 年,而抵赖的判 10 年。

两名嫌疑人会做什么选择?他们的选择都只有两个,或坦白或抵赖。他们不能串通,即使他们可以串通,彼此也未必充分信赖。如果囚徒 A 不坦白,则他有可能被囚徒 B 利用,要冒风险。因此无论囚徒 B 是坦白还是抵赖,囚徒 A 的最优选择都是坦白。囚徒 B 也有同样的心理,因此他的最优选择也是坦白。结果为:两名囚徒都坦白,各被判处 5 年徒刑。

在博弈中,如果所有局中人都有上策,而所有局中人都在上策的基础上达到均衡,则为上策均衡。在囚徒困境博弈中,(坦白,坦白)就是上策均衡。上策均衡只是要求所有局中人是理性的,而并不要求每个局中人知道其他局中人是理性的。因为不论其他局中人是否理性,上策总是一个理性局中人的最优选择。需要注意的是,从个体来说,如果囚徒 A 和囚徒 B 都选择抵赖,比都选择坦白要好,但是如果不存在某种约束,他们不可能在 A 和 B 一起抵赖上达到均衡。就囚徒困境本身来说,囚徒 A 和囚徒 B 均坦白对社会利益来说是一种理想的结果。但是对两个囚徒来讲,既没有实现两人总体利益最大化,也没有实现个体利益最大化。本博弈模型揭示了个体理性与集体理性的冲突。微观经济学的基本观点之一就是可以通过市场机制这只"看不见的手",在人人追求自身利益最大化的同时达到全社会资源的最优配置。囚徒困境是对上述基本观点的挑战。

二、重复剔除严格下策后的上策均衡

在绝大多数博弈中,上策均衡是不存在的,但依然可以找到均衡。使用的方法是"严格下策反复消去法"(Iterated Elimination of Strictly Dominated Strategies)。

定义 5.5 设 s'_i 和 s''_i 是局中人 i 的两个可选策略,如果对于任意一个

$$u_i(s'_i, s_{-i}) < u_i(s''_i, s_{-i})$$

均成立,则称 s'_i 是下策。$s_{-i} = (s_1, \cdots, s_{i-1}, s_{i+1}, \cdots, s_n)$ 表示 i 之外的所有局中人的策略组成的向量。

下策是一个相对性概念,是两个可选策略 s'_i 和 s''_i 相比较而言的。理性的参与者不会选择下策,可以通过重复剔除下策寻求博弈问题的均衡。重复剔除下策均衡的定义如下:

定义 5.6 如果 $s^* = (s_1^*, s_2^*, \cdots, s_n^*)$ 是重复剔除下策后剩下的唯一的策略

组合,则该策略组合称为重复剔除下策均衡。

如果这种唯一的策略组合是存在的,则博弈是重复剔除下策可解的。以博弈论中著名的智猪博弈(Boxed Pigs)模型(表5-2)为例。

表5-2 智猪博弈损耗与收益表

按按钮的猪	吃到的猪食数量	
	大猪	小猪
大猪	4单位	4单位
小猪	7单位	1单位
大猪和小猪同时按	5单位	3单位

猪圈里有一头大猪和一头小猪,猪圈的一头有一个猪食槽,供两头猪使用,另一头有一个按钮可以控制猪食供应。已知"每按一次按钮可以出8个单位的猪食。可供猪选择的策略有两种:自己按钮或等待另一头猪去按钮。如果某猪去按钮,它必须付出如下代价:支付2个单位的猪食;成为后到者(可吃的减少)。

由于有成本,两猪实际获得的收益如表5-3所列。

表5-3 智猪博弈收益表

收益	小猪按按钮		小猪等待	
	对大猪	对小猪	对大猪	对小猪
大猪按按钮	3	1	2	4
大猪等待	7	-1	0	0

在这个博弈中,小猪的上策是等待:4>1,0>-1。而大猪的最优策略则依赖于小猪的选择。如果小猪选择等待,则大猪应选择按按钮;如果小猪选择按按钮,则大猪应选择等待。可见大猪没有上策。

假定小猪是理性的,它肯定会选择自己的上策,那就是等待。假定大猪知道小猪是理性的,它一定可以预测到小猪选择等待。在小猪等待的前提下大猪只有一个上策,那就是按按钮。

这是一个多劳不多得、少劳不少获的均衡。

重复剔除下策均衡算法:首先找出某个局中人的严格下策(小猪的按按钮),将它剔除;剔除后,重新构造一个博弈;再重复上述过程,直到有唯一策略为止。这个唯一剩下的策略组合就是重复剔除下策后的上策均衡。这里严格下策指无论其他局中人采取什么策略,某一局中人所有策略中对自己严格不利的策略。

上策均衡和重复剔除下策均衡均要求局中人是理性的，但是上策均衡只要求每个局中人是理性的，重复剔除下策均衡则要求理性是所有局中人的共同知识，即要求所有局中人都是理性的，并且要求每个局中人都知道其他局中人是理性的。如果大猪不能肯定小猪是否理性的，则大猪按按钮就不一定是最优的选择。

三、纳什均衡

许多不存在上策均衡和重复剔除下策均衡的博弈，却存在纳什均衡。纳什(Nash)均衡是完全信息静态博弈的一般概念，构成纳什均衡的策略组合一定是在重复剔除严格下策后的上策均衡中无法被剔除的策略组合。纳什均衡指：每个局中人都确信，在给定其他人策略、决定的情况下，他选择了最优的策略以回应对手的策略。纳什均衡的数学定义如下：

定义 5.7 有 n 个局中人的博弈 $G=(S_1,S_2,\cdots,S_n;u_1,u_2,\cdots,u_n)$ 中，如果对于每一个局中人 i，s_i^* 是给定其他局中人所选策略 $s_{-i}^*=(s_1^*,\cdots,s_{i-1}^*,s_{i+1}^*,\cdots,s_n^*)$ 下，局中人 i 的最优策略，即

$$u_i(s_i^*,s_{-i}^*) \geqslant u_i(s_i,s_{-i}^*) \quad (\forall s_i \in S_i) \tag{5-20}$$

均成立，即 s_i^* 是最优化问题

$$\max_{s_i \in S_i} u_i(s_1^*,\cdots,s_{i-1}^*,s_i,s_{i+1}^*,\cdots,s_n^*) \quad (i=1,2,\cdots,n) \tag{5-21}$$

的解，则称策略 $s^*=(s_1^*,\cdots,s_i^*,\cdots,s_n^*)$ 是该博弈的一个纳什均衡。

纳什均衡具有一致预测性：如果所有局中人都预测一个特定的博弈结果会出现，则没有哪个局中人愿意偏离这一预测结果，因此这个预测结果就会真正成为博弈的结果。

以性别大战为例说明纳什均衡(表 5-4)。

表 5-4　性别大战支付表

收益		女方			
		看足球		逛商店	
		对男	对女	对男	对女
男方	看足球	3	1	0	0
	逛商店	0	0	1	3

在这个博弈中存在两个纳什均衡，如果没有进一步的信息，无法确定他们会

去看足球或是逛商店。

纳什均衡和上策均衡的区别:

上策均衡:不管你做什么,我做的是对我最有利的;

不管我做什么,你做的是对你最有利的。

纳什均衡:在给定你所做的条件下,我做对我最有利的;

在给定我所做的条件下,你做对你最有利的。

上策均衡是纳什均衡的特例。

四、画线法

为了寻找到均衡,可以采用画线法。在两人博弈中,每个局中人首先找出在对方的每种策略选择下自己的相对优势策略,然后在对方的策略和自己的相对优势策略组成的策略组合时自己的收益之下画一短线。两个收益数字下面都划有短线对应的策略组合就是该博弈的纳什均衡。

现以性别大战为例加以说明(表 5-5)。

表 5-5　性别大战画线法求解

收益		女方			
		看足球		逛商店	
		对男	对女	对男	对女
男方	看足球	3	1	0	0
	逛商店	0	0	1	3

当女方选择看足球时:男方选择看足球得 3,逛商店得 0,因此选择看足球。在看足球所得收益 3 下画一条横线。

当女方选择逛商店时:男方选择看足球得 0,逛商店得 1,因此选择逛商店。在逛商店所得收益 1 下画一条横线。

同理,当男方选择看足球:则女方选择看足球,在看足球所得收益下画线。

当男方选择逛商店:则女方选择逛商店,在相应的收益下画线。

从表 5-5 中可见,男女均在看足球的数字下画有横线,表示是一个纳什均衡,同时男女均在逛商店的数字下划有横线,表示也是一个纳什均衡。实际上,对于两人博弈,运用画线法可能得到唯一的纳什均衡,也有可能得到两个甚至几个纳什均衡,还可能得不到纳什均衡。

五、非零和混合策略

有些博弈不存在纯策略纳什均衡,如小偷和守卫博弈。

1994 年诺贝尔奖得主之一的塞尔顿教授在一次演讲中举了一个小偷和守卫的博弈为例子。

问题是:一个小偷欲偷窃有一个守卫看守的仓库,如果小偷偷窃时守卫在睡觉则小偷可以得手,偷得价值 V 的赃物;如果小偷偷窃时守卫没有睡觉,小偷就会被捉住,则有负收益 $-P$。守卫睡觉而小偷没来则守卫有 S 的收益,守卫因睡觉而遭盗窃则有负收益 $-D$。如果小偷没有偷,守卫也没有睡觉则收益为 0,因为付出一份劳动挣一份收入,所以无所得也无所失。该博弈中小偷有"偷"和"不偷"两种可选策略,守卫有"睡"和"不睡"两种可选策略。

双方博弈支付表见表 5-6。

表 5-6　守卫博弈支付表

收益		守卫			
		睡觉		不睡	
小偷	偷窃	$\underline{V}$	$-D$	$-P$	$\underline{0}$
	不偷	0	$\underline{S}$	$\underline{0}$	0

用画线法可知该博弈无纳什均衡。但是小偷和守卫都有冒险的企图:如果小偷不来,守卫希望睡觉,守卫睡觉则小偷希望偷,小偷要偷则守卫不能睡觉,守卫不能睡觉则小偷不来偷。因此任何一方的行为为对方所察觉则必是无利可图的。由此守卫以随机的方式选择睡觉或不睡觉,而小偷也以随机的方式选择偷与不偷。因此构成一个混合策略。

按严格竞争博弈中采用的类似的方法用图解法求混合策略。

由于博弈为非零和的,因此要根据不同的局中人分别计算。先讨论小偷选择"偷"或"不偷"两种策略的概率的确定。

从图 5-2 中可见 P^* 点为小偷选择偷窃的概率,当小偷偷窃概率高于 P^* 时,守卫得益低于 0,因此守卫将 100%不睡,小偷必被捉。而小偷偷窃概率低于 P^* 时,守卫睡觉有利可图,因此选择睡觉。在守卫睡觉的前提下,小偷活动越多收益越多,因此小偷的偷窃概率会趋近 P^*。同样可以有守卫的混合策略如图 5-3所示。

在小偷和守卫的博弈中,小偷以 P^* 的概率选择偷,以 $1-P^*$ 的概率选择不偷;守卫以 P_g^* 的概率选择睡觉,以 $1-P_g^*$ 的概率选择不睡觉,双方都不能通过改变策略或概率改善自己的期望值,因此构成混合策略纳什均衡,这也是该博弈唯一的纳什均衡。

小偷与守卫间的混合博弈,还可以揭示一种"激励的悖论"。

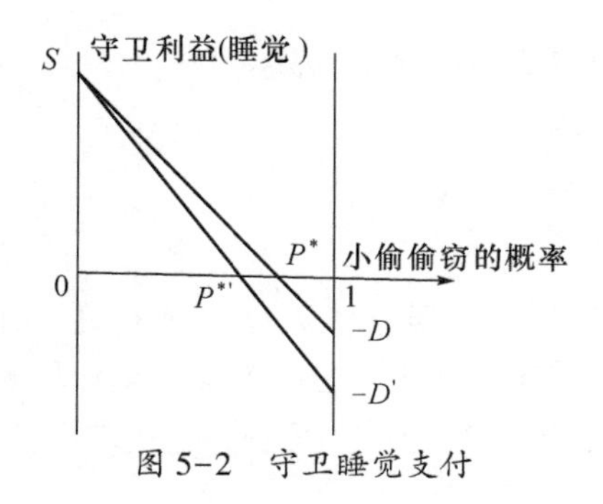

图 5-2　守卫睡觉支付

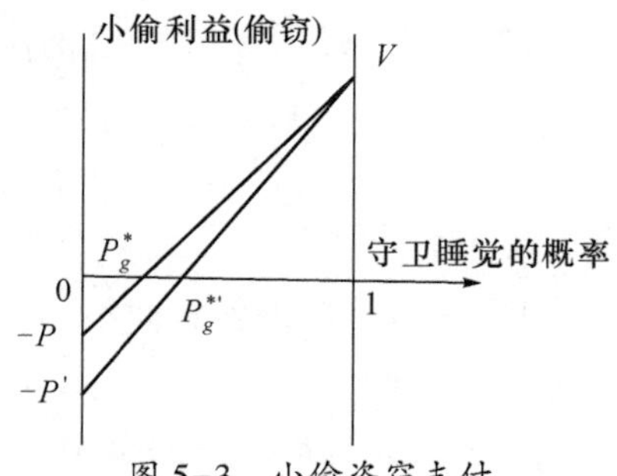

图 5-3　小偷盗窃支付

首先考察政府为抑制偷窃而加重对小偷的惩罚时出现的结果。当 P 增加，达到 P'，如果守卫的策略不变，由于期望变为负值，小偷会减少偷窃；但是小偷减少偷窃会导致守卫更多选择睡觉，并最终将睡觉概率提高到 $P^{*\prime}{}_g$ 达到新的均衡。由于小偷的偷窃策略受 D 影响，而不受 P 影响，因此小偷的收益回到 0，结果是盗窃并没有减少，只是让守卫可以更多地偷懒。

再讨论当增大对守卫失职的处罚力度。加大对守卫的处罚力度，由 D 到 D'，如果小偷保持 P^* 不变，则守卫收益为负，他会更多选择不睡，于是小偷只能选择少偷，最终达到均衡 $P^{*'}$，实现了盗窃的减少。

守卫的勤勉程度不由 D 决定；小偷的偷窃与否不由 P 决定。

政策目标和政策结果之间这种意外关系称为“激励的悖论”。

从小偷和守卫博弈的例子中，我们可知混合策略规定局中人可以在给定信息情况下以某种概率分布随机地选择不同的策略。由于混合策略中，局中人按概率来选择策略，导致局中人支付(赢得)的不确定性，因此用数学期望来描述混合策略中局中人的支付(赢得)。

定义 5.8　非零和两人博弈 $G=\{S_1,S_2;(A,B)\}$ 中，$S_1=\{\alpha_1,\alpha_2,\cdots,\alpha_m\}$，$S_2=\{\beta_1,\beta_2,\cdots,\beta_n\}$，$A=(a_{ij})$，$B=(\beta_{ij})$，局中人甲选择策略 $\alpha_1,\cdots,\alpha_m$ 的概率分别为 $x_1,\cdots,x_m\left(\sum_{i=1}^{m}x_i=1\right)$，局中人乙选择策略 $\beta_1,\cdots,\beta_n$ 的概率分别为 $y_1,\cdots,y_n\left(\sum_{i=1}^{n}y_i=1\right)$。对于一个混合局势 (X,Y)，称数学期望 $V_1(x,y)=\sum_{i=1}^{m}\sum_{j=1}^{n}a_{ij}x_iy_j$ 为局中人甲在混合局势 (X,Y) 下的赢得期望，而数学期望 $V_2(x,y)=\sum_{i=1}^{m}\sum_{j=1}^{n}\beta_{ij}x_iy_j$ 为局中人乙的赢得期望。

两人混合博弈中，混合策略纳什均衡是两人的最优混合策略的组合，这里最优混合策略是给定对方混合策略条件下使得自己的赢得期望最大化的混合策

略。因此,如果(x^*,y^*)是一个纳什均衡,则下述不等式

$$V_1(x^*,y^*) \geqslant V_1(x_i,y^*) \quad (\forall x_i \in X),$$
$$V_2(x^*,y^*) \geqslant V_2(x^*,y_j) \quad (\forall y_j \in Y)$$

均成立。

在性别大战中,博弈有两个纳什均衡,但是由于男女双方有明显的偏好,因此不能肯定他们会作出什么样的具体选择。因此,也要考虑一个混合纳什均衡。

设p为女方选择足球的概率,则$1-p$为选择逛商店的概率。q为男方选择足球的概率,则$1-q$为选择逛商店的概率。

如果女方不想让男方利用自己的选择倾向占便宜,则应该让自己的概率选择使对方选择两种策略的期望相同。

当女方选择足球时,男方的收益为　$V_1=q\times3+(1-q)\times0$;

当女方选择逛商店时,男方的收益为　$V_1=q\times0+(1-q)\times1$。

令$q\times3+(1-q)\times0=q\times0+(1-q)\times1$,得$q=\dfrac{1}{4}, V_1=\dfrac{3}{4}$。

同理有$p=\dfrac{1}{4}, V_2=\dfrac{3}{4}$。

此时,男方和女方的收益分别为$\dfrac{3}{4}$和$\dfrac{3}{4}$。

男方和女方会采用这种方式吗?除非他们很爱冒险,否则不会采用这种方式,因为在纳什非混合策略均衡下,他们至少可以获得收益1。尽管有混合纳什均衡,但是并不是一个现实的解。

第四节　WinQSB 软件应用

WinQSB 软件只能求解二人有限零和对策。调用的子程序是 Decision Analysis,在图 5-4 中选择 Two-player,Zero-sum Game。

例 5.8　用 WinQSB 软件求解矩阵对策

$$\boldsymbol{A}=\begin{bmatrix} 2 & -1 & 4 & 3 & 3 \\ -1 & 5 & -2 & -1 & 6 \\ -3 & 5 & 12 & -9 & 1 \\ 6 & 7 & -2 & 4 & -5 \end{bmatrix}$$

解:在图 3-4 中输入局中人Ⅰ的策略数 4,局中人Ⅱ策略数 5。输入矩阵$\boldsymbol{A}$的数据,如图 5-5 所示。

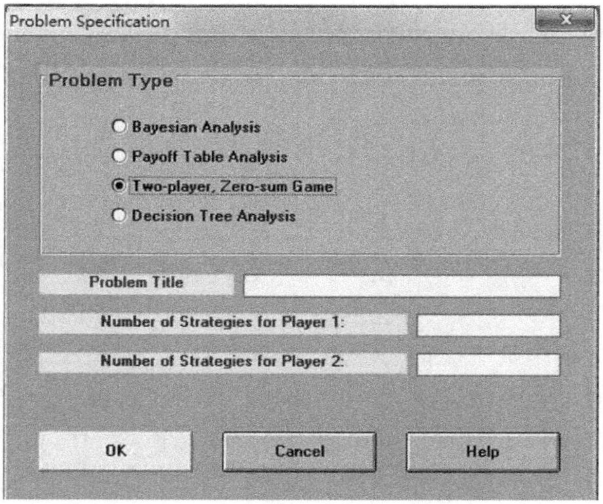

Problem Specification

Problem Type

- Bayesian Analysis
- Payoff Table Analysis
- (●) Two-player, Zero-sum Game
- Decision Tree Analysis

Problem Title

Number of Strategies for Player 1:

Number of Strategies for Player 2:

OK　Cancel　Help

图 5-4

Player1 \ Player2	Strategy2-1	Strategy2-2	Strategy2-3	Strategy2-4	Strategy2-5
Strategy1-1	2	-1	4	3	3
Strategy1-2	-1	5	-2	-1	6
Strategy1-3	-3	-8	12	-9	1
Strategy1-4	6	7	-2	4	-5

图 5-5

点击菜单栏中 Solve and Analyze 中的下拉菜单中的 Solve the Problem 按钮，得到图 5-6 所示对话框，点击确定，得到图 5-7 所示结果。

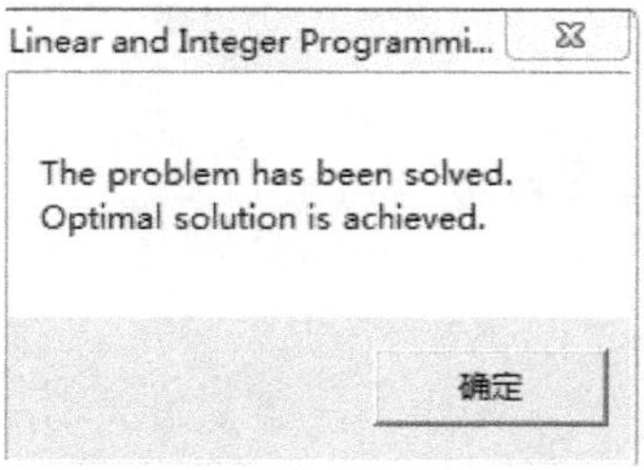

Linear and Integer Programmi...

The problem has been solved.
Optimal solution is achieved.

确定

图 5-6

	Player	Strategy	Optimal Probability	
1	1	Strategy1-1	0.51	
2	1	Strategy1-2	0.22	
3	1	Strategy1-3	0.05	
4	1	Strategy1-4	0.23	
1	2	Strategy2-1	0	
2	2	Strategy2-2	0.42	
3	2	Strategy2-3	0.45	
4	2	Strategy2-4	0.04	
5	2	Strategy2-5	0.09	
	Expected	Payoff	for Player 1 =	1.75

图 5-7

最优解为

$$X' = (0.51, 0.22, 0.05, 0.23)$$
$$Y' = (0, 0.42, 0.45, 0.04, 0.09)$$

对策值 $v=1.75$。当对策有鞍点时,系统直接给出策略的解。

习　题　五

1. 甲、乙两个游戏者同时伸出一、二、三、四或五个指头中的一种,若两人指数之和 k 为奇数,则甲赢得 k 元;若两人指数之和 k 为偶数,则乙赢得 k 元。试写出甲的赢得矩阵。

2. 我某部火炮担负支援步兵任务,弹药可放在阵地上或掩体内。在敌未发现我方阵地的情况下,若弹药放在阵地上,可圆满完成任务;若放在掩体内,因影响发射速度,完成任务的概率为0.8;在敌发现我方阵地的情况下,若弹药放在掩体内,完成任务的概率为0.6;若放在阵地上,被敌方击中的概率为0.4。试写出这个对策问题中我方的赢得矩阵。

3. 科洛奈对策问题。科洛奈和他的敌人都企图夺取两个战略位置,科洛奈和敌人可利用的兵团分别是2个和3个,双方都将把他们的兵团配置在两个战略位置附近。设 n_1 和 n_2 是科洛奈分配到位置1和2处的兵团数,m_1 和 m_2 是敌人分配到位置1和2处的兵团数。科洛奈的损益计算如下:如果 $n_1<m_1$,他将失去 n_1+1;如果 $n_2<m_2$,他将失去 n_2+1。反之,如果 $n_1>m_1$,则他将赢得 m_1+1;如果 $n_2>m_2$,则他将赢得 m_2+1。如果双方在某位置处的兵团数相等,则在该处为平局。

(1) 写出双方的策略集合;

(2) 写出科洛奈的赢得矩阵;

(3) 这个对策有鞍点吗?

(4) 不必解对策问题,指出对策值的取值范围。

试求该矩阵对策的解。

4. 给定矩阵对策 $G=\{S_1,S_2,A\}$,试决定下列对策 G 是否有鞍点?若有鞍点,试确定双方最优纯策略和对策值。

(1) $A=\begin{bmatrix}1 & -1 & -1\\ 3 & -2 & 0\\ 0 & 1 & 0\end{bmatrix}$　　(2) $A=\begin{bmatrix}0 & 1 & 2\\ 2 & 0 & 1\\ 1 & 2 & 0\end{bmatrix}$

(3) $A=\begin{bmatrix}-6 & 1 & 8\\ 3 & 2 & 4\\ 9 & -1 & 10\\ -3 & 0 & 8\end{bmatrix}$　　(4) $A=\begin{bmatrix}-7 & 1 & -8\\ 3 & 2 & 4\\ 16 & -1 & -3\\ -3 & 0 & 5\end{bmatrix}$

（5）$\boldsymbol{A}=\begin{bmatrix}3 & 4 & 3\\-3 & 1 & -2\\2 & 2 & 3\end{bmatrix}$　　（6）$\boldsymbol{A}=\begin{bmatrix}3 & 1 & 0\\1 & 2 & 3\\2 & 7 & 1\end{bmatrix}$

5. 用正确的方法求解下列矩阵对策 $\boldsymbol{G}=\{\boldsymbol{S}_1,\boldsymbol{S}_2,\boldsymbol{A}\}$：

（1）$\boldsymbol{A}=\begin{bmatrix}2 & 1\\1 & 2\end{bmatrix}$　　（2）$\boldsymbol{A}=\begin{bmatrix}1 & 5\\4 & 1\end{bmatrix}$

（3）$\boldsymbol{A}=\begin{bmatrix}3 & 2\\5 & 1\end{bmatrix}$　　（4）$\boldsymbol{A}=\begin{bmatrix}-2 & 6\\4 & -2\end{bmatrix}$

6. 对下列矩阵对策先化简再求解：

（1）$\boldsymbol{A}=\begin{bmatrix}3 & 4 & 3\\-3 & 1 & -2\\4 & 2 & 5\end{bmatrix}$　　（2）$\boldsymbol{A}=\begin{bmatrix}3 & 1 & 3 & 5 & 4\\3 & 4 & 5 & 4 & 1\end{bmatrix}$

（3）$\boldsymbol{A}=\begin{bmatrix}0 & 3 & 2 & 1\\1 & 2 & 1 & 6\\2 & 3 & 4 & 5\\3 & 0 & 1 & 2\end{bmatrix}$　　（4）$\boldsymbol{A}=\begin{bmatrix}1 & 4 & 2 & 2 & 4\\3 & 3 & 4 & 2 & 5\\4 & 5 & 3 & 1 & 2\\5 & 6 & 1 & 5 & 2\end{bmatrix}$

7. 设红方有两种类型的防空导弹，红方的行动策略有两种：

a_1——采用对高空目标射击效率高的防空导弹；

a_2——采用对低空目标射击效率高的防空导弹。

蓝方在空袭中可以采用高空飞行和低空飞行两种行动策略 β_1 和 β_2，红方的赢得是击毁蓝方飞机的概率，赢得矩阵为

$$\boldsymbol{A}=\begin{bmatrix}0.4 & 0.2\\0.2 & 0.6\end{bmatrix}$$

试用图解法确定红方两种防空导弹的最优组合和蓝方空袭时飞机高低空的最优编队。

8. A、B 两名游戏者双方各持一枚硬币，同时展示硬币的一面。如均为正面，A 赢 3 元；均为反面，A 赢 1 元；如为一正一反，A 输 2 元。写出 A 的赢得矩阵，A、B 双方各自的最优策略，并回答这种游戏是否公平合理。

9. 有甲、乙两支游泳队举行包括 3 个百米项目的对抗赛。这 2 支游泳队各有 1 名健将级运动员（甲队为李，乙队为王），在 3 个项目中成绩都很突出，但规则准许他们每人只能参加 2 项比赛，而每队的其他 2 名运动员可以参加全部 3 项比赛。已知各运动员平时成绩（S）如表 5-7 所列。假定各运动员在比赛中发挥正常水平，比赛第一名得 5 分，第二名得 3 分，第三名得 1 分。问：各教练员应决定自己的健将参加哪两项比赛，使本队得分最多？（各队参赛名单互相保密，

定下来后不准变动。)

表 5-7　各运动员平时成绩表　　　　　(单位:s)

	甲队			乙队		
	A_1	A_2	李	王	B_1	B_2
蝶泳	59.7	63.2	57.1	58.6	61.4	64.8
仰泳	67.2	68.4	63.2	61.5	64.7	66.5
蛙泳	74.1	75.5	70.3	72.6	73.4	76.9

(提示:各队教练定出自己的健将不参加某项比赛,得出自己的三种策略,分别计算甲、乙两队的得分表,将甲队得分表减去乙队得分表,便得到甲队的赢得矩阵。)

10. 给出矩阵对策 $\boldsymbol{G}=\{\boldsymbol{S}_1,\boldsymbol{S}_2,\boldsymbol{A}\}$,$\boldsymbol{A}=\begin{bmatrix}4 & 2\\1 & 5\end{bmatrix}$

及混合策略 $\boldsymbol{X}=\left[\frac{3}{4},\frac{1}{4}\right]^{\mathrm{T}}$,$\boldsymbol{Y}=\left[\frac{1}{3},\frac{2}{3}\right]^{\mathrm{T}}$。

试问:(1) 期望支付是多少?

(2) 该混合策略是甲方和乙方的最优策略吗?为什么?

11. 用画线法求解表 5-8 所列的纳什均衡。

表 5-8　赢得矩阵

甲赢得	乙策略 β_i	
甲策略 α_i	β_1	β_2
α_1	2,1	3,5
α_2	1,7	0,2

思考题:

1. 用博弈论的方法分析冷战时期美苏争霸,进行军备竞赛的现象。

2. 某次反恐战斗中,我方要进攻恐怖分子的一个窝点。

我方的策略为:A1:用全部兵力进攻,A2:用部分兵力进攻,另一部分兵力留作增援和后方部队。

恐怖分子的策略为:B1:用全部人员防守窝点;B2:用部分人员防守窝点,另一部分用于偷袭我方营地;

	$B1$	$B2$
结果为：$A1$	48	24
$A2$	12	36

可知己知彼，百战不殆，我方若派出一个侦察小分队去探知恐怖分子的人员部署情况，显然是有利的，但要减少进攻兵力，使其赢得值减少 $c=9$。恐怖分子则需要防备我方侦查，采取反侦察措施，为此，需要减少其利用防守的人员，使其赢得值减少 $d=7$。

假设若我方采取侦察手段而恐怖分子没有反侦察措施时，我方的侦察结果是准确的，若恐怖分子采取了反侦察措施，我方的侦察结果只有50%的正确率。

请写出我方的赢得阵并试着求解最优策略。

第六章　图与网络及其在军事上的应用

图论起源于18世纪，由于其直观简洁的特性及与之相关的实际问题背景引起了人们的浓厚兴趣，尤其是生产管理、军事、交通运输、计算机和通信网络等方面许多离散问题的出现，大大促进了图论的发展。进入20世纪70年代以后，特别是大型计算机的出现，使大规模问题的求解成为了可能，图的理论在物理、化学、运筹学、计算机科学、电子学和网络理论等几乎所有科学领域中都得到了广泛应用，一些庞大复杂的军事工程系统和军事管理领域中的优化问题也常常用图与网络的知识进行分析解决，因此图与网络也成为了军事运筹学的一个重要分支。本章主要介绍图的基本概念、树与最小树、最短路问题、最大流问题及最小费用最大流问题。

第一节　图的基本概念

一、图的定义

(一) 哥尼斯堡七桥问题

图论所研究的问题源远流长，可追溯到18世纪的"哥尼斯堡七桥问题(Konigsberg Seven Bridges Problem)"。东普鲁士的哥尼斯堡城(现今为俄罗斯的加里宁格勒)位于普雷格尔河畔，河中有两个岛屿，河两岸与河中两岛通过七座桥彼此相通，如图6-1所示。

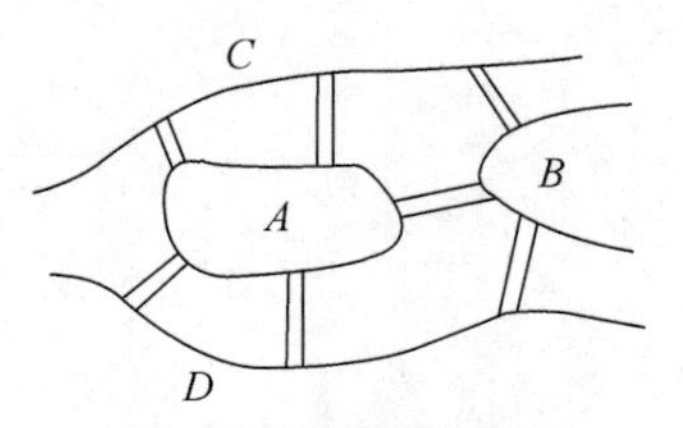

图6-1　哥尼斯堡七桥

当时，哥尼斯堡人热衷于这样一个难题：一个散步者从河两岸 C、D 或两个小岛 A、B 中任何一个地方出发，能否找到一条线路，做到每座桥恰好通过一次而最后返回出发地。问题看起来并不复杂，但经过很多人的努力，谁也不能解决，即找不到一条满足要求的路线，也不能说明这样的路线不存在。这个问题引起了当时著名数学家欧拉(L.Euler)的注意。欧拉将4块陆地(河两岸及河中两岛)抽象成4个点：A、B、C、D，若两块陆地之间有桥相连，则用连接2个点的连线来表示(有几座桥连几条线)。这样，哥尼斯堡七桥问题就变成了由点和边组成的图6-2所示的问题：是否存在这样一条线路，从图6-2中的任一点出发，经过图中每条边一次且仅一次，最后返回到出发点？即一笔画问题，也称之为欧拉回路。

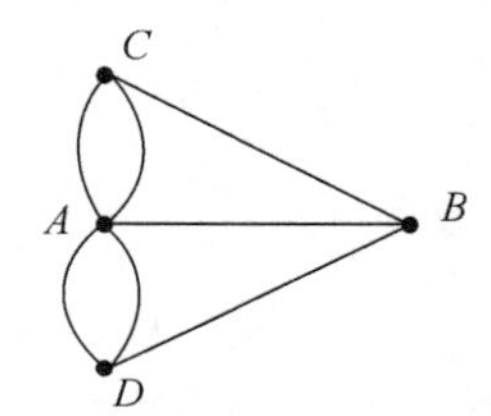

图6-2　哥尼斯堡七桥简易图

1736年，欧拉发表了图论方面的第一篇论文《哥尼斯堡七桥问题》，他论证了这样的回路是不存在的，并且将问题进行了一般化处理，即对于任意多的城区和任意多的桥，给出了是否存在欧拉回路的判定规则：

(1) 如果连接奇数桥的顶点多于两个，则不存在欧拉回路；

(2) 如果只有两个点连接奇数桥，可以从这两个地方之一出发，找到欧拉回路；

(3) 如果没有一个点连接奇数桥，则无论从哪里出发，都能找到欧拉回路。

(二) 无向图的基本概念

设 V 是一个有 n 个顶点的非空集合，$V=\{v_1,v_2,\cdots,v_n\}$，E 是一个有 m 条无向边的集合，$E=\{e_1,e_2,\cdots,e_m\}$，则称 V 和 E 这两个集合构成了一个无向图，记为无向图 $G=(V,E)$。E 中任一条边 e 若连接顶点 u 和 v，则记该边为 $e=(u,v)$ (或 (v,u))，并称 u 与 v 为无向边 e 的两个端点，且边 e 与顶点 u 及 v 相关联，顶点 u 和顶点 v 相邻。有时，图 G 的顶点集 V 和无向边集 E 也可以分别记为 $V(G)$ 和 $E(G)$，其中，$|V|=n$，$|E|=m$。在图 G 中，与顶点 u 相关联的边数称为顶点 u 的度，记作 $d(u)$。

设图 $G=(V,E)$，若对于图 G 的每一条边 (v_i,v_j)，相应地确定一个数 $w(v_i,v_j)$ (简记为 w_{ij})，称 w_{ij} 为边 (v_i,v_j) 的权。图 G 连同它各边上的权称为赋权图，记为 $G=(V,E,W)$，其中 $W=\{w_{ij}=(v_i,v_j)\mid v_i,v_j\in V,1\leqslant i,j\leqslant n\}$。

连通图——在无向图 $G(V,E)$ 中，若任意两个顶点 u 和 v 之间都存在路，则称 G 为连通图，如图6-3所示。

平行边——若无向图 G 的两条不同的边 e 和 e' 具有相同的端点,则称 e 和 e' 为 G 的平行边,如图 6-3(c)中的 e_4 和 e_6 为平行边,e_5 和 e_7 也是平行边。

简单图——不存在平行边的无向图 G,称为简单图,图 6-3(a)、图 6-3(b)都是简单图。

完全图——若无向图 G 中的任意两顶点之间有且仅有一边与之相关联,则称 G 为完全图,图 6-3(b)是一个完全图。

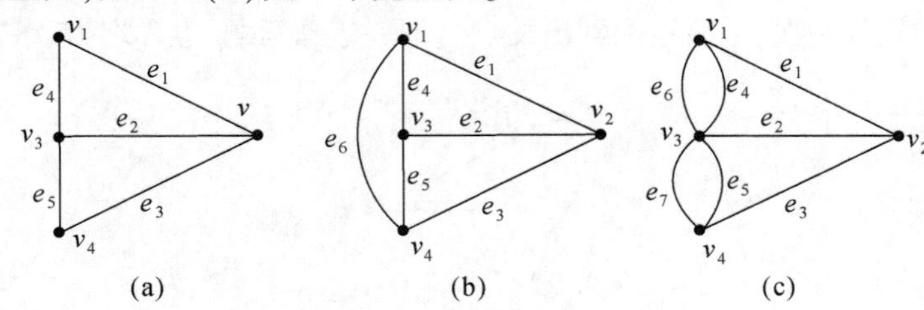

图 6-3 连通图

(a) 简单图;(b) 完全图;(c) 带平行边的图。

子图——若两个无向图 $G=(V,E)$ 和 $G_1=(V_1,E_1)$ 满足 $V_1\subseteq V, E_1\subseteq E$ 则称图 G_1 是图 G 的子图,记为 $G_1\subseteq G$。显然图 6-3(a)是图 6-3(b)和图 6-3(c)的子图。

生成子图——若图 G_1 是图 G 的子图,且满足 $V_1=V$,则称图 G_1 是图 G 的生成子图。显然生成子图的顶点不能减少,图 6-3(a)是图 6-3(b)和图 6-3(c)的生成子图。

导出子图——设图 $G=(V,E)$,对于非空边集 $E_1\subset E$,将图 G 中所有与 E_1 中的边相关联顶点的全体记为 V_1,则称子图 $G_1=(V_1,E_1)$ 为图 G 的导出子图。如:设 $V_1=\{v_1,v_2,v_3,v_4\}$,$E_1=\{e_3,e_4,e_6\}$,从而得到图 6-3(c)的导出子图 $G_1=(V_1,E_1)$,如图 6-4 所示。

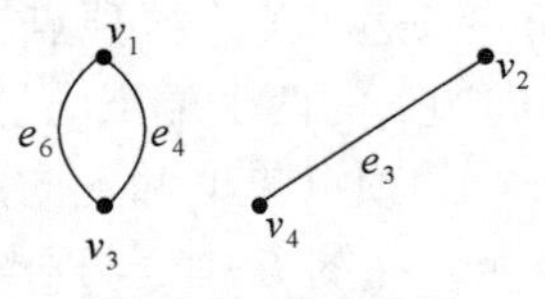

图 6-4 导出子图

链——无向图 $G(V,E)$ 中的一个由顶点和边交错组成的非空有限序列,如

$$P=v_{i_0}e_{j_0}v_{i_1}e_{j_1}v_{i_2}\cdots v_{i_{k-1}}e_{j_{k-1}}v_{i_k}$$

其中要求 $e_{j_s}=(v_{i_s},v_{i_{s+1}})$,$s=0,1,\cdots,k-1$,则称 P 为 $G(V,E)$ 中的一条连接顶点 v_{i_0} 与 v_{i_k} 的一条链。如图 6-5 所示,$P=v_2e_1v_1e_4v_3e_7v_4$ 即为一条链。

如果无向图 $G(V,E)$ 是一个简单图，链可以用它的顶点序列简化表示，$P=v_{i_0}v_{i_1}\cdots v_{i_k}$，并且将所有属于链 P 的所有边的全体记为 $E(P)$。

闭链——如果链 $P=v_{i_0}e_{j_0}v_{i_1}e_{j_1}v_{i_2}\cdots v_{i_{k-1}}e_{j_{k-1}}v_{i_k}$ 的起始顶点 v_{i_0} 和最后顶点 v_{i_k} 相同，即 $v_{i_0}=v_{i_k}$，则称 P 为闭链，否则称为开链。图 6-5 中的链 $P_1=v_2e_1v_1e_4v_3e_7v_4$ 为一条开链，图 6-6 中的链 $P_2=v_2e_1v_1e_4v_3e_7v_4e_3v_2$ 为一条闭链。

图 6-5　开链　　　图 6-6　闭链

路——如果开链 P 中的全部顶点互不相同，则称 P 为一条路。图 6-5 中的链 $P_1=v_2e_1v_1e_4v_3e_7v_4$ 即为一条路。

回路——在一个闭链 P 中，除了初始顶点和结束顶点为相同顶点，没有其他相同的两个顶点，则称闭链 P 为一个回路，回路也称为圈。图 6-6 中的闭链 $P_2=v_2e_1v_1e_4v_3e_7v_4e_3v_2$ 就是一个回路。

割边——设连通图 G，如果存在一条边 e，使子图 $G\backslash\{e\}$ 不连通，则称边 e 为图 G 的割边。例如，图 6-5 中的边 e_4 就是图的割边。

（三）有向图的基本概念

弧——在一个网络图中带方向的边称为弧，弧必须有一个起点和一个终点。若弧 $\vec{e}$ 的起点为 u、终点为 v，则记为 $\vec{e}=(u,v)$。弧只能按所示方向行进，用带箭头的线表示，如图 6-7 所示。

有向图——设 V 是一个有 n 个顶点的非空集合：$V=\{v_1,v_2,\cdots,v_n\}$；E 是一个有 m 条弧的集合：$E=\{\vec{e}_1,\vec{e}_2,\cdots,\vec{e}_m\}$，则称 V 和 E 这两个集合构成了一个有向图，记为 $D=(V,E)$，如图 6-7、6-8 所示。

设有向图 $D=(V,E)$，若对于图 D 的每一条弧 (v_i,v_j)，相应地确定一个数 $w(v_i,v_j)$（简记为 w_{ij}），称 w_{ij} 为边 (v_i,v_j) 的权。图 G 连同它各边上的权称为有向赋权图，记为 $D=(V,E,W)$，其中 $W=\{w_{ij}=(v_i,v_j)\mid v_i,v_j\in V,1\leqslant i,j\leqslant n\}$。

入度——在有向图 $D=(V,E)$ 中，$v_i\in V$，以顶点 v_i 为终点的弧的数量称为 v_i 的入度，记作 $d^+(v_i)$。

出度——在有向图 $D=(V,E)$ 中，$v_i\in V$，以顶点 v_i 为起点的弧的数量称为 v_i 的出度，记作 $d^-(v_i)$。顶点出度和入度之和称为该顶点的度。

平行边——有向图 $D=(V,E)$ 的不同的弧 $\vec{e}$ 和 $\vec{e}'$ 的起点和终点对应相同，则称弧 e 和 e' 为 D 的平行边。如图 6-9 中的 $\vec{e}_4$ 和 $\vec{e}_6$ 就是平行边。

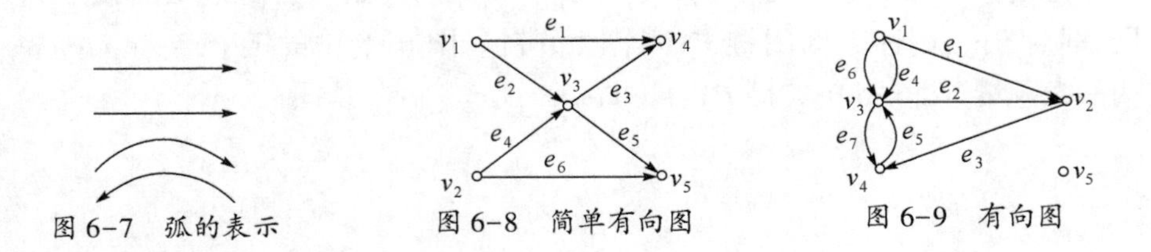

图 6-7　弧的表示　　图 6-8　简单有向图　　图 6-9　有向图

孤立点——有向图 $D=(V,E)$ 的顶点集 V 中不与弧集 E 中任一条边关联的点称为 D 的孤立点。如图 6-9 中的孤立点 v_5。

简单图——没有平行边的有向图 $D=(V,E)$，称为 D 为简单图。图 6-8 就是一个简单图。

基本图——若去掉有向图 $D=(V,E)$ 中的所有边的方向，得到一个无向图 $G=(V,E)$，则称 G 为 D 的基本图，D 为 G 的定向图。

子图——若两个有向图 $D=(V,E)$ 和 $D'=(V',E')$ 满足：$V'\subseteq V, E'\subseteq E$，则称 D' 为 D 的子图，记为 $D'\subseteq D$。

导出子图——有向图 $D=(V,E)$，若 $V'\subseteq V, E'=\{e=(u,v)\in E\mid u,v\in V'\}$，则称有向图 $D'=(V',E')$ 为 D 的关于 V' 的导出子图。

导出生成子图——若 $D'=(V',E')$ 是有向图 $D=(V,E)$ 的关于 V' 的导出子图，则图 (V,E') 称为 D 的关于 V' 的导出生成子图，记为 $D(V')=(V,E')$。

二、树与最小树

树是图论中最简单但却十分重要的图，在自然科学和社会科学中的许多领域有着广泛的应用。

(一) 树

树——无圈的连通图称为树，记作 T。树中度为 1 的顶点称为树叶。

树分为有向树和无向树两类。

定理 6.1　设树 $T=(V,E)$，且 $|V|=n, |E|=m$，则下列命题等价：

(1) T 连通且无圈；

(2) T 无圈且只有 $(n-1)$ 条边，即 $m=n-1$；

(3) T 无圈，但在不相邻的任意两个顶点之间加上一条边，恰好得到一个圈；

(4) T 连通，但去掉 T 的任何一条边，T 将不再连通；

(5) T 的任意两个顶点之间有且仅有唯一一条路。

定理 6.2 树中至少有两个顶点的度为 1,即树中至少有两片树叶。

以上两个定理请读者自证。

根——设有向树 T 中存在一个顶点 x,且顶点 x 至 T 的任意顶点有且只有一条路,则称 x 为 T 的树根,简称根。

思考:无向树有根吗?

支撑树——如果树 T 是无向图 G 的生成子图,那么称 T 是 G 的支撑树,也称为生成树。例如,在图 6-10 中,图 6-10(b)为图 6-10(a)的支撑树,v_3 为根。

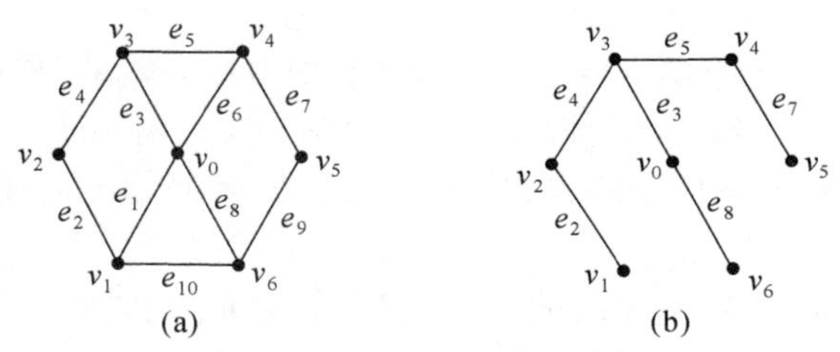

图 6-10　图与支撑树的关系

定理 6.3 图 $G=(V,E)$ 有支撑树的充分必要条件是:G 为连通图。

证明:必要性显然成立。

充分性:

任一顶点 $v_1 \in V$,设 $V_1=\{v_1\}$,此时支撑树 T 的边集合 $E_T^{(1)}=\varnothing$。因为图 G 为连通图,V_1 与 $V-V_1$ 之间必有边相连,不妨设 $e_1=(v_1,v_2)$ 为其中一边,取 $V_2=\{v_1,v_2\}$,$E_T^{(2)}=\{e_1\}$。重复以上步骤,可得

$$V_i=\{v_1,v_2,\cdots,v_i\},E_T^{(i)}=\{e_1,e_2,\cdots,e_{i-1}\}\quad (i<n)$$

同样可以找到边 e_i 满足其一端在 V_i 中,另一端在 $V-V_i$ 中,显然 e_i 不会与 $E_T^{(i)}$ 中的边构成回路。依此类推,当 $i=n$ 时,有 $V_n=V,E_T^{(n)}=\{e_1,e_2,\cdots,e_{n-1}\}$。

即图 $T=(V,E_T^{(n)})$ 中有$(n-1)$条边且无回路,因此,T 即为一棵树,且为图 G 的支撑树。证毕。

该定理的证明属于一种构造性的证明,它给出了如何寻求图 G 的支撑树。

例 6.1 某部队在一个有 9 个侦查地的中心安装侦查设备,侦查地的道路如图 6-11(a)所示,侦查设备必须沿道路架设,应如何架设?

解:图 6-11(a)有两棵不同的支撑树,如图 6-11(b)、图 6-11(c)所示。

从该例可以看出,支撑树不一定唯一。

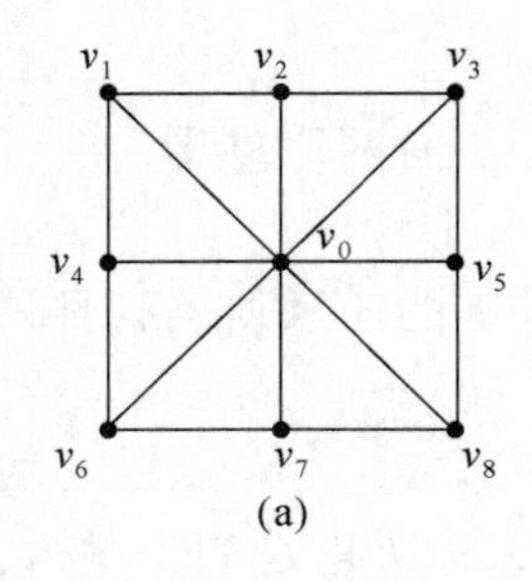

(a)

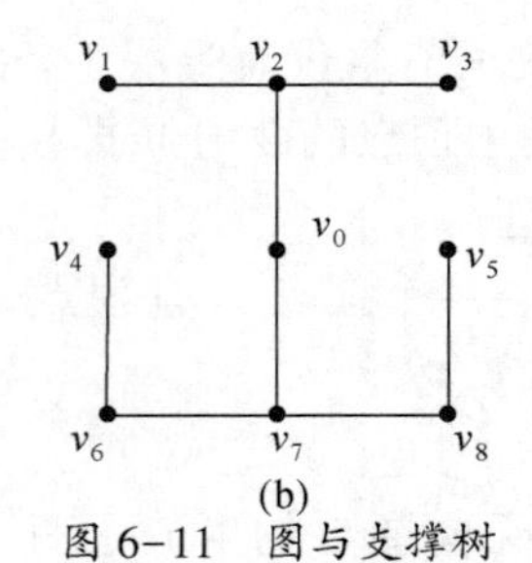

(b)

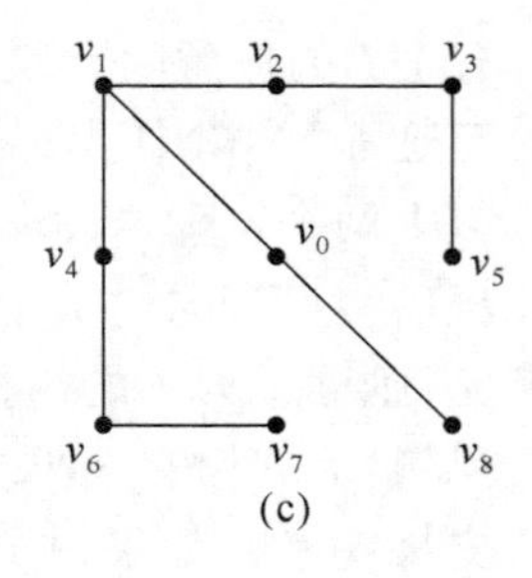

(c)

图 6-11　图与支撑树

(二) 最小树

1. 最小树的概念

在例 6.1 中,如果将侦查地的道路长度作为考虑的因素,则图 6-11(a)将成为一个赋权连通图。相应问题将转化为一个最小支撑树问题。

赋权图和有向赋权图中的边和弧可以根据实际问题的需要,赋予不同的含义,如时间、距离、成本等。

给定赋权图 $G=(V,E,W)$,设 $T=(V,E_1)$ 是 G 的支撑树,则称 T 中所有边的权数之和为 T 的权,记为 $w(T)$,即

$$w(T)=\sum_{e\in E_1} w(e)$$

由于赋权图 $G=(V,E,W)$ 的支撑树不一定唯一,于是不同的支撑树的权可能不一样。如果 G 的支撑树 $T^*=(V,E^*)$ 满足

$$w(T^*)=\min_{E_1} w(T) \text{ 或} \sum_{e\in E^*} w(e)=\min_{E_1}\sum_{e\in E_1} w(e)$$

则称 T^* 为 G 的**最小支撑树**,简称**最小树**。

对于一个连通的网络,如何寻找或构造一个最小支撑树,通常称为最小支撑树问题。

例 6.2　在例 6.1 的基础上给每条道路都赋一权重,表示侦查地道路的距离,如图 6-12 所示,则应如何架设侦查设备才能使成本最低?(假设安装单位距离侦查设备的费用相同。)

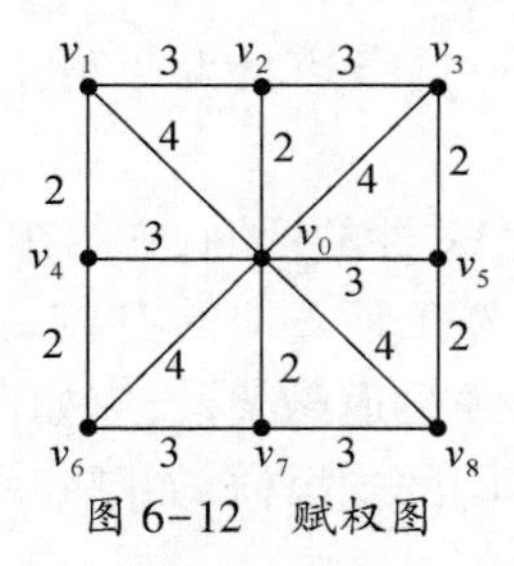

图 6-12　赋权图

解:由于侦查地的道路长短不一,架设侦查设备必须考虑成本因素,因此变成了一个构造最小支撑树问题。该问题支撑树有多棵,为求得最小支撑树,下面我们介绍求最小支撑树的两种方法。

2. 求最小支撑树的避圈法和破圈法

(1) 避圈法(也称为 Kruskal 算法)。

避圈法的基本思想是:先将网络中的边全部去除,然后逐步挑选边构成最小支撑树,要求每次选备选边中权重最小的边,并且确保与已经选好的边不产生回路。避圈法是一种"避圈"的算法,同时,也称为加边算法。

该算法的步骤如下:

① 将图 G 的 m 条边按权的递增顺序排列

$$w(e_{i_1}) \leqslant w(e_{i_2}) \leqslant \cdots \leqslant w(e_{i_m})$$

② 令 $l(v_j)=j, j=1,2,\cdots,n, E_1=\varnothing$,循环变量赋值 $k=1$;

③ 设 $e_{i_k}=(u,v)$,若 $l(u)=l(v)$,转⑥,否则令 $E_1=E_1\cup\{e_{i_k}\}$;

④ 对满足 $l(v_j)=\max\{l(u),l(v)\}$ 的 v_j,令 $l(v_j)=\min\{l(u),l(v)\}$;

⑤ 若 E_1 中的顶点个数 $|E_1|=n-1$,算法终止,否则转⑥;

⑥ 若 $|E_1|=m<n-1$,终止,图 G 为非连通图,无支撑树,否则,令 $k=k+1$,转③。

下面给出例 6.2 在 Kruskal 算法下的求解结果,如图 6-13 所示。

$w(T^*)=18$,即 9 个侦查地侦查设备的安装方式如图 6-13(b)所示,其总长度为 18。

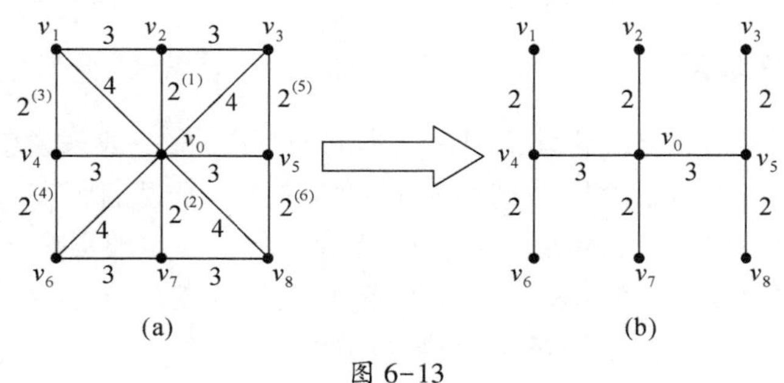

图 6-13

(2) 破圈法。

破圈法和 Kruskal 算法相反,算法基本思想是:逐步将网络中权最大的边去除,直至网络形成支撑树。该法也称为破回路法,其算法步骤请读者自己完成。

用破圈法求解例 6.2 的结果,如图 6-14 所示。

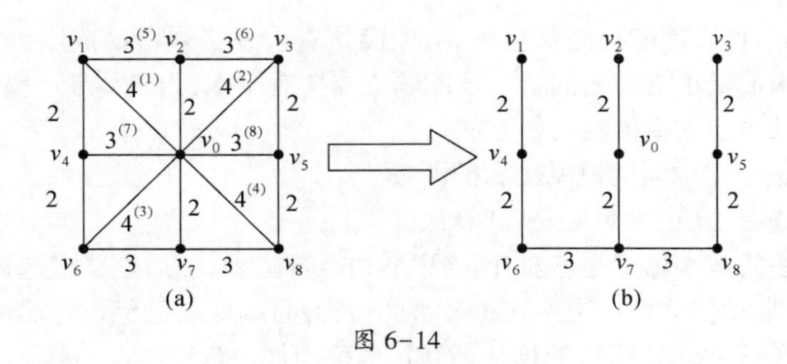

图 6-14

$w(T^*)=18$，即 9 个侦查地侦查设备的安装方式如图 6-14(b)所示，其总长度为 18。

例 6.3 用 Kruskal 算法求图 6-15 的一棵最小支撑树。

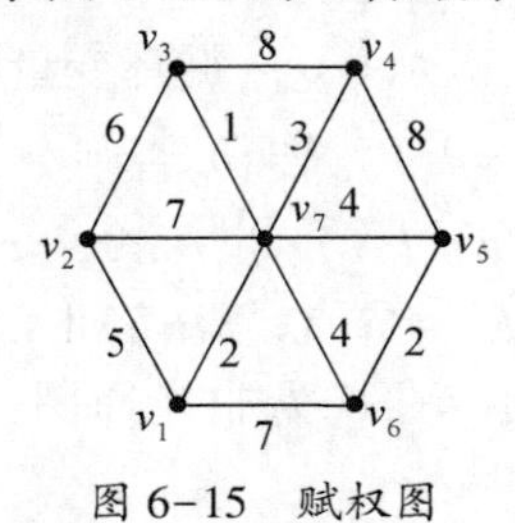

图 6-15 赋权图

解：根据 Kruskal 算法，求最小支撑树的过程见图 6-16(a)~(g)，图 6-16(h)就是该问题的最小支撑树。

三、最短路问题

最短路问题是网络优化理论中最基本的问题之一，一般来说就是从给定的网络图中找出任意两点之间距离最短的一条路。这里说的距离只是权数的代称，在实际的网络中，权数也可以是时间、费用等等。在生产实践、运输管理和工程建设等很多活动中，如运输线路、生产安排、销售网点布局、管道线网铺设等问题，都与寻找一个图的“最短路径”问题密切相关。

(一) 最短路的基本概念

设赋权图 $G=(V,E,W)$，若 P 是顶点 v_i 到 v_j 的有向路径，则称 $w(P)=\sum_{e\in P} w(e)$ 为路径 P 的长度。由于顶点 v_i 到 v_j 的有向路径不一定是唯一的，因此一定存在一条有向路径 P^*，使得

$$w(P^*)=\min\{w(P) \mid P \text{ 为顶点 } v_i \text{ 到顶点 } v_j \text{ 的路径}\} \tag{6-1}$$

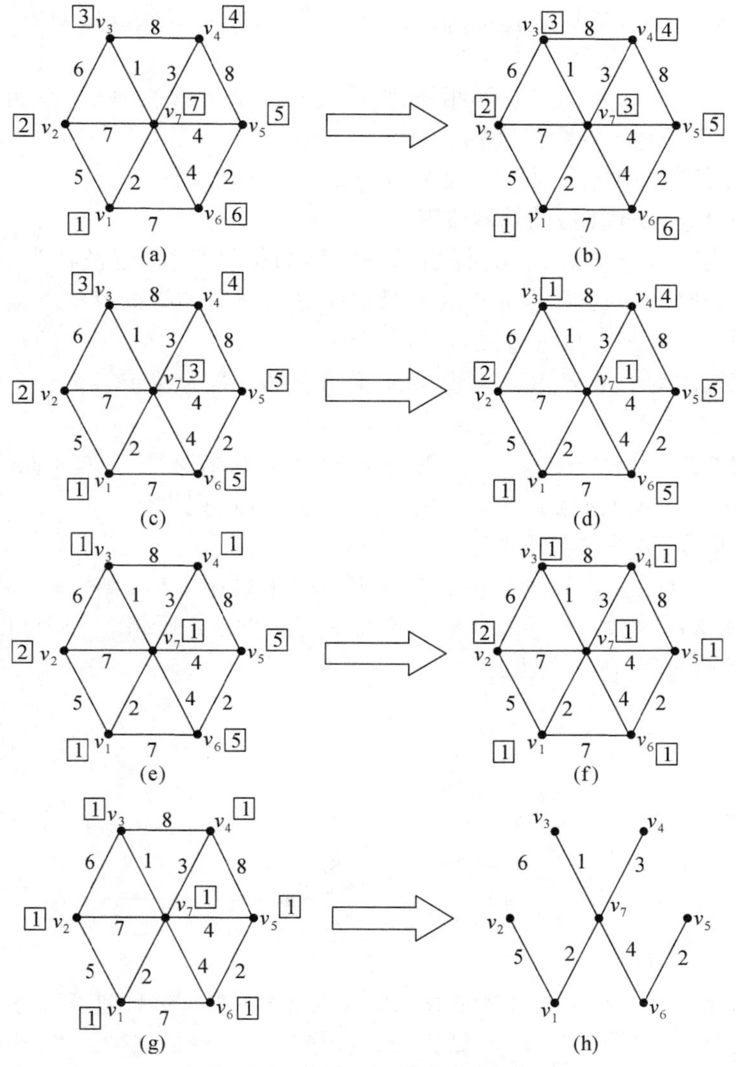

图 6-16　求最小支撑树的过程图

那么称 P^* 为顶点 v_i 到 v_j 的**最短路径**(简称**最短路**),$w(P^*)$为顶点 v_i 到 v_j 的最短路径的长度,记为 $d(v_i,v_j)$。

本节具体介绍两类最短路问题的算法:一是求从某一点至其他各点之间最短距离的狄克斯特拉(Dijkstra)算法;二是求网络图上任意两点之间最短距离的弗洛伊德(Floyd)算法。

为了便于讨论最短路问题,在以下的讨论中,我们规定权重 $w_{ij} \geqslant 0$,且规定:

(1) 若顶点 v_i 到顶点 v_j 之间存在平行边,则保留权重最小的边,删除其他平行边;

(2) 若顶点 v_i 到顶点 v_j 不相邻,则设其权重 $w(v_i,v_j)=+\infty$(在实际的计算中,也可以用任意大的数代替);

(3) 对图 G 中每个顶点 v_i,规定 $w_{ii}=w(v_i,v_i)=0$。

(二) Dijkstra 算法的基本步骤

1959 年 E.W.Dijkstra 首先提出求最短路的标号算法,也被称为 Dijkstra 算法,它是当前公认的求权重 $w_{ij}\geqslant 0$ 的赋权图最短路径的最好算法。此算法可求出起始顶点 u 到图 G 中任意顶点的最短路。

设赋权图 $G=(V,E,W)$,求顶点 v_1 至 v_k 的最短路径为 $P_{1k}^*=v_1v_2\cdots v_k$,其长度记为 $d(v_1,v_k)=d_{1k}$。

引理 6.1 若 $P_{1k}^*=v_1v_2\cdots v_k$ 为顶点 v_1 至 v_k 的最短路径,则其子路径 $v_1v_2\cdots v_i$ 和 $v_iv_{i+1}\cdots v_k$ 分别为顶点 v_1 至 v_i 和顶点 v_i 至 v_k 的最短路径。

1. Dijkstra 算法的基本思路

假设 $v_1\to v_2\to v_3\to v_4$ 是 v_1 至 v_4 的最短路(图 6-17),则 $v_1\to v_2\to v_3$ 一定是 v_1 至 v_3 的最短路,$v_2\to v_3\to v_4$ 一定是 v_2 至 v_4 的最短路。否则,设 v_1 至 v_3 的最短路是 $v_1\to v_5\to v_3$,就有 $v_1\to v_5\to v_3\to v_4$ 比 $v_1\to v_2\to v_3\to v_4$ 短,这与原假设矛盾。

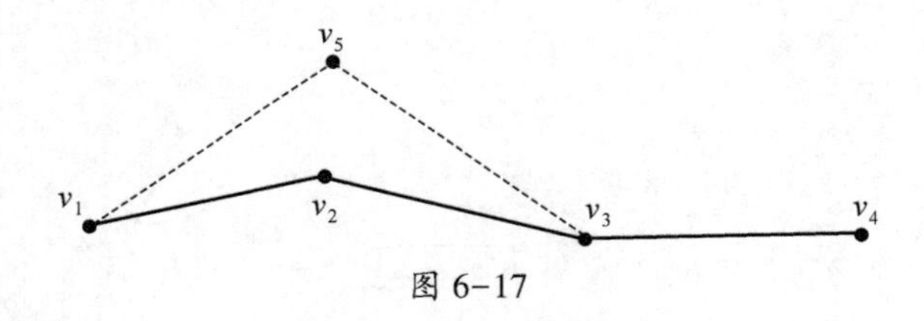

图 6-17

先给赋权图 $G=(V,E,W)$ 的每一个顶点标号(按自然数进行排序)。这里,标号有两种:一种是永久标号(简称为 P 标号);另一种是临时标号(简称为 T 标号)。其中,T 标号表示从起始顶点到该顶点的最短路的上界,而 P 标号是从起始顶点到该顶点的最短路的长。算法的过程就是把每一步的 T 标号变成 P 标号,这样直至终点得到 P 标号。下面我们采用标号的方法,求顶点 v_1 至图 G 的其余顶点 v_t 的最短路径的 Dijkstra 算法的步骤如下:

(1) 先给始点 v_1 标上 P 标号:$b(v_1)=0$,而给其他各顶点均标上 T 标号:$b(v_j)=w_{1j}$,其中,若 v_1 与 v_k 相邻,则 w_{1k} 即为边 (v_1,v_k) 的权;若 v_1 与 v_k 不相邻,则 $w_{1k}=+\infty$。

（2）在所有的 T 标号中取最小值，例如，$b(v_k)=w_{1k}$ 为最小值，则把顶点 v_k 的 T 标号变成 P 标号。

（3）再重新计算具有 T 标号的其他各顶点的 T 标号，计算方法为：对每一个与顶点 v_k 相邻的顶点 v_s 的 T 标号，选取 $b(v_s)$ 与 $b(v_k)+w_{sk}$ 两者中的较小者，作为顶点 v_s 新的 T 标号。

（4）继续上面的过程，一般设：

$$P=\{v_j \mid v_j \text{ 具有 } P \text{ 标号}\}, T=\{v_s \mid v_s \text{ 具有 } T \text{ 标号}\}$$

则在 $V\backslash P$ 中，令：$b(v_l)=\min\limits_{v_s \in T}\{b(v_s)\}$ 为点 v_l 的 P 标号，于是有 $v_l \in P$。

再把 $T\backslash\{v_l\}$ 中顶点 v_j 的 T 标号修改为

$$b(v*)=\min\{b(v_j), b(v_l)+w_{lj}\} \tag{6-2}$$

（5）不断重复上述过程，直至 $v_t \in P$ 为止。这时，$b(v_t)$ 即为从 v_1 至顶点 v_t 的最短路的长度 $d(v_1, v_t)$。

上述 Dijkstra 算法给出最短路长度是否存在及其长度，如果要给出具体的最短路径，则只需将每一步 $b(v^*)$ 中的 v^* 记录下来，同时记录其列顶点。

2. 应用举例

例 6.4 某支队接到上级命令，要求在最短的时间（单位：h）内从地点 v_1 到地点 v_8 执行任务，从 v_1 到 v_8 的路线分布图如图 6-18 所示的有向赋权图。试问：从地点 v_1 经过哪条线路到达地点 v_8，所消耗的时间最短？

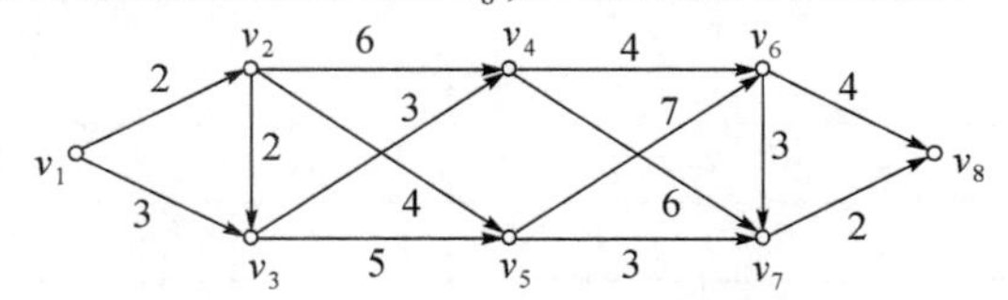

图 6-18 线路分布的有向赋权图

解：采用 Dijkstra 算法，步骤如下：

当 $k=1$ 时，如表 6-1 所列。

表 6-1

v_j	v_1	v_2	v_3	v_4	v_5	v_6	v_7	v_8
$b_1(v_j)$	0^*	$+\infty$	$+\infty$	$+\infty$	$+\infty$	$+\infty$	$+\infty$	$+\infty$

$$v*=v_1, P=\{v_1\}, d(v_1, v_1)=b_1(v*)=\min_{v_j \in V} b_1(v_j);$$

当 $k=2$ 时，如表 6-2 所列。

表 6-2

v_j	v_1	v_2	v_3	v_4	v_5	v_6	v_7	v_8
$b_2(v_j)$	0^*	2^*	3	$+\infty$	$+\infty$	$+\infty$	$+\infty$	$+\infty$

$v*=v_2, P=\{v_1,v_2\}, d(v_1,v_2)=b_2(v*)=\min\limits_{v_j\in V\setminus P} b_2(v_j)=2$,前列顶点 v_1;

当 $k=3$ 时,如表 6-3 所列。

表 6-3

v_j	v_1	v_2	v_3	v_4	v_5	v_6	v_7	v_8
$b_3(v_j)$	0^*	2^*	3^*	8	6	$+\infty$	$+\infty$	$+\infty$

$v*=v_3, P=\{v_1,v_2,v_3\}, d(v_1,v_3)=b_3(v*)=\min\limits_{v_j\in V\setminus P} b_3(v_j)=3$,前列顶点 v_1;

当 $k=4$ 时,如表 6-4 所列。

表 6-4

v_j	v_1	v_2	v_3	v_4	v_5	v_6	v_7	v_8
$b_4(v_j)$	0^*	2^*	3^*	6^*	6	$+\infty$	$+\infty$	$+\infty$

$v*=v_4, P=\{v_1,v_2,v_3,v_4\}, d(v_1,v_4)=b_4(v*)=\min\limits_{v_j\in V\setminus P} b_4(v_j)=6$,前列顶点 v_3;

当 $k=5$ 时,如表 6-5 所列。

表 6-5

v_j	v_1	v_2	v_3	v_4	v_5	v_6	v_7	v_8
$b_5(v_j)$	0^*	2^*	3^*	6^*	6^*	10	12	$+\infty$

$v*=v_5, P=\{v_1,v_2,v_3,v_4,v_5\}, d(v_1,v_5)=b_5(v*)=\min\limits_{v_j\in V\setminus P} b_5(v_j)=6$,前列顶点 v_2;

当 $k=6$ 时,如表 6-6 所列。

表 6-6

v_j	v_1	v_2	v_3	v_4	v_5	v_6	v_7	v_8
$b_6(v_j)$	0^*	2^*	3^*	6^*	6^*	10	9^*	$+\infty$

$v*=v_7, P=\{v_1,v_2,v_3,v_4,v_5,v_7\}, d(v_1,v_7)=b_6(v*)=\min\limits_{v_j\in V\setminus P} b_6(v_j)=9$,前列顶点 v_5;

当 $k=7$ 时，如表 6-7 所列。

表 6-7

v_j	v_1	v_2	v_3	v_4	v_5	v_6	v_7	v_8
$b_7(v_j)$	0^*	2^*	3^*	6^*	6^*	10^*	9^*	11

$v*=v_6, P=\{v_1,v_2,v_3,v_4,v_5,v_6,v_7\}, d(v_1,v_6)=b_7(v*)=\min\limits_{v_j\in V\backslash P} b_7(v_j)=10$，前列顶点 v_4；

当 $k=8$ 时，如表 6-8 所列。

表 6-8

v_j	v_1	v_2	v_3	v_4	v_5	v_6	v_7	v_8
$b_8(v_j)$	0^*	2^*	3^*	6^*	6^*	10^*	9^*	11^*

$v*=v_8, P=\{v_1,v_2,v_3,v_4,v_5,v_6,v_7,v_8\}, d(v_1,v_8)=b_8(v*)=\min\limits_{v_j\in V\backslash P} b_8(v_j)=11$，前列顶点 v_7。

于是，该支队的行进路线为 $v_1\to v_2\to v_5\to v_7\to v_8$（图 6-19），所花费的总时间为 11h。

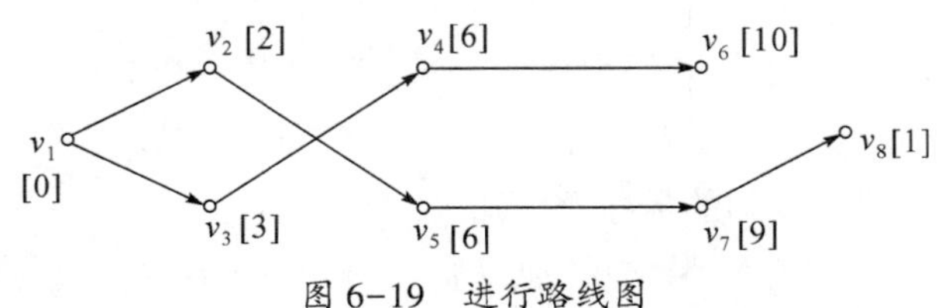

图 6-19　进行路线图

（三）Floyd 算法

Dijkstra 算法给出网络从某一起始顶点到其他顶点的最短路，但是很多实际问题中，需求出任意两顶点间的最短路。如果仍采用 Dijkstra 算法对各点分别计算，就显得很麻烦。下面介绍求网络中任意两点间最短路的算法——Floyd 算法。

设赋权图 $G=(V,E,\boldsymbol{W})$，求图 G 中任意两点间的最短路。

1. 权矩阵

设赋权图 $G=(V,E,\boldsymbol{W})$，$|V|=n$，构造网络的权矩阵 $\boldsymbol{W}=(w_{ij})_{n\times n}$，如果权重表示的是距离或时间，那么权矩阵也称为距离矩阵或时间矩阵。其中

$$\boldsymbol{W}_{ij}=\begin{cases} w_{ij}, & (v_i,v_j)\in E \\ +\infty, & (v_i,v_j)\notin E \end{cases}$$

例 6.5 有赋权网络图如图 6-20 所示，试写出 6 顶点之间的权矩阵。

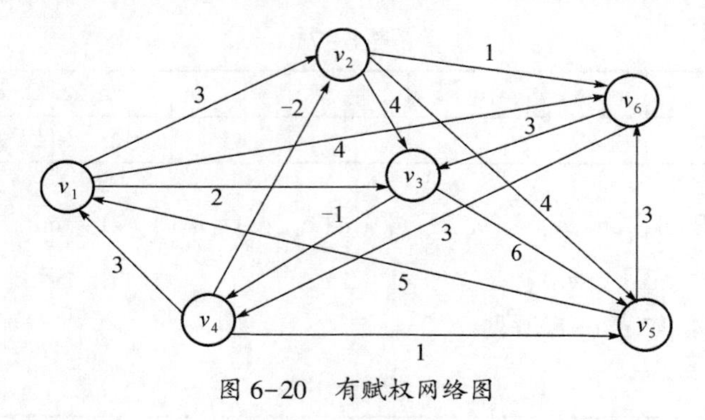

图 6-20 有赋权网络图

解：权矩阵为

$$
\boldsymbol{W}=\begin{array}{c} \\ v_1 \\ v_2 \\ v_3 \\ v_4 \\ v_5 \\ v_6 \end{array}
\begin{array}{c}
\begin{array}{cccccc} v_1 & v_2 & v_3 & v_4 & v_5 & v_6 \end{array} \\
\left[\begin{array}{cccccc}
0 & 3 & 2 & \infty & \infty & 4 \\
\infty & 0 & 4 & \infty & 4 & 1 \\
\infty & \infty & 0 & -1 & 6 & \infty \\
3 & -2 & \infty & 0 & 1 & \infty \\
5 & \infty & \infty & \infty & 0 & 3 \\
\infty & \infty & 3 & 3 & \infty & 0
\end{array}\right]
\end{array}
$$

2. 求任意点到某点间的最短路

试求赋权图 $G=(V,E,\boldsymbol{W})$ 中各顶点 $v_i(i=1,2,\cdots,n)$ 至某顶点 v_r 的最短路。用 Floyd 算法的步骤如下：

由于从 v_i 到 v_r 的最短路可能是从 v_i 直达 v_r，也可能是经过一个，或两个，…，或 $(n-2)$ 个中间点才能到达 v_r。因此，为便于讨论，我们把从一点直达另一点称为走一步，并且把原地踏步（即从 v_i 到 v_i）也视为走步。这样，我们设 $d_{ir}^{(k)}=v_i$ 走 k 步到达 v_r 的最短路，则 $d_{ir}^{(1)}=w_{ir}$。

由于从 v_i 走 k 步到达 v_r 的路都可分为两段：先从 v_i 走一步到达 v_j，其最短距离为 w_{ij}，再从 v_j 走 $(k-1)$ 步到达 v_r，其最短距离为 $d_{jr}^{(k-1)}$，因此有

$$d_{ir}^{(k)}=\min_{1\leqslant j\leqslant n}\{w_{ij}+d_{jr}^{(k-1)}\} \tag{6-3}$$

令 $d_k=(d_{1r}^{(k)},d_{2r}^{(k)},\cdots,d_{nr}^{(k)})^{\mathrm{T}}(k=1,2,\cdots)$，即列矩阵 d_k 中的第 i 个元素 $d_{ir}^{(k)}$ 是权矩阵 $\boldsymbol{W}$ 的第 i 行 $(w_{i1},w_{i2},\cdots,w_{in})$ 与列矩阵 $d_{k-1}=(d_{1r}^{(k-1)},d_{2r}^{(k-1)},\cdots,d_{nr}^{(k-1)})^{\mathrm{T}}$ 的对应元素求和取最小而计算的，于是有 $d_k=\boldsymbol{W}*d_{k-1}$。

当所有 $w_{ij}\geqslant 0$ 时，v_i 到 v_r 的最短路必不含圈，即途中经过的点不会重复。因为图中共有 n 个顶点，所以从 v_i 到 v_r 的最短路最多只需走 $(n-1)$ 步，而走 n 步的最短路必然要在某点原地踏一步，实际上与走 $(n-1)$ 步的最短路一致，故有

$$d_n = d_{n-1}$$

这就说明，最多只需经过 $(n-1)$ 次运算就能求各点到 v_r 的最短路。实际计算中，只要出现 $d_k = d_{k-1}$，说明走 k 步和走 $(k-1)$ 步的最短距离是一致，就可结束运算。而列矩阵 d_k 中的元素就是各点到 v_r 的最短距离。

例 6.6 试求在例 6.5 中任意顶点到顶点 v_6 的最短路线。

解：从各点最多走一步到 v_6 的最短距离为

$$\boldsymbol{d}_1 = (4 \quad 1 \quad \infty \quad \infty \quad 3 \quad 0)^{\mathrm{T}}$$

从各点最多走两步到 v_6 的最短距离为

$$\boldsymbol{d}_2 = \boldsymbol{W} * \boldsymbol{d}_1 = \begin{bmatrix} 0 & 3 & 2 & \infty & \infty & 4 \\ \infty & 0 & 4 & \infty & 4 & 1 \\ \infty & \infty & 0 & -1 & 6 & \infty \\ 3 & -2 & \infty & 0 & 1 & \infty \\ 5 & \infty & \infty & \infty & 0 & 3 \\ \infty & \infty & 3 & 3 & \infty & 0 \end{bmatrix} * \begin{bmatrix} 4 \\ 1 \\ \infty \\ \infty \\ 3 \\ 0 \end{bmatrix} = \begin{bmatrix} 4 \\ 1 \\ 9 \\ -1 \\ 3 \\ 0 \end{bmatrix}$$

从各点最多走三步到 v_6 的最短距离为

$$\boldsymbol{d}_3 = \boldsymbol{W} * \boldsymbol{d}_2 = \begin{bmatrix} 0 & 3 & 2 & \infty & \infty & 4 \\ \infty & 0 & 4 & \infty & 4 & 1 \\ \infty & \infty & 0 & -1 & 6 & \infty \\ 3 & -2 & \infty & 0 & 1 & \infty \\ 5 & \infty & \infty & \infty & 0 & 3 \\ \infty & \infty & 3 & 3 & \infty & 0 \end{bmatrix} * \begin{bmatrix} 4 \\ 1 \\ 9 \\ -1 \\ 3 \\ 0 \end{bmatrix} = \begin{bmatrix} 4 \\ 1 \\ -2 \\ -1 \\ 3 \\ 0 \end{bmatrix}$$

从各点最多走四步到 v_6 的最短距离为

$$\boldsymbol{d}_4 = \boldsymbol{W} * \boldsymbol{d}_3 = \begin{bmatrix} 0 & 3 & 2 & \infty & \infty & 4 \\ \infty & 0 & 4 & \infty & 4 & 1 \\ \infty & \infty & 0 & -1 & 6 & \infty \\ 3 & -2 & \infty & 0 & 1 & \infty \\ 5 & \infty & \infty & \infty & 0 & 3 \\ \infty & \infty & 3 & 3 & \infty & 0 \end{bmatrix} * \begin{bmatrix} 4 \\ 1 \\ -2 \\ -1 \\ 3 \\ 0 \end{bmatrix} = \begin{bmatrix} 0 \\ 1 \\ -2 \\ -1 \\ 3 \\ 0 \end{bmatrix}$$

从各点最多走五步到 v_6 的最短距离为

$$d_5 = W * d_4 = \begin{bmatrix} 0 & 3 & 2 & \infty & \infty & 4 \\ \infty & 0 & 4 & \infty & 4 & 1 \\ \infty & \infty & 0 & -1 & 6 & \infty \\ 3 & -2 & \infty & 0 & 1 & \infty \\ 5 & \infty & \infty & \infty & 0 & 3 \\ \infty & \infty & 3 & 3 & \infty & 0 \end{bmatrix} * \begin{bmatrix} 0 \\ 1 \\ -2 \\ -1 \\ 3 \\ 0 \end{bmatrix} = \begin{bmatrix} 0 \\ 1 \\ -2 \\ -1 \\ 3 \\ 0 \end{bmatrix}$$

由于 $d_5 = d_4$，运算结束。从而求得各灾区到 v_6 的最短距离，如 d_5 列向量所示。

3. 求某点到任意点间的最短路

试求赋权图 $G=(V,E,W)$ 中某点 v_r 至各点 $v_i(i=1,2,\cdots,n)$ 的最短路。用 Floyd 算法的步骤如下：

令 $l_{rj}^{(k)} = v_r$ 走 k 步到达 v_j 的最短路，则 $l_{rj}^{(1)} = w_{rj}$。可以把从 v_r 走 k 步到达 v_j 的路都可分为两段：先从 v_r 走 $(k-1)$ 步到达 v_i，其最短距离为 $l_{ri}^{(k-1)}$，再从 v_i 走一步到达 v_j，其最短距离为 w_{ij}，因此有

$$l_{rj}^{(k)} = \min_{1 \leqslant i \leqslant n} \{ l_{ri}^{(k-1)} + w_{ij} \} \tag{6-4}$$

令 $\boldsymbol{l}_k = (l_{r1}^{(k)}, l_{r2}^{(k)}, \cdots, l_{rn}^{(k)})^{\mathrm{T}} (k=1,2,\cdots)$，于是有矩阵的迭代运算公式

$$\boldsymbol{l}_k^{\mathrm{T}} = \boldsymbol{l}_{k-1}^{\mathrm{T}} * \boldsymbol{W}$$

直到出现 $\boldsymbol{l}_k = \boldsymbol{l}_{k-1}$ 结束。

例 6.7 试计算例 6.5 中 v_1 点到各点的最短路线。

解：从 v_1 最多走一步到各点的最短距离为

$$l_1^{\mathrm{T}} = (0 \quad 3 \quad 2 \quad \infty \quad \infty \quad 4)$$

从 v_1 最多走两步到各点的最短距离为

$$\boldsymbol{l}_2^{\mathrm{T}} = \boldsymbol{l}_1^{\mathrm{T}} * \boldsymbol{W} = (0 \quad 3 \quad 2 \quad \infty \quad \infty \quad 4) * \begin{bmatrix} 0 & 3 & 2 & \infty & \infty & 4 \\ \infty & 0 & 4 & \infty & 4 & 1 \\ \infty & \infty & 0 & -1 & 6 & \infty \\ 3 & -2 & \infty & 0 & 1 & \infty \\ 5 & \infty & \infty & \infty & 0 & 3 \\ \infty & \infty & 3 & 3 & \infty & 0 \end{bmatrix}$$

$$= (0 \quad 3 \quad 2 \quad 1 \quad 7 \quad 4)$$

从 v_1 最多走三步到各点的最短距离为

$$\boldsymbol{l}_3^{\mathrm{T}}=\boldsymbol{l}_2^{\mathrm{T}}*\boldsymbol{W}=(0\quad 3\quad 2\quad 1\quad 7\quad 4)*\begin{bmatrix}0&3&2&\infty&\infty&4\\ \infty&0&4&\infty&4&1\\ \infty&\infty&0&-1&6&\infty\\ 3&-2&\infty&0&1&\infty\\ 5&\infty&\infty&\infty&0&3\\ \infty&\infty&3&3&\infty&0\end{bmatrix}$$

$$=(0\quad -1\quad 2\quad 1\quad 2\quad 4)$$

从 v_1 最多走四步到各点的最短距离为

$$\boldsymbol{l}_4^{\mathrm{T}}=\boldsymbol{l}_3^{\mathrm{T}}*\boldsymbol{W}=(0\quad -1\quad 2\quad 1\quad 2\quad 4)*\begin{bmatrix}0&3&2&\infty&\infty&4\\ \infty&0&4&\infty&4&1\\ \infty&\infty&0&-1&6&\infty\\ 3&-2&\infty&0&1&\infty\\ 5&\infty&\infty&\infty&0&3\\ \infty&\infty&3&3&\infty&0\end{bmatrix}$$

$$=(0\quad -1\quad 2\quad 1\quad 2\quad 0)$$

从 v_1 最多走五步到各点的最短距离为

$$\boldsymbol{l}_5^{\mathrm{T}}=\boldsymbol{l}_4^{\mathrm{T}}*\boldsymbol{W}=(0\quad -1\quad 2\quad 1\quad 2\quad 0)*\begin{bmatrix}0&3&2&\infty&\infty&4\\ \infty&0&4&\infty&4&1\\ \infty&\infty&0&-1&6&\infty\\ 3&-2&\infty&0&1&\infty\\ 5&\infty&\infty&\infty&0&3\\ \infty&\infty&3&3&\infty&0\end{bmatrix}$$

$$=(0\quad -1\quad 2\quad 1\quad 2\quad 0)$$

由于 $\boldsymbol{l}_5^{\mathrm{T}}=l_4^{\mathrm{T}}$，于是点 v_1 到各点的最短距离如行向量 $\boldsymbol{l}_5^{\mathrm{T}}$ 所示。

4. 求任意两点间的最短路

求 n 阶赋权图 G 中任意点 v_i 至任意点 v_j 的最短路，用 Floyd 算法的步骤如下：

设矩阵 $\boldsymbol{D}^{(k)}=(d_{ij}^{(k)})$ 表示网络中各点经过 k 步中间点到达各点的最短距离矩阵，则 $\boldsymbol{D}^{(0)}=\boldsymbol{W}=(w_{ij})$，即一步距离矩阵为权矩阵，且 $\boldsymbol{D}^{(k)}=\boldsymbol{D}^{(k-1)}*\boldsymbol{D}^{(k-1)}$，

其中

$$d_{ij}^{(k)} = \min_{1 \leqslant i \leqslant n} \{ d_{is}^{(k-1)} + d_{sj}^{(k-1)} \} \quad (i,j = 1,2,\cdots,n) \tag{6-5}$$

即网络中各点经过 k 步中间点到达各点的最短距离可分为两段:先求出各点到各点经过$(k-1)$步的最短距离矩阵,然后在$(k-1)$步的基础上再走一步求最短距离。

例 6.8 试计算:例 6.5 中任意两点间的最短路线。

解:从任意点 v_i 不经过中间点到任意点 v_j 的距离为

$$\boldsymbol{D}^{(0)} = \boldsymbol{W}$$

从任意点 v_i 最多经过一步中间点到任意点 v_j 的最短距离为

$$\boldsymbol{D}^{(1)} = \boldsymbol{D}^{(0)} * \boldsymbol{D}^{(0)} = \begin{bmatrix} 0 & 3 & 2 & 1 & 7 & 4 \\ 9 & 0 & 4 & 3 & 4 & 1 \\ 2 & -3 & 0 & -1 & 0 & 9 \\ 3 & -2 & 2 & 0 & 1 & -1 \\ 5 & 8 & 6 & 6 & 0 & 3 \\ 6 & 1 & 3 & 2 & 4 & 0 \end{bmatrix}$$

从任意点 v_i 最多经过两步中间点到任意点 v_j 的最短距离为

$$\boldsymbol{D}^{(2)} = \boldsymbol{D}^{(1)} * \boldsymbol{D}^{(1)} = \begin{bmatrix} 0 & -1 & 2 & 1 & 2 & 0 \\ 6 & 0 & 4 & 3 & 4 & 1 \\ 2 & -3 & 0 & -1 & 0 & -2 \\ 3 & -2 & 2 & 0 & 1 & -1 \\ 5 & 3 & 6 & 5 & 0 & 3 \\ 5 & 0 & 3 & 2 & 3 & 0 \end{bmatrix}$$

从任意点 v_i 最多经过三步中间点到任意点 v_j 的最短距离为

$$\boldsymbol{D}^{(3)} = \boldsymbol{D}^{(2)} * \boldsymbol{D}^{(2)} = \begin{bmatrix} 0 & -1 & 2 & 1 & 2 & 0 \\ 6 & 0 & 4 & 3 & 4 & 1 \\ 2 & -3 & 0 & -1 & 0 & -2 \\ 3 & -2 & 2 & 0 & 1 & -1 \\ 5 & 3 & 6 & 5 & 0 & 3 \\ 5 & 0 & 3 & 2 & 3 & 0 \end{bmatrix}$$

由于 $\boldsymbol{D}^{(3)} = \boldsymbol{D}^{(2)}$,运算结束,于是可得各点间的最短距离如矩阵 $\boldsymbol{D}^{(2)}$ 所示。

第二节　网络的最小费用最大流问题

一、最大流问题

设有向图中弧上的数字(权)表示通过该弧的容量,而所要解决的问题是从网络的出发点(源)到网络的终点(汇)通过的最大流,诸如此类问题称为最大流问题。

最大流问题在交通运输网络中运输流、供水网络水流、通信网络中信息流、金融系统中的现金流等问题中有着广泛的应用。例如,要把一批军用物资通过一个运输网(即不仅仅单靠一条路线)从 v_S 运到目的地 v_T,如图 6-21 所示,中间要经过 v_1、v_2、v_3、v_4 4 个中转站,每条道路的通过能力标在每条边上。问:怎样安排运输方案,使从 v_S 运到地 v_T 的总物资最多?

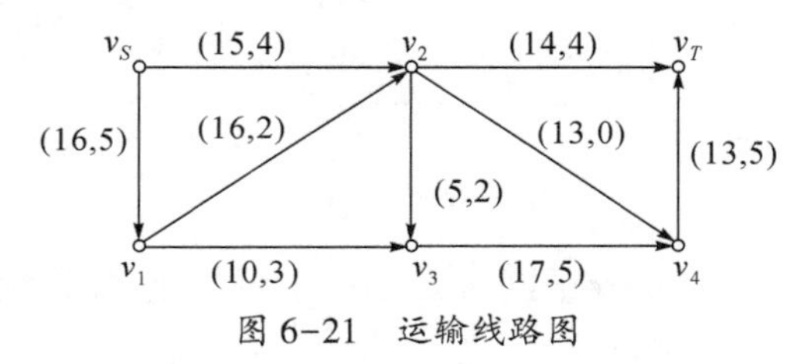

图 6-21　运输线路图

(一) 基本概念

容量网络——设有向赋权连通图 $D=(V,E)$,每条弧的非负权重 c_{ij} 为该弧的最大流容量。如果 D 中仅有一个入度为 0 的顶点 v_S 和一个出度为 0 的顶点 v_T,则称 D 为一个容量网络或运输网络。其中称 v_S 为源,v_T 为汇,其余顶点称为中间点。容量网络一般记为 $D=(V,E,C)$,其中 C 为弧的最大流容量集合。

图 6-21 即为一个容量网络。由于在一个容量网络中,每条弧都有容量限制,因此在整个网络中的流必须受到一定限制,如果假设 f_{ij} 表示弧 (v_i,v_j) 上的流量,则 f_{ij} 必须受到如下约束:

(1) 容量限制条件:对 D 中的任意一条弧 v_{ij},$0\leqslant f_{ij}\leqslant c_{ij}$;

(2) 平衡条件:对 D 中的任意一个中间点 v_i,要求 $\sum\limits_j f_{ij}=\sum\limits_k f_{ki}$,即中间点的总流入量和总流出量相等,净流量(流出量与流入量之差)为零。

对源和汇,要求 $\sum\limits_j f_{Sj}=\sum\limits_k f_{kT}$,即从源发出的流量必须与汇接收的流量相等。

可行流——满足以上两个条件的 f_{ij} 的集合称为一个可行流,记为 $f=\{f_{ij}\mid 1\leqslant i,j\leqslant n\}$。显然可行流一定存在。最大流问题就是在一个容量网络中寻找流量最大的可行流。

① 从源 V_S 的可行流的流量：$\sum_j f_{S_j} - \sum_j f_{S_j} = V(f)$，即源 V_S 的净输出量；

② 从汇 V_T 的可行流的流量 $\sum_j f_{S_j} - \sum_j f_i T = -V(f)$，即汇 V_T 的净输出量；

③ 中间顶点的可行流的流量：$V(f)v$

饱和弧——若容量网络 D 中某弧(v_i,v_j)上的流量 f_{ij} 等于其容量限制 c_{ij}，即 $f_{ij}=c_{ij}$，则称(v_i,v_j)为 D 的饱和弧。

前向弧、后向弧——设 P 为容量网络 D 中从 v_S 到 v_T 的链，并且规定 v_S 和 v_T 为链的方向，与链的方向一致的弧称为前向弧，与链的方向相反的弧称为后向弧。前向弧集合用 P^+ 表示，后向弧集合用 P^- 表示，如图 6-22 所示，(v_4,v_3) 和 (v_5,v_4) 为后向弧，其余均为前向弧。

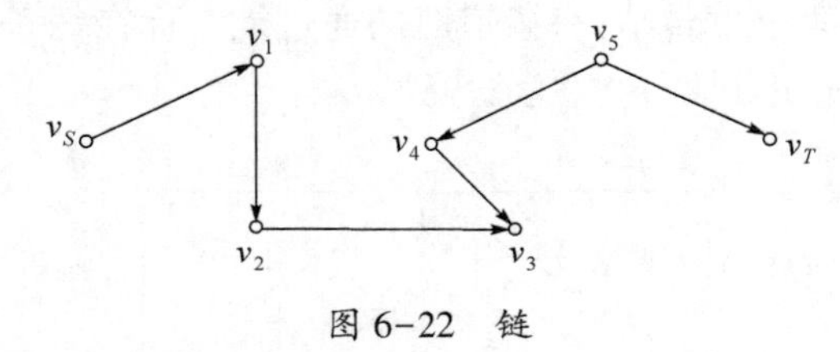

图 6-22　链

可增广链——假设 f 是容量网络 D 的一个可行流，如果满足

$$\begin{cases} 0 \leqslant f_{ij} < c_{ij}, & (v_i,v_j) \in P^+ \\ 0 < f_{ij} \leqslant c_{ij}, & (v_i,v_j) \in P^- \end{cases}$$

则称 P 为从 v_S 到 v_T 的（关于 f 的）可增广链。

割集——容量网络 $D=(V,E,C)$，v_S 和 v_T 为源和汇，若存在弧集 $E' \subset E$，将网络 D 分为两个子图 D_1 和 D_2，其顶点集合分别为 S 和$\bar{S}$，$S \cup \bar{S}=V$，$S \cap \bar{S}=\varnothing$，$v_S$ 和 v_T 为别属于 S 和$\bar{S}$，则称弧集。

$$E' = (S,\bar{S}) = \{(u,v) \mid u \in S, v \in \bar{S}\} \tag{6-6}$$

为 D 的一个割集。

割集容量——设 $E'=(S,\bar{S})$ 为容量网络 $D=(V,E,C)$ 的一割集，称 E'中所有弧的容量之和

$$C(S,\bar{S}) = \sum_{e \in E'} c(e) \tag{6-7}$$

为 E'的割集容量。

最小割集——割集容量最小的割集称为 D 的最小割集，其割集容量称为 D 的最小割集容量。

例 6.9 在图 6-23 所示的容量网络中,设顶点集 $S=\{v_S,v_1,v_2\}$,求其割集和割集容量。

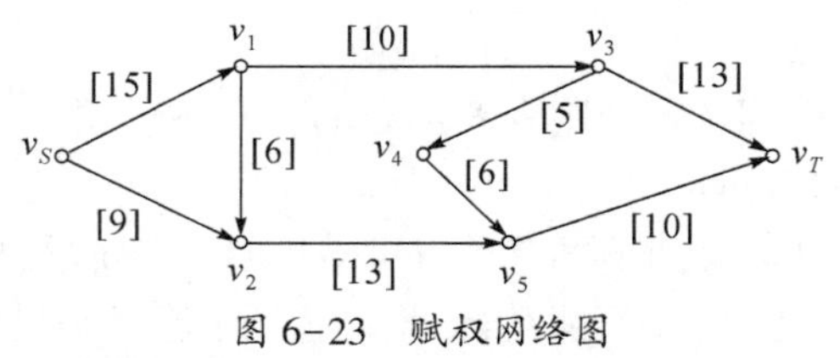

图 6-23 赋权网络图

解:$S=\{v_S,v_1,v_2\}$,$\overline{S}=\{v_3,v_4,v_5,v_T\}$,则

$(S,\overline{S})=\{(u,v)\mid(v_1,v_3),(v_2,v_5)\}$,$C(S,\overline{S})=c(v_1,v_3)+c(v_2,v_5)=23$。

(二) 最大流最小割集定理

在例 6.9 的容量网络中,割集$(S,\overline{S})$是由 v_S 到 v_T 的必经之路,去掉割集$(S,\overline{S})$,v_S 到 v_T 将不再连通,所以,任何一个可行流的流量都不会超过任一割集的容量。因此,容量网络的最大流与最小割集容量满足下面的定理。

定理 6.4 设 f 为网络 $D=(V,E,C)$ 的任一可行流,其流量为 W,$(S,\overline{S})$为分离 v_S 到 v_T 的一个割集,则有 $W\leqslant C(S,\overline{S})$。

通过定理 6.4 不难想象,最大流问题可转化为寻找可行流 f^* 和割集$(S^*,\overline{S}^*)$,使得 f^* 的流量 $W^*=C(S^*,\overline{S}^*)$,而$(S^*,\overline{S}^*)$实际上是网络中的最小割集。因此,我们有下面的最大流—最小割定理。

定理 6.5(最大流—最小割集定理) 任意一个容量网络 $D=(V,E,C)$ 中,从源 v_S 到汇 v_T 的最大流的流量等于分离 v_S 与 v_T 的最小割集容量。

推论 6.1 可行流 f 是最大流的充要条件是:不存在从 v_S 到 v_T 关于 f 的可增广链。

(三) 最大流算法

计算网络的最大流,虽然可以通过枚举法从最小割集中得到,但是即使求出了最小割集,也不能得到网络中流量的详细分布。因此,枚举法不是一种有效的方法,通常采用标号算法求最大流问题。从一个可行流 f 开始,寻找一条从 v_S 到 v_T 的可增广链,直到找不到可增广链为止,最后的流量即为最大流。

标号算法一般分为两个过程:第一是标号过程,通过标号来寻找可增广链;第二是调整过程,沿可增广链调整流以增加流量。

步骤 1:标号过程。

(1) 对于源 v_S,标号为$(-,+\infty)$。

(2) 选择每个已经标号的顶点 v_i,对于 v_i 的所有未给标号的邻接点 v_j,作如下处理：

① 若$(v_j,v_i)\in E$，且$f_{ji}>0$，则令$\delta_j=\min(f_{ji},\delta_i)$，并将$v_j$标号为$(-v_i,\delta_j)$，$-v_i$表示$v_i$是$v_j$的后续点；

② 若$(v_i,v_j)\in E$，且$f_{ij}<c_{ij}$，则令$\delta_j=\min(c_{ij}-f_{ij},\delta_i)$，并将$v_j$标号为$(+v_i,\delta_j)$，$+v_i$表示$v_i$是$v_j$的前列点。

(3) 重复步骤(2)，直到不再有顶点可被标号。若v_T被标号，则得到一条可增广链，继续调整过程；若v_T不能被标号，则说明f已经是最大流。

步骤2：调整过程。

调整过程一般反向进行，重新计算各条弧的流量。用f'_{ij}表示调整后的弧(v_i,v_j)的流量，令

$$f'_{ij}=\begin{cases}f_{ij}+\delta_t, & (v_i,v_j)\text{为可增广链上的前向弧时,}\\ f_{ij}-\delta_t, & (v_i,v_j)\text{为可增广链上的后向弧时,}\\ f_{ij}, & (v_i,v_j)\text{不在可增广链上}\end{cases}\tag{6-8}$$

将调整后的流f'_{ij}的标号全部去除，并重复标号和调整过程，对f'_{ij}重新进行标号，直到不能再进行标号为止。

例6.10 要把一批军用物资通过一个运输网(即不仅仅单靠一条路线)从v_S运到目的地v_T，中间要经过v_1、v_2、v_3，v_4 4个中转站，如图6-24所示的网络从v_S到v_T的最大流。弧上记号表示为(c_{ij},f_{ij})，其中$f=\{f_{ij}\}$为一个已知的可行流。问：怎样安排运输方案，使从v_S运到地v_T的物资最多？

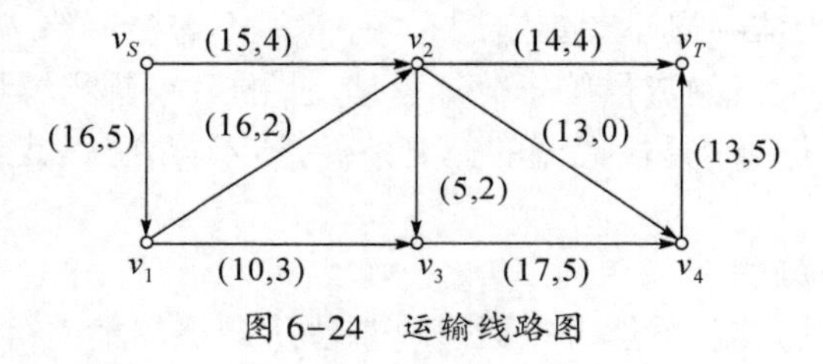

图6-24 运输线路图

解：使用标号法求该网络的最大流。

步骤1：标号过程。

将v_S标号为$(-,+\infty)$，$\delta_S=+\infty$；检查v_S的邻接点v_1，v_1满足$(v_S,v_1)\in E$，$f_{S1}<c_{S1}$，令

$$\delta_1=\min(c_{S1}-f_{S1},\delta_S)=\min(16-5,+\infty)=11$$

将v_1标号为$(+v_S,11)$。

检查v_1的邻接点v_2，v_2满足$(v_1,v_2)\in E$，$f_{12}<c_{12}$，令

$$\delta_2 = \min(c_{12} - f_{12}, \delta_1) = \min(16 - 2, 11) = 11$$

将 v_2 标号为$(+v_1, 11)$。

检查 v_2 的邻接点 v_T，v_T 满足$(v_1, v_3) \in E$，$f_{2T}<c_{2T}$，令

$$\delta_T = \min(c_{2T} - f_{2T}, \delta_2) = \min(14 - 4, 11) = 10$$

将 v_T 标号为$(+v_2, 10)$。

得到增广链：$v_S \to v_1 \to v_2 \to v_T$，$\delta_T = 10$。

步骤 2：调整过程。

由公式 $f'_{ij} = f_{ij} + \delta_T$，我们可得

$$f'_{2T} = f_{2T} + \delta_T = 4 + 10 = 14; f'_{12} = f_{12} + \delta_T = 2 + 10 = 12;$$

$$f'_{S1} = f_{S1} + \delta_T = 5 + 10$$

结果如图 6-25 所示。

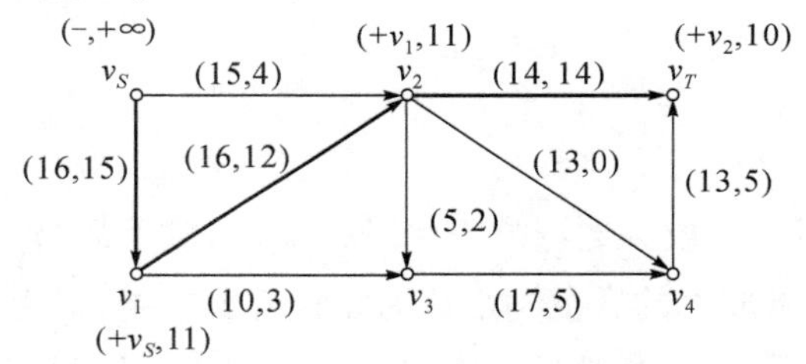

图 6-25　第一次迭代标号、调整

对图 6-25 继续步骤 1 和步骤 2，得到可增广链 $v_S \to v_2 \to v_4 \to v_T$，其中 $\delta_T = 8$。得到第二次迭代标号、调整网络，如图 6-26 所示。

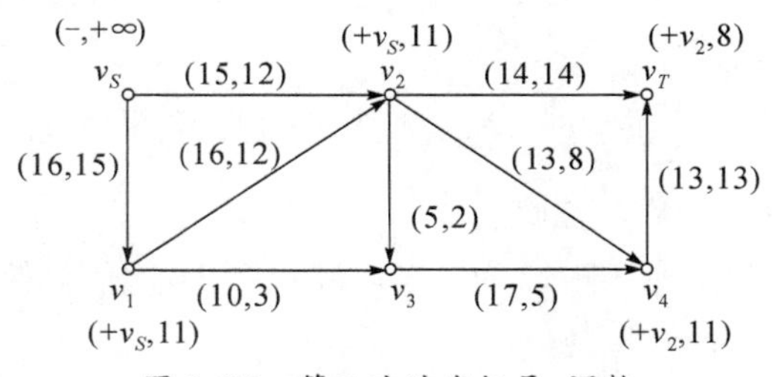

图 6-26　第二次迭代标号、调整

继续标号过程，发现与 v_2 和 v_4 邻接的点 v_T 已经不满足标号条件，标号过程无法继续。此时，$W = f_{s1} + f_{s2} = 15 + 12 = 27$ 即为最大流量，算法结束。

二、最小费用最大流问题

在前面我们介绍了最大流问题，但是在最大流问题中只考虑了流的大小，没

有考虑流的成本。实际上,在许多实际问题中,要求同时考虑流的大小和成本,如下面的例子。

例 6.11 某兵工厂为了保障某部队武器的供应,要求从其厂房 v_S 运送尽可能多的武器到需求阵地 v_T,流量限制如图 6-27(a)所示,同时给出了每条弧上的单位流量费用如图 6-27(b)所示。试问:该兵工厂应如何安排运输,在获得从 v_S 到 v_T 的最大运输能力的前提下运输成本最小?

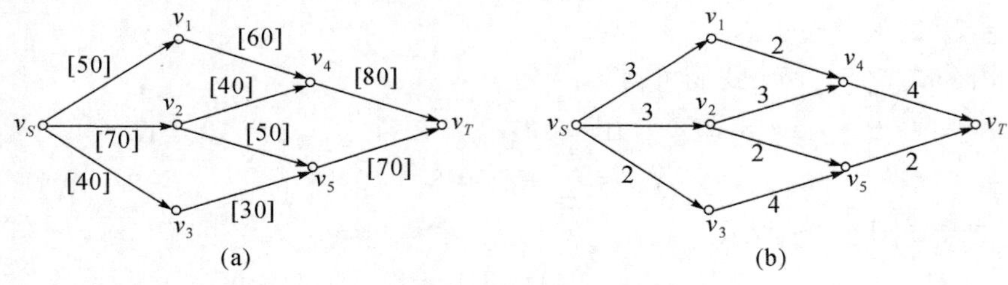

图 6-27

(一)基本概念

赋权容量网络——设容量网络 $D=(V,E,C)$,每条弧(v_i,v_j)给出单位流量的成本 d_{ij},那么称带成本的容量网络称为赋权容量网络,记为 $D=(V,E,C,d)$。

最小费用流问题——求 D 的一个可行流 $f=\{f_{ij}\}$,使得流量 $W(f)=w^*$,且总费用 $d(f)=\sum\limits_{(v_i,v_j)\in E} d_{ij}f_{ij}$ 达到最小,这类问题称为最小费用流问题。

特别地,当 f 为最大流时,此问题称为**最小费用最大流问题**。

设赋权容量网络 $D=(V,E,C,d)$,f 是 D 上的一个可行流,P 是从源 v_S 到汇 v_T 的一条关于 f 的可增广链。

链的费用——称 $\sum\limits_{P^+} d_{ij}f_{ij}-\sum\limits_{P^-} d_{ij}f_{ij}$ 为 P 的费用,记为 $d(P)$,其中 P^+ 为 P 的前向弧集合,P^- 为 P 的后向弧集合。

最小费用增广链——若 P^* 为 P 是从源 v_S 到汇 v_T 所有增广链中费用最小的链,则称 P^* 为最小费用增广链。

(二)最小费用最大流算法

最小费用最大流问题的常用算法是对偶算法,其基本思路:先寻找一个流量满足 $W(f^{(0)})<w^*$ 的最小费用流 $f^{(0)}$,然后寻找从源 v_S 到汇 v_T 的可增广链 P,用最大流方法将 $f^{(0)}$ 调整到 $f^{(1)}$,使 $f^{(1)}$ 的流量为

$$W(f^{(1)})=W(f^{(0)})+\theta \tag{6-9}$$

并保证 $f^{(1)}$ 是在流量 $W(f^{(0)})+\theta$ 下的最小费用流。重复以上步骤,直到

$W(f^{(k)})=w^*$ 为止。

由于对偶算法中要求 $f^{(1)}$ 是在流量 $W(f^{(0)})+\theta$ 下的最小费用流，于是给出下面的定理。

定理 6.6 若 f 是流量为 $W(f)$ 下的最小费用流，P 是关于 f 的从 v_S 到 v_T 的一条最小费用增广链，则 f 经过 P 调整流量 θ 后得到的新可行流 f'，一定是流量为 $W(f)+\theta$ 下的最小费用流。

由于 $d_{ij}\geqslant 0$，因此，在选取初始最小费用流时，取 $f^{(0)}=\{0\}$，接下来关键在于寻找关于 $f^{(0)}$ 的最小费用可增广链，为此，我们引进长度网络的概念。

在赋权容量网络 $D=(V,E,C,d)$ 中，对于可行流 f，保持原网络各顶点，每条弧用两条方向相反的弧代替，各弧的权重 l_{ij} 按如下规则。

1. 当弧 $(v_i,v_j)\in E$，令

$$l_{ij}=\begin{cases} d_{ij} & (f_{ij}<c_{ij}) \\ +\infty & (f_{ij}=c_{ij}) \end{cases} \tag{6-10}$$

其中，$+\infty$ 表示该弧已经饱和，不能再增加流量，否则花费太高，实际无法实现。因此，权 $+\infty$ 所对应的弧可以从网络中去除。

2. 当弧 (v_j,v_i) 为原网络 D 中弧 (v_i,v_j) 的反向弧，令

$$l_{ji}=\begin{cases} -d_{ij} & (f_{ij}>0) \\ +\infty & (f_{ij}=0) \end{cases} \tag{6-11}$$

其中，$+\infty$ 表示该弧流量已经减少到 0，不能再减少，此时权 $+\infty$ 所对应的弧也可以从网络中去除。

由以上规则定义的网络称为**长度网络**，记为 $L(f)$，其本质是将费用看成长度。显然在 D 中求关于 f 的最小费用增广链，相当于在长度网络 $L(f)$ 中求从源 v_S 到汇 v_T 的最短路，利用 Dijkstra 算法即可求解。下面我们给出求解最小费用最大流问题的对偶算法的基本步骤：

(1) 初始可行流取零流，即 $f^{(0)}=\{0\}$；

(2) 若有可行流 $f^{(k-1)}$ 流量满足 $W(f^{(k-1)})<w^*$，构造长度网络 $L(f^{(k-1)})$；

(3) 用 Dijkstra 算法求长度网络 $L(f^{(k-1)})$ 中从 v_S 到 v_T 的最短路，若不存在最短路，则 $f^{(k-1)}$ 即为最大流，不存在流量为 w^* 的流，算法停止，否则继续第(4)步；

(4) 在 D 中与这条最短路相应的增广链 P 上，作 $f^{(k)}=f_P^{(k-1)}\theta$，其中：

$$\theta=\min\{\min_{P^+}(c_{ij}-f_{ij}^{(k-1)}),\min_{P^-}f_{ij}^{(k-1)}\} \tag{6-12}$$

此时 $f^{(k)}$ 的流量为 $W(f^{(k)})=W(f^{(k-1)})+\theta$，若 $W(f^{(k)})=w^*$ 则停止，否则令 $f^{(k)}$ 代

替 $f^{(k-1)}$ 返回第(2)步。

例 6.12 在例 6.11 的基础上,设该兵工厂的最大运输能力为 150。试问:该兵工厂应如何安排运输,在获得从 v_S 到 v_T 的最大运输能力的前提下运输成本最小?

解:现只要求流量为 150 时的最小费用流即可。

(1) 从 $f^{(0)}=\{0\}$ 开始,作长度网络 $L(f^{(0)})$,如图 6-28(a)所示,用 Dijkstra 算法求出 $L(f^{(0)})$ 的最短路为:$v_S\to v_2\to v_5\to v_T$。在网络中相应的可增广链上用最大流算法进行流的调整:

$$Q^+=\{(v_S,v_2),(v_2,v_5),(v_5,v_T)\},Q^-=\varnothing$$

$$\theta_1=\min\{\min_{Q^+}(c_{ij}-f_{ij}^{(0)}),\min_{Q^-}f_{ij}^{(0)}\}=\min\{70,50,70\}=50$$

$$f^{(1)}=\begin{cases}f_{ij}^{(0)}+\theta_1, & (v_i,v_j)\in Q^+\\ f_{ij}^{(0)}, & \text{其他}\end{cases}$$

$$W(f^{(1)})=W(f^{(0)})+\theta_1=50$$

此时,$d(f^{(1)})=50\times3+50\times2+50\times2=350$,$f^{(1)}$ 的结果见图 6-28(b)。

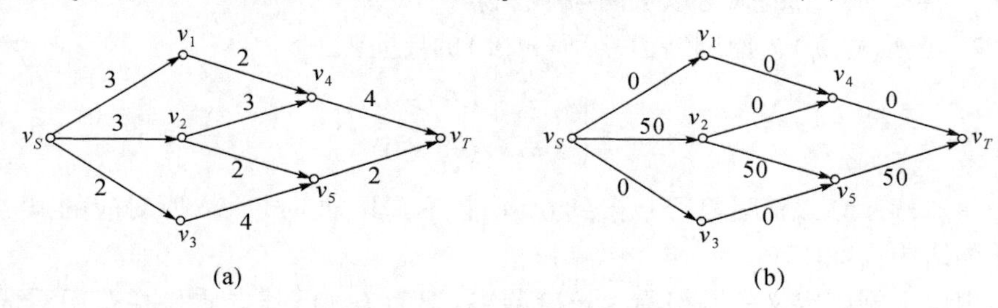

图 6-28

(a) $L(f^{(0)})$;(b) $f^{(1)}$。

(2) 作长度网络 $L(f^{(1)})$,如图 6-29(a)所示,弧上有负权,故只能采取逐次逼近法求最短路,最短路为 $v_S\to v_3\to v_5\to v_T$。在网络中相应的可增广链上用最大流算法进行流的调整:

$$Q^+=\{(v_S,v_3),(v_3,v_5),(v_5,v_T)\},Q^-=\varnothing$$

$$\theta_2=\min\{\min_{Q^+}(c_{ij}-f_{ij}^{(1)},\min_{Q^-}f_{ij}^{(1)}\}=\min\{40-0,30-0,70-50\}=20$$

$$f^{(2)}=\begin{cases}f_{ij}^{(1)}+\theta_2, & (v_i,v_j)\in Q^+\\ f_{ij}^{(0)}, & \text{其他}\end{cases}$$

$$W(f^{(2)})=W(f^{(1)})+\theta_2=70$$

此时，$d(f^{(2)})=510$，$f^{(2)}$ 的结果见图 6-29(b)。

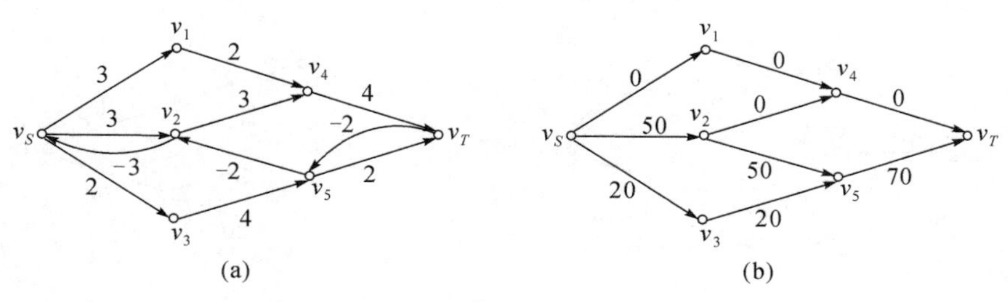

图 6-29

(a) $L(f^{(1)})$；(b) $f^{(2)}$。

(3) 作长度网络 $L(f^{(2)})$，如图 6-30(a)所示，弧上有负权，故只能采取逐次逼近法求最短路，最短路为 $v_S \to v_1 \to v_4 \to v_T$。在网络中相应的可增广链上用最大流算法进行流的调整：

$$Q^+ = \{(v_S,v_1),(v_1,v_4),(v_4,v_T)\},Q^- = \theta$$

$$\theta_3 = \min\{\min_{Q^+}(c_{ij} - f_{ij}^{(2)},\min_{Q^-} f_{ij}^{(2)}\} = \min\{50,60,80\} = 50$$

$$f^{(3)} = \begin{cases} f_{ij}^{(2)} + \theta_3, & (v_i,v_j) \in Q^+ \\ f_{ij}^{(0)}, & \text{其他} \end{cases}$$

$$W(f^{(3)}) = W(f^{(2)}) + \theta_3 = 120$$

此时，$d(f^{(3)})=960$，$f^{(3)}$ 的结果见图 6-30(b)。

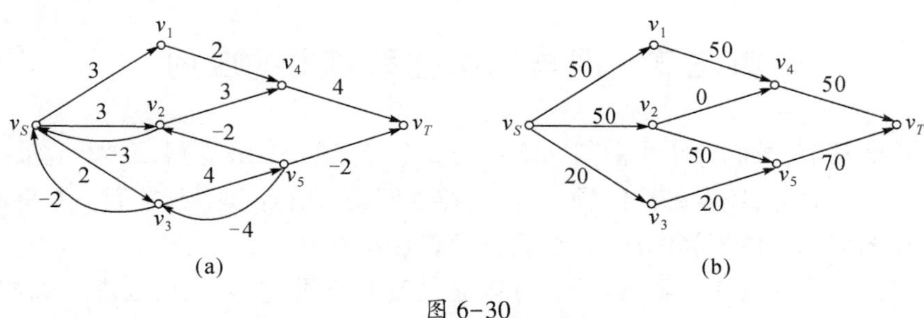

图 6-30

(a) $L(f^{(2)})$；(b) $f^{(3)}$。

(4) 作长度网络 $L(f^{(3)})$，如图 6-31(a)所示，最短路为 $v_S \to v_2 \to v_4 \to v_T$。此时，$W(f^{(4)}) = W(f^{(3)}) + \theta_4 = 120+20 = 140$，$d(f^{(4)})=1160$，$f^{(4)}$ 的结果见图 6-31(b)。

(5) 作长度网络 $L(f^{(4)})$，如图 6-32(a)所示，最短路为 $v_S \to v_3 \to v_5 \to v_2 \to v_4 \to v_T$。此时，$W(f^{(5)}) = W(f^{(4)}) + \theta_5 = 140+10 = 150$，$d(f^{(5)})=1270$，$f^{(5)}$ 的结果见

图 6-32(b)。

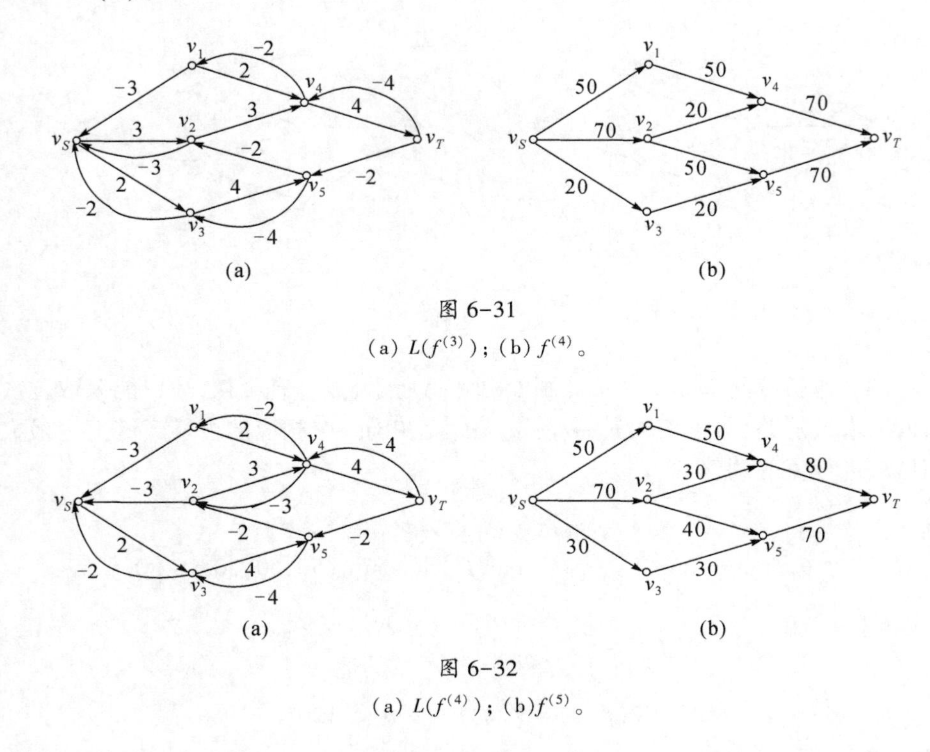

图 6-31

(a) $L(f^{(3)})$；(b) $f^{(4)}$。

图 6-32

(a) $L(f^{(4)})$；(b)$f^{(5)}$。

由于 $W(f^{(5)}) = 150$，$f^{(5)}$ 就是所求的最小费用最大流，最小费用为 1270。

第三节　图与网络在军事上的应用

在前几节，我们介绍了图与网络中的 3 个经典问题：最短路、最大流、最小费用最大流。另外，还有邮路问题、匹配与覆盖问题、四色问题等，它们在军事上都有广泛的应用。由于篇幅原因，在这里我们就不介绍了。

对前面介绍的 3 个经典问题，可以通过改变权重，扩大应用范围。例如，对最短路问题，权重可表示距离，也可表示所花费的时间。当把权重看成是通过每条道路的概率时，则可用最短路问题求解最佳安全路线（行军路线、通信路线）问题。

例 6.13　（最优选址问题）某指挥部与其所属 6 个部队的网络如图 6-33 所示。图中顶点 $v_1, v_2, \cdots, v_7$ 表示 7 个固定驻地，两点间连线旁的数字表示两驻地间线路的长度（单位：100km）。现要从 7 个驻地中选出 1 个驻地作为指挥部，要求指挥部到各部队的距离最短,应确定哪个驻地作为指挥部?

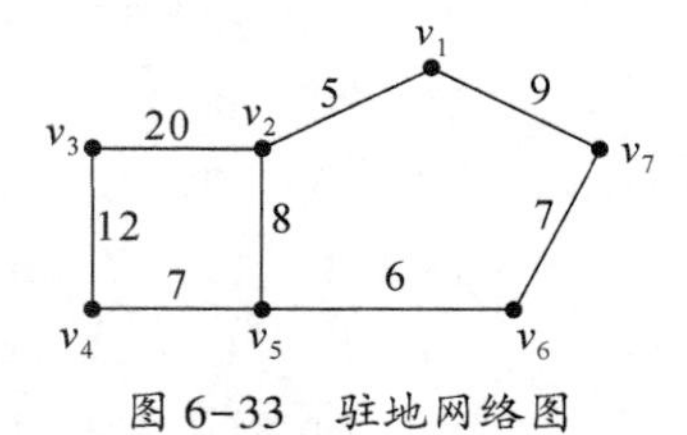

图 6-33　驻地网络图

解:从任意点 v_i 不经过中间点到任意点 v_j 的距离为

$$
\boldsymbol{D}^{(0)}=\boldsymbol{W}=\begin{bmatrix}
0 & 5 & \infty & \infty & \infty & \infty & 9\\
5 & 0 & 20 & \infty & 8 & \infty & \infty\\
\infty & 20 & 0 & 12 & \infty & \infty & \infty\\
\infty & \infty & 12 & 0 & 7 & \infty & \infty\\
\infty & 8 & \infty & 7 & 0 & 6 & \infty\\
\infty & \infty & \infty & \infty & 6 & 0 & 7\\
9 & \infty & \infty & \infty & \infty & 7 & 0
\end{bmatrix}
$$

从任意点 v_i 最多经过一步中间点到任意点 v_j 的最短距离为

$$
\boldsymbol{D}^{(1)}=\boldsymbol{D}^{(0)}*\boldsymbol{D}^{(0)}=\begin{bmatrix}
0 & 5 & 25 & \infty & 13 & 16 & 9\\
5 & 0 & 20 & 15 & 8 & 14 & 14\\
25 & 20 & 0 & 12 & 19 & \infty & \infty\\
\infty & 15 & 12 & 0 & 7 & 13 & \infty\\
13 & 8 & 19 & 7 & 0 & 6 & 13\\
16 & 14 & \infty & 13 & 6 & 0 & 7\\
9 & 14 & \infty & \infty & 13 & 7 & 0
\end{bmatrix}
$$

从任意点 v_i 最多经过两步中间点到任意点 v_j 的最短距离为

$$
\boldsymbol{D}^{(2)}=\boldsymbol{D}^{(1)}*\boldsymbol{D}^{(1)}=\begin{bmatrix}
0 & 5 & 25 & 20 & 13 & 16 & 9\\
5 & 0 & 20 & 15 & 8 & 14 & 14\\
25 & 20 & 0 & 12 & 19 & 25 & 32\\
20 & 15 & 12 & 0 & 7 & 13 & 20\\
13 & 8 & 19 & 7 & 0 & 6 & 13\\
16 & 14 & 25 & 13 & 6 & 0 & 7\\
9 & 14 & 32 & 20 & 13 & 7 & 0
\end{bmatrix}
$$

从任意点 v_i 最多经过三步中间点到任意点 v_j 的最短距离为

$$
\boldsymbol{D}^{(3)}=\boldsymbol{D}^{(2)}*\boldsymbol{D}^{(2)}=\begin{bmatrix} 0 & 5 & 25 & 20 & 13 & 16 & 9 \\ 5 & 0 & 20 & 15 & 8 & 14 & 14 \\ 25 & 20 & 0 & 12 & 19 & 25 & 32 \\ 20 & 15 & 12 & 0 & 7 & 13 & 20 \\ 13 & 8 & 19 & 7 & 0 & 6 & 13 \\ 16 & 14 & 25 & 13 & 6 & 0 & 7 \\ 9 & 14 & 32 & 20 & 13 & 7 & 0 \end{bmatrix}
$$

由于 $\boldsymbol{D}^{(3)}=\boldsymbol{D}^{(2)}$,运算结束。于是可得各驻地间的最短距离如矩阵 $\boldsymbol{D}^{(2)}$ 所示。

于是我们可分别计算出 v_1、v_2、v_3、v_4、v_5、v_6、v_7 到其余 6 个点的距离之和,即

v_1 到其余 6 个点的距离之和为 $5+25+20+13+16+9=88$;

v_2 到其余 6 个点的距离之和为 $5+20+15+8+14+14=76$;

v_3 到其余 6 个点的距离之和为 $25+20+12+19+25+32=133$;

v_4 到其余 6 个点的距离之和为 $20+15+12+7+13+20=87$;

v_5 到其余 6 个点的距离之和为 $13+8+19+7+6+13=66$;

v_6 到其余 6 个点的距离之和为 $16+14+25+13+6+7=81$;

v_7 到其余 6 个点的距离之和为 $9+14+32+20+13+7=95$。

从这 7 个距离和中找出最短距离和为 66,其所对应的顶点 v_5 即为指挥部的位置。因此,指挥部应设置在 v_5 处。

例 6.14 (物资调运问题)为保障震后救灾工作的顺利进行,某中队接到上级命令,要求把一批救灾物资通过网络(图 6-34)从仓库 v_S 运送到灾区 v_T,中间需经过 3 个中转站 v_1、v_2、v_3,每条道路的通过能力为 c_{ij},单位流费用为 w_{ij},图中各弧旁的数字为(c_{ij},w_{ij})。问:该中队应怎样安排运输方法,在获得从 v_S 到 v_T 的最大运输能力的前提下运输成本最小?

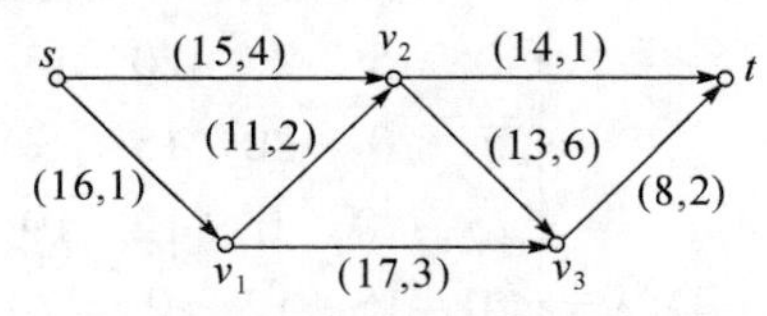

图 6-34 救灾物质运输线路图

解:计算步骤如下:

该问题可视为最小费用最大流问题。

(1) s 到 t 的最小费用路径为 sv_1v_2t,如图 6-35(a)所示,单位费用和为

$$
w_{sv_1}+w_{v_1v_2}+w_{v_2t}=1+2+1=4
$$

该路径中可分配的最大流为$f_0=11$，边(v_1,v_2)饱和。

(2) 在上述最小费用路径中的每边的容量c_{ij}减去11，去掉边(v_1,v_2)，作反向边(v_2,v_1)，且$c(v_2,v_1)=f_0$，$w(v_2,v_1)=-2$，如图6-35(b)所示。在新网络图中，s到t的最小费用路径为sv_2t，单位费用和为

$$w_{sv_2}+w_{v_2t}=4+1=5$$

该路径中可分配的最大流为$f_0=3$，边(v_2,t)饱和。

(3) 在路径sv_2t中，每边的容量c_{ij}减去3，$w(v_2,t)=\infty$，如图6-35(c)所示。此时，最小费用路径为sv_1v_3t，单位费用和为

$$w_{sv_1}+w_{v_1v_3}+w_{v_3t}=1+3+2=6$$

该路径中可分配的最大流为$f_0=5$，边(s,v_1)饱和。

(4) 在路径sv_1v_3t中，每边的容量c_{ij}减去5如图6-35(d)所示。在所得的网络图中，s到t的最小费用路径为$sv_2v_1v_3t$，单位费用和为

$$w_{sv_2}+w_{v_2v_1}+w_{v_1v_3}+w_{v_3t}=4-2+3+2=7$$

该路径中可分配的最大流为$f_0=3$，边(v_3,t)饱和。

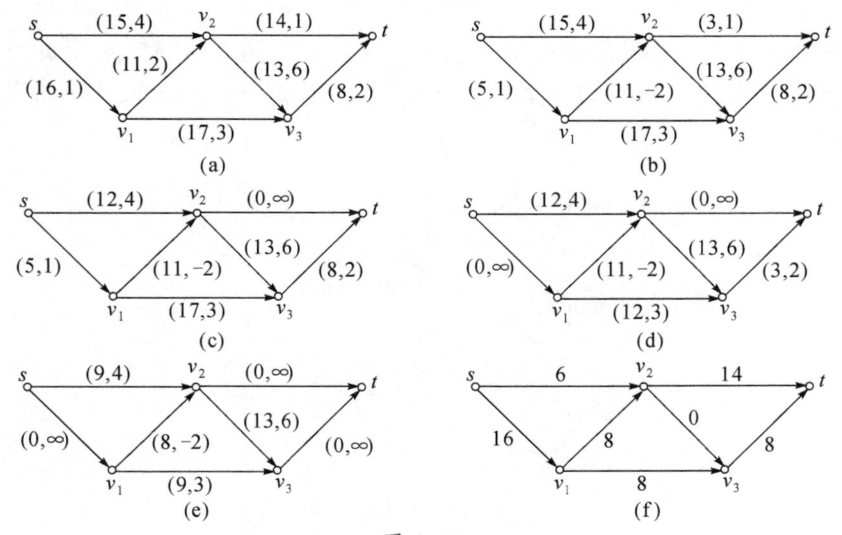

图 6-35

(5) 在路径$sv_2v_1v_3t$中，每边的容量c_{ij}减去3，$w(s,v_1)=\infty$，如图6-35(e)所示。在图中找不到s到t的最小费用路径，算法结束。

综上所述，网络中流的分配如图6-35(f)所示。于是，从s到t的流为

$$f=11+3+5+3=22$$

最小费用为：$6\times4+14\times1+16\times1+8\times2+8\times2+8\times3+0\times6=110$。

例 6.15 （检查站的设置问题）有一犯罪团伙要从 A 城逃往 B 城，可能的经过的路线如图 6-36 所示，我部奉命设站检查，每条道路上所需兵力数量如图上数字所示，求既能检查出犯罪团伙同时用兵最少的设站方案。

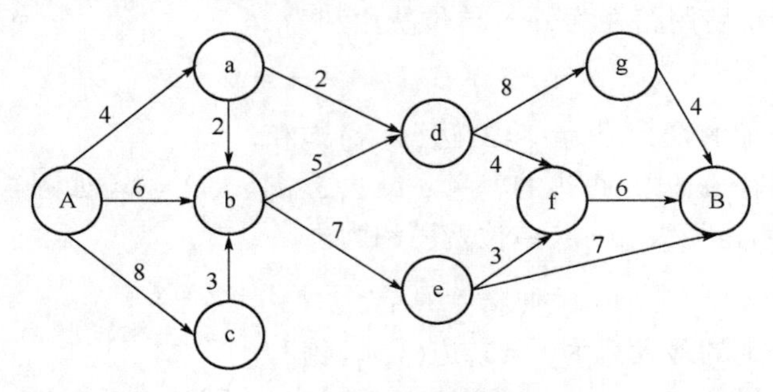

图 6-36 道路网络图

解：这是个求最小截的问题，也就是求总兵力数量最小的截集，因为最大流即为最小截，将每条道上的用兵人数看成边上流量，问题转化为求最大流问题。

根据求最大流问题的标号法可求得网络流量如图 6-37 所示，由此可得问题的最小截集为$\{(\boldsymbol{A},\boldsymbol{a}),(\boldsymbol{A},\boldsymbol{b}),(\boldsymbol{c},\boldsymbol{b})\}$，所以在这三条路上设检查站需要的兵力数量最少。

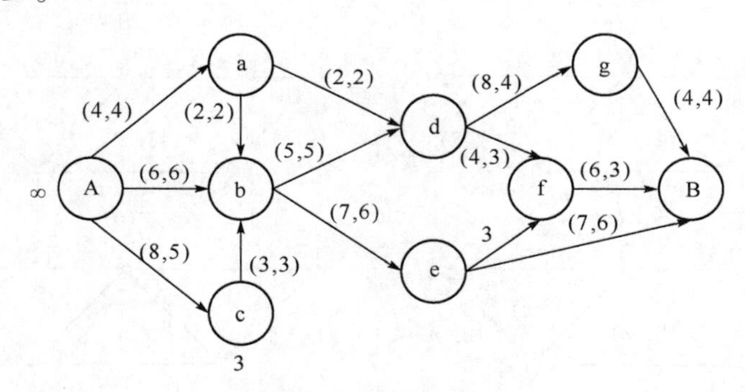

图 6-37 道路网络图

第四节 WinQSB 软件应用

例 6.16 （最短路问题）如图 6-38 所示的交通网络图，某支队接到上级命令，要求在最短的时间（单位：h）内从支队驻地 v_1 赶到灾区 v_7 抢险。试问：从支队驻地 v_1 经过哪条线路到灾区 v_7，所消耗的时间最短？

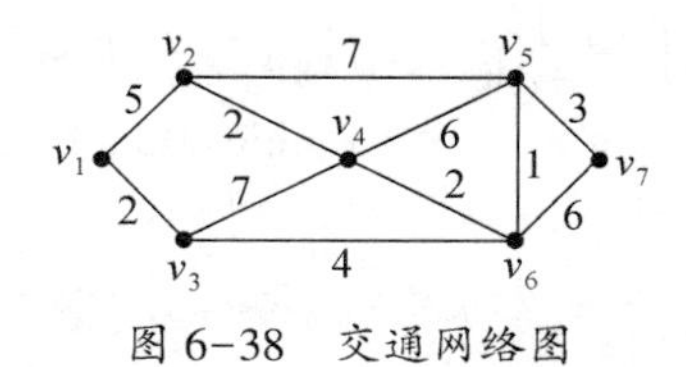

图 6-38　交通网络图

解:(1)生成表格。单击开始→程序→WinQSB→Network Modeling,屏幕显示如图 6-39 所示的网络分析工作界面。

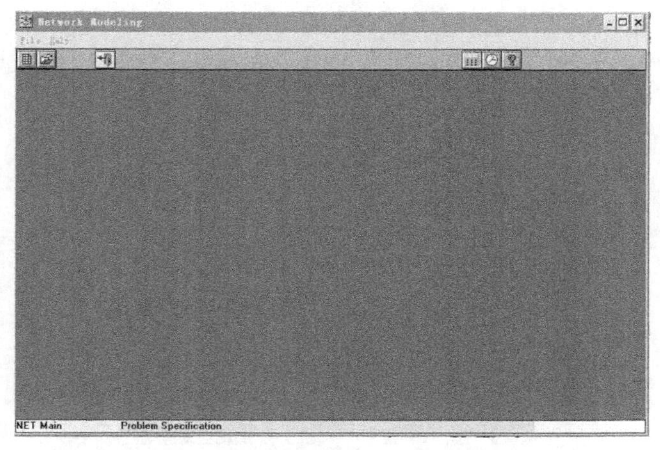

图 6-39

(2) 建立新问题。单击 File→New Problem,建立一个 7 个顶点的 Shortest Path Problem 问题,如图 6-40 所示。

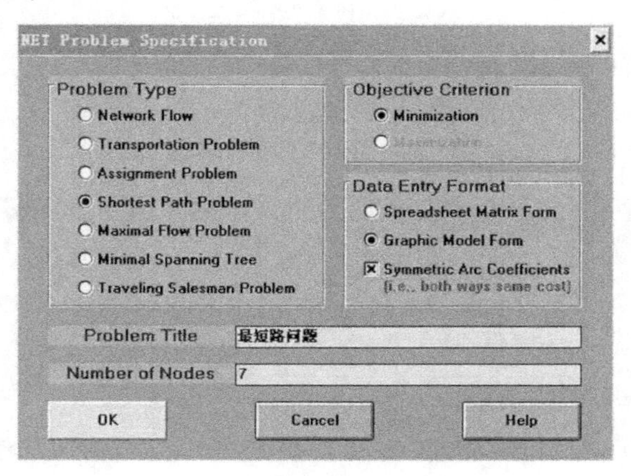

图 6-40

(3) 输入数据。在选择数据输入格式时,选择 Spreadsheet Matrix Form 表示以表格形式输入变量系数矩阵,选择 Graphic Model Form 则表示以网络图的形式输入变量,如图 6-41 所示。

From \ To	Node1	Node2	Node3	Node4	Node5	Node6	Node7
Node1		5	2				
Node2	5			2	7		
Node3	2			7		4	
Node4		2	7		6	2	
Node5		7		6		1	3
Node6			4	2	1		6
Node7					3	6	

图 6-41

(4) 求解。从系统菜单下选择 Solve and Analyze→Solve the Problem,弹出对话框,如图 6-42 所示。

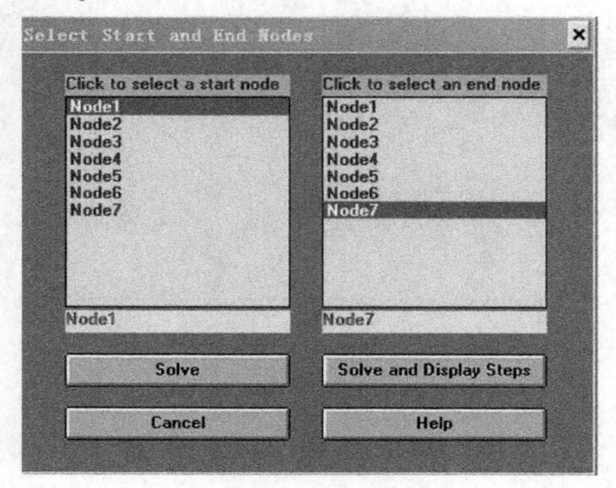

图 6-42

(5) 生成结果。在图 6-42 所示对话框中,选择开始点(Click to select a start node)为顶点 Node1,结束点(Click to select an end node)为顶点 Node7,单击求解(Solve),生成如图 6-43 所示的运行结果。

07-10-2014	From	To	Distance/Cost	Cumulative Distance/Cost
1	Node1	Node3	2	2
2	Node3	Node6	4	6
3	Node6	Node5	1	7
4	Node5	Node7	3	10
	From Node1	To Node7	=	10
	From Node1	To Node2	=	5
	From Node1	To Node3	=	2
	From Node1	To Node4	=	7
	From Node1	To Node5	=	7
	From Node1	To Node6	=	6

图 6-43

由图 6-43 可知，从驻地 v_1 到灾区 v_7 应选择的线路为：$v_1 \to v_3 \to v_6 \to v_5 \to v_7$，总消耗时间为 10h。通过此图我们还能得出 v_1 到其余 6 个点的最短时间消耗，比如 $v_1 \to v_2$ 花费的时间为 5h，$v_1 \to v_4$ 花费的时间为 7h。

习　题　六

1. 分别用破圈法和避圈法求图 6-44 中各图的最小支撑树。

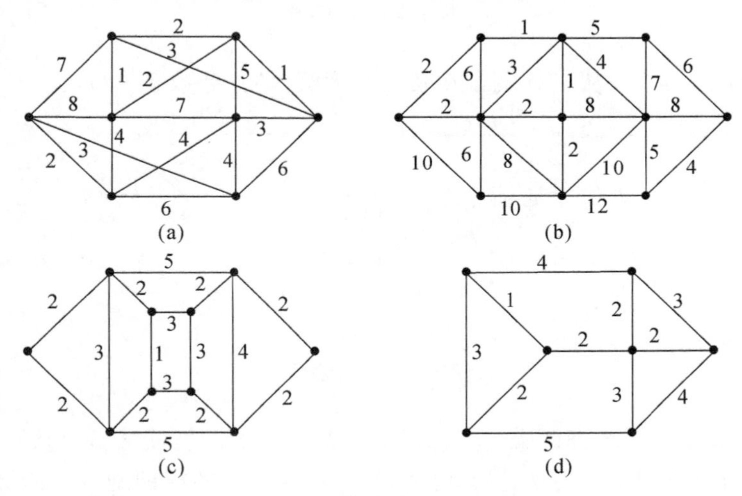

图 6-44

2. 已知 8 艘军舰，相互间距离如表 6-9 所列。已知 1 号军舰离海岸最近，为 5km。若从 1 号军舰用通信网络将各舰队连接起来，问：应如何架设可使通信网络线路最短（为便于计量和检修，线路只准架设在舰队处分叉）。

表 6-9　各军舰间距离　　（单位：km）

从＼到	2	3	4	5	6	7	8
1	1.3	2.1	0.9	0.7	1.8	2.0	1.5
2		0.9	1.8	1.2	2.6	2.3	1.1
3			2.6	1.7	2.5	1.9	1.0
4				0.7	1.6	1.5	0.9
5					0.9	1.1	0.8
6						0.6	1.0
7							0.5

3. 用标号法求图 6-45 中 v_1 至各点的最短路。

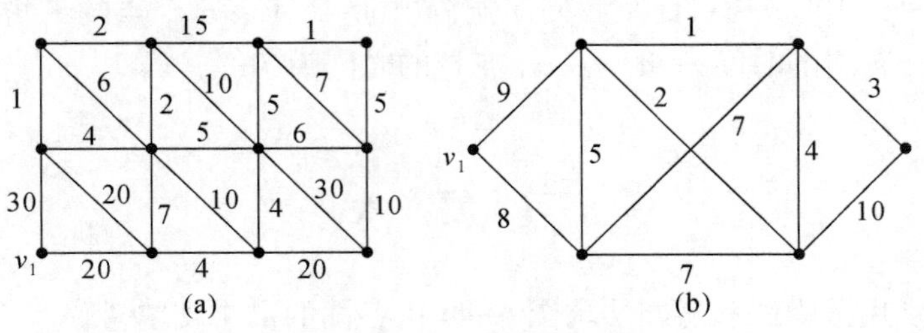

图 6-45　网络图

4. 求图 6-46 中从 $s \to t$ 的最小费用最大流，各弧旁数字为 (c_{ij}, b_{cj})。

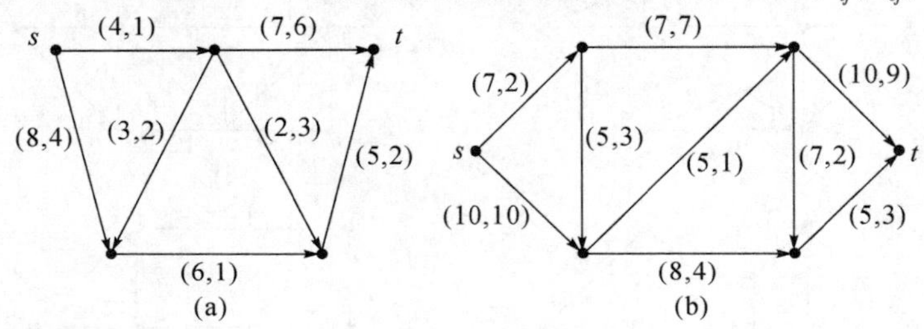

图 6-46　网络图

5. 某兵工厂需要把两个生产部门 D_1、D_2 生产的同类武器，通过运输网络输送到三个集训地 M_1、M_2、M_3 去，如图 6-47 所示。设各集训地的需求量分别为 10,8,8，问网络的运输能力能否满足这一要求？两个生产部门生产数量多少最为恰当？

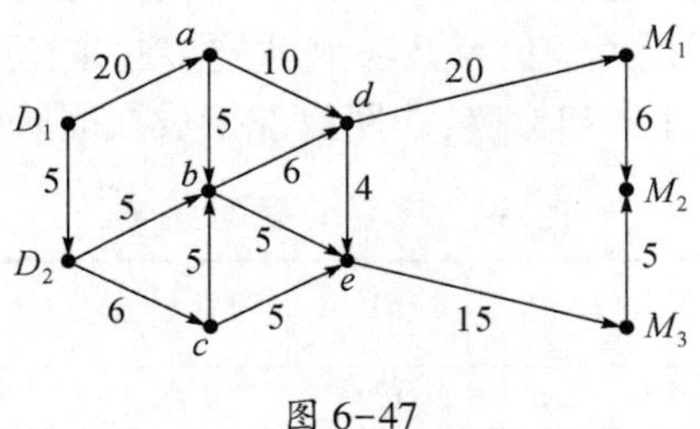

图 6-47

6.（设备更新问题）某军工厂试用一台设备，每年年初，企业领导就要确定是购置新的，还是继续使用旧的。若购置新设备，就要支付一定的购置费用；若继续使用，则需支付一定的维修费用。现用制定一个五年之内的设备更新计划，使得五年内总的支付费用最少。已知该种设备在每年年初的价格如表 6-10 所列。

表 6-10　设备在每年年初的价格表

第一年	第二年	第三年	第四年	第五年
11	11	12	12	13

使用不同时间设备所需维修费如表 6-11 所列。

表 6-11　设备在每年年初的价格表

使用年限	0~1	1~2	2~3	3~4	4~5
维修费	5	6	8	11	18

7. 求图 6-48 的网络最大流,边上的权数表示容量和实际流量。

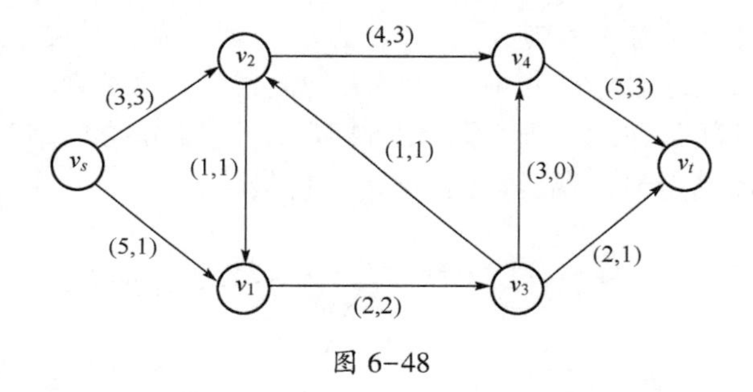

图 6-48

8. 图 6-49 是一个联结某产地 $\boldsymbol{v}_1$ 和销地 $\boldsymbol{v}_6$ 的交通网。每一个弧旁边的权就是这条运输线的最大通过能力。要求指定一个运输方案，使得从 $\boldsymbol{v}_1$ 到 $\boldsymbol{v}_6$ 的货运量最大。

9. 在图 6-50 所示的运输网络上,求流量 v 为 10 的最小费用流,有向边旁权是容量和单位流量的费用。

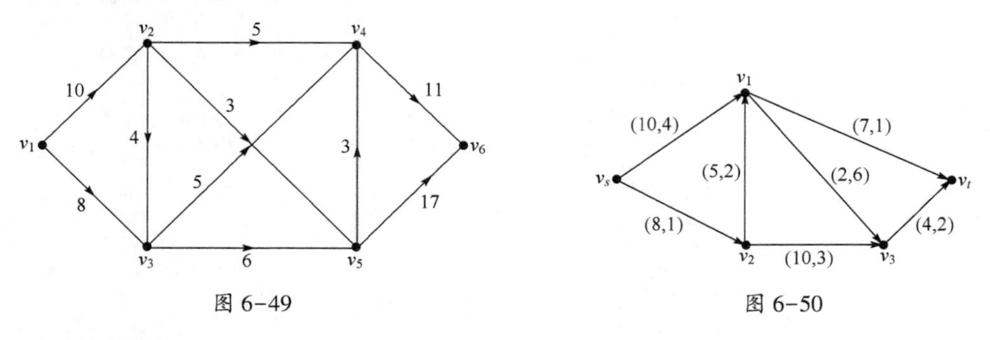

图 6-49　　　　图 6-50

思考题：

1. 某部通信网分布情况如图 6-51 所示,图中顶点 $v_1, v_2, \cdots, v_7$ 表示 7 个固定台站,两点间的连线表示两台站之间有直达通信的线路,连线旁的数字表示两

点间线路的长度(单位:100 千米)。现要从 7 个站中选出一个台站作为总站,要求总站到各台站的距离比较适中,即最短

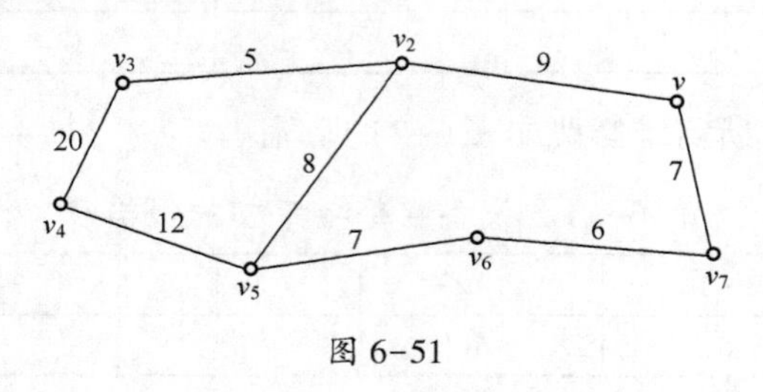

图 6-51

2. 现有某种军用物资 7 万吨,分别储存在三个不何地区的军用仓库 A_1、A_2、A_3 内,各库储量分别为 3 万吨、3 万吨、1 万吨。因战备需要尽快将这批物资分发给 4 个部队 B_1、B_2、B_3、B_4 使用。各部队分配数额为 2 万吨、3 万吨、1 万吨、1 万吨。仓库与各部队驻地位置如图 6-52 所示,连线旁的数字为路程长度(单位:千米)。现需制定最优调运方案(调运代价最小)。

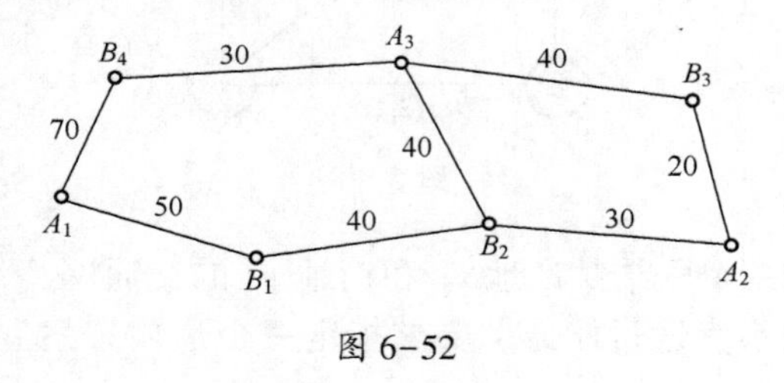

图 6-52

第七章　统筹法及其在组织计划中的应用

统筹法是一种运用网络方法对各项工作进行统筹规划、合理安排并实施科学管理的方法。统筹法用于拟制作战计划，就将上级意图，首长决心，作战的客观约束条件及工作之间的关系体现在一张网络图形上，简洁直观，不仅可以理清工作间的关系，方便抓住关键问题，还可以通过参数计算进行优化，从而提高效率，实现约束条件下最优作战效果。

第一节　统筹法概述

统筹法是把组成某一任务的各个环节，依据其间的相互联系，用一张由圆圈和箭线连结起来的网络图——也就是用统筹图表示，因此也称为网络计划法。统筹图直观明了，通过对其进行定量分析，可以了解各工作之间的相互依赖、制约关系，找出完成任务的关键环节，对计划进行调整和优化，以便缩短任务完成的时间，合理地利用各种资源。同时统筹图还可以用来检查计划的执行，便于指挥和控制。因此统筹法是提高计划、管理、指挥水平的一种重要方法。

一、统筹法的发展简况

统筹法产生于 20 世纪 50 年代，早期称为关键线路法（Critical Path Method，CMP）和计划评审技术（Program Evaluation and Review Technique，PERT）。CMP 和 PERT 两种方法的区别并不明显，不同的只是对工作持续时间的估计。CMP 是假定各项工作的持续时间是一个确定的值，因此，也称为肯定型统筹法；PERT 认为持续时间是一个随机变量，因而，也称为非肯定型统筹法。美国杜邦公司于 1956 年提出了 CPM，最早用于化学工厂的筹建和维修，显著缩短了完工期限，第一年就节约了 100 万美元的资金。PERT 出现于 1958 年，美国海军武器局在研制含 3000 多项工作任务的北极星导弹时使用了该方法，使研制计划提前两年完成。后来，美国又采用了这种方法组织了“阿波罗”载入登月宇宙飞船的研制计划并获得成功。此后，美国几乎所有大规模的工程项目都开始应用这种计划管理方法。1962 年美国国防部规定，任何大型军事设计，不编制统筹图，国防部不予批准。苏联于 20 世纪 60 年代开始研究并推广统筹法，苏联军事家认为统筹法是“科学的军队指挥法”,要求各级司令部大胆采用。

在我国,桥梁专家茅以升曾在钱塘江大桥修建工程中运用统筹法理论中的“平行作业”;“引滦入津”工程中也使用了“边勘测、边设计、边施工”的交叉作业思想,使完工期限提前一年多。1962 年,我国科学家钱学森首先将网络计划技术引入中国,随后该方法又得到了著名数学家华罗庚教授的大力推广。至今统筹法在我国的应用已遍及国民经济的各行各业,并取得了显著的效益。

统筹法在军事领域中有着广阔的应用前景。平时的工作计划、训练计划、演习计划,战时的行军计划、组织战斗、协同动作、战斗保障计划等都可以应用统筹法。近年来,我军在使用统筹法制定军事计划、组织指挥部队行动等方面进行了积极的探索,取得了明显的成效,构制统筹图现在已成为参谋部工作的一项重要参谋业务。随着我军组织指挥的信息化、科学化,使用这一先进的科学方法改进和革新司令部工作,改善我军目前的指挥方法,对我军适应信息化作战需要,提高战斗力具有重要意义。

二、统筹法的基本原理

统筹法的基本思想就是统筹兼顾,合理安排。华罗庚教授在《统筹方法》一文中,运用一个非常简单的泡茶的例子来说明。

例如:早上起床,想泡壶茶喝。当时情况是:开水没有,开水壶、茶壶、茶杯要洗,火已升了,茶叶也有了,怎么办?

方法一:洗水壶,灌水,放在火上;等水烧开的时间,洗茶壶、茶杯,放茶叶;等水烧开了,泡茶喝。

方法二:洗水壶,洗茶壶、茶杯,放茶叶;灌水,放在火上;等水烧开了,泡茶喝。

方法三:洗水壶,灌水,放在火上;坐等水烧开了,洗茶壶、茶杯,放茶叶,泡茶喝。

显然,第一种方法更加节省时间,更加合乎统筹兼顾的思想。

统筹法的基本思想是:首先从需要管理的任务的总进度着眼,以任务中各工作所需要的持续时间为时间因素,按照工作的先后顺序和相互关系作出统筹图,以反映任务全貌,实现管理过程的模型化。然后进行时间参数计算,找出计划中的关键工作和关键线路,对任务的各项工作所需的人、财、物通过改善网络计划作出合理安排,从而得到合理方案并付诸实施。此外,还可对各种评价指标进行定量化分析,在计划的实施过程中,进行有效的监督与控制,以保证任务优质优量地完成。

三、统筹图及其组成

在统筹法中,统筹图是统筹计划的基础和表现形式,是运用好统筹法的关键。统筹图是用圆圈、箭线等图形、符号,把计划的各个环节和工作项目,按其先后顺序、逻辑联系以及指挥员的设想,拟制成的一张有时序的有向赋权图。它由工作(工序)、节点(事件)、线路三要素组成。图 7-1 就是一个射击训练的统筹图,我们以它来说明统筹图的相关概念。

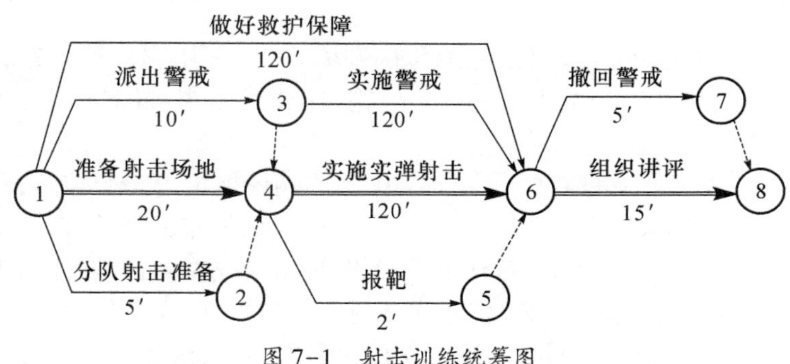

图 7-1　射击训练统筹图

(一) 工作(或工序)

工作也称工序,是指完成某项任务时,在技术和组织管理上一项相对独立的活动。它分为实工作和虚工作。实工作是指消耗资源(如时间、人力、物力等)的活动。在统筹图中,实工作用实箭线"⟶"表示。箭尾表示工作的开始,箭头表示工作的结束和工作进行的方向。通常在箭杆上方标记该工作的名称,下方标记工作的持续时间,如图 7-1 中的"派出警戒""报靶"等。虚工作是虚拟假设的工作,在实际完成任务的过程中并不存在,只是用来表示工作之间的逻辑关系或内在联系。虚工作用虚箭线"⇢"表示,它不消耗资源,因此,虚工作可以没有名称,箭杆的上下也可以不做任何注记。

工作可以用英文字母代表,如工作 A、B、a、b 等表示。工作的箭线不是矢量,只有在带时间坐标的统筹图中,箭线投影的长度才代表时间的长短。

工作之间有一定逻辑关系,根据统筹图中工作之间的相互关系,可将工作分为紧前工作和紧后工作:

紧前工作——把紧接在某项工作之前的那些工作称为该工作的紧前工作。一个工作的紧前工作可能不止一项,如图 7-1 中,"实施实弹射击"的紧前工作为"派出警戒""准备射击场地"以及"分队射击准备"。一个工作只有当它的全部紧前工作都完成之后,才能开始进行。

紧后工作——把紧接在某项工作之后的那些工作,称为该工作的紧后工作。一个工作的紧后工作也可能不止一项,如图 7-1 中,“实施实弹射击”的紧后工作为“撤回警戒”和“组织讲评”。只有该项工作完成以后,其紧后工作才能开始进行。

(二) 节点(或事件)

节点指统筹图中工作与工作之间的连接点,它代表工作开始或完成时所处的状态,也称为事件。节点是一种瞬时状态,不表示过程,因此,没有持续时间,也不消耗资源。

在统筹图中,节点通常用带有编号的圆圈表示,并用它的编号来称呼。如图 7-1中,节点“⑤”称为节点 5,表示“报靶”工作的结束,同时也表示“撤回警戒”和“组织讲评”工作的开始。

节点与工作是相互依存的。一个工作的两端各连接着一个节点,分为该工作的开始节点和结束节点。引出箭杆的节点称为该工作的开始节点,如图 7-1 中,节点 4 为“实施实弹射击”工作的开始节点;箭头连接的节点称为工作的结束节点,如图 7-1 中,节点 6 为“实施实弹射击”工作的结束节点。

通常我们把整个统筹图的开始节点称为最初节点,最后一个节点称为最终节点。为了叙述方便,也可以把紧接在某节点前的工作称为该节点的紧前工作,把紧接在某节点后的工作称为该节点的紧后工作。只有当某节点的所有紧前工作全部完成后,该节点的今后工作才可能开始。

(三) 线路

统筹图中,沿箭头方向前后相接的若干个工作,组成的一条连贯的工作链,称为一条线路,用 L_i 表示,并用线路上的节点编号或工作代号记述。线路反映了工作间的连贯流程,所以一条线路不能两次通过同一节点,但几条线路可以通过同一节点,几条线路可以通过同一工作,线路可以通过虚工作。

线路中各项工作持续时间之和称为该线路的持续时间,记为 $T_w(L_i)$。以图 7-1为例,有

$$L_1 = (1,4,6,8), T_w(L_1) = 155\text{min};$$
$$L_2 = (1,3,4,6,7,8), T_w(L_2) = 135\text{min};$$
$$L_3 = (1,2,4,5,6,8), T_w(L_3) = 22\text{min};$$
$$\cdots\cdots$$

在所有线路中,持续时间最长的线路称为“关键线路”,用双箭线或红线标示。关键线路上的工作称为关键工作。关键线路持续时间称为计划工期,记为 T_{kw}。在图 7-1 中,$L_1=(1,4,6,8)$是关键线路,计划工期 $T_{kw}=155\text{min}$。

注意:关键线路可能并不唯一。统筹法的主要任务之一就是要找出任务的

关键线路,以便指挥员集中精力抓住主要矛盾,按期完成任务或缩短工期。

相对于某一个节点而言,线路又可分为先行线路和后续线路。

节点 i 的先行线路是从最初节点 1 开始到节点 i 结束的线路,并用 $W_1(i)$ 表示节点 i 最长的一条先行线路的持续时间。如在图 7-1 中,节点 4 的先行线路有(1,4),(1,2,4)和(1,3,4)三条,且 $W_1(4)=20$。

节点 i 的后续线路是指从节点 i 开始到最终节点 n 的线路,并用 $W_2(i)$ 表示节点 i 最长的一条后续线路的持续时间。如在图 7-1 中,节点 4 的后续线路有(4,6,8)和(4,6,7,8)两条,且 $W_2(4)=135$。

第二节　统筹图的拟制

拟制统筹图是整个统筹计划的基础。拟制统筹图的关键是如何运用统筹图特有的语言,圆圈、箭线以及注记来准确地表达任务计划内各项工作之间的内在联系和逻辑关系。

一、拟制统筹图的规则

为了正确表述任务中各个工作的相互关系,统筹图的拟制应遵循以下规则。

(一) 顺序性

一个节点只能有一个编号,且不能重复。编号顺序沿箭线方向增大,即当工作开始节点编号为 i,结束节点编号为 j 时,要求 $i<j$。为了以后调整统筹图的需要,编号通常留有余号。

(二) 连通性

每个完整的统筹图只能有一个最初节点和一个最终节点。如果草图中出现多个最初或最终节点,可用虚工作标绘出一个虚设的最初或最终节点。如图 7-2就是错误的,应改为图 7-3。

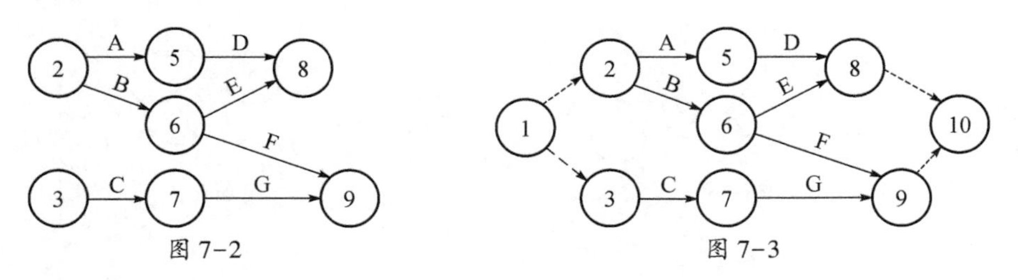

图 7-2　　图 7-3

(三) 可识别性

任意两个节点间最多只能有一条箭线,即一对节点只表示一项工作。如

图 7-4就是错误的，应改为图 7-5，此时虚工作的作用是避免两个节点之间并联两条以上的箭线。

图 7-4　　图 7-5

根据统筹图拟制的顺序性和识别性，统筹图中任何一项工作都可以用它的开始节点 i 和结束节点 j 来唯一的表示，称为工作 (i,j)，而不必写出工作的具体名称。

（四）非回路性

工作的箭线应尽量指向右方，不能倒流，不允许出现封闭回路。出现回路时一定会违反顺序性规则，而且还意味着会出现某些工作无法开始、无法结束的逻辑错误，如图 7-6 所示。

（五）不允许出现中断的线路

统筹图中的每条线路都应该能从最初节点延伸到最终节点，不能出现中断。如图 7-7 所示，节点 3 处线路中断，这时我们要考查工作 B 的紧后工序。若 B 的紧后工作是 D，则应改为图 7-8；若 B 无紧后工作，则应将节点 3 与节点 5 合并，改为图 7-9。

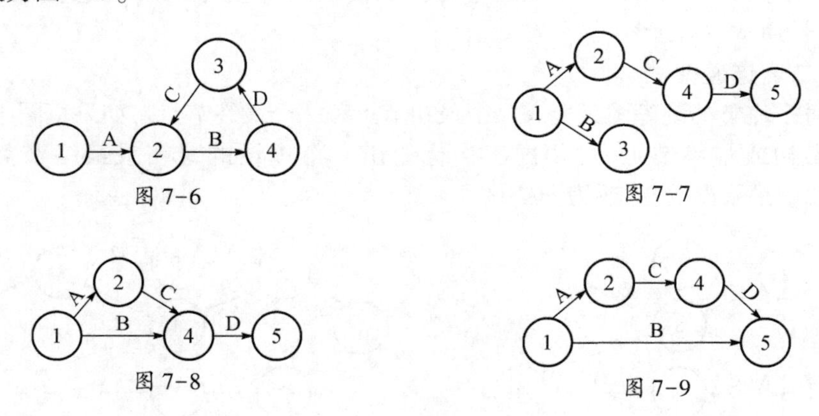

图 7-6　　图 7-7

图 7-8　　图 7-9

（六）虚工作尽量少

在统筹图的拟制过程中，当遇到工作关系表达上的困难时，就必须增加虚工作。由于虚工作的引入增加了统筹图的复杂程度，因此，统筹图初稿完成后，应查找并删除多余的虚工作,使统筹图更加简洁清楚。

(七) 线路交叉时的画法

在构制较复杂的统筹图时,工作之间可能会出现交叉的现象,这时可采用“暗桥”画法,如图 7-10 所示。

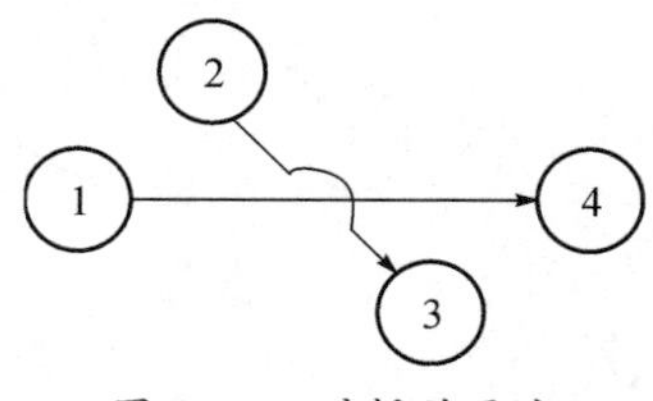

图 7-10　暗桥的画法

(八) 统筹图的简化

在复杂统筹图的拟制过程中,有时会遇到一组工作有共同的开始节点和结束节点,且由同一单位去完成。为达到简化的目的,可用一个新工作代替原来这一组工作,该新工作的持续时间是原图工作组中最长线路的持续时间。如图 7-11所示,可将图 7-11(a)简化为图 7-11(b)。

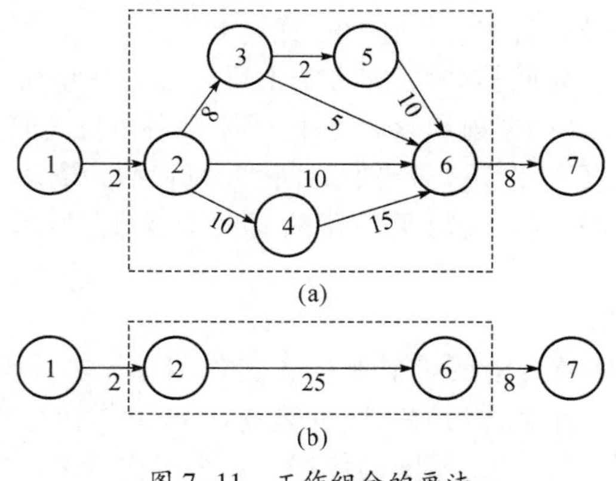

图 7-11　工作组合的画法

(九) 统筹图的合并

对于复杂的、大范围的任务,常常是先拟制若干个局部统筹图,然后用各局部统筹图交界点或过渡节点把它们合并成一个完整的统筹图。

局部统筹图的合并原则是:不能改变各工作之间的相互依赖制约关系,规定合并时的交界节点用正方框符号“□”表示;限制各局部统筹图的编号范围,以免合并时重复;并用虚设的最初、最终节点将其构成一个整体,如图 7-12所示。

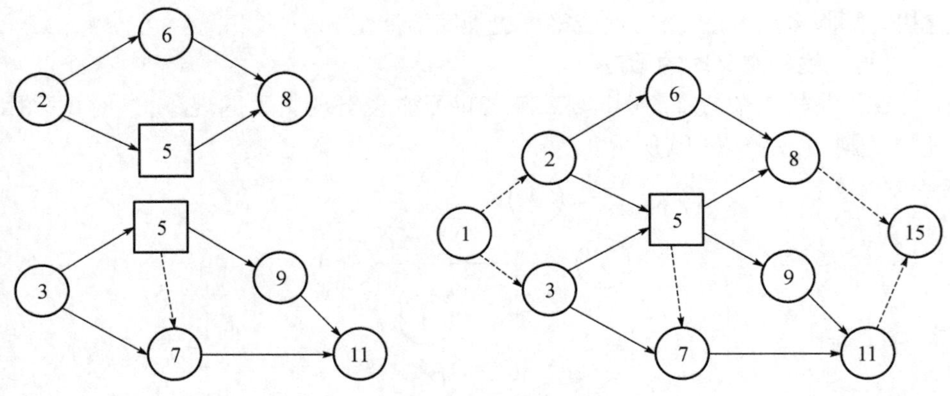

图 7-12 统筹图的合并

二、拟制统筹图的步骤

对于某项任务,为了正确拟制出统筹图,一般要遵循以下步骤:

(一)调查研究

充分弄清任务的情况是拟制统筹图的前提,调查研究应着重明确3件事:

(1)完成任务要做哪些工作,防止遗漏、重复;

(2)了解各项工作间的关系,在方法上可先了解各单位内部工作之间的顺序关系,搞清各项工作的紧前和紧后工作,再了解各单位之间协同制约的关系;

(3)了解完成各项工作所需要的时间、人力和物力资源。在军事上时间是更具有重要意义的参量。确定工作持续时间要慎重,力求准确,切忌主观随意性。

(二)开列清单

把调查研究的结果,用表格形式列成工作清单。工作清单的主要项目如表7-1所示。其中工作名称栏和对应的紧前(后)工作代号栏里的内容体现了工作间的制约关系,是拟制统筹图的依据。每个工作清单中的紧前或紧后工作栏只需填写一个即可,不必都填写。

表 7-1 工作清单

工作名称	工作代号	紧前(后)工作代号	持续时间

(三)拟制草图

拟制草图时,要把主要精力集中在正确反映工作之间的相互关系上,而不必在意统筹图的外观。一般按照由前向后,从左向右的顺序画出箭线和节点,节点暂不编号。拟制过程中要注意统筹图的拟制规则,尤其要注意虚工作的使用。

（四）检查调整

在拟制草图时，出现工作遗漏、箭线交叉、虚工作多余、布局不合理和逻辑关系错误等情况是不可避免的，这就需要对草图进行调整修改，主要包括：

（1）注意对照清单检查工作有无遗漏，各项工作间的相互关系是否正确；

（2）检查有无违反统筹图拟制规则的情况；

（3）检查是否存在不必要的虚工作；

（4）调整统筹图的布局，将图合理布置在一定区间、一定位置的图纸上。关键线路、主要单位等一般要居于中间位置，其余部分上下展布，并通过调整节点布局，尽量减少或消除暗桥。

（五）编号注记

统筹图草图经修正调整，检查无误后，就可以定稿，拟制出正式的统筹图，并对节点和工作进行编号注记。节点编号一般采用从左到右、从上到下、从小到大的顺序进行，但要注意每项工作的开始节点编号必须小于其结束节点的编号。编号过程中可留有余地，以便今后进一步调整优化；节点编号后，在每项工作的箭线上方标明工作名称，在箭线下方标注持续时间。为使统筹图整齐美观，箭线应尽量画成水平，或以水平为主的折线。

拟制统筹图的过程，就是对任务和工作关系进一步梳理和认识的过程。根据工作清单可采用从最初节点开始到最终节点结束的方法，也可以采用从最终节点开始到最初节点结束的方法。无论采用哪种方法，都是依据工作清单逐项拼接的过程。

例 7.1 某武警中队接到捕歼战斗准备命令，为保证战斗工作的顺利进行，现要求该中队给出合理的战前工作计划。已知捕歼战斗准备的工作清单如表 7-2所列，请画出统筹图。

表 7-2 工作清单

工作编号	工作名称	工作代号	紧后工作
1	传达任务	A	B、C
2	战斗动员	B	D、E、F
3	了解任务，判断情况	C	G
4	后勤保障	D	G
5	战斗保障	E	G
6	通信保障	F	H
7	定下决心，组织协同	G	H
8	检查与集合	H	I
9	向上级报告	I	—

解:统筹图如图 7-13 所示:

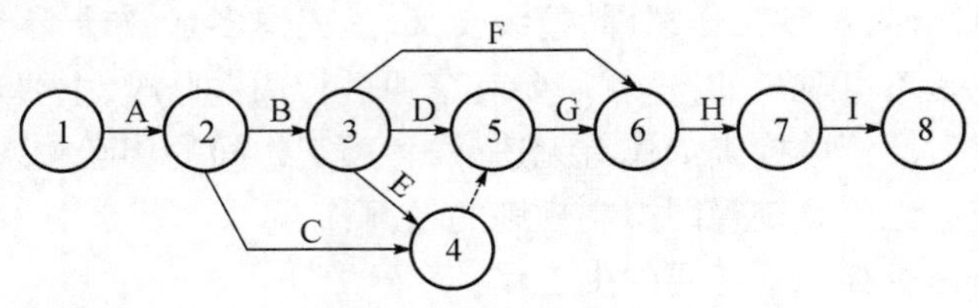

图 7-13　统筹图

三、虚工作拟制的方法和技巧

统筹图拟制过程中,虚工作的作用是非常重要的,用法也十分灵活。正确运用虚工作是拟制统筹图的关键所在。

虚工作主要产生于以下几种情况:

(1) 两个或两个以上工作有完全相同的紧前工作和紧后工作。如表 7-3 所示,M 和 N 的紧前工作与紧后工作均相同,则 M、N 之间存在一虚工作,且虚工作从 M 或 N 的结束节点指向 M 和 N 的紧后工作的开始节点,如图 7-14(a),图 7-14(b)所示。

表 7-3

工作代号	K	M	N
紧后工作	M、N	P、Q	P、Q

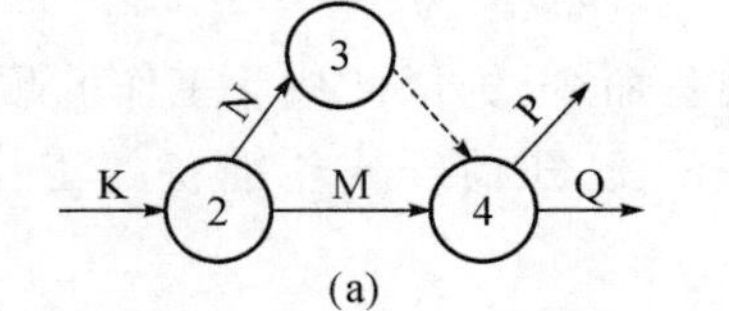

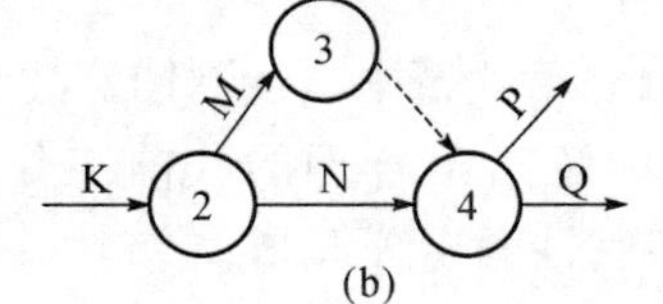

图 7-14　虚工作拟制

(2) 两个或两个以上工作有部分相同(但不是完全相同)的紧前工作,分两种情况:

第一种情况:如表 7-4 所列,N 的紧前工作集合是 M 的紧前工作集合的子集,此时一般是把公共部分的紧前工作,画在 N 前面,且虚工作从 N 的开始节点指向 M 的开始节点,如图 7-15 所示。

表 7-4

工作代号	M	N
紧前工作	O、P、Q	P、Q

第二种情况：如表 7-5 所列，M 与 N 有部分相同的紧前工作 P、Q，且各自又有不同的紧前工作，则 M、N 与 P、Q 之间存在两个虚工作，且虚工作的方向从 P 的结束结点指向 M、N 的开始节点，如图 7-16 所示。

表 7-5

工作代号	M	N
紧前工作	O、P	P、Q

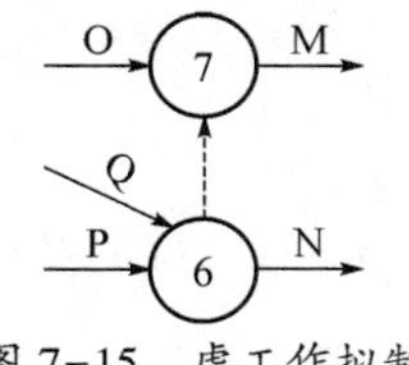

图 7-15　虚工作拟制

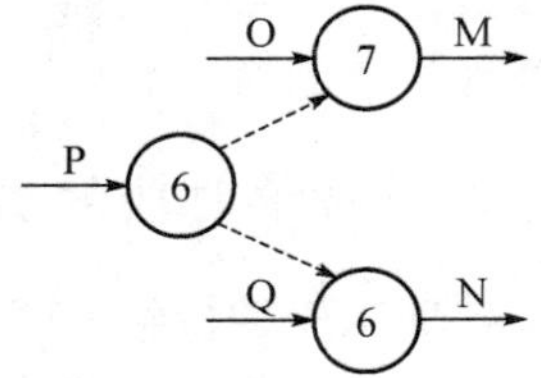

图 7-16　虚工作拟制

(3) 两个或两个以上工作有部分相同(但不是完全相同)的紧后工作，分两种情况：

第一种情况：如表 7-6 所列，N 的紧后工作集合是 M 的紧后工作集合的子集，此时一般是把公共部分的紧后工作，画在 N 后面，且虚工作从 N 的开始节点指向 M 的开始节点，如图 7-17 所示。

表 7-6

工作代号	M	N
紧后工作	O、P、Q	P、Q

第二种情况：如表 7-7 所列，M 与 N 有部分相同的紧后工作 P、Q，并且各自又有不同的紧后工作，则 M、N 与 P、Q 之间存在两个虚工作，且虚工作的方向从 M、N 的结束结点指向 P 的开始节点，如图 7-18 所示。

表 7-7

工作代号	M	N
紧后工作	O、P	P、Q

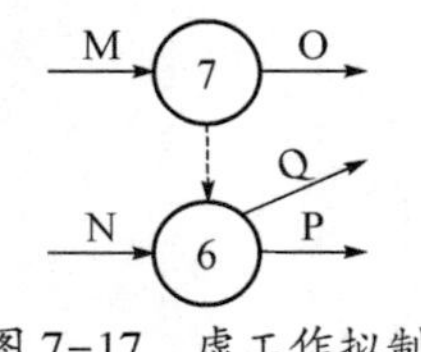

图 7-17　虚工作拟制

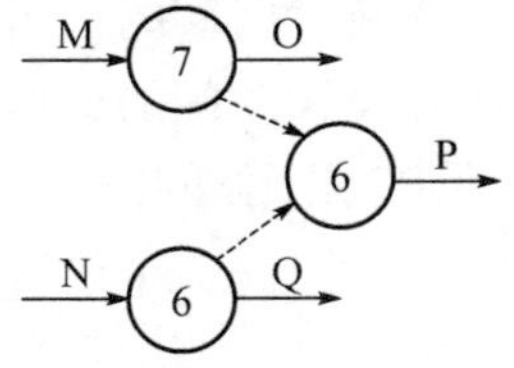

图 7-18　虚工作拟制

第三节 统筹图的参数计算

统筹图的参数分为节点参数、工作参数和线路参数三类，而工作持续时间是原始的基础参数。统筹图的参数计算是统筹法的重要环节，它能够揭示主要矛盾，确定关键线路和关键工作，掌握每项工作的开始、结束和机动时间，判断工作的紧张程度，从而为完善、优化统筹图，控制、指导计划的执行提供科学依据。正确掌握各种参数的概念和计算方法是用好统筹法的关键。

一、工作持续时间的确定

确定各项工作的持续时间是参数计算的基础。工作(i,j)的持续时间记为$T(i,j)$，确定$T(i,j)$的方法主要有三种。

（一）平均值法

对于重复多次的工作，设工作的持续时间分别为$t_1, t_2, \cdots, t_n$，则该项工作的持续时间可由下式给出

$$T(i,j)=\frac{t_1+t_2+\cdots+t_n}{n} \tag{7-1}$$

（二）三点估计法

用一定的预测方法对完成某项工作的持续时间作出三种估计，设：

t_1——该项工作持续时间的最乐观估计；

t_2——该项工作持续时间的最保守估计；

t_3——该项工作持续时间的最可能估计。

则用下式表示该项工作的持续时间

$$T(i,j)=\frac{t_1+4t_3+t_2}{6} \tag{7-2}$$

（三）两点估计法

用一定的预测方法对完成某项工作的持续时间作出两种估计，设：

t_1——该项工作持续时间的最乐观估计；

t_2——该项工作持续时间的最保守估计。

则用下式表示该项工作的持续时间

$$T(i,j)=\frac{3t_1+2t_2}{5} \tag{7-3}$$

二、节点参数的计算模型

节点参数是计算工作参数、线路参数的基础,包括节点的最早可能实现时间、最迟必须实现时间和机动时间。

(一) 节点的最早可能实现时间 $T_E(j)$

任务开始执行的时间从零算起,各项工作都在可以开始时就立即开工,并按时完工,到节点 j 的全部紧前工作完工为止所需的时间,称为节点 j 的最早可能实现时间,记为 $T_E(j)$。

节点实现意味着该节点所有先行线路上的所有工作都完成,即该节点持续时间最长的先行线路完成,则有

$$T_E(j) = W_1(j) \tag{7-4}$$

直接用式(7-4)计算 $T_E(j)$ 显然不太现实,因此,我们给出一个更简便的计算方法。

假设节点 j 有 k 项紧前工作,这些工作的开始节点分别为 $i_1,i_2,\cdots,i_k$,则节点 j 的所有先行线路即可分为 k 类:第 1 类通过节点 i_1 连接到 j,第 2 类通过节点 i_2 连接到 j,$\cdots$,第 k 类通过节点 i_k 连接到 j。

显然,只要找出每一类线路中的最长线路,则这些最长线路中最长的一条即为节点 j 的最长先行线路。而第 k 类最长线路持续时间,必然等于工作 (i_k,j) 的持续时间,加上节点 i_k 的最长先行线路持续时间。也就是说,第 k 类最长线路持续时间等于 $T(i_k,j)+W_1(i_k)$,故有

$$\begin{aligned} T_E(j) &= \max_k\{T(i_k,j) + W_1(i_k)\} \\ &= \max_k\{T(i_k,j) + T_E(i_k)\} \end{aligned} \tag{7-5}$$

式(7-5)是一个递推公式,我们设最初节点的最早可能实现时间 $T_E(1)=0$,那么便可由最初节点开始,从前往后,依次递推出所有节点的最早可能实现时间,因此,我们把这种算法称为前进算法。

最终节点的最早可能实现时间称为计划工期。它是整个任务最早可能的完工时间,也是关键线路的时间长度 T_{kw}。计划工期是一项任务最重要的时间参数,统筹法的目的就是要按计划工期完成任务或缩短任务的计划工期。

例 7.2 某部完成某项作战计划的统筹图如图 7-19 所示,试计算各节点的最早可能实现时间和计划工期。

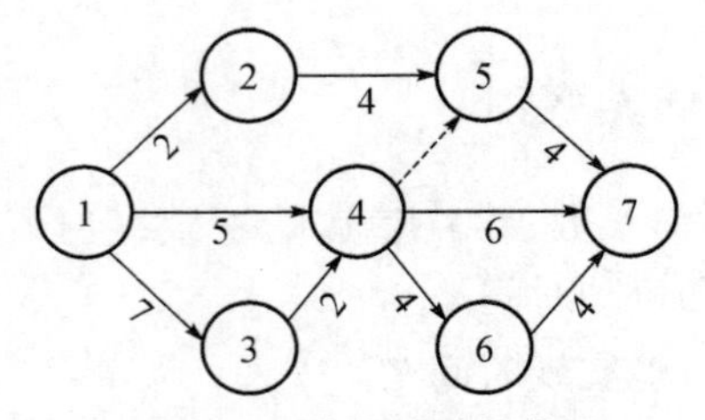

图 7-19 作战计划统筹图

解:用前进算法得

$$T_E(1)=0;T_E(2)=2;T_E(3)=7;$$
$$T_E(4)=\max\{5,7+2\}=9;\ T_E(5)=\max\{2+4,9+0\}=9;$$
$$T_E(6)=9+4=13;T_E(7)=\max\{9+4,9+6,13+4\}=17$$

因此,计划工期 $T_{kw}=17$。

(二) 节点的最迟必须实现时间 $T_L(i)$

节点的最迟必须实现时间是指以节点 i 为结束节点的各项工作最迟必须完成的时刻,记为 $T_L(i)$。如果不能在此时刻前完成,势必会影响后续工作的按时展开,从而造成整个任务无法按期完成。

显然,$T_L(i)$ 等于整个任务的计划工期减去节点 i 最长后续线路的持续时间,即

$$T_L(i)=T_{kw}-W_2(i) \tag{7-6}$$

直接用式(7-6)计算 $T_L(i)$ 较为复杂,因此,我们给出一个更简便的计算方法。

假设节点 i 有 k 项紧后工作,这些工作的结束节点分别为 $j_1,j_2,\cdots,j_k$,则节点 i 的所有后续线路同样可分为 k 类:第 1 类从节点 i 经过节点 j_1 连接到最终节点,第 2 类从节点 i 经过节点 j_2 连接到最终节点,…,第 k 类从节点 i 经过节点 j_k 连接到最终节点。

显然,只要找出每一类线路中的最长线路,则这些最长线路中最长的一条线路即为节点 i 的最长后续线路。而第 k 类线路中的最长持续时间为

$$T(i,j_k)+W_2(j_k) \tag{7-7}$$

因此,有

$$\begin{aligned}T_L(i)&=T_{kw}-\max_k\{T(i,j_k)+W_2(j_k)\}\\&=\min_k\{T_{kw}-W_2(j_k)-T(i,j_k)\}\\&=\min_k\{T_L(j_k)-T(i,j_k)\}\end{aligned} \tag{7-8}$$

且最终节点 n 的最迟必须实现时间就是计划工期,即

$$T_L(n) = T_{kw} = T_E(n) \tag{7-9}$$

由式(7-8)、式(7-9),从最终节点开始,从后往前,依次递推出所有节点的最迟必须实现时间。因此,我们把这种算法称为后退算法。

以例 7.2 为例,试计算图 7-19 中各节点的最迟必须实现时间。

解:用后退算法得

$$T_L(7) = 17;T_L(6) = 17 - 4 = 13;T_L(5) = 17 - 4 = 13;$$
$$T_L(4) = \min\{13 - 0,17 - 6,13 - 4\} = 9;T_L(3) = 9 - 2 = 7;$$
$$T_L(2) = 13 - 4 = 9;T_L(1) = \min\{9 - 2,9 - 5,7 - 7\} = 0。$$

(三) 节点的机动时间 $R(i)$

节点 i 的机动时间是指该节点的最迟必须实现时间减去其最早可能实现时间,记为 $R(i)$,即

$$R(i) = T_L(i) - T_E(i) \tag{7-10}$$

节点机动时间表示在不影响工期的条件下,该节点前面的工作可以推迟结束或者它后面的工作可以提早开始的时间。机动时间为零的节点称为关键节点。关键节点没有机动余地,不能提早也不能推迟,必须准时完成,否则就会贻误工期。

仍考查例 7.2,试计算图 7-19 中各节点的机动时间,并找出关键节点。

解:$R(1)=0-0=0$;$R(2)=9-2=7$;$R(3)=7-7=0$;$R(4)=9-9=0$;$R(5)=13-9=4$;$R(6)=13-13=0$;$R(7)=17-17=0$。

因此,关键节点是节点 1、3、4、6、7。

需要注意的是,全部由关键节点组成的线路不一定就是关键线路,如例 7.2 中的线路(1,4,7)就不是关键线路。

三、工作参数的计算模型

利用节点参数可以方便地算出工作的各类参数。

(一) 工作最早可能开始时间 $T_{ES}(i,j)$

工作(i,j)的最早可能开始时间等于该工作开始节点 i 的最早可能实现时间,记为 $T_{ES}(i,j)$,即

$$T_{ES}(i,j) = T_E(i) \tag{7-11}$$

可见,开始节点相同的工作,其最早可能开始时间相同。

(二) 工作最早可能结束时间 $T_{EF}(i,j)$

工作(i,j)的最早可能结束时间等于该工作最早可能开始时间加上该工作

的持续时间,记为 $T_{EF}(i,j)$,即

$$\begin{aligned} T_{EF}(i,j) &= T_{ES}(i,j) + T(i,j) \\ &= T_E(i) + T(i,j) \end{aligned} \tag{7-12}$$

(三) 工作最迟必须结束时间 $T_{LF}(i,j)$

工作(i,j)的最迟必须结束时间等于该工作结束节点 j 的最迟必须实现时间,记为 $T_{LF}(i,j)$,即

$$T_{LF}(i,j) = T_L(j) \tag{7-13}$$

可见,结束节点相同的工作,其最迟必须结束时间相同。

(四) 工作最迟必须开始时间 $T_{LS}(i,j)$

工作(i,j)的最迟必须开始时间等于该工作最迟必须结束时间减去该工作的持续时间,记为 $T_{LS}(i,j)$,即

$$\begin{aligned} T_{LS}(i,j) &= T_{LF}(i,j) - T(i,j) \\ &= T_L(j) - T(i,j) \end{aligned} \tag{7-14}$$

(五) 工作总机动时间 $R(i,j)$

工作(i,j)的总机动时间是指关键线路持续时间与通过该工作最长线路持续时间之差,记为 $R(i,j)$,即

$$\begin{aligned} R(i,j) &= T_{kw} - [W_1(i) + W_2(j) + T(i,j)] \\ &= T_{kw} - [T_E(i) + T_{kw} - T_L(j)] - T(i,j) \\ &= T_L(j) - T_E(i) - T(i,j) \end{aligned} \tag{7-15}$$

它表示在不耽误计划工期的前提下,工作(i,j)的持续时间有多少机动余地。显然,$R(i,j)=0$ 的充分必要条件是:工作(i,j)为关键工作。

仍以例 7.2 为例,请计算图 7-19 中各工作的总机动时间,并找出关键工作和关键线路。

解:$R(1,2)=9-0-2=7$;$R(2,5)=13-2-4=7$;$R(5,7)=17-9-4=4$;

$R(1,4)=9-0-5=4$;$R(4,5)=13-9-0=4$;$R(4,7)=17-9-6=2$;

$R(1,3)=7-0-7=0$;$R(3,4)=9-7-2=0$;$R(4,6)=13-9-4=0$;

$R(6,7)=17-13-4=0$。

可见,关键工作是(1,3),(3,4),(4,6),(6,7),关键线路是线路(1,3,4,6,7)。

注意:由于 $R(i,j)$ 是通过工作(i,j)的最长线路所共同占有,因此它对整个线路都有全局性的影响。

例如,在图 7-19 中,线路(1,2,5,7)为非关键线路,构成该线路的三个工作的总机动时间分别:$R(1,2)=7$,$R(2,5)=7$,$R(5,7)=4$。如果工作(1,2)占用

了总机动时间的 7min，即工作(1,2)将在第 9min 结束，那么工作(2,5)和(5,7)的总机动时间就变为 0，从而成了关键工作。

为了不贻误工期，又不对某一工作之前或之后的线路发生影响。于是，我们定义工作的两种局部机动时间。

(六) 工作的第一类局部机动时间 $r'(i,j)$

工作的第一类局部机动时间是指该工作的开始节点和结束节点的最迟必须实现时间之间形成的机动时间，记为 $r'(i,j)$，即

$$\begin{aligned} r'(i,j) &= T_L(j) - T_L(i) - T(i,j) \\ &= T_{LS}(i,j) - T_L(i) \end{aligned} \tag{7-16}$$

从式(7-16)中可以看出：

(1) 工作的第一类局部机动时间是指在不贻误工期的条件下，当该项工作的全部紧前工作最迟完成时，该工作可以利用的机动时间。因此，利用工作的第一类局部机动时间不会影响该工作之前的线路上的机动时间。

(2) 工作(i,j)具有第一类局部机动时间的先决条件是：该工作的最迟必须开始时间大于它的开始节点的最迟必须实现时间，即

$$T_{LS}(i,j) > T_L(i)$$

当且仅当，开始节点 i 只引出工作(i,j)时，必有 $T_L(i) = T_L(j) - T(i,j)$。由式(7-16)知，此时，工作(i,j)的第一类局部机动时间为 0。工作的第一类局部机动时间形成于同一开始节点引出的数项工作之中，那些最迟必须开始时间较晚的工作必有第一类局部机动时间。

仍考查例 7.2，图 7-19 中有四个工作的第一类局部机动时间不为 0，分别为：

$$r'(1,2) = 9 - 0 - 2 = 7; r'(1,4) = 9 - 0 - 5 = 4;$$
$$r'(4,5) = 13 - 9 - 0 = 4; r'(4,7) = 17 - 9 - 6 = 2。$$

(七) 工作的第二类局部机动时间 $r''(i,j)$

工作的第二类局部机动时间是指该工作的开始节点和结束节点的最早可能实现时间之间的机动时间，记为 $r''(i,j)$，即

$$\begin{aligned} r''(i,j) &= T_E(j) - T_E(i) - T(i,j) \\ &= T_E(j) - T_{EF}(i,j) \end{aligned} \tag{7-17}$$

从式(7-17)中可以看出：

(1) 工作的第二类局部机动时间是在不贻误工期的条件下，当该项工作的所有紧后工作最早开始时可以利用的机动时间，故利用工作的第二类局部机动

时间不会影响该工作之后的线路上的机动时间。

(2) 工作(i,j)有第二类局部机动时间的先决条件是：该工作结束节点j的最早可能实现时间大于该工作的最早可能结束时间，即

$$T_E(j) > T_{EF}(i,j)$$

当且仅当结束节点j只有工作(i,j)接入时，必有$T_E(j)=T_E(i)+T(i,j)$。由式(7-17)知，此时，工作(i,j)的第二类局部机动时间为0。因而，工作的第二类局部机动时间形成于接入同一结束节点的数项工作之中，那些最早可能结束时间较早的工作具有第二类局部机动时间。

仍考查例7.2，图7-19中有四个工作的第二类局部机动时间不为0，分别为：

$$r''(1,4)=9-0-5=4; r''(2,5)=9-2-4=3;$$
$$r''(5,7)=17-9-4=4; r''(4,7)=17-9-6=2。$$

显然，关键工作不具有第一、第二类局部机动时间。工作的三类机动时间是以后优化统筹图的重要数量指标。

四、统筹图参数的表示方法

统筹图参数的表示方法主要有四扇形格法和表格计算法，这里只介绍四扇形格法。

四扇形格法是一种手工计算与合理标图相结合的参数表示方法，具有简单、直观、易于掌握的特点，适合于规模较小的统筹图。计算步骤如下：

(1) 拟制带四扇形格的统筹图，把各节点分成四个扇形格。

(2) 在统筹图上计算出节点参数，并按规定位置记入四扇形格内，如图7-20所示。

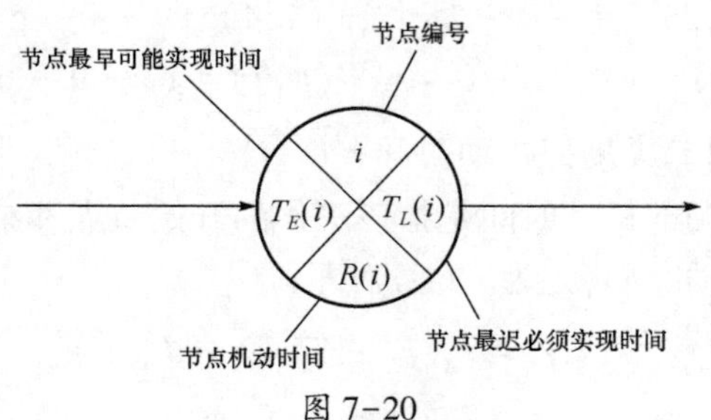

图 7-20

(3) 根据节点参数和持续时间，计算工作的三种机动时间，按图7-21所示的规定标注在统筹图中。

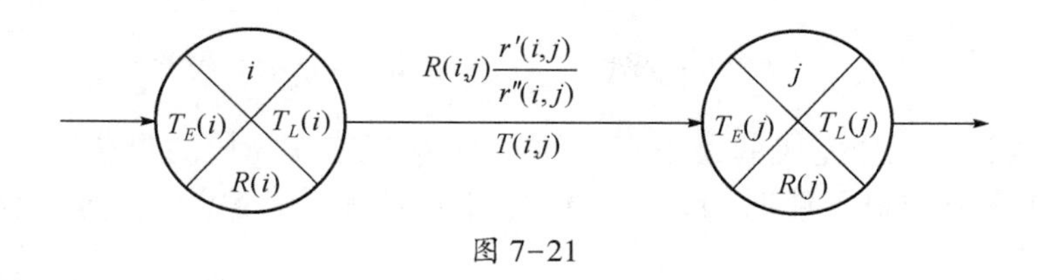

图 7-21

(4) 将工作总机动时间为零的工作从最初节点 1 到最终节点 n 依次用双线串接,标出关键线路。

下面仍考查例 7.2,图 7-19 用四扇形格法的计算结果,如图 7-22 所示。

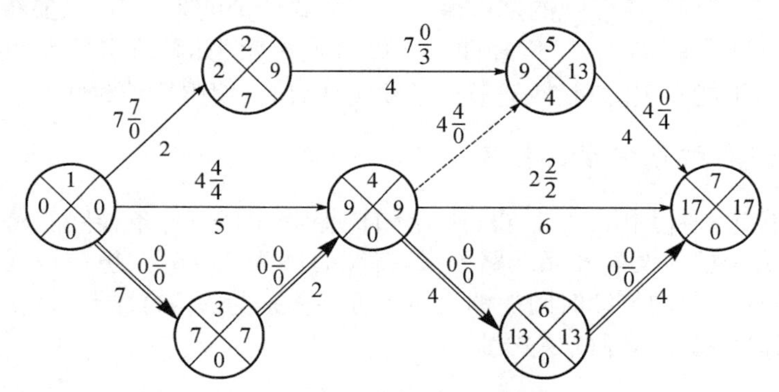

图 7-22 四扇形格图解计算

第四节 非肯定型计划的实现

计划在统筹法中是通过统筹图来体现的,我们将上节所描述的统筹计划,即是指工作持续时间确定的统筹计划称为肯定型计划。在本节中,我们研究一种更常见的情形,即工作持续时间预先不能确定,是随机变量的统筹计划,则将它称为非肯定型计划。

军事领域里充满了很多的不可预见性与偶然性。由于天候、地形、复杂多变的战场情况、各种保障条件的不稳定性等影响工作完成的因素很多,使得各项工作的持续时间难以预先确定。因此,在军事领域中,研究和运用非肯定型计划更具有普遍性和必要性。

一、工作持续时间的统计特性

在非肯定型计划中,不同工作的持续时间被理解为相互独立的随机变量,一般用三点估计法来作为 $T(i,j)$ 期望值,即

$$E[T(i,j)] = \frac{1}{6}(a_{ij} + 4c_{ij} + b_{ij}) \tag{7-18}$$

式中，a_{ij}为该项工作完成的最乐观时间；b_{ij}为该项工作完成的最悲观时间；c_{ij}为该项工作完成的最可能时间。这种估计可近似看成无偏的，它的方差由下式确定

$$\sigma^2(i,j) = \left(\frac{b_{ij} - a_{ij}}{6}\right)^2 \tag{7-19}$$

估计出各项工作持续时间的期望值和方差后，我们可计算出非肯定型计划中各节点、工作和线路参数的期望值。计算公式全部同第三节，只要将持续时间 $T(i,j)$用期望值 $E[T(i,j)]$代替即可。以节点参数为例，求出的参数称为节点的期望最早可能实现时间、期望最迟必须实现时间、期望机动时间等。

二、任务按期完成的概率

在非肯定型计划中，由于 $T(i,j)$是随机变量，因此，各条线路的持续时间也是一个随机变量。设第 K 条线路 L_K 的持续时间为 $T_w(L_K)$，组成该线路的工作有 L 个，这些工作的持续时间的期望值和方差分别为 $E(T_l)$、$\sigma^2(T_l)$，$l=1,2,\cdots,L$，则 $T_w(L_K)$的期望值和方差分别为

$$M(K) = E[T_w(L_K)] = \sum_{l=1}^{L} E(T_l) \tag{7-20}$$

$$\sigma^2(K) = \sigma^2[T_w(L_K)] = \sum_{l=1}^{L} \sigma^2(T_l) \tag{7-21}$$

当 $L(L>3)$较大，即该线路上工作项目较多时，由中心极限定理可知，$T_w(L_K)$将近似服从正态分布 $N(M(K),\sigma^2(K))$。

设上级给定的完成任务的期限为 T_0，则第 K 条线路按期完成的概率为

$$\begin{aligned} P = P\{T_w(L_K) \leqslant T_0\} &= P\left\{\frac{T - M(K)}{\sigma(K)} \leqslant \frac{T_0 - M(K)}{\sigma(K)}\right\} \\ &= \frac{1}{\sqrt{2\pi}} \int_{-\infty}^{\frac{T_0 - M(K)}{\sigma(K)}} \exp\left[-\frac{1}{2}t^2\right] \mathrm{d}t \\ &= \Phi\left(\frac{T_0 - M(K)}{\sigma(K)}\right) \end{aligned} \tag{7-22}$$

其中，$\Phi(x)$的值可由正态分布表中查出。

三、非肯定计划的关键线路

在非肯定型计划中，关键线路的选取不但要考虑线路持续时间期望值的大

小,而且还要考虑持续时间方差的影响。一般规定持续时间期望值最大的线路为关键线路,但当多条线路的持续时间期望值都等于最大值时,则再从这些线路中选取方差最大的线路为关键线路。这是因为,尽管这些线路持续时间的期望值都相等,但方差不同时,在某一指定期限内完成任务的概率却不一样,方差越大,按时完成任务的概率就越小。因此,完全有理由对完成概率小的线路予以更多的关注,使得任务更有把握按计划完成。

此外,如果关键线路与次关键线路持续时间期望值相差不大,但次关键线路的方差较大,则应当对次关键线路予以足够重视。在实际执行任务过程中,如果次关键线路进展不顺,则其持续时间很可能就会超过关键线路持续时间,从而导致关键线路的转移。

例 7.3 在某次军事行动中,其非肯定型计划的统筹图如图 7-23 所示,图中箭头下方括号内的数字分别表示工作持续时间的最乐观估计、最可能估计和最悲观估计,试求该计划在 50 天和 60 天内完成的概率。

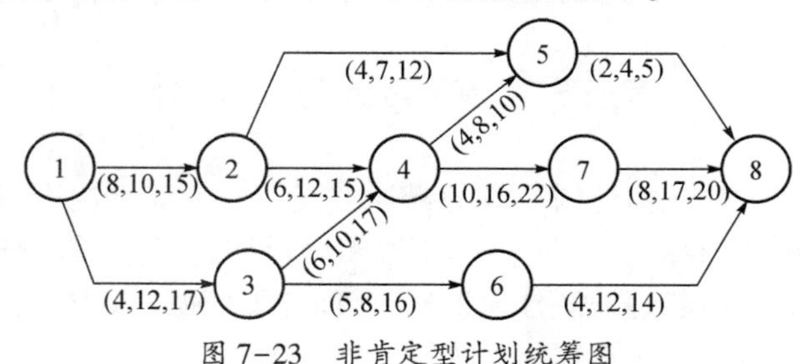

图 7-23　非肯定型计划统筹图

解:首先计算 $E[T(i,j)]$ 和 $\sigma^2(i,j)$,得到如下结果:

$$E[T(1,2)] = 10.5, \quad \sigma^2(1,2) = 1.4;$$
$$E[T(1,3)] = 11.5, \quad \sigma^2(1,3) = 4.7;$$
$$E[T(2,4)] = 11.5, \quad \sigma^2(2,4) = 2.3;$$
$$E[T(2,5)] = 7.3, \quad \sigma^2(2,5) = 1.8;$$
$$E[T(3,4)] = 10.5, \quad \sigma^2(3,4) = 3.4;$$
$$E[T(3,6)] = 8.8, \quad \sigma^2(3,6) = 3.4;$$
$$E[T(4,5)] = 7.7, \quad \sigma^2(4,5) = 1;$$
$$E[T(4,7)] = 16, \quad \sigma^2(4,7) = 4;$$
$$E[T(5,8)] = 3.8, \quad \sigma^2(5,8) = 0.25;$$
$$E[T(6,8)] = 11, \quad \sigma^2(6,8) = 2.8;$$
$$E[T(7,8)] = 16, \quad \sigma^2(7,8) = 4。$$

通过计算发现,持续时间期望值最大的线路有两条,分别是

$$L_1 = (1,2,4,7,8), L_2 = (1,3,4,7,8)$$

且 $E[T_w(L_1)] = E[T_w(L_2)] = 54$ 天,$\sigma^2[T_w(L_1)] = 11.7$,$\sigma^2[T_w(L_2)] = 16.1$。因此取 L_2 为关键线路。于是 L_2 在 50 天和 60 天内完成的概率近似为

$$P\{T \leqslant 50\} = \Phi\left(\frac{50-54}{4}\right) = 1 - \Phi(1) = 0.159,$$

$$P\{T \leqslant 60\} = \Phi\left(\frac{60-54}{4}\right) = \Phi(1.5) = 0.933,$$

即该线路在 50 天和 60 天内完成的概率分别为 0.159 和 0.933。

军事上评估在预定时间内完成作战计划的概率,通常取 $0.3 \leqslant P \leqslant 0.7$。一般认为,若 $P<0.3$,则作战计划难以按时完成;若 $P>0.7$,则作战计划过于保守。

第五节　统筹计划的优化

统筹法的目的是选择计划安排的最佳方案。在一般情况下,初始统筹图并不是最优的。因此,有必要根据参数计算和分析比较,对统筹图进行必要的修改、调整,以达到尽可能地缩短计划工期,合理分配资源(人力、物力等),从而多快好省地完成任务。这一过程称为统筹计划的优化。

统筹计划优化的方法有很多,这里主要讨论时间优化、资源优化和工作流程优化。

一、统筹计划的时间优化

统筹计划的时间优化是指在一定资源和保证任务完成质量的前提下,尽可能地缩短计划工期。因为计划工期就是关键线路的持续时间,所以缩短计划工期要抓住主要矛盾,以缩短关键线路的持续时间为中心。通常采用的办法有:

(一) 检查关键线路上各项工作持续时间是否正确

检查的依据是根据规定标准、实践经验或相关资料,力求使各项关键工作持续时间达到允许的最小值。

(二) 挖掘非关键工作的潜力,加速关键工作进程

具体做法是:在非关键工作的机动时间范围内,适当延长其持续时间,或推迟其开始时间,通过这些措施抽调出部分资源,支援关键线路上的工作,从而达

到缩短关键线路持续时间的目的。

在军事上,需要根据实际情况而定。对于作战行动,一般应通过不同兵种间的密切协同、提高效率来缩短关键线路持续时间,而不要进行过多的人力、物力的相互调动。

(三) 分解关键工作,采用平行或交叉作业

平行作业是指在条件允许时,将几项或几组工作同时进行,或是将一项工作分为数项可以同时独立进行的平行工作来进行。

例 7.4 兵工厂在制造某种武器时,需装配 A、B 两种部件。已知按照顺序作业(图 7-24(a))进行装配部件,工作持续时间为 5 天。现按平行作业画法(图 7-24(b)),工作持续时间将缩短为 3 天。

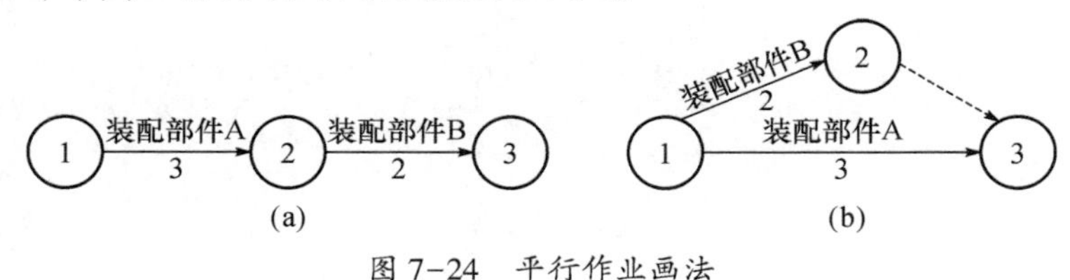

图 7-24 平行作业画法

例 7.5 我工程兵某部在西南某地铁路隧道施工过程中,将两个作业面的施工改为从山中打竖井,四个作业面同时施工,大大加快了隧道开通速度,如图 7-25所示。

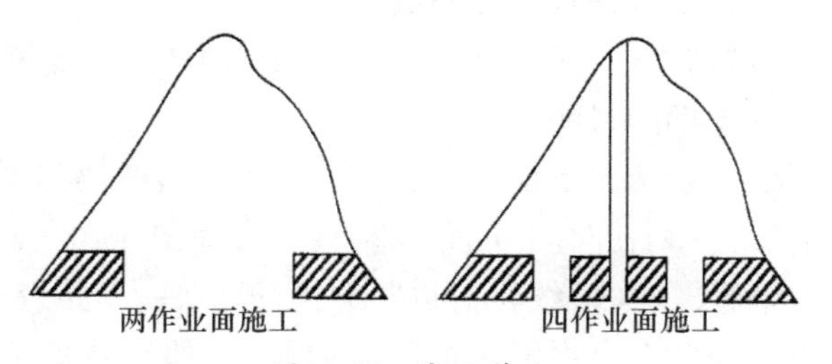

图 7-25 交叉作业

交叉作业是指对需要较长时间完成又不可独立同时进行的相邻工作,在条件允许时,可以不必在前一项全部完成后,才进行后一项,而是分期分批的在前面工作完成部分时即开始后一项工作。这样几个工作一部分一部分地交叉进行,进而缩短计划工期。

例 7.6 一项施工任务由挖沟和埋管两项工作串联组成,工期为 30 天。若将每项工作分两部分交叉进行,工期可以缩短为 24 天;若将每项工作分三部分交叉进行,工期可缩短为 22 天,如图 7-26 所示。

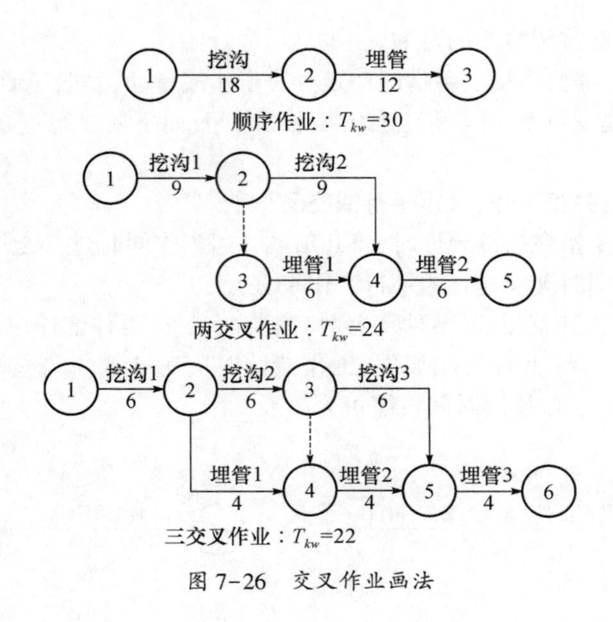

图 7-26　交叉作业画法

采用平行或交叉作业的方法对于缩短关键线路持续时间可以收到较好的效果，但在采用这些方法时，一定要考虑到客观条件的限制，包括人力、物力资源和空间条件等因素，否则就不能奏效。

（四）通过增加资源来缩短工作持续时间

当内部资源无潜力可挖时，可从计划外增加人力、物力等资源，以加强关键工作，达到缩短计划工期的目的。

对于时间优化，一般情况下优化后的统筹图中关键线路将增加，这正说明经过时间优化后的统筹计划在时间方面更趋协调、合理，时间的安排和利用更加充分。但也要注意统筹图的关键线路数目要适当，否则，一旦按统筹图付诸实施后出现意外情况，就有可能会全面紧张而陷于混乱，反而导致效率下降。因此，在时间优化过程中应注意：

（1）当缩短的关键线路时间已经符合上级要求时，时间优化的工作即告结束；

（2）每次改变关键线路的持续时间后，均应重新计算统筹图的全部时间参数。

二、统筹计划的资源优化

在组织指挥和计划管理工作中，经常会遇到资源有限、供不应求的矛盾。在这种情况下，需要合理调整计划，使资源消耗与实际供应能力相适应，或使任务在最短时间内完成，这一过程称之为资源优化。

资源优化的基本方法是：

（1）首先保证关键线路上所需要的资源，使关键工作按时完成；

（2）在机动时间允许的范围内，推迟非关键工作的开始时间或适当延长非关键工作的持续时间，从而避开资源需要的高峰，这种方法也形象地被称为“削峰填谷”，所以资源优化的关键是合理利用非关键工作的机动时间。

下面用一个例子来说明。

例 7.7 为按时、高效地完成军事演练任务，某运输科接到上级命令，要在 17 天内完成阵地防御战斗前加大储备物资的突击运输任务，该任务包括 8 项工作。运输科按任务需要构制了原始统筹图，如图 7-27 所示，图中箭杆上方括号内的数值是完成相应工作需要的汽车车日数。根据该部队的运输能力，每天用车不得超过 50 台，要按时完成任务，应如何调整统筹图，合理安排每天用车？

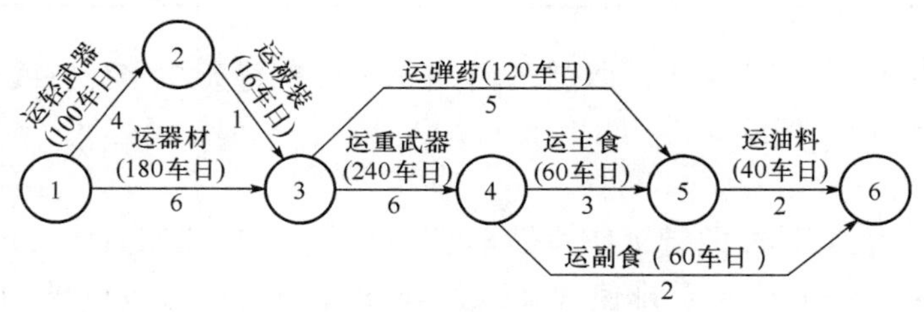

图 7-27　运输计划图

解：显然，如果按图 7-27 的计划实施，有些天车辆不够，为此应调整计划，步骤如下：

（1）用四扇形格法计算统筹图参数，如图 7-28 所示。

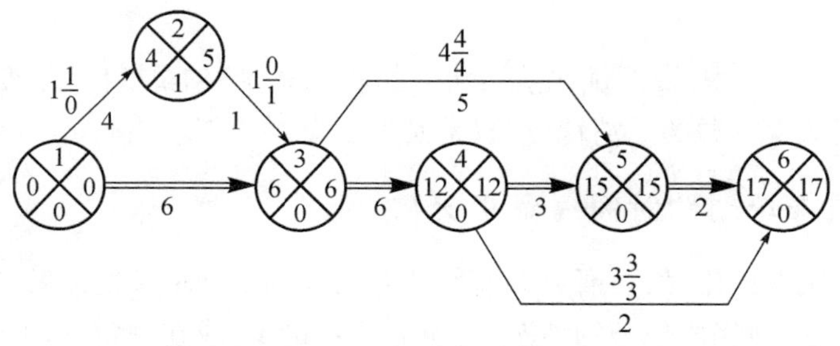

图 7-28　参数计算

(2) 绘制统筹图的资源调配表(表 7-8)。

表 7-8

	1	2	3	4	5	6	7	8	9	10	11	12	13	14	15	16	17
(1,2)	20	20	20	20	20												
(1,3)	30	30	30	30	30	30											
(2,3)						16											
(3,4)							40	40	40	40	40	40					
(3,5)							10	10	10	10	10	10	30	30			
(4,5)													20	20	20		
(4,6)															30	30	
(5,6)																20	20
每天用车数	50	50	50	50	46	50	50	50	50	50	50	50	50	50	50	50	20

(3) 首先,安排关键工作所需车辆:工作(1,3)每天 30 台,持续 6 天;工作(3,4)每天 40 台,持续 6 天;工作(4,5)每天 20 台,持续 3 天;工作(5,6)每天 20 台,持续 2 天。

(4) 然后,安排非关键工作所需车辆。工作(1,2)原来每天 25 台,持续 4 天(第 1~4 日),但这样安排使前 4 天用车超过 50 台,故应调整为:工作(1,2)每天 20 台,持续 5 天(第 1~5 日);工作(2,3)每天 16 台,持续 1 天(第 6 日),不用调整;工作(3,5)原来每天 24 台,持续 5 天(第 7~11 日),调整为每天 10 台,持续 6 天(第 7~12 日),然后每天 30 台,持续 2 天(第 13、14 日);工作(4,6)原来每天 30 台,持续 2 天(第 13、14 日),调整为每天 30 台,持续 2 天(第 15、16 日)。经以上调整,每天出动车辆不超过 50 台,且保证了计划按期完成。

注意到例 7.7 中,资源优化前后所需的资源总量(816 车日)不变,这说明该方法并不能减少资源的总消耗量,只是实现了资源的需求均衡。

三、统筹计划的时间—费用优化

在制定统筹计划时,要研究如何使任务的计划工期尽可能缩短,费用尽可能少;或在保证按时完成任务的情况下,所需费用最少;或在一定费用限制条件下,任务的计划工期最短。这就是统筹计划的时间—费用优化要解决的问题。

为完成一项任务,所需费用可分为两大类:

（1）直接费用，例如完成任务所需的人工、材料、动力等费用；

（2）间接费用，例如管理人员的工资、办公等费用。

直接费用分摊到每一工作。为缩短持续时间，要增加人力或物力资源，相应地就要增加一部分直接费用。假定缩短的持续时间与增加的费用之间呈线性关系，对某一工作来说，每赶一天进度所增加的费用为 q，则有

$$\text{赶进度完成工作的费用} = \text{正常完工的费用} + q \times \text{缩短的工作持续时间} \tag{7-23}$$

我们还假设单位时间的间接费用为一常数。时间—费用优化的目的就是要找一个缩短计划工期的方案，使完成任务所需的总费用最低。我们以例 7.8 来说明这种方法的思路。

例 7.8 某支队执行一项任务，其统筹图如图 7-29 所示，所需费用如表 7-9 所列。试求工程总费用。

表 7-9 费用需求表

工作代码	正常完工的直接费用/元	每赶一天进度所需费用/元
A	800	—
B	3000	180
C	2000	120
D	1500	5 天之内 60；6 天以上 100
E	3000	120
F	500	—
G	2000	150
合计	12800	
间接费用	每天 200 元	

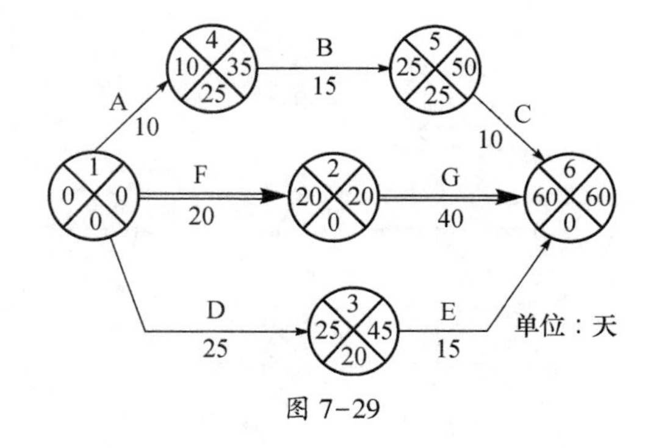

图 7-29

$$工程费用 = 正常完工的直接费用 + 赶进度费用 + 间接费用 \tag{7-24}$$

按图 7-29，方案（Ⅰ）算得

$$\begin{aligned}工程费用(\text{Ⅰ}) &= 12800\text{ 元} + 0\text{ 元} + 200\text{ 元/天} \times 60\text{ 天}\\ &= 24800\text{ 元}\end{aligned}$$

改进方案（Ⅰ）：在关键线路上赶进度，关键工作 F、G 中，只有 G 可以赶进度，若工作 G 赶进度 20 天，得统筹图 7-30，记为方案（Ⅱ）。

$$\begin{aligned}工程费用(\text{Ⅱ}) &= 12800\text{ 元} + 150\text{ 元/天} \times 20\text{ 天} + 200\text{ 元/天} \times 40\text{ 天}\\ &= 23800\text{ 元}\end{aligned}$$

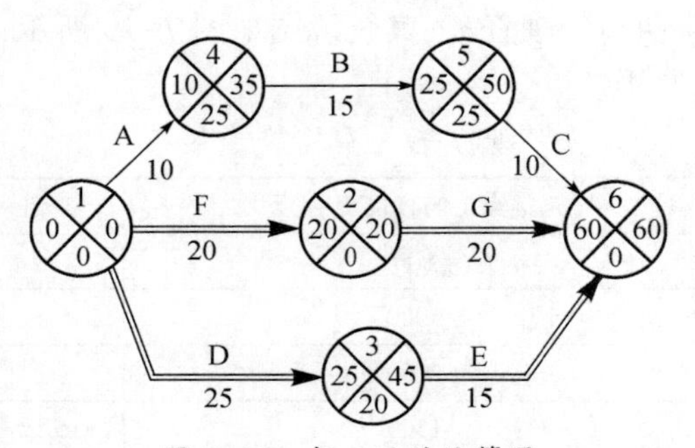

图 7-30　赶工后的统筹图

方案（Ⅱ）比方案（Ⅰ）缩短工期 20 天，降低工程费用 1000 元。

继续制定方案（Ⅲ）：由于方案（Ⅱ）已有两条关键线路，所以要缩短计划工期，必须同时缩短两条关键线路上的持续时间。在关键线路（1,3,6）上，赶进度时所需费用较少的是工作 D，故我们将工作 D 赶进度 5 天，将工作 G 再赶进度 5 天，得统筹图 7-31。

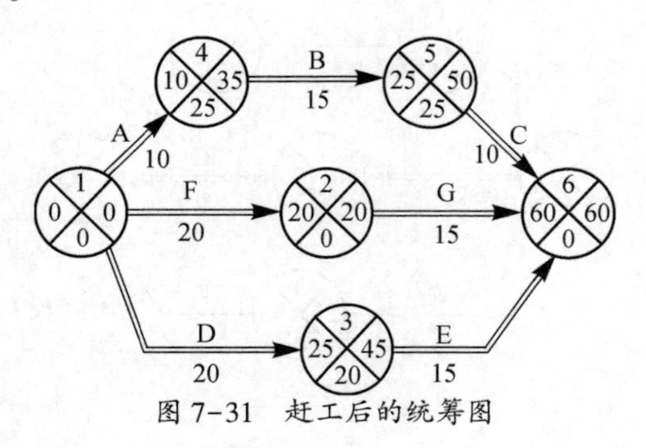

图 7-31　赶工后的统筹图

工程费用(Ⅲ) = 12800 元 + 150 元/天 × 25 天 + 60 元/天 × 5 天 +
200 元/天 × 35 天
= 23850 元

方案(Ⅲ)比方案(Ⅱ)虽缩短工期5天,但增加费用50元。可以看出,若继续缩短计划工期,三条关键线路都要赶进度,工程费用将急剧增加。因此可以说:方案(Ⅱ)是成本最低的方案,这时计划工期为40天。

一般情况下,随着计划工期的缩短,直接费用将增加,间接费用将减少,工程费用会有一最小值。但在特殊情况下,根据实际需要,可以宁愿多增加一些费用也要将计划工期缩得更短。

四、统筹计划的流程优化

时间优化和资源优化都是在工作顺序不变的情况下考虑的,要更有效地利用时间和其他资源,有时还需要考虑流程的优化。所谓流程优化是指通过改变某些工作的先后顺序,达到减少排队等待时间、消除窝工现象、缩短计划工期的目的。

流程优化在安排军事行动计划、勤务保障、生产计划等方面都能发挥重要作用。例如,有 n 种产品,依次需要在 m 台机床上进行加工,每种产品在不同的机床上的加工时间一般不相同。要求排出一个加工次序,使总的加工时间最短,这就是一般的 $m \times n$ 型流程优化问题。下面主要介绍 $1 \times n$ 型和 $2 \times n$ 型问题的优化方法。

(一) $1 \times n$ 型问题

设有 n 个分队都需要占用一台设备执行任务,而该设备同一时间只能为一个分队服务,如何安排各分队的占用顺序,使各分队的平均等待时间最短,这就是典型的 $1 \times n$ 型问题。解决这类问题的方法很简单,只要将完成任务时间短的分队尽量往前安排即可。

例 7.9 有5个分队 $F_1, F_2, \cdots, F_5$ 都要从同一渡口迅速撤到彼岸,各分队航渡时间分别是 3h、2h、1h、1.5h、0.5h。试求:按原顺序渡河时,平均到达彼岸的时间是多少?怎样合理安排顺序才能使平均到达彼岸的时间最短?

解:按原顺序渡河,平均到达彼岸时间如表7-10所列,最优渡河顺序如表7-11所列。

表 7-10　一般顺序表

分队	F_1	F_2	F_3	F_4	F_5
渡航时间/h	3	2	1	1.5	0.5
到达彼岸时间	3	5	6	7.5	8
平均到达彼岸时间	$\frac{3+5+6+7.5+8}{5}=5.9$				

表 7-11　最优顺序表

分队	F_5	F_3	F_4	F_2	F_1
渡航时间/h	0.5	1	1.5	2	3
到达彼岸时间	0.5	1.5	3	5	8
平均到达彼岸时间	$\frac{0.5+1.5+3+5+8}{5}=3.6$				

在本题中,完成航渡的总时间 8h 是不变的,但由于次序的改变,使各分队的平均等待时间变短,使平均到达彼岸的时间由 5.9h 缩短到最短的 3.6h。

例 7.10　一侦察分队要在 n 个地域 $D_1,D_2,\cdots,D_n$ 搜索一个目标,在这 n 个地域的搜索时间分别为 $t_1,t_2,\cdots,t_n$,目标在这 n 个地域里的概率分别为 P_1,$P_2,\cdots,P_n$。试问:按怎样的次序逐个搜索这 n 个地域,才能在最短时间内搜索出该目标(即花费的平均时间最少)? 以 $n=5$,数据如表 7-11 为例进行解答。

解:为了及早发现目标,一方面需将对某地域的搜索时间越短的区地越往前排;另一方面又需要对目标存在概率越大的地域越往前排。两个条件综合考虑,以 t_i/p_i 的大小为排序标准,把 t_i/p_i 按由小到大的顺序排列,即可得最优搜索次序。计算结果见表 7-12。

表 7-12　概率时间表

地域 D_i	D_1	D_2	D_3	D_4	D_5
搜索时间 t_i	1	2	3	4	5
目标存在概率 p_i	0.1	0.3	0.4	0.1	0.1
t_i/p_i	10	20/3	7.5	40	50
最优搜索次序	$D2\rightarrow D3\rightarrow D1\rightarrow D4\rightarrow D5$				

（二）$2 \times n$ 型问题

有 n 种零件$(I_1, I_2, \cdots, I_n)$，每个零件要依次在 m_1、m_2 两种机床上加工，加工持续时间如表 7-13 所列。问：如何安排零件的加工顺序，才能使总加工时间最短？这就是典型的 $2 \times n$ 型问题。该问题 1954 年由美国人约翰逊解决，他确定的最优顺序的解法如下：

（1）从加工时间 a_i、$b_i(i=1,2,\cdots,n)$ 中选出最小值，若这个最小值在第一行，该零件最先加工；若这个最小值在第二行，该零件最后加工。

（2）将已安排的零件从表中划去，然后对剩下的$(n-1)$个零件重复上述步骤，确定下一个零件的加工顺序。

（3）若表中有两个以上的最小值，它们都在同一行时，可任选一个优先安排；若在不同行，则优先安排第一行的零件。

表 7-13　$2 \times n$ 流程优化

	I_1	I_2	…	I_n
m_1	a_1	a_2	…	a_n
m_2	b_1	b_2	…	b_n

例 7.11　有五个分队 $F_1, F_2, \cdots, F_5$ 要依次通过甲、乙两个难通行地段，每个分队通过这两个地段的时间如表 7-14 所列。试问：以怎样的顺序开进可以使部队在最短的时间内通过这两个地段？所需时间是多少？

表 7-14　时间表

	F_1	F_2	F_3	F_4	F_5
甲	30	70	40	50	70
乙	60	20	70	30	40

解：按约翰逊方法可得最优开进顺序为

$$F_1 \to F_3 \to F_5 \to F_4 \to F_2$$

计算最短通过时间的最直观、最简便的方法，就是绘制时标流程图。由图 7-32所示，可得最短通过时间为 280min。

$m \geqslant 3$ 时的流程优化问题十分复杂，在本书中就不作介绍了。

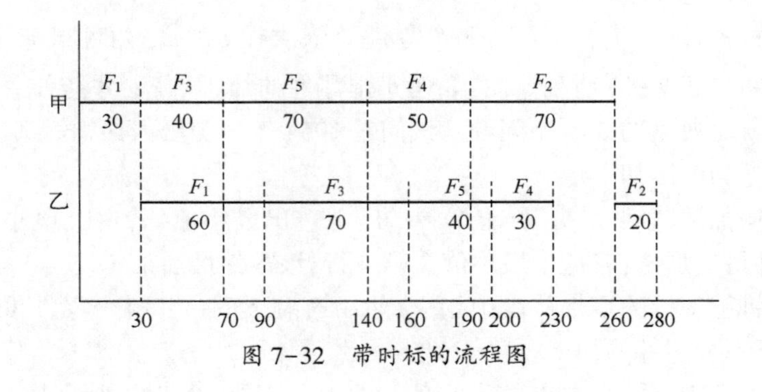

图 7-32　带时标的流程图

第六节　WinQSB 软件应用

统筹法计算调用 WinQSB 的子程序是 PERT-CPM。该程序的功能有自动绘制统筹图、时间的三点估计、统筹图参数计算、最低成本日程、任务工期与成本之间的模拟运算、计划进度分析等。

例 7.12　某支队执行一项任务的工作清单如表 7-15 所列，请绘制统筹图，并找出关键线路。

表 7-15　工作清单

工作代号	紧前工作	持续时间
A	—	8
B	—	20
C	A	9
D	B	9
E	B,C	13
F	C,D	8
G	E,F	15

解：双击 PERT-CPM.EXE 图标打开子程序。新建文件后，弹出如图 7-33 所示对话框。

输入标题（Problem Title）、工作数（Number of Activity）、时间单位（Time

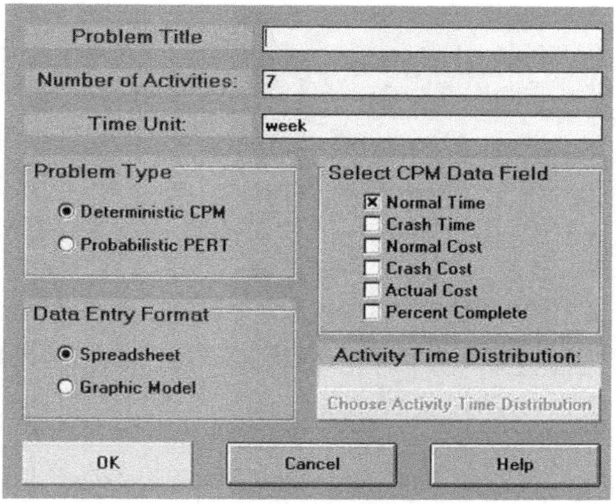

Problem Title
Number of Activities: 7
Time Unit: week
Problem Type
Deterministic CPM
Probabilistic PERT
Select CPM Data Field
Normal Time
Crash Time
Normal Cost
Crash Cost
Actual Cost
Percent Complete
Data Entry Format
Spreadsheet
Graphic Model
Activity Time Distribution:
Choose Activity Time Distribution
OK Cancel Help

图 7-33

Unit),本例为肯定型计划,因此在项目类型中选择 Deterministic CPM 选项,并在图中右侧复选框中选择 Normal Time 选项。图中左下方对应数据的两种输入格式:表格格式和图形格式,本例按默认选择即可。

完成后单击 OK 按钮,弹出数据输入对话框,将表 7-15 中的数据输入对应位置,如图 7-34 所示。

Activity Number	Activity Name	Immediate Predecessor (list number/name, separated by ',')	Normal Time
1	A		8
2	B		20
3	C	A	9
4	D	B	9
5	E	B,C	13
6	F	C,D	8
7	G	E,F	15

图 7-34

单击菜单栏 Slove and Analyze,在弹出的下拉菜单中选择 Solve Critical Path Using Normal Time 选项,得到如图 7-35 所示的统筹图参数计算结果。

单击菜单栏 Results,在弹出的下拉菜单中选择 Graphic Activity Analysis,得到统筹图,如图 7-36 所示。图中圆圈中的数据分别为工作的最早开始、最早结束、最迟开始和最迟结束时间。

单击菜单栏 Results,在弹出的下拉菜单中选择 Show Critical Path,可显示关

07-10-2014 09:36:36	Activity Name	On Critical Path	Activity Time	Earliest Start	Earliest Finish	Latest Start	Latest Finish	Slack (LS-ES)
1	A	no	8	0	8	7	15	7
2	B	Yes	20	0	20	0	20	0
3	C	no	9	8	17	15	24	7
4	D	Yes	9	20	29	20	29	0
5	E	no	13	20	33	24	37	4
6	F	Yes	8	29	37	29	37	0
7	G	Yes	15	37	52	37	52	0
	Project	Completion	Time	=	52	weeks		
	Number of	Critical	Path(s)	=	1			

图 7-35

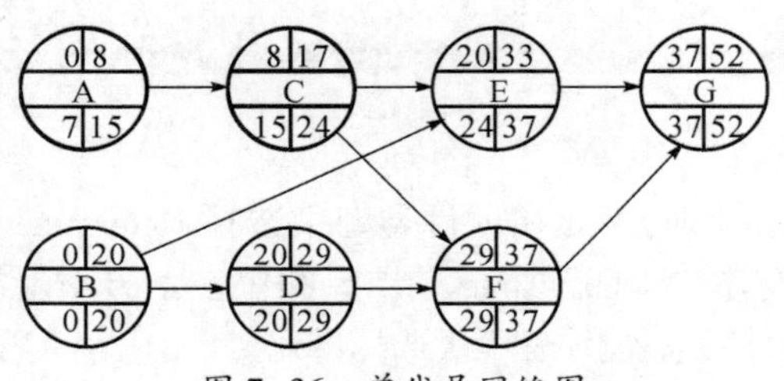

图 7-36　单代号网络图

键线路和任务工期,如图 7-37 所示。

07-10-2014	Critical Path 1
1	B
2	D
3	F
4	G
Completion Time	52

图 7-37

根据软件计算结果,该任务的关键工作为 B、D、F、G,任务工期为 52 周。

当任务为非肯定型计划时,则在图 7-33 项目类型中选择 Probabilistic PERT 选项。软件不仅能计算时间参数、拟制统筹图,还可以进行概率分析,对给定的完工时间求完工概率并模拟。操作方法不再详细介绍,留给读者自行学习。

习　题　七

1. 根据图 7-38 回答：

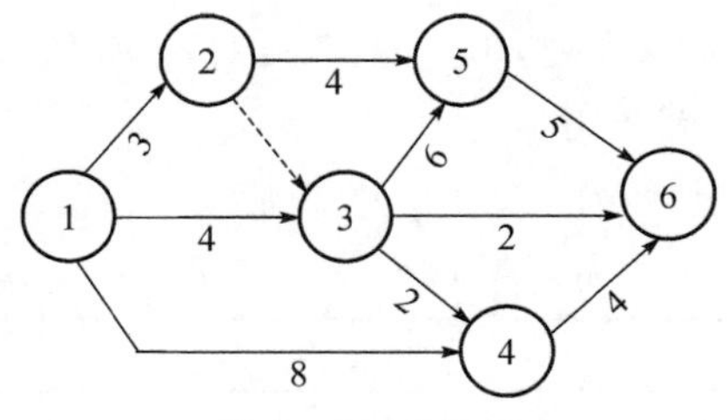

图 7-38　网络图

(1) 工序(2,3)表示什么意思？

(2) 节点 3 的紧前、紧后工序有哪些？

(3) 工序(3,5)的紧前、紧后工序有哪些？

(4) 图中有几条线路？哪条是关键线路？哪条是次关键线路？

2. 根据下列工作清单，如表 7-16(a)、表 7-16(b)、表 7-16(c)、表 7-16(d)，拟制统筹图：

(1)

表 7-16(a)　工作清单

工作代码	A	B	C	D	E	F	G
紧前工作	—	—	A	C	B、C	D	E、F

(2)

表 7-16(b)　工作清单

工作代码	A	B	C	D	E	F
紧前工作	—	—	—	A、B	A、C	A、B、C

(3)

表 7-16(c)　工作清单

工作代码	A	B	C	D	E	F	G
紧后工作	C	D、E	—	F	G	—	—

(4)

表 7-16(d)　工作清单

工作代码	A	B	C	D	E	F	G	H
紧后工作	—	—	A、B	A、B	B	C	C	D、E、F

3. 根据下列清单,如表 7-17(a)、表 7-17(b)所列,绘制统筹图,计算节点参数、工序参数,确定关键线路。

(1)

表 7-17(a)　工作清单

工作代码	紧前工作	持续时间/天
A	G、M	3
B	H	4
C	—	7
D	L	3
E	C	5
F	A、E	5
G	B、C	2
H	—	5
I	A、L	2
K	F、I	1
L	B、C	7
M	C	3

(2)

表 7-17(b)　工作清单

工作代码	紧前工作	工时/min
A	—	3
B	A	3
C	A	5
D	A	7
E	A、B	4
F	B	6
G	B	2

(续)

工作代码	紧前工作	工时/min
H	F	3
J	C、D、E、G、H	4
K	F	5

4. 利用四扇形格法计算下图 7-39(a)、图 7-39(b) 中各节点和工序的参数。

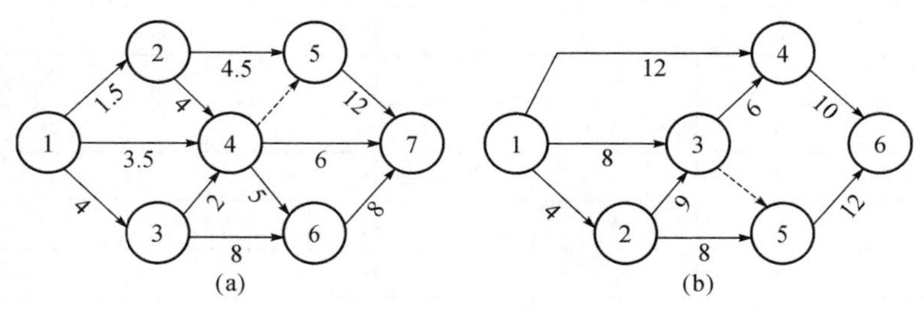

图 7-39

5. 已知某项国防施工计划的资料如表 7-18 所列:

表 7-18　工作清单

工作代码	紧前工作	需要天数		
		最乐观(a)	最可能(c)	最悲观(b)
A	—	7	7	7
B	—	6	7	9
C	—	8	10	15
D	B、C	9	10	12
E	A	6	7	8
F	D、E	15	23	27
G	D、E	18	20	24
H	C	4	5	7
I	G、F	4	5	7
J	I、H	7	10	30

(1) 找出该工程的关键线路,计算完成关键线路所需天数的期望值和方差。

(2) 该工程在 60 天内完成的概率是多少?

(3) 若上级要求按时完成该工程的概率为 0.8,试计算完成任务的期限应定为多少天?

6. 已知某项工程的施工费用如表 7-19 所列,试求该项工程费用最低的施工日程。

表 7-19　工作清单

工作代码	工时/天	紧前工作	正常完工进度的直接费用/百元	赶进度一天所需费用/百元
A	4		20	5
B	8		30	4
C	6	B	15	3
D	3	A	5	2
E	5	A	18	4
F	7	A	40	7
G	4	B、D	10	3
H	3	E、F、G	15	3
总计			153	
工程的间接费用			5/(百元/天)	

7. 某军校学员进行汽车驾驶训练,局部统筹图如图 7-40 所示。图中括号内数字为练习驾驶所需要的汽车天台数,箭杆下面的数字为完成训练所需的天数。现因训练设备(汽车)有限,要求每天使用的汽车不超过 20 台,试对所给的统筹图进行资源调优。

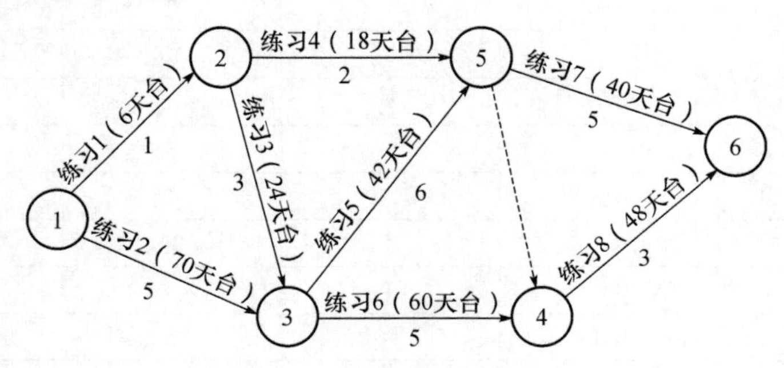

图 7-40　驾驶训练计划网络图

8. 某维修小组要抢修 E_1、E_2、E_3、E_4、E_5 5 台设备,抢修这五台设备所需的时间分别为 3h、2.5h、2h、1h、0.5h,如果按这一顺序抢修,这些设备影响使用的总时间是多少？按怎样的顺序抢修才能使这些设备影响使用的总时间最短？这个最短总时间是多少？

9. 有 6 个分队 $F_1, F_2, \cdots, F_6$ 都要依次克服 A、B 两个难通行地带。第 i 个分队克服两个地段的时间分别为 A_i、B_i, $i=1,2,\cdots,6$。具体数据见表 7-20。试问：以怎样的开进序列，可使整个部队在最短时间内克服这两个难通行地段？这个最短时间是多少？

表 7-20 时间表

分队	F_1	F_2	F_3	F_4	F_5	F_6
A_{i}	10	9	8	12	10	11
B_{i}	12	15	5	13	12	8

思考题：

1. 请用所学统筹法知识拟制野营拉练统筹计划。

第八章 作战资源优化的整数规化方法

进行作战资源优化时,我们经常会遇到决策变量代表兵力人数、坦克辆数、飞机的架数及战舰艘数等,基于这类变量建立起来的规划模型称之为整数规划模型,若模型还是线性的则称之为整数线性规划。对于整数线性规划问题,不是用四舍五入法或去尾法对线性规划的非整数解加以处理就能解决的,而要用适用于整数规划的特殊解法才能解决。因此,本章将主要介绍整数线性规划的一些基本概念、常用算法及其在军事资源优化中的简单应用。

第一节 整数规划的数学模型

一、整数规划的定义

在介绍定义之前,首先一起来看这样一个例子。

例 8.1 某战士背包可以装 10 公斤重,0.025m^3的物品,现用来装甲、乙两种物品,每件物品的重量、体积和价值如表 8-1 所示。问两种物品各装多少件,所装物品的总价值最大。

表 8-1 物品信息

物品	重量(公斤/每件)	体积(m^3/每件)	价值(元/每件)
甲	1.2	0.002	4
乙	0.8	0.0025	3

解:设甲、乙两种物品各装 x_1、x_2件,则数学模型为

$$\max Z=4x_1+3x_2$$

$$\begin{cases}1.2x_1+0.8x_2\leqslant 10\\ 2x_1+2.5x_2\leqslant 25\\ x_1,x_2\geqslant 0,\text{且均取整数}\end{cases} \tag{8-1}$$

由于这是一个决策变量只能取整数的规划模型,所以称之为整数规划模型。由于决策变量取整要求的不同,整数规划可分为纯整数规划、全整数规划、混合

整数规划、0-1 整数规划。

纯整数规划(Pure Integer Programming, IP):所有决策变量取非负整数(引进的松弛变量和剩余变量可以不要求取整数)。

全整数规划(Full integer programming, FIP):除了所有决策变量取非负整数外,而且系数 a_{ij} 和常数项 b_i 也要求是整数(引进的松弛变量和剩余变量也必须是整数)。

混合整数规划(Mixed Integer Programming, MIP):只有一部分的决策变量要求取非负整数,另一部分可以取非负实数。

整数线性规划(Integer Linear Programming, ILP):模型是线性的整数规划。

0—1 整数规划(Binary Integer Programming, BIP):所有决策变量只能取 0—1 两个整数。

二、整数规划的数学模型

整数规划的一般数学模型是:

$$\max(\min) z=\sum_{j=1}^{n} c_j x_j$$

$$s.t.\begin{cases}\sum_{j=1}^{n} a_{ij}x_j \geqslant b_i & i=1,2,\cdots,m \\ x_j \geqslant 0 & j=1,2,\cdots,n \text{ 且部分或全部为整数}\end{cases} \tag{8-2}$$

如果不考虑 x_j 取整数的约束,此时的模型为(3.2)的松弛问题。

有些问题用线性规划数学模型无法描述,可以通过设置逻辑变量(0-1 变量)建立整数规划的数学模型,下面我们举例说明。

例 8.2 在例 8.1 中,假设该战士还有一只旅行箱,最大载重量为 12 公斤,其体积是 0.02m^3。背包和旅行箱只能选择其一,建立下列 2 种情形的数学模型,使所装物品价值最大。

(1) 所装物品不变;

(2) 如果选择旅行箱,则只能装载丙和丁两种物品,每件物品的重量、体积和价值如表 8-2 所示。

表 8-2 物品信息

物 品	重量(公斤/每件)	体积(m3/每件)	价值(元/每件)
丙	1.8	0.0015	4
丁	0.6	0.002	3

解:此问题可以建立两个整数规划模型,但也可以建立一个模型,而且描述更简单。引入 0-1 变量(或称逻辑变量)yi,令

$$y_i=\begin{cases}1, & \text{采用第 } i \text{ 种方式装载时} \\ 0, & \text{不采用第 } i \text{ 种方式装载时}\end{cases} \qquad i=1,2$$

$i=1,2$ 分别是采用背包及旅行箱装载。

（1）由于所装物品不变，式（3.1）约束左边不变，整数规划数学模型为

$$\max z = 4x_1 + 3x_2$$
$$\begin{cases}1.2x_1 + 0.8x_2 \leqslant 10y_1 + 12y_2 \\ 2x_1 + 2.5x_2 \leqslant 25y_1 + 20y_2 \\ y_1 + y_2 = 1 \\ x_1, x_2 \geqslant 0, \text{且取整数}, y_1, y_2 \text{ 为 } 0,1 \text{ 变量}\end{cases} \tag{8-3}$$

（2）由于不同载体所装物品不一样，但物品价值相同，目标函数不变，数学模型为

$$\max z = 4x_1 + 3x_2$$
$$\begin{cases}1.2x_1 + 0.8x_2 \leqslant 10y_1 + My_2 \\ 1.8x_1 + 0.6x_2 \leqslant 12 + My_1 \\ 2x_1 + 2.5x_2 \leqslant 25y_1 + My_2 \\ 1.5x_1 + 2x_2 \leqslant 20y_1 + My_1 \\ y_1 + y_2 = 1 \\ x_1, x_2 \geqslant 0, \text{且取整数}, y_1, y_2 \text{ 为 } 0,1 \text{ 变量}\end{cases} \tag{8-4}$$

式中 M 为充分大的正数。从上式可知，当使用背包时，$y_1=1, y_2=0$；当使用旅行箱时，$y_1=0, y_2=1$。

第二节　整数规划的求解

整数规划的求解要比一般线性规划的求解复杂，求解整数规划问题时，如果先不能考虑对变量的整数约束，作为一般线性规划问题来求解，当解为非整数时再用舍入凑整方法寻求最优解，这样得到的解有可能不是整数规划的可行解或是可行解而不是最优解。

所以，整数规划的求解经常要用到特有的解法，常用的方法有完全枚举法（Complete Enumeration）、分枝定界法（Branch and Bound Method）、割平面法（Cutting-Plane Method）、隐枚举法（（Implicit Enumeration Method）和 Lagrange 松弛法。而对于一个复杂的模型，完全枚举不是有效的算法，用的较多的常是后面几种。

一、图解法

类似于二维的线性规划问题的图解法，二维的整数规划问题也有相应的图解法。这种方法简单直观，便于更好地理解 IP 问题及其解的性质。下面通过例子说明该解法的实施步骤。

例 8.3 用图解法求解例 8.1 所建模型（图 8-1）

$$\max Z = 4x_1 + 3x_2$$

$$\begin{cases} 1.2x_1 + 0.8x_2 \leqslant 10 \\ 2x_1 + 2.5x_2 \leqslant 25 \\ x_1, x_2 \geqslant 0, \text{且均取整数} \end{cases}$$

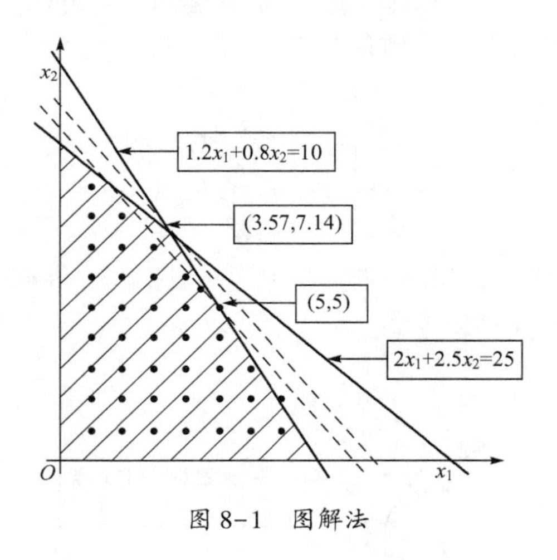

图 8-1 图解法

先考虑上述问题的松弛问题，画出上述模型的可行域，并在域内用 · 号标记所有代表整数可行解的点，再画出目标函数的等值线及其法线方向，按线性规划的图解法找出线性规划的最优解：$X=(3.57,7.14)$，$Z=35.7$，由于 x_1, x_2 必须取整数值，整数规划问题的可行解集只是图中可行域内的那些整数点。再让目标函数的等值线朝域内平移，首次碰到的那个 · 号点（5，5）就是该 IP 的最优解，最优值 $Z=35$。

图解法直观，但是图解法只能针对两个变量的情形，而且标出可行域内的整数点也比较麻烦，所以用得不多。

二、分枝定界法

分枝定界法是求解整数规划的一种常用的有效方法,它不仅能针对纯整数规划问题求解,也能对混合整数规划问题求解。分枝定界法由“分枝”和“定界”两部分组成,首先求解整数规划相应的线性规划问题,如果其最优解符合整数条件,则线性规划问题的最优解就是整数规划问题的解。如果其最优解不符合整数条件,则求出整数规划的上下界用增加约束条件的方法,并把相应的线性规划的可行域分成子区域(称为分枝),再求解这些子区域上的线性规划问题,不断缩小最优目标函数值上下界的距离,当上下界的值相等时,整数规划的解就被求出,就是其目标函数值取此下界的对应线性规划的整数可行解。

下面我们通过一个例子来说明分枝定界法的求解过程。

例 8.4 用分枝定界法求解例 8.1

$$\max Z=4x_1+3x_2$$

$$LP_0:\begin{cases}1.2x_1+0.8x_2\leqslant 10\\2x_1+2.5x_2\leqslant 25\\x_1,x_2\geqslant 0\end{cases}$$

解:先求对应的松弛问题(记为 LP_0):用图解法得到最优解 $X=(3.57,7.14)$, $Z_0=35.7$,如图 8-2 所示。

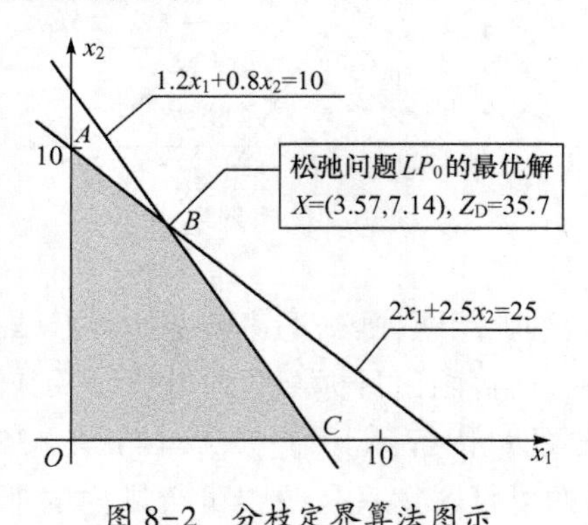

图 8-2 分枝定界算法图示

$$\max Z=4x_1+3x_2 \qquad\qquad \max Z=4x_1+3x_2$$

$$LP_1:\begin{cases}1.2x_1+0.8x_2\leqslant 10\\2x_1+2.5x_2\leqslant 25\\x_1\leqslant 3\\x_1,x_2\geqslant 0\end{cases}\qquad LP_2:\begin{cases}1.2x_1+0.8x_2\leqslant 10\\2x_1+2.5x_2\leqslant 25\\x_1\geqslant 4\\x_1,x_2\geqslant 0\end{cases}$$

图解法见图 8-3 所示。选择目标值最大的分枝 LP_2 进行分枝，增加约束 $x_2 \leqslant 6$ 及 $x_2 \geqslant 7$，由图 8-3 知 $x_2 \geqslant 7$ 不可行，因此得到线性规划 LP_3，图解法见图 8-4所示。

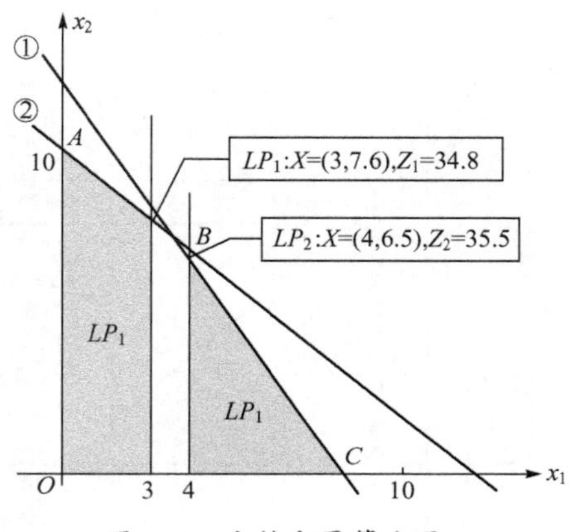

图 8-3　分枝定界算法图示

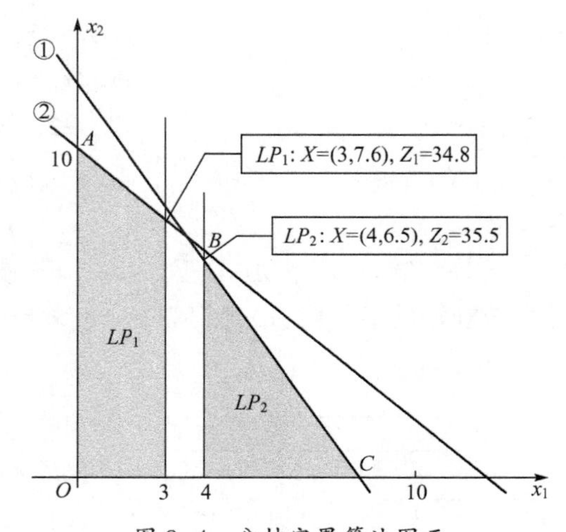

图 8-4　分枝定界算法图示

$$\max Z = 4x_1 + 3x_2$$

$$LP_3:\begin{cases}1.2x_1+0.8x_2 \leqslant 10 \\ 2x_1+2.5x_2 \leqslant 25 \\ x_1 \geqslant 4, x_2 \geqslant 6 \\ x_1, x_2 \geqslant 0\end{cases}$$

由图 8-4 可知，对 x_1 进行分枝，取 $x_1 \leqslant 4$ 及 $x_1 \geqslant 5$，得到两个线性规划 LP_4 和 LP_5。

显然 LP_4的可行解在 $x_1=4$ 的线段上,图解法见图 8-5 所示。

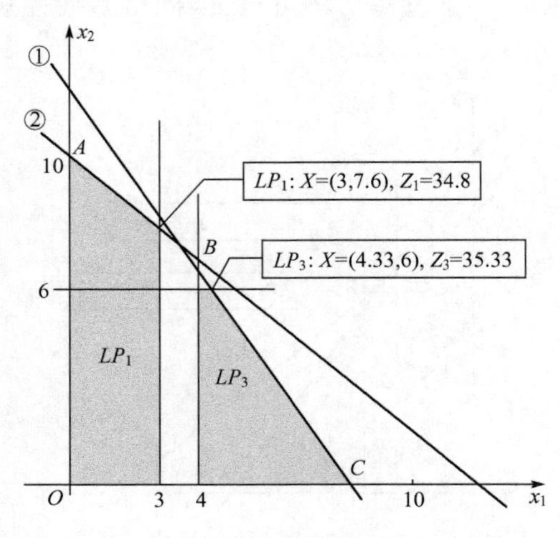

图 8-5　分枝定界算法图示

$$LP_4:\begin{cases}\max Z=4x_1+3x_2\\ 1.2x_1+0.8x_2\leqslant 10\\ 2x_1+2.5x_2\leqslant 25\\ x_1\leqslant 4,x_2\leqslant 6,x_1\leqslant 4\\ x_1,x_2\geqslant 0\end{cases}\qquad LP_5:\begin{cases}\max Z=4x_1+3x_2\\ 1.2x_1+0.8x_2\leqslant 10\\ 2x_1+2.5x_2\leqslant 25\\ x_1\leqslant 5,x_2\leqslant 6\\ x_1,x_2\geqslant 0\end{cases}$$

从图 8-5 知,LP_4和 LP_5已是整数解,尽管 LP_1 还可以对 x_2 分枝,但 Z_1小于 Z_5,比较目标值 LP_5的解是整数规划的最优解,最优解为 $x_1=5,x_2=5$,最优值$Z=35$。上述分枝过程可用图 8-6 表示。

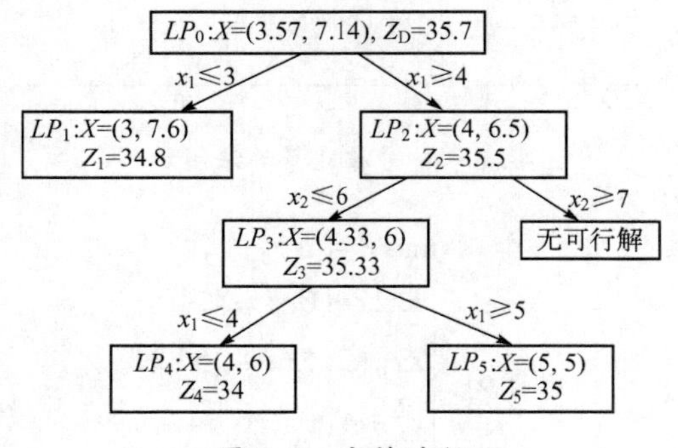

图 8-6　分枝过程

综上所述,分枝定界法的步骤为:

(1) 求整数规划的松弛问题最优解;

(2) 若松弛问题的最优解满足整数要求,得到整数规划的最优解,否则转下一步;

(3) 任意选一个非整数解的变量 xi,在松弛问题中加上约束 $x_i \leqslant [x_i]$ 及 $x_i \geqslant [x_i]+1$组成两个新的松弛问题,称为分枝。新的松弛问题具有特征:当原问题是求最大值时,目标值是分枝问题的上界;当原问题是求最小值时,目标值是分枝问题的下界;

(4) 检查所有分枝的解及目标函数值,若某分枝的解是整数并且目标函数值大于(max)等于其它分枝的目标值,则将其它分枝剪去不再计算,若还存在非整数解并且目标值大于(max)整数解的目标值,需要继续分枝,再检查,直到得到最优解。

由例 8.4 的求解过程看出,分枝定界法求解整数规划要比单纯形法求解线性规划复杂得多。

三、割平面法

割平面法(Cutting-plane Method)由高莫雷(R. E. Gomory)于 1958 年提出。其基本思想是放宽变量的整数约束,首先求对应的松弛问题最优解,当某个变量 x_i不满足整数要求时,寻找一个约束方程并添加到松弛问题中,其作用是切割掉非整数部分,缩小原松弛问题的可行域,最后逼近整数问题的最优解。

如设整数规划

$$\max Z=\sum_{j=1}^{n} c_j x_j \qquad \sum_{j=1}^{n} a_{ij} x_j=b_i \qquad x_j \geqslant 0 \text{ 且为整数}, j=1,\cdots,n$$

对应的松弛问题

$$\max Z=\sum_{j=1}^{n} c_j x_j \qquad \sum_{j=1}^{n} a_{ij} x_j=b_i \qquad x_j \geqslant 0, j=1,\cdots,n$$

的最优解为:$X=(B^{-1}b,0)^T, \bar{b}=B^{-1}b=(\bar{b}_1,\bar{b}_2,\cdots,\bar{b}_m)^T$

设求得 x_i 不为整数,则有 $x_i+\sum_k \bar{a}_{ik}x_k=\bar{b}_i$,x_k 为非基变量。将$\bar{b}_i$ 及$\bar{a}_{ik}$分离成一个整数与一个非负真分数之和

$$\bar{b}_i=[\bar{b}_i]+f_i, \quad \bar{a}_{ik}=[\bar{a}_{ik}]+f_{ik}, \quad 0<f_i<1, \quad 0\leqslant f_{ik}<1$$

则有

$$x_i+\sum_k [\bar{a}_{ij}]x_k+\sum_k f_{ik}x_k=[\bar{b}_i]+f_i$$

$$x_i - [\bar{b}_i] + \sum_k [\bar{a}_{ij}] x_k = f_i - \sum_k f_{ik} x_k \tag{8-5}$$

因为式(8-5)左边为整数,所以右边为整数,则有

$$f_i - \sum_k f_{ik} x_k \leqslant 0 \tag{8-6}$$

加入松弛变量 si(非负整数)得

$$s_i - \sum_k f_{ik} x_k = -f_i \tag{8-7}$$

式(8-7)称为以 x_i行为源行(来源行)的割平面,或分数切割式,或高莫雷约束方程。将高莫雷约束加入到松弛问题的最优表中,用对偶单纯形法计算,若最优解中还有非整数解,再继续切割,直到全部为整数解。

下面我们通过例子来说明割平面法的求解过程。

例 8.5 用割平面法求解下列 IP 问题

$$\max Z = 4x_1 + 3x_2$$

$$\begin{cases} 6x_1 + 4x_2 \leqslant 30 \\ x_1 + 2x_2 \leqslant 10 \\ x_1, x_2 \geqslant 0 \text{ 且为整数} \end{cases}$$

解:放宽变量约束,对应的松弛问题是

$$\max Z = 4x_1 + 3x_2$$

$$\begin{cases} 6x_1 + 4x_2 \leqslant 30 \\ x_1 + 2x_2 \leqslant 10 \\ x_1, x_2 \geqslant 0 \end{cases}$$

加入松弛变量 x_3及 x_4后,用单纯形法求解,得到最优表 8-3。

表 8-3 单纯形表

Cj		4	3	0	0	b
CB	XB	x1	x2	x3	x4	
4	x1	1	0	1/4	−1/2	5/2
3	x2	0	1	−1/8	3/4	15/4
λj		0	0	−5/8	−1/4	

最优解 X(0)=(5/2,15/4),不是 *IP* 的最优解,选择表 8-3 的第一行(也可以选第二行)为源行

$$x_1 + \frac{1}{4}x_3 - \frac{1}{2}x_4 = \frac{5}{2}$$

分离系数后改写成

$$x_1+\frac{1}{4}x_3+\left(-1+\frac{1}{2}\right)x_4=2+\frac{1}{2}$$

$$x_1-x_4-2=\frac{1}{2}-\frac{1}{4}x_3-\frac{1}{2}x_4\leqslant 0$$

加入松弛变量 x5 得到高莫雷约束方程

$$-x_3-2x_4+x_5=-2 \tag{8-8}$$

将式(8-8)作为约束条件添加到表 8-3 中,用对偶单纯形法计算,如表 8-4 所示。

表 8-4　对偶单纯形表

Cj		4	3	0	0	0	b
CB	XB	x1	x2	x3	x4	x5	
4 3 0	x1 x2 x5	1 0 0	0 1 0	1/4 -1/8 -1	-1/2 3/4 [-2]	0 0 1	5/2 15/4 -2→
λj		0	0	-5/8	-1/4↑	0	
4 3 0	x1 x2 x4	1 0 0	0 1 0	1/2 -1/2 1/2	0 0 1	-1/4 3/8 -1/2	3 3 1
λj		0	0	-1/2	0	-1/8	

最优解 X(1)=(3,3),最优值 Z=21。所有变量为整数,X(1)就是 IP 的最优解。如果不是整数解,需要继续切割,重复上述计算过程。

综上所述,我们可将求解整数规划的割平面法的步骤归纳如下:

步骤 1:用单纯形法求解整数规划(IP)问题对应的松弛问题。

步骤 2:若(LP)问题无可行解,则(IP)问题也无可行解,停止计算。若(LP)问题有最优解 x_k,且符合整数要求,则(LP)问题的最优解就是(IP)问题的最优解,停止计算。若(LP)问题有最优解 x_k,但不符合整数再求,转下一步。

步骤 3:根据 xk 的任一非整分量所在单纯形表的那一行,构造,割平面。

步骤 4:将该约束添加到最优单纯形表的倒数第二行中,并增加一列(松弛变量列),用对偶单纯形法继续迭代,返回步骤 2。

四、0-1 规划的求解

将 BIP(0-1 规划)的变量改为 $0\leqslant xj\leqslant 1$ 并且为整数,就可以用分枝定界法或割平面法求解,由于 BIP 的特殊性,用隐枚举法求解更为简单。

BIP 的变量只取两个值,当变量较少时用完全枚举法比较有效,变量所有可

能取值的组合数为 $2n$,可行解数小于等于 $2n$。如两个变量,变量全部的组合解为(0,0)、(0,1)、(1,0)及(1,1)4 个,将 4 种组合代入约束得到可行解,然后将可行解代入目标函数求出最优解。当变量较多时完全枚举法就不是一种有效的算法。

隐枚举法是在完全枚举法的基础上进行了改进,对于最大值问题的求解基本步骤是:

(1) 寻找一个初始可行解 X_0,得到目标值的下界 Z_0(最小值问题则为上界);

(2) 按完全枚举法列出 $2n$ 个变量取值的组合,当组合解 X_j 对应的目标值 Z_j 小于 Z_0(max)时则认为不可行,当 Z_j 大于等于 Z_0(max)时,再检验是否满足约束条件,得到 BIP 的可行解;

(3) 依据 Z_j 的值确定最优解。

这里的下界 Z_0 可以动态移动,当某个 Z_j 大于 Z_0 时则将 Z_j 作为新的下界。

例 8.6 用隐枚举法求解 BIP 问题

$$\max Z = 6x_1+2x_2+3x_3+5x_4$$

$$\begin{cases}4x_1+2x_2+x_3+3x_4 \leqslant 10\\3x_1-5x_2+x_3+6x_4 \geqslant 4\\2x_1+x_2+x_3-x_4 \leqslant 3\\x_1+2x_2+4x_3+5x_4 \leqslant 10\\x_j=0 \text{ 或 } 1, j=1,2,3,4\end{cases}$$

解:(1) 不难看出,当所有变量等于 0 或 1 的任意组合时,第一个约束满足,说明第一个约束没有约束力,是多余的,从约束条件中去掉。还能通过观察得到 X0=(1,0,0,1)是一个可行解,目标值 Z0=11 是 BIP 问题的下界,构造一个约束:$6x_1+2x_2+3x_3+5x_4 \geqslant 11$,原 BIP 问题变为

$$\max Z = 6x_1+2x_2+3x_3+5x_4$$

$$s.t.\begin{cases}6x_1+2x_2+3x_3+5x_4 \geqslant 11, & (8-9a)\\3x_1-5x_2+x_3+6x_4 \geqslant 4, & (8-9b)\\2x_1+x_2+x_3-x_4 \leqslant 3, & (8-9c)\\x_1+2x_2+4x_3+5x_4 \leqslant 10, & (8-9d)\\x_j=0 \text{ 或 } 1, j=1,2,3,4.\end{cases}$$

(2) 列出变量取值 0 和 1 的组合,共 24=16 个,分别代入约束条件判断是否可行。首先判断式(8-9a)是否满足,如果满足,接下来判断其它约束,否则认为不可行,计算过程见表 8-5 所示。

表 8-5 隐枚举法计算过程

j	Xj	3.9a	3.9b	3.9c	3.9d	Zj	j	Xj	3.9a	3.9b	3.9c	3.9d	Zj
1	(0,0,0,0)	×					9	(1,0,0,0)	×				
2	(0,0,0,1)	×					10	(1,0,0,1)	√	√	√	√	11
3	(0,0,1,0)	×					11	(1,0,1,0)	×				
4	(0,0,1,1)	×					12	(1,0,1,1)	√	√	√	√	14
5	(0,1,0,0)	×					13	(1,1,0,0)	×				
6	(0,1,0,1)	×					14	(1,1,0,1)	√	√	√	√	13
7	(0,1,1,0)	×					15	(1,1,1,0)	√	×			
8	(0,1,1,1)	×					16	(1,1,1,1)	√	√	√	×	

(3) 由表 8-5 知,BIP 问题的最优解:X=(1,0,1,1),最优值 Z=14。

选择不同的初始可行解,计算量会不一样。一般地,当目标函数求最大值时,首先考虑目标函数系数最大的变量等于 1,如例 8.6。当目标函数求最小值时,先考虑目标函数系数最大的变量等于 0。在表 3-5 的计算过程中,当目标值等于 14 时,将其下界 11 改为 14,可以减少计算量。

第三节 指 派 问 题

在军队管理和作战指挥中,指挥员经常要进行兵力调遣和任务分配,在寻求问题最优方案时,我们常常会碰到这样一类规划问题—指派问题,其决策变量和约束条件都具有一定的特殊性,这种规划问题往往可以找到比单纯形法更为简便的方法求解。本节中我们将讨论整数规划中的指派问题的求解。

一、指派问题的定义

介绍定义之前首先一起来看下面这个例子:

例 8.7 雅安地震,灾情就是命令,雅安市支队准备派五个中队去灾情较为严重的五受灾点执行救灾任务,假设已知各中队离各受灾点的路程(单位:千米)如表 8-6 所列,如何安排(使部队开进的总路程最短)?

表 8-6 各中队到各受灾点的距离

	灵关镇	太平镇	双石镇	龙门乡	宝盛乡
一中队	4	8	7	15	12
二中队	7	9	17	14	10
三中队	6	9	12	6	7

（续）

	灵关镇	太平镇	双石镇	龙门乡	宝盛乡
四中队	6	7	14	6	10
五中队	6	9	12	10	6

例 8.7 有以下特点：

（1）五个单位（中队）五项任务（守卡）；

（2）每个单位只能受领完成其中的一项任务，而一项任务也只能交给其中的一个单位来完成；

（3）每个单位至每个受灾点的距离是已知；

（4）求各单位完成任务的总距离最低的分配方案。

有以上分析，我们不难得到指派问题的定义。

指派问题又称分派问题（Assignment Problem），是指 n 个单位，n 项任务，一个单位对应一项任务，每个单位完成每项任务的效率已知，求使总支付最低的分配。

二、指派问题的数学模型

例 8.7 中如果我们令 c_{ij} 为中队 i 到受灾点 j 的距离，令

$$x_{ij}=\begin{cases}1 & \text{中队 } i \text{ 被指派到受灾点 } j\\ 0 & \text{中队 } i \text{ 不被指派到受灾点 } j\end{cases}$$

则不难得整数规划模型：

$$\min \sum_{i=1}^{5}\sum_{j=1}^{5} c_{ij}x_{ij}$$

$$s.t.\begin{cases}\sum\limits_{i=1}^{5} x_{ij}=1, & j=1,2,\cdots,5\\ \sum\limits_{j=1}^{5} x_{ij}=1, & i=1,2,\cdots,5\end{cases} \tag{8-10}$$

由整数规划模型（8-10）可知，决策变量只能取 0 或 1 两个值，因而，这种规划模型被称之为 0-1 整数规划模型，在这里称之为指派问题的数学模型。于是，我们可写出指派问题的数学模型。设 c_{ij} 表示第 i 个单位完成第 j 项任务的效率，且 $c_{ij}\geqslant 0(i,j=1,2,\cdots,m)$，

$$x_{ij}=\begin{cases}1, & \text{第 } i \text{ 个单位完成第 } j \text{ 项任务}\\ 0, & \text{第 } i \text{ 个单位不完成第 } j \text{ 项任务}\end{cases}$$

则有指派问题的一般数学模型：

$$\min z = \sum_{j=1}^{m} \sum_{i=1}^{m} c_{ij} x_{ij}$$

$$s.t. \begin{cases} \sum_{j=1}^{m} x_{ij} = 1, & i = 1,2,\cdots,m, \\ \sum_{i=1}^{m} x_{ij} = 1, & j = 1,2,\cdots,m, \\ x_{ij} = 0 \text{ 或 } 1, & i,j = 1,2,\cdots,m. \end{cases} \tag{8-11}$$

其中，令 $C=(c_{ij})_{m\times m}$ 是目标函数中的系数构成的矩阵，称之为效率矩阵，即

$$C=\begin{pmatrix} c_{11} & c_{12} & \cdots & c_{1m} \\ c_{21} & c_{22} & \cdots & c_{2m} \\ \vdots & \vdots & \vdots & \vdots \\ c_{m1} & c_{m2} & \cdots & c_{mm} \end{pmatrix}。$$

我们很容易写出例 8.7 的效率矩阵为：

$$C=\begin{pmatrix} 4 & 8 & 7 & 15 & 12 \\ 7 & 9 & 17 & 14 & 10 \\ 6 & 9 & 12 & 6 & 7 \\ 6 & 7 & 14 & 6 & 10 \\ 6 & 9 & 12 & 10 & 6 \end{pmatrix}。$$

三、指派问题的求解

在指派问题的数学模型中我们不难发现，只要我们令 a_i 和 b_j 等于 1，此时的模型就是运输问题数学模型，也就可以用表上作业法求解，但由于指派问题自身的特殊性，我们通常采用更为有效的方法——匈牙利法。

匈牙利法是美国科学家库恩(W. W. Kuhn)1955 年提出来的，因为算法中他引用了匈牙利数学家狄·考尼格(D. König)两个关于矩阵中“0”元素的定理，故称之为匈牙利法。

1. 匈牙利法的基本原理

匈牙利法主要基于考尼格的以下两个定理。

定理 8.1 若指派问题的系数矩阵的某行减去(加上)同一个常数或某列减去(加上)同一个常数，问题的最优解不变。

推论 若指派问题的系数矩阵的每行和每列中分别减去该行该列的最小元素，问题的最优解不变。

定理 8.2 效率矩阵中,覆盖所有"0"元素的最少直线数等于独立零元素的最多个数。

2. 匈牙利法的基本思想

因为效率矩阵中所有元素非负,我们只需找出一组位于不同行不同列的零元素(独立零元素),便找到了问题的最小值 0,这 m 个独立零元素所在的位置便对应原指派问题的最优解。根据匈牙利法的基本原理,匈牙利算法的基本思路是在保证效率矩阵所元素非负的基础上,不断在其行列中减去或加上常数变换效率矩阵,如果在变换过的效率矩阵中找到了一组独立零元素,便找到了问题的最优指派方案。

3. 匈牙利法求解的基本步骤

根据这一思路,我们就可以总结出匈牙利算法的基本步骤,下面结合例 8.7 对算法进行介绍。

第一步:变换效率系数矩阵,使矩阵的各行各列均出现零元素;

$$C_0=\begin{pmatrix}4 & 8 & 7 & 15 & 12\\ 7 & 9 & 17 & 14 & 10\\ 6 & 9 & 12 & 8 & 7\\ 6 & 7 & 14 & 6 & 10\\ 6 & 9 & 12 & 10 & 6\end{pmatrix}\begin{matrix}4\\7\\6\\6\\6\end{matrix} \Rightarrow C_1=\begin{pmatrix}0 & 4 & 3 & 11 & 8\\ 0 & 2 & 10 & 7 & 3\\ 0 & 3 & 6 & 2 & 1\\ 0 & 1 & 8 & 0 & 4\\ 0 & 3 & 6 & 4 & 0\end{pmatrix}$$

$$C_1=\begin{matrix}\begin{pmatrix}0 & 4 & 3 & 11 & 8\\ 0 & 2 & 10 & 7 & 3\\ 0 & 3 & 6 & 2 & 1\\ 0 & 1 & 8 & 0 & 4\\ 0 & 3 & 6 & 4 & 0\end{pmatrix}\\ \begin{matrix}0 & 1 & 3 & 0 & 0\end{matrix}\end{matrix} \Rightarrow C_2=\begin{pmatrix}0 & 3 & 0 & 11 & 8\\ 0 & 1 & 7 & 7 & 3\\ 0 & 2 & 3 & 2 & 1\\ 0 & 0 & 5 & 0 & 4\\ 0 & 2 & 3 & 4 & 0\end{pmatrix}$$

第二步:用圈零法找出最多独立零元素的个数 m,如果 $m=n$(n 为矩阵的行数或者是列数)则得最优解,转第五步,若 $m<n$,转第三步;

圈零法:

(1) 逐行检查,对每行只有一个未标记的零元素的时,用"○"将其圈起,将其所在行列的其他零元素划去。

(2) 逐列检查,对每列只有一个未标记的零元素的时,用"○"将其圈起,将其所在行列的其他零元素划去。

(3) 若还有没有划圈的 0 元素,且同行(或列)的 0 元素至少有二个,从剩有 0 元素最少的行(或列)开始,比较这行各 0 元素所在列中 0 元素的数目,选择 0 元素少的那列的 0 元素加圈,然后划掉同行同列的其他 0 元素,可反复进行,直到所有的 0 元素都被圈出和划掉为止。

$$C_2=\begin{pmatrix}\not{0} & 3 & \textcircled{0} & 11 & 8\\ \textcircled{0} & 1 & 7 & 7 & 3\\ \not{0} & 2 & 3 & 2 & 1\\ \not{0} & \textcircled{0} & 5 & \not{0} & 4\\ \not{0} & 2 & 3 & 4 & \textcircled{0}\end{pmatrix}$$

第三步:作能覆盖所有零元素的最少直线集合;

打钩划线法:

(1) 对没有圈零的行打“✓”;

(2) 在已打“✓”的行中,对零元素所在的列打“✓”;

(3) 在已打“✓”的列中,对有圈零所在的行打“✓”;

(4) 重复(2)和(3),直到找不到可以打“✓”的行或列;

(5) 对没有打“✓”的行画一横线,对已打“✓”的列画一纵线。

$$C_2=\begin{pmatrix}\not{0} & 3 & \textcircled{0} & 11 & 8\\ \textcircled{0} & 1 & 7 & 7 & 3\\ \not{0} & 2 & 3 & 2 & 1\\ \not{0} & \textcircled{0} & 5 & \not{0} & 4\\ \not{0} & 2 & 3 & 4 & \textcircled{0}\end{pmatrix}\begin{matrix} \\ \checkmark \\ \checkmark \\ \\ \\ \end{matrix}\quad C_2=\begin{pmatrix}\not{0} & 3 & \textcircled{0} & 11 & 8\\ \textcircled{0} & 1 & 7 & 7 & 3\\ \not{0} & 2 & 3 & 2 & 1\\ \not{0} & \textcircled{0} & 5 & \not{0} & 4\\ \not{0} & 2 & 3 & 4 & \textcircled{0}\end{pmatrix}$$

$\checkmark$ $\checkmark$

第四步:找出矩阵没有被直线覆盖的部分最小元素,打勾的行减去该元素,打勾的列加上该元素。

$$C_2=\begin{pmatrix}\not{0} & 3 & \textcircled{0} & 11 & 8\\ \textcircled{0} & 1 & 7 & 7 & 3\\ \not{0} & 2 & 3 & 2 & 1\\ \not{0} & \textcircled{0} & 5 & \not{0} & 4\\ \not{0} & 2 & 3 & 4 & \textcircled{0}\end{pmatrix}\begin{matrix} \\ \checkmark \\ \checkmark \\ \\ \\ \end{matrix}\overset{1}{\Longrightarrow} C_3=\begin{pmatrix}1 & 3 & \textcircled{0} & 11 & 8\\ \not{0} & \textcircled{0} & 6 & 6 & 2\\ \textcircled{0} & 1 & 2 & 1 & \not{0}\\ 1 & \not{0} & 5 & \textcircled{0} & 4\\ 1 & 2 & 3 & 4 & \textcircled{0}\end{pmatrix}$$

$\checkmark$

第五步:确定最优指派方案。

指派方案为:一中队去双石,二中队太平,三中队去灵关,四中队龙门,五中队去宝盛。

$$\text{MinS}=7+9+6+6+6=34(\text{千米})$$

四、可化为指派问题的问题

可化为指派问题的问题一般有四种情况,一是极大化问题;二是单位数和任务数不相等的问题；三是一个单位可受领完成几项任务的问题；四是某单位不能受领某任务的问题。但是这些问题都可以稍加变形就可以化为指派问题来求解，如极大化问题可以用最大的效率减去每一效率，从而化为指派问题；单位数和任务数不相等的问题可以通过增加虚拟的任务数或单位数，将其对用的效率取零来进行转化；一个单位可受领完成几项任务的问题可将单位分解；某单位不能受领某任务的问题可以将对应的效率设置成一个比较大的数 M。下面通过例题进行介绍。

例 8.8 某部队要完成四个地点 D_1、D_2、D_3、D_4 的守卫任务，据分析估算四个分队 A_1、A_2、A_3、A_4 成功完成各项任务的概率如表 8-7 所列。试问：如何指派，可使总成功率最高？

表 8-7　各分队完成各守卫任务的概率

敌机 / 阵地	A_1	A_2	A_3	A_4
D_1	0.6	0.9	0.4	0.6
D_2	0.8	0.6	0.8	0.6
D_3	0.4	0.8	0.6	0.8
D_4	0.6	0.9	0.8	0.2

解：依题意得，指派问题的效率矩阵为

$$C=\begin{pmatrix}0.6 & 0.9 & 0.4 & 0.6\\ 0.8 & 0.6 & 0.8 & 0.6\\ 0.4 & 0.8 & 0.6 & 0.8\\ 0.6 & 0.9 & 0.8 & 0.2\end{pmatrix}$$

由于问题是求敌机被击毁的最大概率，所以我们应先将问题转化，变成求极小值的指派问题。即是说敌机未被击中概率。又因为匈牙利法的基本思路是寻找独立零元素，令 $c=\max(c_{ij})$，于是得新的极小化的效率矩阵为 $B_1=(c-c_{ij})_{4\times4}$，即

$$B_1=\begin{pmatrix}0.3 & 0 & 0.5 & 0.3\\ 0.1 & 0.3 & 0.1 & 0.3\\ 0.5 & 0.1 & 0.3 & 0.1\\ 0.3 & 0 & 0.1 & 0.7\end{pmatrix},$$

下面寻找 B_1 的独立零元素：

$$B_2=\begin{pmatrix}0.3 & \textcircled{0} & 0.5 & 0.3\\ \textcircled{0} & 0.2 & \not{0} & 0.2\\ 0.4 & \not{0} & 0.2 & \textcircled{0}\\ 0.3 & \not{0} & 0.1 & 0.7\end{pmatrix}$$

显然，独立零元素的个数不足 4 个，所以未求得问题的最优分配方案。当独立零元素个数不够时，接下来我们打钩划线。

$$B_2=\begin{pmatrix}0.3 & ⓪ & 0.5 & 0.3\\ ⓪ & 0.2 & \not{0} & 0.2\\ 0.4 & \not{0} & 0.2 & ⓪\\ 0.3 & \not{0} & 0.1 & 0.7\end{pmatrix}\begin{matrix}\checkmark\\ \\ \\ \checkmark\end{matrix}$$
$$\qquad\qquad\checkmark$$

得到覆盖所有零元素的直线数为 3 条。

$$B_2=\begin{pmatrix}0.3 & ⓪ & 0.5 & 0.3\\ ⓪ & 0.2 & \not{0} & 0.2\\ 0.4 & \not{0} & 0.2 & ⓪\\ 0.3 & \not{0} & 0.1 & 0.7\end{pmatrix}\begin{matrix}\checkmark\\ \\ \\ \checkmark\end{matrix}$$
$$\qquad\qquad\checkmark$$

继续变换系数矩阵，使得没有被直线覆盖的地方出现零元素。

$$B_2=\begin{pmatrix}0.3 & ⓪ & 0.5 & 0.3\\ ⓪ & 0.2 & \not{0} & 0.2\\ 0.4 & \not{0} & 0.2 & ⓪\\ 0.3 & \not{0} & 0.1 & 0.7\end{pmatrix}\begin{matrix}\checkmark\\ \\ \\ \checkmark\end{matrix}\quad 0.1$$
$$\qquad\qquad\checkmark$$

继续圈零，圈出 4 个独立零元素。

$$B_2=\begin{pmatrix}0.2 & ⓪ & 0.4 & 0.2\\ ⓪ & 0.3 & \not{0} & 0.2\\ 0.4 & 0.1 & 0.2 & ⓪\\ 0.2 & \not{0} & ⓪ & 0.6\end{pmatrix}$$

令圈零位置对应的 $x_{ij}=1$，其他位置的 $x_{ij}=0$，则得到指派问题的最优分配方案为：D_1 射击来袭敌机 A_2，D_2 射击来袭敌机 A_1，D_3 射击来袭敌机 A_4，D_4 射击来袭敌机 A_3。敌机被击毁的总概率为：$w=0.9+0.8+0.8+0.8=3.3$。

在实际应用中，经常会遇到完成任务的单位数量与任务的数量不相等的情形，我们可以把它转化成单位数量与任务数量相等的情形来解决。

例 8.9 五个封控小组 $B_1,B_2,\cdots B_5$ 要完成四个封控点 $A_1,A_2,\cdots A_4$ 的封控，每个小组到达封控点所需的时间（分钟）如表 8-8 所列。试问如何安排，可使所需总时间最少？若封控点 A_3 需要两个封控小组实施封控，试问如何安排，可使所需总时间最少？若在第二问的基础上，封控小组 B_3 由于某种原因不能去封控

点 A_3，如何指派呢?

表 8-8　时间需求表

	A_1	A_2	A_3	A_4
B_1	2	15	13	4
B_2	10	4	14	15
B_3	9	14	16	13
B_4	7	8	11	9
B_5	5	9	14	7

解:第一问为单位数与任务数不等的问题,其效率矩阵可转化为

$$c=\begin{pmatrix} 2 & 15 & 13 & 4 & 0 \\ 10 & 4 & 14 & 15 & 0 \\ 9 & 14 & 16 & 13 & 0 \\ 7 & 8 & 11 & 9 & 0 \\ 5 & 9 & 14 & 7 & 0 \end{pmatrix}$$

求解可得:

$$c'=\begin{pmatrix} ⓪ & 11 & 2 & \not{0} & 3 \\ 8 & ⓪ & 3 & 11 & 3 \\ 4 & 7 & 2 & 6 & ⓪ \\ 5 & 4 & ⓪ & 5 & 3 \\ \not{0} & 2 & \not{0} & ⓪ & \not{0} \end{pmatrix}$$

令圈零位置对应的 $x_{ij}=1$,其他位置的 $x_{ij}=0$,则得到最优分配方案为:封控小组 B_1 去 A_1 封控点,封控小组 B_2 去 A_2 封控点,封控小组 B_3 去封控点 A_5(不分配封控任务),封控小组 B_4 去 A_3 封控点,封控小组 B_5 去 A_4 封控点,所需总时间为:

$$z=2+4+11+7=24 \text{ 小时。}$$

第二问为某项任务需要几个单位共同完成的问题,由效率矩阵,将封控点 A_3 的任务一分为二,分别为 A_3 和 A_5 可得:

$$c=\begin{pmatrix} 2 & 15 & 13 & 4 & 13 \\ 10 & 4 & 14 & 15 & 14 \\ 9 & 14 & 16 & 13 & 16 \\ 7 & 8 & 11 & 9 & 11 \\ 5 & 9 & 14 & 7 & 14 \end{pmatrix}$$

求解可得：

$$c'=\begin{pmatrix} \textcircled{0} & 10 & 4 & \cancel{0} & 4 \\ 9 & \textcircled{0} & 6 & 12 & 6 \\ \cancel{0} & 2 & \textcircled{0} & 2 & \cancel{0} \\ 3 & 1 & \cancel{0} & 3 & \textcircled{0} \\ \cancel{0} & 1 & 2 & \textcircled{0} & 2 \end{pmatrix}$$

令圈零位置对应的 $x_{ij}=1$，其他位置的 $x_{ij}=0$，则得最优分配方案为：封控小组 B_1 去 A_1 封控点，封控小组 B_2 去 A_2 封控点，封控小组 B_3 去封控点 A_3，封控小组 B_4 去 A_3 封控点，封控小组 B_5 去 A_4 封控点，所需总时间为：

$$z=2+4+16+11+7=40 \text{ 小时。}$$

第三问是一个某单位不能受领某项任务的问题，先由效率矩阵转化得：

$$c=\begin{pmatrix} 2 & 15 & 13 & 4 & 13 \\ 10 & 4 & 14 & 15 & 14 \\ 9 & 14 & M & 13 & M \\ 7 & 8 & 11 & 9 & 11 \\ 5 & 9 & 14 & 7 & 14 \end{pmatrix}$$

求解可得：

$$c'=\begin{pmatrix} \cancel{0} & 9 & 2 & \textcircled{0} & 2 \\ 10 & \textcircled{0} & 5 & 13 & 5 \\ \textcircled{0} & 1 & M & 2 & M \\ 5 & 2 & \textcircled{0} & 5 & \cancel{0} \\ \cancel{0} & \cancel{0} & \cancel{0} & \cancel{0} & \textcircled{0} \end{pmatrix}$$

令圈零位置对应的 $x_{ij}=1$，其他位置的 $x_{ij}=0$，则得最优分配方案为：封控小组 B_1 去 A_4 封控点，封控小组 B_2 去 A_2 封控点，封控小组 B_3 去封控点 A_1，封控小组 B_4 去 A_3 封控点，封控小组 B_5 去 A_5 封控点，所需总时间为：

$$4+4+9+11+14=42 \text{ 小时。}$$

第四节　整数规划问题在军事上的应用

一、军事上的资源分配问题

例 8.10　有 n 个战士分配到 m 项任务中，完成第 i 项任务的效率与执行该项任务的战士数量之间的关系为 $g_i(x)$，试求完成任务的总效率最大的任务分配方案。

解：设分配 x_i 个战士到第 i 项任务上。

$$\max \quad \sum_{i=1}^{m} g_i(x_i)$$

$$s.t. \begin{cases} \sum_{i}^{m} x_i \leqslant n \\ x_i \geqslant 0 \text{ 且为整数}, i = 1,2,\cdots,n \end{cases}$$

二、军需仓库选址问题

例 8.11 现准备在几个地点建设军需仓库，可供选择的地点有 A1, A2, …, Am，它们的容量分别是 a1, a2, …, am（假设储存同一种产品）。第 i 个仓库的建设费用为 fi(i=1, 2, …, m)，并要供应 n 个单位 B1, B2, …, Bn，其需求量分别为 b1, b2, …, bn，从仓库 Ai 运往 Bj 的单位运费为 cij（如表 8-9 所示）。试决定在哪里地方建仓库，既能满足各单位的需求，又能使总建设费和总运输费用最省？

表 8-9 各备选地建仓库信息明细

单位 / 备选地	B_1	B_2	…	B_n	容量	建设费用
A_1	c_{11}	c_{12}	…	c_{1n}	a_1	f_1
A_2	c_{21}	c_{22}	…	c_{2n}	a_2	f_2
⋮	⋮	⋮		⋮	⋮	⋮
A_m	c_{m1}	c_{m2}	…	c_{mn}	am	f_m
需求量	b_1	b_2	…	b_n		

设 x_{ij} 表示从 A_i 运往 B_j 的运量（$i=1, 2, \cdots, m$; $j=1, 2, \cdots, n$）

$$y_i = \begin{cases} 1, A_i \text{ 建厂} \\ 0, \text{不 } A_i \text{ 建厂} \quad i=1, 2, \cdots, m \end{cases}$$

则该问题可归结为求 x_{ij} 和 y_i（$i=1, 2, \cdots, m$; $j=1, 2, \cdots, n$），则有

$$\min z = \sum_{i=1}^{m} \sum_{j=1}^{n} c_{ij} x_{ij} + \sum_{i=1}^{m} f_i y_i$$

$$s.t. \begin{cases} \sum_{j=1}^{n} x_{ij} \leqslant a_i y_i & i - 1,2,\cdots,m \\ \sum_{i=1}^{m} x_{ij} \geqslant b_j & j = 1,2,\cdots,n \\ x_{ij} \geqslant 0, y_i = 0 \text{ 或 } 1 & i = 1,2,\cdots,m; j = 1,2,\cdots,n \end{cases}$$

在本例中，x_{ij} 可以取非负实数，而 y_i 只能取 0 或 1，这类问题称为混合整数规划问题。

三、军事上的背包问题

例 8.12 有一辆最大货运量为 b 吨的军用卡车，用于装载 n 种货物，每种货物的单件重量为 a_j 及相应单件价值为 c_j，应如何装载可使总价值最大？

解：设第 i 种货物装载的件数为 $x_i(i=1,2,\cdots,n)$ 则该问题的数学模型为

$$\max z=\sum_{j=1}^{n} c_j x_j$$

$$\text{s. t.} \quad \sum_{j=1}^{n} a_j x_j \leqslant b$$

$$x_j \geqslant 0 \text{ 且为整数}, \quad j=1,2,\cdots,n$$

第五节 WinQSB 软件应用

用 WinQSB 软件求解整数规划问题，先调用子程序 integer linear Programming (LP-ILP)，然后在 file 菜单中选择 new problem，显示对话框如图 8-7 所示，包含 2 个问题：Maximization(最大化问题)和 Minimization(最小化问题)。

例 8.13 用 WinQSB 软件求解例 8.1

$$\max Z=4x_1+3x_2$$

$$\begin{cases}1.2x_1+0.8x_2\leqslant 10\\ 2x_1+2.5x_2\leqslant 25\\ x_1,x_2\geqslant 0,\text{且均取整数}\end{cases}$$

解：(1)调用子程序，新建问题。在图 8-7 中，输入标题、变量数和约束条件数，选择极大化问题、非负整数和正规模型表格，如图 8-8，点击 ok 得到图 8-9。

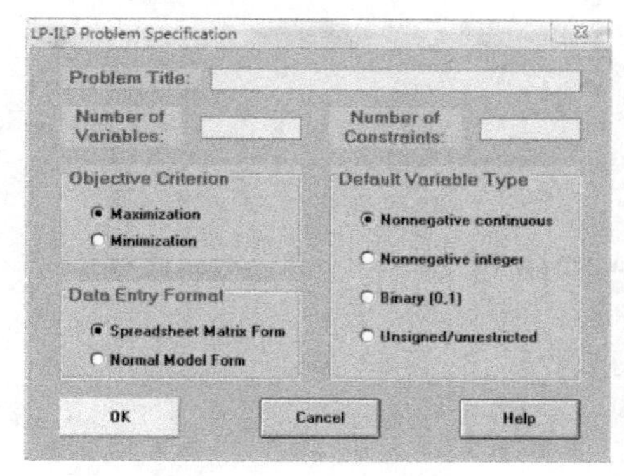

图 8-7 输入界面

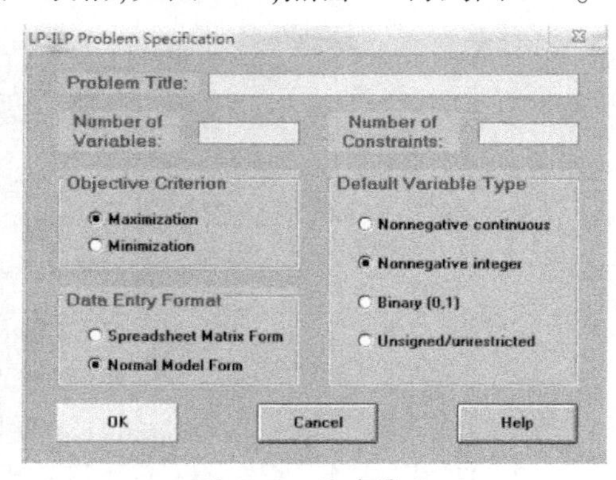

图 8-8 已选界面

图 8-9　输入界面

（2）输入数据。按提示输入目标函数和两个约束条件。

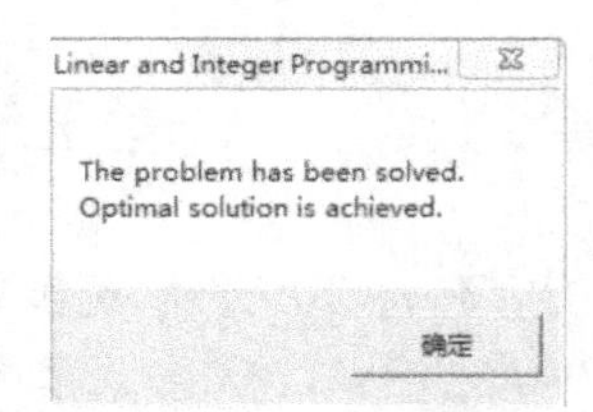

图 8-10　提示界面

（3）求解。点击菜单栏中 Solve and Analyze 中的下拉菜单中的 Solve the Problem 按钮，得到图 8-10 所示对话框，点击确定，点击 solve 按钮得到图 8-11 所示结果。

	16:53:14		2016/10/14 16:53:13 下午	2016/10/14 16:53:13 下午	2016/10/14 16:53:13 下午	2016/10/14 16:53:13 下午
	Decision Variable	Solution Value	Unit Cost or Profit c(j)	Total Contribution	Reduced Cost	Basis Status
1	X1	5.0000	4.0000	20.0000	-0.5000	at bound
2	X2	5.0000	3.0000	15.0000	0	basic
	Objective	Function	(Max.) =	35.0000		
	Constraint	Left Hand Side	Direction	Right Hand Side	Slack or Surplus	Shadow Price
1	C1	10.0000	<=	10.0000	0	3.7500
2	C2	22.5000	<=	25.0000	2.5000	0

图 8-11　输出结果

习　题　八

1. 用图解法求解整数规划

$$\max z=6x_1+5x_2$$

$$s.t.\begin{cases}2x_1+x_2\leqslant 9,\\5x_1+7x_2\leqslant 35,\\x_1,x_2\geqslant 0\text{ 且为整数。}\end{cases}$$

2. 使用分枝定界法求解下列整数规划

(1) $\max z=5x_1+2x_2$

$$s.t.\begin{cases}3x_1+x_2\leqslant 12,\\ x_1+x_2\leqslant 5,\\ x_1,x_2\geqslant 0\text{ 且为整数}.\end{cases}$$

(2) $\min z=4x_1+5x_2$

$$s.t.\begin{cases}x_1+4x_2\leqslant 12,\\ 3x_1+2x_2\leqslant 7,\\ x_1,x_2\geqslant 0\text{ 且为整数}.\end{cases}$$

3. 一公司考虑在四个城市:北京、上海、广州和武汉设立库房。这些库房负责向三个地区:华北、华中和华南地区发运货物,每个库房每月可处理货物1000件,在北京设库房每月的成本为4.5万元,上海为5万元,广州为7万元,武汉为4万元。每个地区的月平均需求量为华北为每月600件,华中每月700件,华南每月800件。发运货物的费用(元/件)见表8-10。公司希望在满足地区需求的前提下使平均月成本最小,且还要满足以下条件:

(1) 如果在上海设库房,则必须也在武汉设库房;

(2) 最多设立两个库房;

(3) 武汉和广州不能同时设立库房。请写一个满足上述要求的整数规划模型。

表8-10　货物需求明细

	华北	华中	华南
北京	200	400	500
上海	300	250	450
广州	600	400	250
武汉	300	150	350

4. 考虑资金分配问题,在今后3年内有5项工程考虑施工,每项工程的期望收入和年度费用(千元)如表8-11。假定每一项已经批准的工程要在整个3个内完成,目标是要选出使总收入达到最大的那些工程。把这个问题表示成一个0—1整数规划模型。

表8-11　工程的期望收入和年度费用

工　程	费用(千元)			收入(千元)
	1	2	3	
1	5	1	8	20
2	4	7	10	40
3	3	9	2	20
4	7	4	1	15
5	8	6	10	30
最大的可用基金数(千元)	25	25	25	—

5. 用割平面法求解下列整数规划

(1) $\max z = 7x_1 + 9x_2$

$$s.t. \begin{cases} -x_1 + 3x_2 \leqslant 6, \\ 7x_1 + x_2 \leqslant 35, \\ x_1, x_2 \geqslant 0 \text{ 且为整数}. \end{cases}$$

(2) $\max Z = 4x_1 + 6x_2 + 2x_3$

$$s.t. \begin{cases} 4x_1 - 4x_2 \leqslant 5, \\ -x_1 + 6x_2 \leqslant 5, \\ -x_1 + x_2 + x_3 \leqslant 5, \\ x_1, x_2, x_3 \geqslant 0 \text{ 且为整数}. \end{cases}$$

6. 用完全枚举法求解 0-1 规划问题

$$\max Z = 3x_1 - 2x_2 + 5x_3$$

$$s.t. \begin{cases} x_1 + 2x_2 - x_3 \leqslant 2, \\ x_1 + 4x_2 + x_3 \leqslant 4, \\ x_1 + x_2 \leqslant 3, \\ 4x_2 + x_3 \leqslant 6, \\ x_1, x_2, x_3 = 0 \text{ 或 } 1. \end{cases}$$

7. 用隐枚举法求解下列 0—1 规划问题

(1) $\max Z = 4x_1 + 3x_2 + 2x_3$

$$s.t. \begin{cases} 2x_1 - 5x_2 + 3x_3 \leqslant 4, \\ 4x_1 + x_2 + 3x_3 \geqslant 3, \\ x_2 + x_3 \geqslant 0, \\ x_1, x_2, x_3 = 0 \text{ 或 } 1. \end{cases}$$

(2) $\max Z = 2x_1 - x_2 + 5x_3 - 3x_4 + 4x_5$

$$s.t. \begin{cases} 3x_1 - 2x_2 + 7x_3 - 5x_4 + 4x_5 \leqslant 6, \\ x_1 - x_2 + 2x_3 - 4x_4 + 2x_5 \leqslant 0, \\ x_1, x_2, x_3, x_4, x_5 = 0 \text{ 或 } 1. \end{cases}$$

8. 某支队拟派三个人参加总队的三项比武,现有 4 名战士单个项目的预赛时间如表 8-12 所示,试找出使总时间最短的人员安排。

表 8-12　预赛时间表

战士 \ 项目	A	B	C
甲	2	15	13
乙	10	4	14
丙	9	14	16
丁	7	8	11

9. 某支队有三个任务(A、B、C)可由四个士兵(甲、乙、丙、丁)执行,但乙不具备完成 B 的能力。每名士兵完成每个工作的收获如表 8-13 所示。现使总收

获最大,如何安排最好?

表 8-13　收益表

士兵＼任务	A	B	C
甲	11	16	14
乙	16	—	12
丙	12	13	10
丁	15	20	9

10. 现将 4 种工作分派给 4 个工人,每人只完成一个工作。各工人完成每项工作的时间(小时)如下表 8-14,如何安排,可使总花费时间最少?

表 8-14　时间耗费表

工人＼工种	A	B	C	D
甲	2	15	13	4
乙	10	4	14	15
丙	9	14	16	13
丁	7	8	11	9

11. 有一封绝密文件需送往 A、B、C、D、E 五个地点,有五件交通工具可以选择,此五件交通工具都比人步行快捷,已知该五件交通工具在分别去往五个地点的过程中资源消耗如表 8-15 所示,试给出总资源消耗最少的文件送达方案。

表 8-15　资源消耗表

交通工具＼地点	A	B	C	D	E
甲	9	3	1	8	2
乙	6	5	4	6	7
丙	2	4	3	3	8
丁	5	6	2	2	1
戊	3	2	3	5	4

12. 现将 5 名技术干部甲、乙、丙、丁、戊派遣到 5 项工作 A、B、C、D、E 中去,由于他们中技术方面各有优势,因而,他们完成不同工作所带来的收益各不相同,其收益如表 8-16 所示。问;如何分配可使总收益最大?

表 8-16　收益表

干部 \ 任务	*A*	*B*	*C*	*D*	*E*
甲	450	530	720	700	700
乙	500	620	650	650	860
丙	600	720	860	860	540
丁	570	620	460	730	600
戊	800	430	560	840	540

思考题:

军事定向越野是一个在一个区域内有一定的必经点(按时经过得 4 分,不按时经过得 0 分,不经过扣 4 分)和自由点(经过得 2 分),要求选手在规定时间内(一般 80 分钟内)到达终点,得分高的胜出的军事活动。所以军事定向越野其实就是要求选手在规定的时间内找到一条得分高的行进路径,属路径优化问题。请同学们自己假设处各点位坐标,结合整数规划知识建立军事定向越野路径优化问题的数学模型。

第九章　军事排队问题及其优化方法

排队论是研究系统随机聚散现象、随机服务系统工作过程的数学理论与方法，故又称随机服务理论，是运筹学的重要分支。排队论是一门新兴的学科，它是20世纪初由丹麦工程师爱尔朗研究电话系统服务过程时，对发生的拥挤排队现象进行研究而提出来的，后来逐渐在交通运输、电信、计算机、公共服务事业、军事等领域得到广泛应用。

排队论解决军事问题，概括起来主要体现在两个方面，一是应用排队论方法对军事系统进行最优设计，提高军事系统作战效益；二是根据军事系统应具有的作战能力，应用排队论方法对该系统的人员、设备配置等提出要求。

第一节　排队的基本概念

一、排队系统的一般模型

介绍排队论前，先看一些军事领域内排队的例子（表9-1）。

表9-1　排队举例

排队系统	到达的顾客	要求服务内容	服务机构
武器修理系统	损坏的武器	修理	修理技工
侦察系统	敌方目标	侦察	侦察器材
反坦克系统	敌坦克	我反坦克武器打击	我反坦克武器
航空母舰飞机降落系统	航空母舰上返航飞机	降落	甲板
我方阵地防空系统	进入我方阵地的敌机	我方高射炮进行射击	我方高射炮
理发室排队系统	理发学员	理发	理发师

由此可见，排队系统都有顾客、服务员或服务台的概念，并且顾客到达系统及为每一位顾客提供服务的时间往往是随机的，因而整个排队系统的状态也是随机的。

各个顾客从顾客源出发，随机地来到服务机构，按一定的排队规则等待服务，直到按一定的服务规则接受完服务后离开排队系统。具体模型如图9-1

所示。

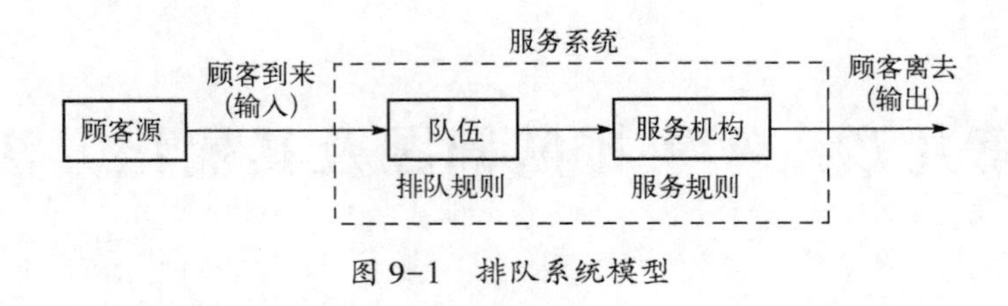

图 9-1　排队系统模型

由图 9-1 可以看出,排队系统由输入过程、排队规则及服务机构三个基本部分组成。

(一) 输入过程

输入即指顾客到达排队系统。输入过程是指要求服务的顾客是按怎样的规律到达排队系统的过程,有时也把它称为顾客流。

一般可以从以下几个方面来描述一个输入过程。

(1) 顾客的总体数,又称顾客源、输入源。顾客源可以是有限的,也可以是无限的。

例如,修理系统里损坏的武器可以认为是无限的;我侦察系统中的敌方的目标等可以认为是有限的。

(2) 顾客到来的方式。这是描述顾客是怎样来到系统的,他们是单个到达,还是成批到达。

如学员理发一般是单个到达的;反坦克系统中的敌坦克一般是成批到达的。

(3) 顾客流的概率分布,或称相继顾客到达的时间间隔的分布。这是求解排队系统有关运行指标问题时,首先需要确定的指标。这也可以理解为在一定的时间间隔内到达 k 个顾客($k=1,2,\cdots$)的概率是多大。顾客相继到达的间隔时间可以是确定型的,也可以是随机型的。

例如:在流水线上装配的各部件必须按确定的时间间隔到达装配点,我方阵地防空系统中的敌机一般是随机的。

顾客流的概率分布一般有定长分布、二项分布、泊松流(最简单流)、爱尔朗分布等若干种。

(4) 顾客的到达可以是相互独立的。

(5) 输入过程可以是平稳的,或称对时间是齐次的,即描述相继到达的间隔时间分布和所含参数(如期望值、方差等)都是与时间无关的。

(二) 排队规则

这是指服务台从队列中选取顾客进行服务的顺序。一般可以分为损失制、等待制和混合制等三大类。

（1）损失制。这是指如果顾客到达排队系统时，所有服务台都已被先来的顾客占用，那么他们就自动离开系统永不再来。

例如：反坦克系统中的敌坦克，我方阵地防空系统中的敌机，一般错失良机将难以再次得到击毁的机会，这种服务规则即为损失制。

（2）等待制。这是指当顾客来到系统时，所有服务台都不空，顾客加入排队行列等待服务。

例如：排队等待理发，故障武器装备等待维修等。

对于等待制，为顾客进行服务的次序可以采用下列各种规则：先到先服务（FCFS）、后到先服务（LCFS）、随机服务（RS）、有优先权的服务。

① 先到先服务。按顾客到达的先后顺序对顾客进行服务，这是最普遍的情形。

② 后到先服务。例如：仓库中迭放的钢材，后迭放上去的都先被领走。

③ 随机服务。即当服务台空闲时，不按照排队序列而随意指定某个顾客去接受服务。例如：电话交换台接通呼叫电话。

④ 有优先权的服务。

（3）混合制。这是等待制与损失制相结合的一种服务规则，一般是指允许排队，但又不允许队列无限长下去的情况。具体说来分三种：队长有限、等待时间有限、逗留时间有限。

① 队长有限。当排队等待服务的顾客人数超过规定数量时，后来的顾客就自动离去，另求服务，即系统的等待空间是有限的。

具体地有，最多只能容纳 K 个顾客在系统中，当新顾客到达时，若系统中的顾客数（又称为队长）小于 K，则可进入系统排队或接受服务；否则，便离开系统，并不再回来。

例如：理发室的空间是有限的，我阵地上的防空区域是有限的。

② 等待时间有限。即顾客在系统中的等待时间不超过某一给定的长度 T，当等待时间超过 T 时，顾客将自动离去，并不再回来。

例如：我防空阵地上的敌机，超过一定时间将离去。

③ 逗留时间（等待时间与服务时间之和）有限。

例如：用高射炮射击敌机，当敌机飞越高射炮射击有效区域的时间为 t 时，若在这个时间内未被击落，也就不可能再被击落了。

不难注意到，损失制和等待制可看成是混合制的特殊情形，如记 s 为系统中服务台的个数，则当 $K=s$ 时，混合制即成为损失制；当 $K=\infty$ 时，混合制即成为等待制。

从允许排队的空间看，队列可以排在具体的处所，也可以是抽象的。排队空间可以有限,也可以无限。

从排队的队列数目看,可以是单列,也可以是多列。

在多列的情形,各列间的顾客有的可以互相转移,有的不能。

有的排队顾客因等候时间过长而中途退出,有的不能退出,必须坚持到被服务为止。

(三) 服务机构

服务机构可以从以下三方面来描述(图 9-2)。

(1) 服务台数量及构成形式。

服务机构可以没有服务员,也可以有一个或多个服务员(服务台、通道、窗口等)。

从数量上说,服务台有单服务台和多服务台之分。在有多个服务台的情形中,可以是平行排列的,也可以是前后排列的,或混合排列的。

从构成形式上看,服务台有:

① 单队—单服务台式;如图 9-2(a);

② 多队—多服务台并联式;如图 9-2(b);

③ 单队—多服务台并联式;如图 9-2(c);

④ 单队—多服务台串联式;如图 9-2(d);

⑤ 单队—多服务台并串联混合式;

⑥ 多队—多服务台并串联混合式等等。

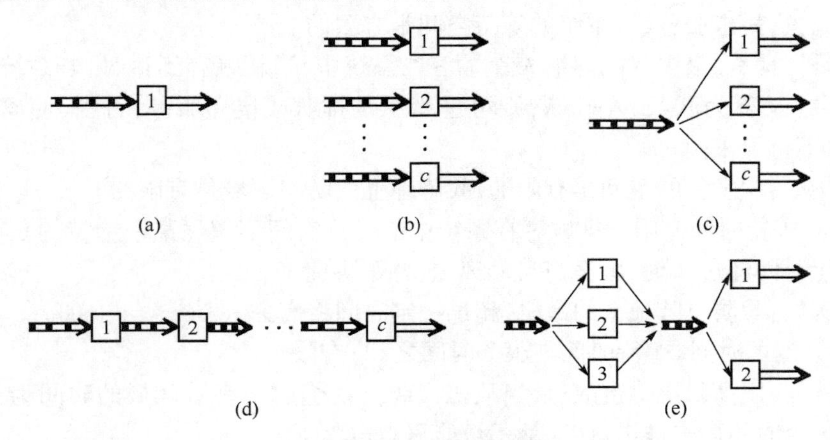

图 9-2　各种服务台构成模式

(2) 服务方式。这是指在某一时刻接受服务的顾客数,它有单个服务和成批服务两种。如公共汽车一次就可装载一批乘客就属于成批服务。

(3) 服务时间的分布。服务时间可分为确定型和随机型。一般来说,在多数情况下，对每一个顾客的服务时间是一随机变量，其概率分布有定长分布、负指数分布、K 阶爱尔朗分布、一般分布（所有顾客的服务时间都是独立同分布的）等等。

服务时间的分布通常假定是平稳的，指时间间隔分布及其特征参数（数学期望、方差等）不随时间的变化而变化。

二、排队系统的分类

按不同的分类标准，可以将排队系统分成不同的类别。

（一）按顾客到达的类型分类

（1）按顾客源顾客的数量，可分为有限顾客源和无限顾客源；

（2）按顾客到达的形式，可分为单个到达和成批到达；

（3）按顾客相继到达的时间间隔分布，可分为定长分布和负指数分布。

（二）按排队规则分类

（1）等待制：顾客到达后，一直等到服务完毕以后才离去；

（2）损失制：到达的顾客有一部分未接受服务就离去；例如：队列容量有限的系统。设队列容量为 L_0，顾客到达时的队长为 L，若 $L<L_0$，则顾客进入队列等待服务，若 $L=L_0$，则顾客离去。

（3）混合制：兼有以上两种排队规则的特点，顾客对等待时间具有不耐烦性的系统。设最长等待时间是 W_0，某个顾客从进入队列后的等待时间为 W，若 $W<W_0$，顾客继续等待；若 $W=W_0$，则顾客脱离队列而离去。

（三）按服务规则分类

（1）先到先服务（FCFS，First Come First Serve）；

（2）后到先服务（LCFS，Last Come First Serve）；

（3）有优先权的服务（PR，Priority）；

（4）随机服务（SIRO，Service in Random Order）。

（四）按服务台的数量及排队方式分类

根据服务台的数量及排队方式，排队系统可以分为：

（1）单队—单服务台式；

（2）单队—多服务台并联式；

（3）多队—多服务台并联式；

（4）单队—多服务台串联式；

（5）单队—多服务台并串联混合式；

（6）多队—多服务台并串联混合式等等。

三、排队论中常用的记号及各类排队系统的符号

(一) 排队论中常用的记号

n—系统中的顾客数;

λ—顾客到达的平均速率,即单位时间内平均到达的顾客数;

μ—平均服务速率,即单位时间内服务完毕离去的顾客数;

$p_n(t)$—时刻 t 系统中有 n 个顾客的概率;

c—服务台的个数;

M —顾客相继到达的时间间隔服从负指数分布;

D—顾客相继到达的时间间隔服从定长分布;

E_k—顾客相继到达的时间间隔服从 k 阶 Erlang 分布。

(二) 排队系统的符号表示

一个排队系统的特征可以用六个参数表示,形式为:A/B/C/d/e/f

其中

A—顾客到达的概率分布,可取 M,D,E_k 等;

B—服务时间的概率分布,可取 M,D,E_k 等;

C—服务台个数,取正整数;

d—排队系统的最大容量,可取正整数或∞;

e—顾客源的最大容量,可取正整数或∞;

f—排队规则,可取 FCFS、LCFS 等。

例如:M/M/1/∞/∞/FCFS

表示顾客到达的时间间隔是负指数分布,服务时间是负指数分布,一个服务台,排队系统和顾客源的容量都是无限,实行先到先服务的一个服务系统。

第二节　顾客到达间隔和服务时间的分布

一、泊松流(泊松过程)

在概率论中,我们已经知道随机变量的泊松分布。设随机变量 X 服从泊松分布,则

$$P[\{X=n\}=\frac{\lambda^n e^{-\lambda}}{n!}\quad(\lambda>0,n=0,1,2,\cdots)$$

如果一个随机变量,概率分布与时间 t 有关,则称这个随机变量为一个随机过程,排队系统中顾客到达的个数就是一个随机过程。

（一）泊松流的定义

定义 9.1 满足以下四个条件的输入流称为泊松流(泊松过程)

(1) 平稳性:在时间区间$[t,t+\Delta t]$内到达k个顾客的概率与t无关,只与Δt有关。记为$p_k(\Delta t)$。

(2) 无后效性:不相交的时间区间内到达的顾客数互相独立。

(3) 普通性:设在$[t,t+\Delta t)$内到达多于一个顾客的概率为$q(\Delta t)$,则

$$q(\Delta t)=o(\Delta t)$$

即

$$\lim_{\Delta t\to 0}\frac{q(\Delta t)}{\Delta t}=0$$

(4) 有限性:任意有限个区间内到达有限个顾客的概率等于1。即

$$\sum_{k=0}^{\infty}p_k(\Delta t)=1$$

（二）泊松流的概率密度函数

记$p_k(t)$为在$[0,t)$区间内到达k个顾客的概率,现要求得$p_k(t)$的表达式。分为以下步骤来求。

(1) 求$p_0(t)$。

$p_0(t)$表示$[0,t)$内没有顾客到达的概率。考虑$p_0(t+\Delta t)$,即在$[0,t+\Delta t)$内没有顾客到达的概率。

设事件A为在$[0,t+\tau)$内没有顾客到达,事件A_1为在$[0,t)$内没有顾客到达,事件A_2为在$[t,t+\tau)$内没有顾客到达。则事件A、A_1和A_2的关系为

$$A=A_1\cap A_2$$

因为时间区间$[0,t)$和$[t,t+\tau)$是不相交的,由无后效性假定,A_1和A_2互相独立,因此,事件A、A_1和A_2发生的概率$P(A)$、$P(A_1)$和$P(A_2)$满足

$$P(A)=P(A_1)P(A_2)$$

即

$$p_0(t+\tau)=p_0(t)p_0(\tau)$$

两边取对数,得到

$$\ln p_0(t+\tau)=\ln p_0(t)+\ln p_0(\tau)$$

对任何$t>0$以及$\tau>0$都成立。由数学分析中的一个定理若$f(x)$是单调连续函数,且对任何实数a,b都有

$$f(a+b)=f(a)+f(b)$$

则$f(x)$必定是x的齐次线性函数。可以得到

$$\ln p_0(t)=at \quad a\text{ 为常数}$$

即
$$p_0(t)=e^{at}$$
由于对任何 $t>0$ 都有
$$0\leqslant p_0(t)\leqslant 1$$
所以 $a<0$,令 $\lambda=-a,\lambda>0$,由此得到
$$p_0(t)=e^{-\lambda t}$$
即在$[0,t)$内没有顾客到达的概率服从负指数分布。

(2) 求 $p_k(t)$。

将区间$[0,t)$分为 n 等份,n 取充分大,使得 $n>k$。每个小区间的长度为 t/n。定义以下事件(图9-3):

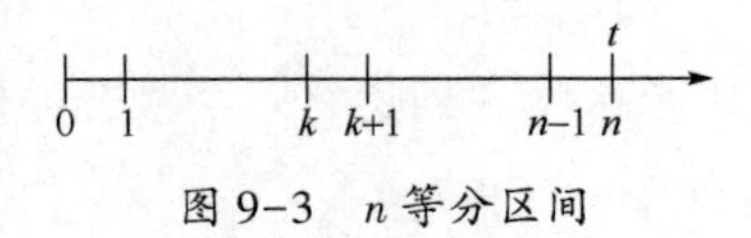

图9-3 n 等分区间

事件 B:$[0,t)$内到达 k 个顾客;

事件 B_1:$[0,t)$内到达 k 个顾客,并且每个小区间内至多到达一个顾客。由于 $n>k$,因此这是可能的。

事件 B_2:$[0,t)$内到达 k 个顾客,并且至少有一个小区间内到达一个以上顾客。

由以上事件的定义可知
$$B=B_1\cup B_2$$
且 B_1,B_2 互不相容,因此
$$p_k(t)=P(B)=P(B_1)+P(B_2)$$
由普通性假设以及事件 B_2 的定义可知:
$$\lim_{n\to\infty}p(B_2)=0$$
令 $\Delta t=t/n$,由无后效性可知,各小区间有一个或无顾客到达是相互独立的,因此,在 n 个小区间中有 k 个小区间恰到达一个顾客,其余 $n-k$ 个区间没有顾客到达的概率服从二项分布,即
$$\begin{aligned}p(B_1)&=C_n^k p_1^k(\Delta)p_0^{n-k}(\Delta)\\&=C_n^k[1-p_0(\Delta)-q(\Delta)]^k p_0^{n-k}(\Delta)\\&=C_n^k[1-e^{-\lambda\Delta}-q(\Delta)]^k e^{-\lambda(n-k)\Delta}\end{aligned}$$
将 $e^{-\lambda\Delta t}$用 Taylor 级数展开,$e^{-\lambda\Delta t}=1-\lambda\Delta t+o(\Delta t)$,并注意到 $q(\Delta t)=o(\Delta t)$,上式成为

$$p(B_1)=C_n^k p_1^k(\Delta t)p_0^{n-k}(\Delta t)=C_n^k\{1-[1-\lambda\Delta t-o(\Delta t)]\}^k e^{-\lambda(n-k)\Delta t}$$

$$=C_n^k\{\lambda\Delta t+o(\Delta t)\}^k e^{-\lambda(n-k)\Delta t}=C_n^k\lambda^k\Delta t^k\left[1+\frac{o(\Delta t)}{\lambda\Delta t}\right]^k e^{-\lambda n\Delta t}e^{\lambda k\Delta t}$$

$$=\frac{n(n-1)\cdots(n-k+1)}{k!}\lambda^k\frac{t^k}{n^k}\left[1+\frac{o(\Delta t)}{\lambda\Delta t}\right]^k e^{-\lambda t}e^{\lambda k\Delta t}$$

$$=\frac{(\lambda t)^k}{k!}e^{-\lambda t}\frac{n(n-1)\cdots(n-k+1)}{n^k}\left[1+\frac{o(\Delta t)}{\lambda\Delta t}\right]^k e^{\lambda k\Delta t}$$

当 $n\to\infty$ 时

$$p_k(t)=\lim_{n\to\infty}p(B_2)=\frac{(\lambda t)^k}{k!}e^{-\lambda t}$$

定理 9.1 对于一个参数为 λ 的泊松流，在$[0,t)$内到达 k 个顾客的概率为

$$p_k(t)=\frac{(\lambda t)^k}{k!}e^{-\lambda t}\quad k=0,1,2\cdots\quad \lambda>0$$

即服从以 λ 为参数的泊松分布。

(3) 参数 λ 的实际意义

设 $N(t)$ 表示在$[0,t)$内到达的顾客数的期望值

$$N(t)=\sum_{k=0}^{\infty}kp_k(t)=\sum_{k=1}^{\infty}k\frac{(\lambda t)^k}{k!}e^{-\lambda t}=(\lambda t)\sum_{k=1}^{\infty}\frac{(\lambda t)^{k-1}}{(k-1)!}e^{-\lambda t}=(\lambda t)e^{\lambda t}e^{-\lambda t}=\lambda t$$

由此得到

$$\lambda=\frac{N(t)}{t}$$

即 λ 的实际意义为单位时间内到达的顾客数的期望值，或称平均到达速率。

二、负指数分布

由概率论可知，如果随机变量 T 服从负指数分布，则其分布函数为

$$F_T(t)=1-e^{-\mu t}\quad t\geqslant 0\quad \mu\geqslant 0$$

密度函数为

$$f_T(t)=\mu e^{-\mu t}\quad t\geqslant 0\quad \mu\geqslant 0$$

T 的期望值为

$$E(T)=\int_0^{\infty}tf_T(t)\,\mathrm{d}t=\int_0^{\infty}t\mu e^{-\mu t}\mathrm{d}t=\frac{1}{\mu}$$

T 的方差为

$$D(T)=\frac{1}{\mu^2}$$

负指数分布具有以下重要性质：

定理 9.2 设对顾客的服务时间 X 服从参数为 μ 的负指数分布。在对某一个顾客的服务已经进行了一定时间的条件下，这个顾客的剩余的服务时间仍服从以 μ 为参数的负指数分布。

证明：设服务已经进行的时间为 τ，则剩余时间不少于 t 的条件概率为

$$P\{X\geqslant t+\tau \mid X\geqslant \tau\}=\frac{P\{X\geqslant t+\tau, X\geqslant \tau\}}{P\{X\geqslant \tau\}}$$

$$=\frac{P\{X\geqslant t+\tau\}}{P\{X\geqslant \tau\}}=\frac{e^{-\mu(t+\tau)}}{e^{-\mu\tau}}=e^{-\mu t}$$

由此看出，服务剩余时间的分布独立与已经服务过的时间，并且与原来的服务时间的分布相同。

下面的定理，说明了泊松流与负指数分布之间的关系。

定理 9.3 在排队系统中，如果到达的顾客数服从以 λt 为参数的泊松分布，则顾客相继到达的时间间隔服从以 λ 为参数的负指数分布。

证明：设泊松流中顾客相继到达的时间间隔为随机变量 T，并且在时刻 0 有一个顾客到达，则下一个顾客将在时刻 T 到达。T 的分布函数为

$$F_T(t)=p[T\leqslant t]$$

$$=1-p[T>t]$$

其中 $P(T>t)$ 表示在 $[0,t)$ 内没有顾客到达的概率，因此

$$p[T>t]=e^{-\lambda t}$$

所以，T 的分布函数为

$$F_T(t)=1-e^{-\lambda t}$$

T 的密度函数为

$$f_T(t)=\lambda e^{-\lambda t}$$

因此，顾客相继到达的时间间隔服从以 λ 为参数的负指数分布。

由定理 9.3 可以看出，“到达的顾客数是一个以 λ 为参数的泊松流”与“顾客相继到达的时间间隔服从以 λ 为参数的负指数分布两个事实是等价的。

三、k 阶爱尔明分布

定理 9.4 设 $v_1, v_2, \cdots v_k$ 是 k 个互相独立的，具有相同参数 μ 的负指数分布随机变量，则随机变量 $S=v_1+v_2+\cdots+v_k$，服从 k 阶爱尔明分布，S 的密度函数为

$$f(t)=\frac{\mu(\mu t)^{k-1}}{(k-1)!}e^{-\mu t} \quad t>0$$

第三节　单服务台负指数分布排队系统

如前所述,$M/M/1/\infty/\infty/FCFS$ 模型的特征是输入为泊松流,服务时间服从负指数分布,一个服务台;队列容量无限,顾客源数量无限,服务规则是先到先服务。这是一类最常见的排队问题。

在这一节中,我们将给出这个模型的一些重要运行指标如队列的平均长度,顾客的平均等待时间等。

一、有 n 个顾客的概率

在分析标准的 $M/M/1$ 模型时,首先要求出系统在任意时刻 t 的状态为 n（系统中有 n 个顾客）的概率 $P_n(t)$,它决定了系统运行的特征。

因已知到达规律服从参数为 λ 的泊松过程,服务时间服从参数为 μ 的负指数分布,所以在$[t,t+\Delta t)$时间区间内分为

有 1 个顾客到达的概率为 $\lambda\Delta t+o(\Delta t)$;没有顾客到达的概率就是 $1-\lambda\Delta t+o(\Delta t)$。

当有顾客在接受服务时,1 个顾客被服务完了（离去）的概率是$\mu\Delta t+o(\Delta t)$,没有离去的概率是 $1-\mu\Delta t+o(\Delta t)$。

多于一个顾客的到达或离去的概率是 $o(\Delta t)$,是可以忽略的。

在时刻 $t+\Delta t$,系统中有 n 个顾客($n>0$)存在下列四种情况（到达或离去是 2 个以上的没列入）,具体如表 9-2 所列。

表 9-2　时刻 $t+\Delta t$ 有 n 个顾客的情况

情况	在时刻 t 顾客数	在区间$[t,t+\Delta t)$		在时刻 $t+\Delta t$ 顾客数
		到达	离去	
(A)	n	×	×	n
(B)	$n+1$	×	○	n
(C)	$n-1$	○	×	n
(D)	n	○	○	n

“○”表示发生(1 个);“×”表示没有发生。

他们的概率分别是（略去 $o(\Delta t)$）:

情况(A)　　$P_n(t)(1-\lambda\Delta t)(1-\mu\Delta t)$

情况(B)　　$P_{n+1}(t)(1-\lambda\Delta t)\mu\Delta t$

情况(C)　　$P_{n-1}(t)\cdot\lambda\Delta t(1-\mu\Delta t)$

情况(D)　　$P_n(t)\cdot\lambda\Delta t\cdot\mu\Delta t$

由于这四种情况是互不相容的，所以 $P_n(t+\Delta t)$ 应是这四项之和，即(将关于 Δt 的高阶无穷小合成一项)：

$$P_n(t+\Delta t)=P_n(t)(1-\lambda\Delta t-\mu\Delta t)+P_{n+1}(t)\mu\Delta t+P_{n-1}(t)\lambda\Delta t+o(\Delta t)$$

$$\frac{P_n(t+\Delta t)-P_n(t)}{\Delta t}=\lambda P_{n-1}(t)+\mu P_{n-1}(t)-(\lambda+\mu)P_n(t)+\frac{o(\Delta t)}{\Delta t}$$

令 $\Delta t\to 0$，得关于 $P_n(t)$ 的微分差分方程

$$\frac{\mathrm{d}P_n(t)}{\mathrm{d}t}=\gamma P_{n-1}(t)+\mu P_{n+1}(t)-(\gamma+\mu)P_n(t) \quad n=1,2,\cdots \tag{9-1}$$

当 $n=0$，则只有上表中 (A)，(B) 两种情况，即

$$P_0(t+\Delta t)=P_0(t)(1-\lambda\Delta t)+P_1(t)(1-\lambda\Delta t)\mu\Delta t$$

同理求得

$$\frac{\mathrm{d}P_0(t)}{\mathrm{d}t}=-\gamma P_0(t)+\mu P_1(t) \tag{9-2}$$

这样系统状态 (n) 随时间变化的过程是称为生灭过程的一个特殊情形。解方程式(9-1)、(9-2)是很麻烦的，求得的解(瞬态解)中因为含有修正的贝塞耳函数，也不便于应用。

我们只研究稳态的情况，这时 $P_n(t)$ 与 t 无关，可写成 P_n，它的导数为 0，由式(9-1)和式(9-2)可得

$$\begin{cases}-\lambda P_0+\mu P_1=0\\ \lambda P_{n-1}+\mu P_{n+1}-(\lambda+\mu)P_n=0\end{cases} \tag{9-3}$$

这是关于 P_n 的差分方程。它表明了个状态间的转移关系，如图 9-4 所示。

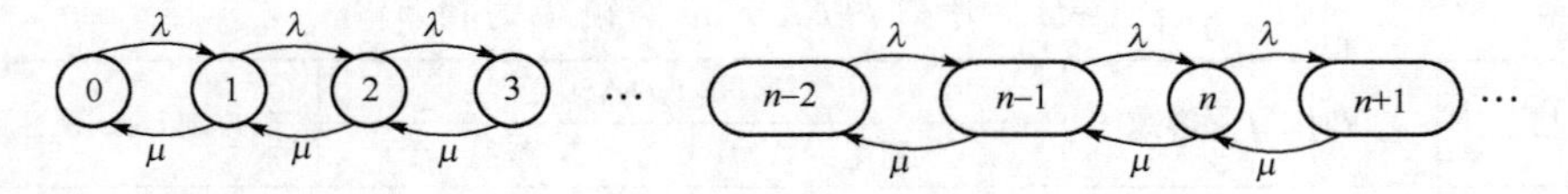

图 9-4　状态转移关系

由图 9-4 可见，状态 0 转移到状态 1 的转移率为 λP_0，状态 1 转移到状态 0 的转移率为 μP_1。对状态 0 必须满足以下平衡方程

$$\lambda P_0=\mu P_1$$

同样对任何 $n\geqslant 1$ 的状态，可得到式(9-3)第一式的平衡方程。求解得

$$P_1=(\lambda/\mu)P_0$$

将它代入式(9-3)的第二个方程，令 $n=1$，

$$\mu P_2=(\lambda+\mu)(\lambda/\mu)P_0-\lambda P_0$$

所以

$$P_2=(\lambda/\mu)^2P_0$$

同理依次推得

$$P_n=(\lambda/\mu)^n P_0$$

令设 $\rho=\dfrac{\lambda}{\mu}<1$（否则队列将排至无限远），又由概率的性质知

$$P_0\sum_{n=0}^{\infty}\rho^n = P_0\cdot\frac{1}{1-\rho}=1$$

得

$$\begin{aligned} &P_0=1-\rho \\ &P_n=(1-\rho)\rho^n, n\geqslant 1 \end{aligned} \quad \rho<1 \tag{9-4}$$

这是系统状态为 n 的概率。

式(9-4)的 ρ 有其实际意义，根据表达式的不同，可以有不同的解释。当 $\rho=\lambda/\mu$ 表达时，它是平均到达率与平均服务率之比；即在相同时区内顾客到达的平均数与被服务的平均数之比。若表示为 $\rho=(1/\mu)/(1/\lambda)$，它是为一个顾客的服务时间与到达间隔时间之比；称 ρ 为服务强度(traffic intensity)，或称 ρ 为话务强度。这是因为早期排队论是爱尔朗等人在研究电话理论使用的术语，一直沿用至今。由式(9-4)，$\rho=1-P_0$，它刻画了服务机构的繁忙程度；所以又称服务机构的利用率。

可考虑由于 ρ 的大小不同值，将会产生顾客与服务员之间、服务员与管理员之间怎样不同的反应或矛盾。

二、利特尔公式

1. 系统中的平均顾客数(即系统中顾客数的期望值) L

$$\begin{aligned} L&=\sum_{k=0}^{\infty}kP_k=\sum_{k=0}^{\infty}k\rho^k(1-\rho)=(1-\rho)\sum_{k=0}^{\infty}k\rho^k \\ &=(1-\rho)\frac{\rho}{(1-\rho)^2}=\frac{\rho}{1-\rho} \end{aligned} \tag{9-5}$$

2. 队列中的平均顾客数 L_q

$$\begin{aligned} L_q&=\sum_{k=1}^{\infty}(k-1)P_k=\sum_{k=1}^{\infty}(k-1)\rho^k(1-\rho)=(1-\rho)\sum_{k=1}^{\infty}(k-1)\rho^k \\ &=(1-\rho)\frac{\rho^2}{(1-\rho)^2}=\frac{\rho^2}{1-\rho} \end{aligned} \tag{9-6}$$

即

$$L_q=\rho L$$

3. 顾客在系统中的平均逗留时间 W

设随机变量 X 为系统中已有 k 个顾客的条件下，下一个顾客从到达至离去

在系统中逗留的时间(图 9-5)。

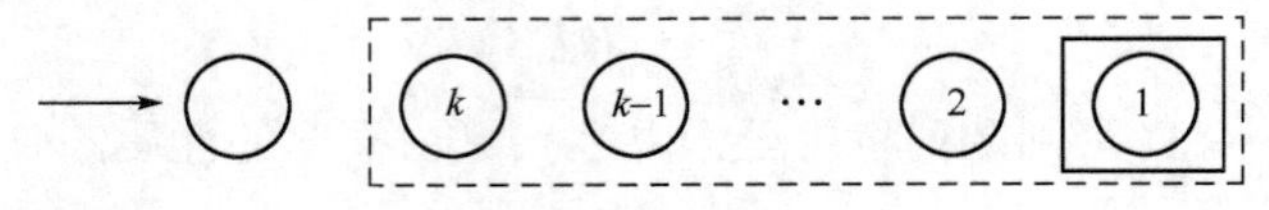

图 9-5　顾客排队情况

设 $Y_i(i=1,2,\cdots,k,k+1)$ 为已经在队列中的第 i 个顾客接受服务的时间,则上图中最后到达的第 $k+1$ 个顾客在系统中逗留的时间

$$X = \sum_{i=1}^{k+1} Y_i$$

由于 Y_i 服从参数为 μ 的负指数分布,因此 X 服从 $k+1$ 阶爱尔朗分布,其条件密度函数为

$$f(t|k)=\frac{\mu(\mu t)^k}{k!}e^{-\mu t} \quad k=0,1,2,\cdots$$

因此 X 的密度函数为

$$\begin{aligned} f(x) &= \sum_{k=0}^{\infty} f(t|k)P_k = \sum_{k=0}^{\infty} \frac{\mu(\mu t)^k}{k!}e^{-\mu t}\rho^k(1-\rho) \\ &= \sum_{k=0}^{\infty} \frac{\mu(\mu t)^k}{k!}e^{-\mu t}\left(\frac{\lambda}{\mu}\right)^k\left(1-\frac{\lambda}{\mu}\right) \\ &= \sum_{k=0}^{\infty} \frac{(\lambda t)^k}{k!}(\mu-\lambda)e^{-\mu t} = (\mu-\lambda)e^{-\mu t}\sum_{k=0}^{\infty}\frac{(\lambda t)^k}{k!} \\ &= (\mu-\lambda)e^{-\mu t}e^{\lambda t} = (\mu-\lambda)e^{-(\mu-\lambda)t} \end{aligned} \qquad (9-7)$$

其中,由于 $0\leqslant\frac{\lambda}{\mu}<1$,因此,$\mu>\lambda$,即 $\mu-\lambda>0$。由式(9-7)可以看出,

顾客在系统中的逗留时间 X 服从以 $\mu-\lambda$ 为参数的负指数分布。

因而 X 的期望值即平均逗留时间为

$$W=E(X)=\frac{1}{\mu-\lambda} \qquad (9-8)$$

4. 顾客在队列中的平均逗留时间 W_q

顾客在系统中逗留的时间,由在队列中等待的时间和在服务台中接受服务的时间组成,因此,顾客在队列中等待时间的期望值,等于顾客在系统中逗留时间的期望值,减去在系统中接受服务时间的期望值,即

$$\begin{aligned} W_q &= W-\frac{1}{\mu}=\frac{1}{\mu-\lambda}-\frac{1}{\mu}=\frac{\mu-(\mu-\lambda)}{\mu(\mu-\lambda)} \\ &= \frac{\lambda}{\mu(\mu-\lambda)}=\frac{\rho}{\mu-\lambda}=\rho W \end{aligned} \qquad (9-9)$$

将以上结果总结如下：

对于 M/M/1/∞/∞/FCFS 系统，系统中由 k 个顾客的概率为

$$P_k=\rho^k(1-\rho) \quad k=0,1,\cdots$$

系统中的平均顾客数为

$$L=\frac{\rho}{1-\rho} \quad 0\leqslant\rho<1$$

队列的平均长度为

$$L_q=\frac{\rho^2}{1-\rho}=\rho L \quad 0\leqslant\rho<1$$

顾客在系统中的平均逗留时间为

$$W=\frac{1}{\mu-\lambda}$$

顾客在队列中的平均等待时间为 $W_q=\dfrac{\rho}{\mu-\lambda}=\rho W$

由上述式子可以得到利特尔公式：

$$L=\lambda W$$

$$L_q=\lambda W_q$$

$$L=L_q+\rho$$

$$W=W_q+\frac{1}{\mu}$$

三、模型的应用

例 9.1 某军校干部理发店只有一位理发师，来理发的干部到达过程为泊松流，平均每小时 4 人；理发时间服从负指数分布，平均需要 6min。

试求：理发店空闲的概率；店内至少有一位干部的概率；店内恰有 3 位顾客的概率；店内平均顾客数；每位在店内平均逗留时间；等待服务的平均顾客数；每位顾客平均等待服务时间；顾客在店内等待时间超过 10min 的概率。

解：本例是一个典型 M/M/1/∞ 排队问题，其中 $\lambda=4$，$\mu=1/0.1=10$（人/h），$\rho=\lambda/\mu=2/5<1$

$$\rho=\frac{\lambda}{\mu}=\frac{4}{10}=0.4$$

理发店空闲的概率：

$$P_0=1-\rho=1-0.4=0.6$$

店内至少有一位干部的概率：

$$P=1-P_0=1-0.6=0.4$$

店内恰有 3 个顾客的概率：

$$P_3=\rho^3(1-\rho)=(2/5)^3(1-2/5)=0.038$$

在店内平均顾客数：

$$L=\rho/(1-\rho)=(2/5)/(1-2/5)=0.67(\text{人})$$

每位顾客在店内平均逗留时间：

$$W=L/\lambda=0.67/4=10\text{min}$$

等待服务的平均顾客数：

$$Lq=L-\rho=0.67-2/5=0.27(\text{人})$$

每个顾客平均等待服务时间：

$$Wq=Lq/\lambda=0.27/4=0.0675\ \text{小时}=4\text{min}$$

顾客在店内等待时间超过 10 分钟的概率：

$$P\{T>t\}=1-F(w)=e^{-(\mu-\lambda)t}$$

$$t=10\text{min},\mu=10\ \text{人/小时}=10/60=1/6$$

$$\lambda=4\ \text{人/h}=4/60=1/15$$

$$P\{T>10\}=e^{-10(1/6-1/15)}=e^{-1}=0.3677$$

例 9.2 红方坦克 15 辆向蓝方防御阵地冲击，蓝方以一具反坦克装置进行抗击。假设坦克进入火力控制区域的规律符合泊松过程，泊松流强度为 $\lambda=0.5$ 辆/min，反坦克装置的有效射击时间间隔符合指数律，平均一次有效射击时间为 1.6min。试求反坦克装置的各种效率指标。

解：本例可看成一个 M/M/1 排队问题，且已知 $\lambda=0.5$ 辆/min，$1/\mu=1.6$min，$\mu=0.625$ 次/min，$\rho=\dfrac{\lambda}{\mu}=\dfrac{0.5}{0.625}=0.8$。

根据 little 公式，可求得反坦克装置的各种效率指标如下：

(1) 反坦克作战系统中坦克的平均数为 $L_s=\dfrac{\lambda}{\mu-\lambda}=\dfrac{0.5}{0.125}=4$(辆)。

(2) 反坦克作战系统中可能被(等待)射击的平均坦克数为 $L_q=\dfrac{\rho^2}{1-\rho}=\dfrac{0.64}{0.2}=3.2$(辆)。

(3) 坦克在作战系统中平均逗留时间为 $W_s=\dfrac{L_s}{\lambda}=8$(min)。

(4) 坦克平均等待时间为 $W_q=\dfrac{L_q}{\lambda}=6.4$(min)。

反坦克装置处于繁忙的概率为 $P\{N>0\}=\rho=0.8$，所以，反坦克装置处于空

闲的概率为 $P_0=P\{N=0\}=1-\rho=0.2$。

第四节　WinQSB 软件应用

排队论在 WinQSB 软件中的运算子程序是 Queuing Analysis(QA)，该程序具有各种排队模型的求解与线型分析、灵敏度分析服务能力分析、成本分析等功能。下面结合例题介绍排队问题的软件求解。

例 9.3　学院军人门诊只有一位医生，每次只能给一人看病，另外有四个座位供前来看病的人等候。某人到来发现没有座位就会自动离开，假设前来看病者到达服从泊松流，到达的平均速率为 4 人/小时，没人的平均看病时间为 10 分钟/人。看病时间服从负指数分布。用 winQSB 软件求解：

(1) 看病者到达不用等待就可看病的概率；

(2) 军人门诊的平均人数以及等待看病的平均人数；

(3) 看病者来军人门诊一次平均花费的时间及及平均等待时间；

(4) 看病者到达后因满员离去的概率；

(5) 增加一个医生可以减少的病人损失率。

解：

点击运算子程序是 Queuing Analysis(QA)，建立新问题，出现如图 9-6 所示的界面，系统默认时间单位为小时。输入格式有两种，如果选择简单排队系统(Simple M/M System，顾客到达的时间间隔和服务时间服从负指数分布)，系统显示如图 9-7 所示的数据输入格式，表中左侧的大致含义列在表的右边。当选择一般排队系统(General Queueing System)时，系统显示如图 9-8 所示的数据输入格式。

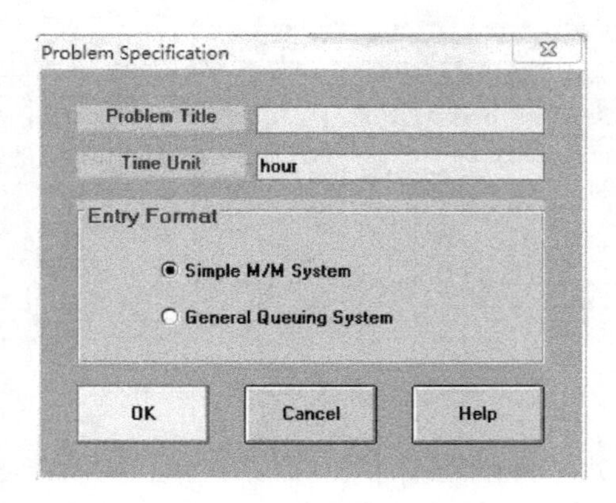

图 9-6　选择界面

Data Description	ENTRY
Number of servers	服务台数
Service rate (per server per hour)	平均服务率
Customer arrival rate (per hour)	平均到达率
Queue capacity (maximum waiting space)	队列容量
Customer population	顾客源
Busy server cost per hour	每小时忙时的成本
Idle server cost per hour	每小时闲时的成本
Customer waiting cost per hour	每小时顾客等待成本
Customer being served cost per hour	每小时服务顾客的成本
Cost of customer being balked	损失顾客的成本
Unit queue capacity cost	单位队列容量成本

图 9-7　简单排队系统参数输入

Data Description	ENTRY
Number of servers	服务台数
Service time distribution (in hour)	服务时间分布
Location parameter (a)	输入第一个参数
Scale parameter (b>0) (b=mean if a=0)	输入第二个参数
(Not used)	输入第三个参数
Service pressure coefficient	服务强度系数
Interarrival time distribution (in hour)	到达时间分布
Location parameter (a)	输入第一个参数
Scale parameter (b>0) (b=mean if a=0)	输入第二个参数
(Not used)	输入第三个参数
Arrival discourage coefficient	到达阻尼系数
Batch (bulk) size distribution	批量分布
Constant value	输入第一个参数
(Not used)	输入第二个参数
(Not used)	输入第三个参数
Queue capacity (maximum waiting space)	队列容量，无限为M
Customer population	顾客源，无限为M
Busy server cost per hour	单位时间忙时的成本
Idle server cost per hour	单位时间空闲的成本
Customer waiting cost per hour	单位时间顾客等待的成本
Customer being served cost per hour	单位时间服务顾客的成本
Cost of customer being balked	损失顾客的成本
Unit queue capacity cost	队列容量单位成本

图 9-8　一般排队系统参数输入

图 9-7 中的服务时间和到达间隔分布系统默认为负指数分布，若要改变分布，双击空格系统显示图如图 9-9 所示的分布选项，具体各项含义见表 9-3。

表 9-3

Beta	贝塔分布	Binomia	二项分布
Constant	常数	Discrete	离散分布
Erlang	爱尔朗分布	Exponential	指数分布
Gamma	伽玛分布	Geometric	几何分布
HyperGeometric	超几何分布	Laplace	拉普拉斯分布
LogNorma	对数正态分布	Normal	正态分布
Pareto	帕累托分布	Poisson	泊松分布
Power Function	功效函数	Triangula	三角分布
Uniform	均匀分布	Weibull	威布尔分布
General/arbitrary	一般分布/任意分布		

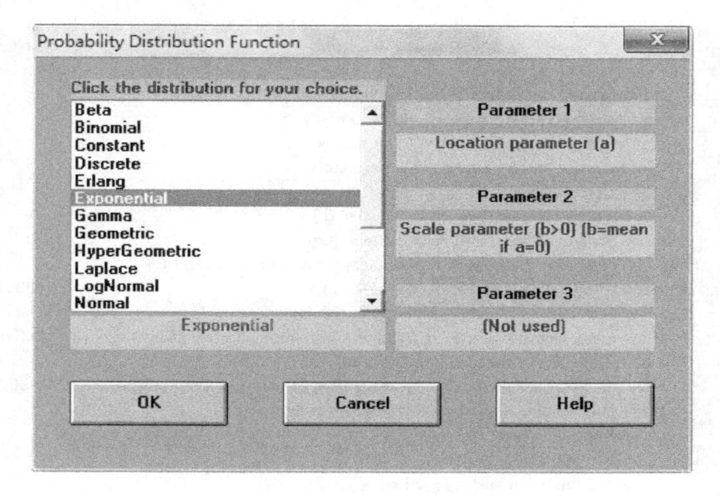

图 9-9　概率分布函数

在图 9-7 中输入有关数据,具体如图 9-10 所示。

Data Description	ENTRY
Number of servers	1
Service rate (per server per hour)	6
Customer arrival rate (per hour)	4
Queue capacity (maximum waiting space)	M
Customer population	5
Busy server cost per hour	
Idle server cost per hour	
Customer waiting cost per hour	
Customer being served cost per hour	
Cost of customer being balked	
Unit queue capacity cost	

图 9-10　参数输入界面

点击菜单栏中 Solve and Analyze 中的下拉菜单中的 Solve the Problem 按钮，得到图 9-11 所示对话框，点击确定，得到图 9-12 所示结果。

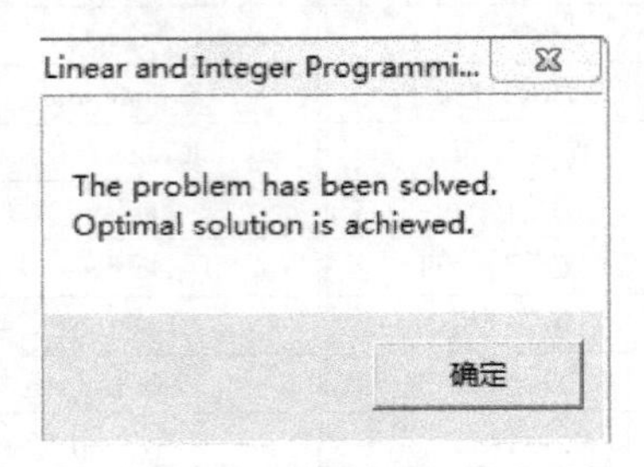

图 9-11　提示界面

12-15-2021	Performance Measure	Result
1	System: M/M/1//5	From Formula
2	Customer arrival rate (lambda) per hour =	4.0000
3	Service rate per server (mu) per hour =	6.0000
4	Overall system effective arrival rate per hour =	5.9149
5	Overall system effective service rate per hour =	5.9149
6	Overall system utilization =	98.5817 %
7	Average number of customers in the system (L) =	3.5213
8	Average number of customers in the queue (Lq) =	2.5355
9	Average number of customers in the queue for a busy system (Lb) =	2.5719
10	Average time customer spends in the system (W) =	0.5953 hours
11	Average time customer spends in the queue (Wq) =	0.4287 hours
12	Average time customer spends in the queue for a busy system (Wb) =	0.4348 hours
13	The probability that all servers are idle (Po) =	1.4183 %
14	The probability an arriving customer waits (Pw) or system is busy (Pb) =	98.5817 %
15	Average number of customers being balked per hour =	0
16	Total cost of busy server per hour =	$0
17	Total cost of idle server per hour =	$0
18	Total cost of customer waiting per hour =	$0
19	Total cost of customer being served per hour =	$0
20	Total cost of customer being balked per hour =	$0
21	Total queue space cost per hour =	$0
22	Total system cost per hour =	$0

图 9-12　求解结果

其中图 9-12 中，有 3 项指标需要说明一下。

P_b 或 P_w：系统忙的概率。具体含义是，系统所有服务都在服务的概率，或系统的顾客数大于服务台数，或某个顾客到来时系统已有 s 个顾客的概率，或顾客到达系统时需要等待的概率。

L_b：系统忙时队列中顾客的平均数。与 L_q 关系为 $L_q = L_b P_b$

W_b：系统忙时顾客在队列中等待的平均时间。与 W_q 的关系为 $W_q = W_b P_b$

习 题 九

1. 假定输入过程为泊松流,输入强度为 $\lambda=2$,试求:

(1) 观察 1min 无目标到达的概率;

(2) 观察 1min 有目标到达的概率;

(3) 观察 1min 有 3 个目标到达的概率;

(4) 观察 1min 无目标到达、再观察 1min 有目标到达的概率。

2. 设每天到达某公共汽车站的乘客流是最简单流,平均到达率为 $\lambda=80$ 人/h,试求:

(1) 1min 之内没有乘客到达车站的概率;

(2) 1min 之内有 1 位、2 位、3 位、4 位乘客到达车站的概率;

(3) 1min 之内至少有一位乘客到达车站的概率。

3. 设 10 架敌机对我某要地实施突袭,突袭规律符合泊松过程,强度为 $\lambda=0.3$ 架/min,我防空阵地配置一套防空导弹兵器,该兵器对一架敌机的射击时间平均为 2.5min,射击时间服从负指数分布,设目标受到射击后被毁伤的概率为 $P=0.7$,敌机通过防空区的时间为 5min,试估计防空兵器的效率。

4. 某修理所只能容纳 4 台待修的机器,若超过 4 台,后来的机器只能到别处别求修理,设待修机器按泊松流到达,平均 1 台/h,修理时间服从负指数分布,平均每台修理时间为 1.25 小时,试求系统的相关运行指标。

5. 高速公路入口收费处设有一个收费通道,汽车到达服从泊松分布平均到达速率为 100 辆/h,收费时间服从负指数分布,平均收费时间为 15s/辆。求:

(1) 收费处空闲的概率;

(2) 收费处忙的概率;

(3) 系统指标:L_s、L_q、W_s 和 W_q。

6. 考虑一个铁路列车编组站。设待编列车到达时间间隔服从负指数分布,平均每小时到达 2 列;服务台是编组站,编组时间服从负指数分布,平均每 20 分钟可编一组。已知编组站上共有两股道,当均被占用时,不能接车,再来的列车只能停在站外或前方站。求在平衡状态下系统中列车的平均数;每一列车的平均逗留时间;等待编组的列车平均数。如果列车因站中两股道均被占用而停在站外或前方站时,每列车每小时费用为 a 元,求每天由于列车在站外等待而造成的损失。

7. 学校医院骨科门诊根据病人来诊和完成看病时间的记录,任意抽查了

100 个工作小时,每小时来就诊的病人数 n 的出现次数如下表所示;又任意抽查了 100 个完成看病的病历,所用时间 v(单位:小时)出现的次数如表 9-4 所列。试求:

(1) 门诊忙的概率和闲的概率;

(2) 该排队系统的指标:L_s, L_q, W_s, W_q。

表 9-4 病人到达情况及看病情况

到达的病人数 n	出现人数	病人完成看病时间 v/h	出现人数
0	10	0.0~0.2	38
1	28	0.2~0.4	25
2	29	0.4~0.6	17
3	16	0.6~0.8	9
4	10	0.8~1.0	6
5	6	1.0~1.2	5
6 以上	1	1.2 以上	0
合计	100	合计	100

8. 某高射炮兵营受命进行机动设伏作战,该营坚持以营为火力单位集中火力射击。在一次战斗中,16 架单机跟进,连续窜入该火力范围之内,这次战斗的有关记载如表 9-5 所列,如何根据表中的数据评定该营的在这次战斗中的射击效率?

表 9-5 敌机进入情况及对敌机射击情况

每分钟进入火力范围的敌机架数	出现次数	对一架敌机射击的持续时间/min	出现次数
0	13	0	2
1	7	1	4
2	3	1.5	8
3	1	2	2
合计	24	合计	16

思考题:

在两军对峙时,敌小股部队在我纵深后方进行各种骚扰和破坏,往往会影响我大部队的行动,给我战略部署制造麻烦。为了对付敌小股部队的骚扰和破坏,武警部队成立了一些经过专门训练的战斗小分队,采取各种措施消灭骚扰之敌。分析发现敌小股部队的骚扰是随机出现的,但长期的行动却具有一定的规律,表 9-6 和表 9-7 是某部记录的 180 天的敌情资料。我方反骚乱的时间也是随机的，服从负指数分布，180天处理骚乱的时间记录如表9-8所列。下面运用排队论的方法，对反骚扰战斗小分队的配置数量及其效率指标进行定量分析。

表9-6　敌人出现股数

观察到敌人股数(i)	0	1	2	3	4	5	合计
出现天数(f_i)	37	56	38	32	13	4	180

表9-7　每股敌人数量

每股敌人数(j)	1	2	3	4	5	6	7	8	9个以上	合计
出现次数(f_j)	4	35	86	76	48	38	9	3	1	300

表9-8　完成任务时间情况

完成任务时间(v)	0-0.2	0.2-0.4	0.4-0.6	0.6-0.8	0.8-1.0	1.0-1.2	1.2以上	合计
出现次数(f_v)	96	35	86	76	48	38	1	300

第十章　作战模拟

作战模拟是作战运筹分析的重要手段,是指运用各种手段,对作战环境、作战行动和作战过程进行模仿的技术、方法和活动。目前作战模拟已成为战前必要环节,也是训练官兵素养、检验评估作战方案、研究和论证各种武器装备的重要手段。本章主要叙述作战模拟的基本概念、兰彻斯特战斗方程及蒙特卡罗方法。

第一节　作战模拟概述

一、模拟与作战模拟

(一) 模拟的定义及分类

1. 定义

模拟就是利用物理的、数学的模型来类比、模仿现实系统及其演变过程,以寻求过程规律的一种方法。

模拟的基本思想是建立一个试验模型,这个模型包含所研究系统的主要特点。通过对这个实验模型的运行,获得所要研究系统的必要信息。

2. 分类

1) 物理模拟

对实际系统及其过程用功能相似的实物系统去模仿。

例如,军事演习、船艇实验、沙盘作业等。

物理模拟通常成本高、周期较长,且在物理模型上改变系统结构和系数都较困难。而且,许多系统无法进行物理模拟,如社会经济系统、生态系统等。

2) 数学模拟

在一定的假设条件下,运用数学运算模拟系统的运行,称为数学模拟。现代的数学模拟都是在计算机上进行的,称为计算机模拟。

计算机模拟可以反复进行,改变系统的结构和系数都比较容易。

在实际问题中,面对一些带随机因素的复杂系统,用分析方法建模常常需要作许多简化假设,与面临的实际问题可能相差甚远,以致解答根本无法应用。这时,计算机模拟几乎成为唯一的选择。

(二)作战模拟的定义及分类

1. 作战模拟的定义

用模拟的方法研究战争及军事问题都称之为作战模拟。

《中国百科全书》是这样定义的,作战模拟是运用实物、文字和符号等手段,对作战环境和作战过程进行模仿的技术、方法和活动。

一般作战模拟的定义为:作战模拟是为研究作战规律,启迪作战思想,探讨作战指导原则,为军事决策提供科学依据,利用数学方法和计算机技术,对作战进行模拟的理论。目前,它在教育训练、方案论证、武器评估和后勤保障等方面有着广泛运用。

2. 作战模拟的分类

作战模拟有许多种分类方法,按所采用的技术手段可分为实兵演习、手工模拟、计算机模拟、交互式计算机模拟等;按应用范围可分为用于教育与训练、计划执行与评估、研究发展计划管理与评估等方面的作战模拟;按规模大小可分为1对1对抗模拟,多对多对抗模拟,战役、战术级模拟,全球、战区级模拟等。

二、作战模拟的发展

作战模拟在中国最早可追溯到公元前6世纪,军事家孙武曾运用作战模拟研究战争。他按不同的战斗条件进行战争推演,还指挥宫女进行战阵的模拟。古希腊数学家阿基米德(约公元前300年)在罗马士兵围攻叙拉古城时,就曾以在沙盘上画几何图形的方式研究防御策略。1811年,普鲁士的莱斯维茨男爵将地形模型引入作战模拟游戏,随后,他的儿子J·冯·莱斯维茨炮兵中尉对其加以改进,并用以模拟实际战斗。1824年,莱斯维茨中尉在柏林出版了《用作战游戏器械进行军事对抗演习的指南》一书,详细介绍了模拟方法的规则,该书在普鲁士军队的教学与训练中得到了应用,后来莱斯维茨父子被认为是近代作战模拟的真正发明者。1914年,英国工程师F·W·兰彻斯特提出了描述交战过程中双方兵力变化关系的微分方程组,即兰彻斯特方程,该方程是早期的作战模拟解析模型。在第一次世界大战和第二次世界大战期间,许多国家也都曾用室内沙盘推演来检验作战计划。

随着电子计算机的出现,作战模拟便以新的面貌出现了。第一台数字电子计算机于1946年2月在美国公开露面,它是为美国研制原子弹而制造的,其中代号为“蒙特卡罗”的任务,引发出一种称为蒙特卡罗方法的计算方法,后来被广泛应用于统计物理和作战模拟中。第二次世界大战后,美国的约翰逊在1950年初提出用蒙特卡罗方法描述战斗进程的思想,在1950~1952年,曾经用蒙特卡罗方法研究过原子弹设计的乔治·盖莫教授,在约翰逊想法的鼓舞下设计成功取名为 Tin soldier 的坦克战斗模型。该模型对战斗进程及交战的描述都是由掷预先设计和制作好了的骰子决定的,因此是一个人工运转的战斗模拟模型。1954 年,盖莫在理查·齐默曼和华伦·尼古拉帮助下,成功设计了第一个计算机作战模拟模型。

从 1955 年开始,美国的作战运筹办公室着手发展取名为"卡莫尼特"的计算机作战模拟模型系列,主持研究工作的是齐默曼和亚当斯等。整个系列是营级规模地面战斗的计算机化的蒙特卡罗模型,发展工作持续了几十年。系列的第一个模型是卡莫尼特Ⅰ(1958—1963 年使用),模拟营与营以下的地面战斗,考虑坦克与反坦克武器的运用;卡莫尼特Ⅱ(1963—1966 年使用),在Ⅰ型的基础上增加步兵应用;卡莫尼特Ⅲ(1966—1969 年使用),在Ⅱ型基础上增加了武装直升机的应用;卡莫尼特Ⅳ(1969—1972 年使用),在Ⅲ型基础上引入通信和夜视设备的运用等等。这些模型使用率很高,如Ⅳ型每年使用 200 次左右。

随着计算机制造技术和计算技术的发展,有着各种用途的作战模型纷纷问世。如有用于武器装备论证的模型,有用于研究作战指挥的模型,有用于军事训练的模型,还有用于研究后勤保障的模型等等。其中美国、苏联、德国等国研制模型较多,下面主要举例说明美国作战模拟研究与应用的一些情况。在 20 世纪 70—80 年代,美国、苏联两个超级大国都在搞核威慑战略,美国为确保核战略优势,必须确定必须储备的战略导弹的数量,按照给定的对苏联的摧毁指标,运用模型进行了计算机模拟。该模型假定苏联首先发动核袭击,为确保美国在遭到苏联的战略导弹攻击后,能利用未遭袭击的核武器实施"第二次核报复",模拟表明美国只有装备 1054 枚战略导弹才能够达到相应目的。因此,在后来美、苏的削减战略核武器的谈判中,美国始终坚持保持战略导弹基本数量不变的策略。

在 1990—1991 年海湾战争期间,美军在投入地面战斗之前,曾反复进行作战模拟,对战争态势进行了充分预测。最初预测在地面战斗中,美国军队将伤亡 4 万人左右,这样的伤亡是美军难以接受的。所以美军采用延长空袭行动的办法,最后通过对空袭效果的评估,预计地面战斗将有 5000 人伤亡,且时间只需一周左右,这时才决定展开地面战斗。

为了提高训练效果,减少训练经费,美军积极建立具有各种功能的训练模拟系统,而且正致力打造比较完善的分布式交互作战模拟训练系统。美国陆军自 20 世纪 80 年代开始除大力发展通用模型外,还积极发展分布交互作战模拟。它将网络通信技术与作战模拟方法相结合,使地域分散的作战单位能同时在一个综合环境下进行模拟训练,该系统可为多兵种参加的协同演习提供一种真实的演练手段。这种模拟训练,可以训练指挥协同作战的指挥官,也可训练参加协同作战的作战部队,同时还能评估当时的 C^3I 系统的实际工作效能,它可实现资源共享,减少部队人员装备调动,从而减少训练开支。分布交互作战模拟对作战研究、作战实验与鉴定、检验部队的作战能力、进行部队的合同演习和协同训练,评估武器装备的性能与检验评估 CV 系统效能,是一种有效且很经济的新手段。

三、计算机模拟基本方法

当前,用计算机模拟方法研究作战问题,常用以下三种方法。

1. 解析法

该方法的特点是模型中的参数、初始条件、其他输入信息和作战结果等数量之间的关系均以公式、方程式或不等式来表示。研究这些公式和解析模型的理论称为作战动力分析,使用的是数学的或半经验半理论的方法,这方面最有代表性的是一组以兰彻斯特命名的微分方程组。

2. 仿真法

该法是把我们关心的作战行动分解成一系列基本事件和活动,并按逻辑关系把它们组合起来,推演计算出战斗结果。比如反坦克武器对坦克的对抗过程可以分解成机动、搜索、发现、目标分配、射击、命中、毁伤等基本活动和事件。应该注意的是模型中大部分事件是随机发生的,因此应该了解它们的统计规律性,用随机抽样技术(蒙特卡罗方法)模拟,这是比较逼真和比较有效的解决方法。

用解析法解决问题,一般是把处理对象(兵力、武器等)看成是连续变量,当处理对象的数量很大时才比较适合。因此,解析法适用于层次较高、分辨率较低的模型(如师、团级的模型),这种模拟的系统称为连续事件系统。

与此相反,仿真法则适用于层次较低、分辨率较高的模型(如分队模型),这种系统称为离散事件系统,这些系统中的事件活动发生的时间都是离散的。

3. 指数法

它是用相对数值简明地反映分析对象特性的一种量化方法。它常被用于描述武器装备、部队等在各种不同战斗环境条件下的综合战斗潜力和作战效能。

军事上常用的指数很多,如“武器火力指数”、“武器指数”等。“武器火力指数”于 1964 年由美国退休陆军上校杜派首次提出。他和一批有经验的军人和工程技术人员对从古代的长矛到今天的飞机、大炮、坦克、原子弹等各种武器的杀伤力进行了比较研究,给出每种武器的杀伤指数,再对这些杀伤指数加上机动性和疏散因子，并考虑地形、气象、空中优势、领导、后勤、士气、机动、训练等因素的影响，得出评估战斗结果的计算公式。这种方法适用于研究战役范围内的作战行动。

第二节 兰彻斯特战斗方程

1914年，英国汽车工程师F·W·兰彻斯特发表了一系列的文章，基于冷兵器到热兵器战争的基本特点，应用微分方程建立战斗数学模型—兰彻斯特方程，分析了数量优势与胜负的关系，定量地论证了集中兵力原则的正确性。兰彻斯特方程属于解析法模型，适用于有大量战斗单位参与的大规模战斗，属于层次较高，分辨率较低的模型（师、团级模型）。因为单个作战单元的状态（射击或是未射击，死亡或是未死亡）对作战双方的整体状态影响不大，可以将兵力单位数看成是一个连续变量，这时就可以利用导数等数学工具，使得对问题的处理大大简化。兰彻斯特方程主要有第一线性率、第二线性率和平方率三个模型。

一、兰彻斯特第一线性律

兰彻斯特第一线性律也称为直接瞄准射击模型。为建立该模型，将问题进行了简化，假设双方兵力相互暴露，战斗由单个战斗成员间的一对一组成，每一方的消耗率都是常数，不考虑非战斗减员和增援，双方兵力都看为是随时间变化的随机变量（一定满足连续条件）。

定义：

$R(t)$—t时刻红军的武器数量的平均数，简记为R；

$B(t)$—t时刻蓝军的武器数量的平均数，简记为B；

R_0—作战开始时，红军的武器数量，亦称红军的初始兵力；

B_0—作战开始时，蓝军的武器数量，亦称蓝军的初始兵力；

α—蓝军在单位时间内对红军武器的平均毁伤数；

β—红军在单位时间内对蓝军武器的平均毁伤数。

在冷兵器时代，战斗形式通常是单兵之间一对一地进行格斗，战斗的结局取决于双方的格斗水平。因此，在给定时刻，双方实际进行格斗的士兵数目大体相等；而且当战线长度一定时，在战线上格斗的士兵数目是几乎不变的（而不管双方各投人了多少兵力）。这样，在单位时间里，双方伤亡的兵力（武器）数也各是一个常数。设作战开始时刻为0，对于作战开始后的任意时刻t，则在$[t,t+\Delta t]$这一段时间内红军武器的平均损失数为$R(t)-R(t+\Delta t)=\alpha\Delta t$令$\Delta t\to 0$，并考虑到初始兵力，有：

$$\begin{cases}\dfrac{\mathrm{d}R}{\mathrm{d}t}=-\alpha \\ R\big|_{t=0}=R_0\end{cases} \tag{10-1}$$

同理,对蓝军也有类似的微分方程:

$$\begin{cases}\dfrac{\mathrm{d}B}{\mathrm{d}t}=-\beta \\ B\big|_{t=0}=B_0\end{cases} \tag{10-2}$$

解之,得

$$\begin{cases}R=R_0-\alpha t \\ B=B_0-\beta t\end{cases} \tag{10-3}$$

注意到

$$t_1=\frac{R_0}{\alpha},\quad t_2=\frac{B_0}{\beta}$$

t_1、t_2 分别为红、蓝军兵力所能持续的时间,如果双方都血战到底,那么胜负决定于双方作战持续时间的长短。

当 $t_1>t_2$,即 $\beta R_0>\alpha B_0$,红军胜;

当 $t_1<t_2$,即 $\beta R_0<\alpha B_0$,蓝军胜;

当 $t_1=t_2$,即 $\beta R_0=\alpha B_0$,双方同归于尽,打成平手。

作战时间 $\mathrm{T}=\min(t_1,t_2)$。

以上三种情形可用图 10-1 来直观描述。

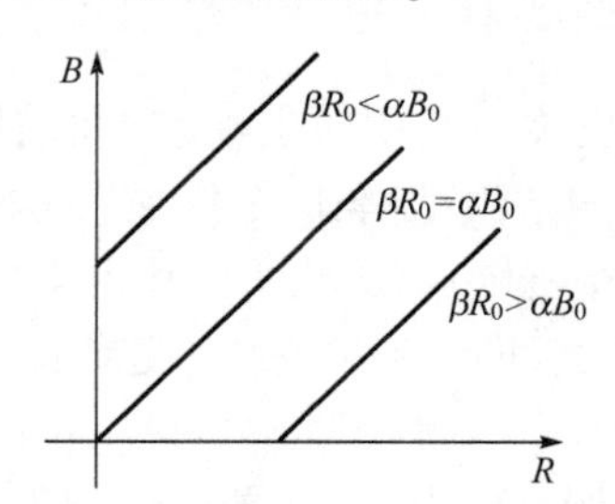

图 10-1　三种情形下的兵力变化关系

由(10-3)式,可得

$$\beta R-\alpha B=\beta R_0-\alpha B_0 \tag{10-4}$$

如果有 $\beta R_0-\alpha B_0>0$,则在整个战斗过程中一直有 $\beta R-\alpha B>0$;反之亦然。

定义:$\beta R(t)$ 和 $\alpha B(t)$ 分别称为红、蓝军在 t 时刻的平均战斗力;βR_0 和 αB_0 分别称为红、蓝军的初始战斗力。

兰彻斯特把由(10-4)式所描述的关系概括为"在单兵一对一格斗的条件

下,交战一方的有效战斗力正比于其战斗单位数与该方每一战斗单位的平均战斗力的乘积”。人们称之为兰彻斯特第一线性律。

例 10.1 解放战争初期,中央军委根据全国内战爆发后头 3 个月作战资料的统计,得到以下几个规律性的数据:我军每月歼敌 8.5 个旅;双方损失比例为“歼敌一千,自损八百”。中央军委提出:5 年歼敌 500 个旅,基本上打倒国民党。试用兰彻斯特第一线性律分析上述结果。

这时,双方每个月的兵力损失为一常数,故符合兰彻斯特第一线性律的情况。这是因为当时双方每个月投入战场交战的兵力几乎不变,损失的比例也是几乎不变的。我们设:

敌军初始兵力为 B_0(旅),每月损失 $\beta=8.5$(旅)

我军初始兵力为 R_0(旅),每月损失 $\alpha=\frac{800}{1000}\cdot\beta=6.8$(旅)。

于是有方程:

$$R=R_0-6.8t$$
$$B=B_0-8.5t$$

这里 t 是战争开始后的月数,5 年为 60 个月,令 $t=60$,得 5 年后敌军损失为:

$$B_0-B=8.5\times60=510$$

即 5 年歼敌 510 个旅。

二、兰彻斯特第二线性律

兰彻斯特第二线性律也称为面积射击模型,间瞄射击模型或是炮兵射击模型。双方兵力相互隐蔽,射击只能瞄准这个区域,而不能瞄准具体目标,所以射击效果依赖对方兵力的分布密度;每方火力集中在对方兵力集结区,每方的战斗减员率不仅与对方兵力有关,而且与本方的密度有关。

定义:

α——蓝方一件武器(如一门火炮)在单位时间内对红方配置地域内的平均每件武器(火力)毁伤率。

β——红方一件武器在单位时间内对蓝方配置地域内的平均每件武器的毁伤率。

则在$[t,t+\Delta t]$时间内蓝军对红军武器的毁伤数为

$$R(t)-R(t+\Delta t)=\alpha RB\Delta t$$

$\Delta t\to0$,有:

$$\frac{\mathrm{d}R}{\mathrm{d}t}=-\alpha RB \tag{10-5}$$

同理有：

$$\frac{\mathrm{d}B}{\mathrm{d}t}=-\beta RB \tag{10-6}$$

对上两式稍加变化有：

$$\beta\frac{\mathrm{d}R}{\mathrm{d}t}-\alpha\frac{\mathrm{d}B}{\mathrm{d}t}=0$$

联系到初始条件：

$$\begin{cases} R|_{t=0}=R_0 \\ B|_{t=0}=B_0 \end{cases} \tag{10-7}$$

积分后得到：

$$\beta R-\alpha B=\beta R_0-\alpha B_0$$

或

$$\alpha(B_0-B)=\beta(R_0-R) \tag{10-8}$$

由此可见，在对阵地进行间瞄射击情况下，在战斗过程中，双方兵力损耗之间的关系由式(10-8)表示。

把(10-5)和(10-6)两式相除得：

$$\frac{\mathrm{d}R}{\mathrm{d}B}=\frac{\alpha}{\beta}$$

积分之，得：

$$R=\frac{\alpha}{\beta}B+C \tag{10-9}$$

即 R 和 B 间成线性关系。

兰彻斯特将式(10-8)所表述的关系概括为"在向面目标间接瞄准射击的条件下，交战一方的有效战斗力正比于其战斗单位数与该方每一战斗单位的平均战斗力的乘积"。人们称之为兰彻斯特第二线性律。

把式(10-9)联系初始条件式(10-7)，则得：

$$C=R_0-\frac{\alpha}{\beta}B_0 \tag{10-10}$$

将式(10-9)，式(10-10)代入式(10-6)得：

$$\frac{\mathrm{d}B}{\mathrm{d}t}=-\alpha B^2-(\beta R_0-\alpha B_0)B$$

令 $z=\frac{1}{B}$，可化成一阶线性微分方程：

$$\frac{dz}{dt}=\alpha+(\beta R_0-\alpha B_0)z$$

由 $t=0,z=\frac{1}{B_0}$可解得：

$$z(t)=\frac{\alpha B_0-\beta R_0\exp[(\beta R_0-\alpha B_0)t]}{(\alpha B_0-\beta R_0)B_0}$$

令

$$K=\frac{\beta R_0}{\alpha B_0} \tag{10-11}$$

可得：

$$B(t)=\frac{1}{z(t)}=\frac{B_0(K-1)}{K\exp[\alpha B_0(K-1)t]-1} \tag{10-12}$$

将式(10-11)代入式(10-9)，注意到式(10-10)有：

$$R(t)=\frac{1}{z(t)}=\frac{R_0(K-1)}{K\exp[\alpha B_0(1-K)t]-K} \tag{10-13}$$

容易看出，无论 t 怎样大，R 和 B 都不会为 0，故这时判断胜负我们采用下述定理。

定理：设各方是单兵种作战，R_0、B_0 是红、蓝军双方的初始兵力，T 是整个作战时间。对于某个固定的时刻 $t(0<t<T)$，若对于双方兵力损失所造成的战局及军事主动权等因素暂不考虑，则$\frac{B_0}{R_0}$与$\frac{B(t)}{R(t)}$的比较是刻划$[0,t]$时间内双方战斗力强弱的一个尺度。若$\frac{B(t)}{R(t)}>\frac{B_0}{R_0}$，则蓝军在$[0,t]$时间内优胜；若$\frac{B(t)}{R(t)}<\frac{B_0}{R_0}$，则红军在$[0,t]$时间内优胜；若$\frac{B(t)}{R(t)}=\frac{B_0}{R_0}$，则双方在$[0,t]$时间内势均力敌。

事实上，由式(10-12)和式(10-13)可得：

$$\frac{B(t)}{R(t)}=\frac{B_0}{R_0}\exp[\alpha B_0(1-K)t] \tag{10-14}$$

当 $K=\frac{\beta R_0}{\alpha B_0}>1$ 时，对任意 t，有：

$$\frac{B(t)}{R(t)}<\frac{B_0}{R_0}$$

故在整个作战时间内，红军体现出较强的战斗力，红军胜；

当 $K=\frac{\beta R_0}{\alpha B_0}<1$ 时，对任意 t，有：

$$\frac{B(t)}{R(t)}>\frac{B_0}{R_0}$$

在整个作战时间内,蓝军体现出较强的战斗力,蓝军胜;

显然,$K=\frac{\beta R_0}{\alpha B_0}=1$ 是整个作战时间内,红、蓝双方势均力敌的标志。

以上三种情形可用图 10-2 来直观描述。

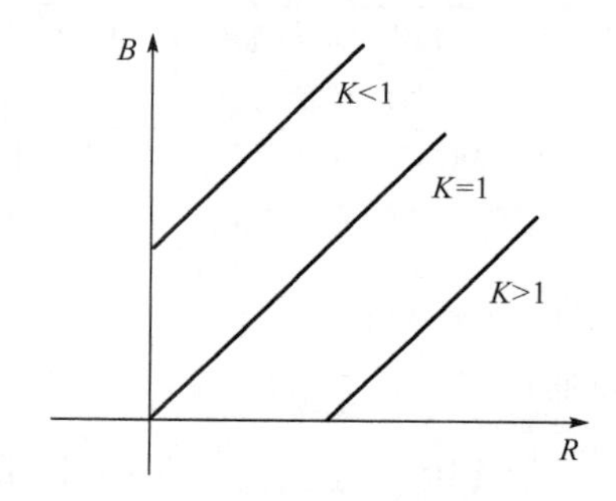

图 10-2 三种情形下的兵力变化关系

由(10-14)式,我们有:

$$\frac{B(t)}{R(t)}=\frac{B_0}{R_0}\exp[(\alpha B_0-\beta R_0)t]$$

由上式看出:

若 $\alpha B_0-\beta R_0>0$,当 $t\to\infty$ 时,$\frac{B}{R}\to\infty$;

若 $\alpha B_0-\beta R_0<0$,当 $t\to\infty$ 时,$\frac{B}{R}\to 0$;

若 $\alpha B_0-\beta R_0=0$,当 $t\to\infty$ 时,$\frac{B}{R}=\frac{B_0}{R_0}$。

由兵力比变化规律可知,对阵地间瞄压制式的射击只有当 $t\to\infty$ 时,失败一方的兵力才趋向于零,这表明对阵地间瞄射击只适宜于在作战初期进行。当敌方生存的目标越来越少时,间瞄射击效率就会大大降低,这种现象符合战斗的实际情况。

例 10.2 红军与蓝军进行炮战(间瞄射击),双方各有 30 门火炮,蓝军先敌开火,红军进行炮火还击。蓝军每门火炮对红军每门火炮的毁伤率为 0.008 门/min,红军每门火炮对蓝军每门火炮的毁伤率为 0.006 门/min。问这场炮战谁能取胜?20min 后,双方各剩多少门火炮?

解：已知 $B_0=30, R_0=30, \alpha=0.008, \beta=0.006$

$$K=\frac{\beta R_0}{\alpha B_0}=\frac{0.006\times30}{0.008\times30}=0.75<1$$

故这场炮战蓝方取胜。

当 $t=20$ 时，由式(10-12)和式(10-13)得：

$$R=\frac{30\times(1-0.75)}{\exp[0.008\times30(1-0.75)\times20]-0.75}\doteq3(门)$$

$$B=\frac{30\times(0.75-1)}{0.75\cdot\exp[0.008\times30(0.75-1)\times20]-1}\doteq10(门)$$

答：这场炮战蓝军取胜，战斗进行到 20min 时，红军约剩 3 门火炮，蓝军约剩 10 门火炮。

三、兰彻斯特平方律

假定红军、蓝军双方有大量兵力（武器）参加战斗，每件武器对对方的目标实施直瞄射击，一旦毁伤了目标，就立即转移火力，向其他目标射击，双方的射击流都是泊松流。

定义：

α—单位时间内一件蓝军武器平均杀伤红军武器的数量；

β—单位时间内一件红军武器平均杀伤蓝军武器的数量。

其他符号的意义不变。

则在$[t, t+\Delta t]$时间内红军武器的损失数为

$$R(t)-R(t+\Delta t)=\alpha B(t)\cdot\Delta t$$

令 $\Delta t\to0$，有：

$$\frac{dR}{dt}=-\alpha B \tag{10-15}$$

同理，对蓝军有：

$$\frac{dB}{dt}=-\beta R \tag{10-16}$$

上两式说明，每方兵力损失的速率与对方的兵力成正比。两式相除得：

$$\frac{dR}{dB}=\frac{\alpha B}{\beta R}$$

即

$$\beta R^2=\alpha B^2+C$$

由初始条件，$R|_{t=0}=R_0, B|_{t=0}=B_0$，得：

$$C=\beta R_0^2-\alpha B_0^2$$

最后有：

$$\beta R^2-\alpha B^2=\beta R_0^2-\alpha B_0^2 \tag{10-17}$$

下面来讨论红、蓝军胜负的条件，由式(10-17)可以得出：

若 $\beta R_0^2>\alpha B_0^2$，则在任一时刻有 $\beta R^2(t)>\alpha B^2(t)$，最后，$B(t)$ 先变为 0，蓝军被全歼；

若 $\beta R_0^2<\alpha B_0^2$，则有 $\beta R^2(t)<\alpha B^2(t)$，$R(t)$ 先变为 0，红军被全歼；

若 $\beta R_0^2=\alpha B_0^2$，则有 $\beta R^2(t)=\alpha B^2(t)$，$R(t)$、$B(t)$ 同时变为 0，红蓝军同归于尽。

以上三种情况见图 10-3。

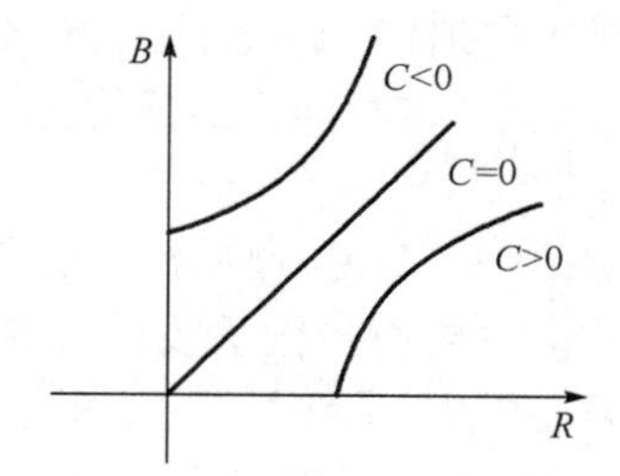

图 10-3　三种情形下的兵力变化关系

因此，我们可以得到如下定义。

定义：对于符合兰彻斯特平方律的作战过程，αB_0^2 与 βR_0^2 分别称为蓝军和红军的初始战斗力；$\alpha B^2(t)$ 与 $\beta R^2(t)$ 分别称为 t 时刻蓝军和红军瞬时战斗力。

由于战斗力与武器数的平方成正比，兰彻斯特将式(10-17)所表示的关系概括为"在直接瞄准射击条件下，交战一方的有效战斗力正比于其战斗单位数的平方与每一战斗单位平均战斗力(平均毁伤率系数)的乘积"，人们称之为兰彻斯特平方律。

双方战平的条件(平衡条件)：

$$k=0\Leftrightarrow\left(\frac{B_0}{R_0}\right)^2=\frac{r}{b}$$

可见若红方初始兵力 R_0 不变，蓝方战斗有效系数 α 也不变，而蓝方初始兵力 B_0 增到原来的 2 倍，则红方的战斗有效系数 β 就要增加到原来的 4 倍才能与之抗衡。同理可分析其余情况。

在兰彻斯特第一、第二线性律成立时，战斗力等于杀伤力与兵力的乘积；而当兰彻斯特平方律成立时，战斗力等于杀伤力与兵力平方的乘积。因此，在后一种情况下，当兵力增加时，将使战斗力的优势增加很多，这就是集中兵力得到优势的原因所在。

例 10.3　已知一名机枪手的杀伤力相当于 16 名步枪手，问由 1000 名步枪手组成的军队,需要多少名机枪手才能代替?

解:设步枪手杀伤力为1,则机枪手杀伤力为16,再设当战斗力相等时,机枪手的人数为 x,则由战斗力相等可得方程:

$$16x^2 = 1000^2$$

解得:

$$x = 250(人)$$

即1000个步枪手组成的军队需要250个机枪手才能代替,一名机枪手只顶4个步枪手,究其原因在于,若作远距离面火力射击,一挺机枪的火力相当于16支步枪的火力。但是在近距离双方都做直接瞄准射击时,双方都会集中火力。1挺机枪与16支步枪对射,机枪要射向16人,而对方16人集中火力射向机枪手,机枪手生存的可能性将大大减小,这时他只能抵得上4名步枪手了,多用机枪手是不明智的。

因此,远距离火力搜索一个地区或山岭时,机枪手的作用可得到最大的发挥,近距离或丛林战中,军队应主要由步枪手或狙击手组成。

例10.4 1805年10月21日,在特拉法尔加海战中,纳尔逊统帅的数量居于劣势的英国地中海舰队战胜了由法国将领费伦纽夫率领的法国、西班牙联合舰队,挫败了拿破仑在海上与英国争雄的计划。当时英舰队有40艘帆船,法、西联合舰队有46艘帆船,纳尔逊的作战方案是:英舰队利用两个主纵列32艘帆船由他亲自指挥,将联合舰队从中心截成两段,然后两个主纵列集中火力消灭后面的敌船;而由8艘帆船组成的小纵列攻击先头的3~4艘敌船,吸引中部敌船,并阻止前部和中部的敌船援助后部敌船。这样安排后,双方的战斗力对比如下。

英舰队战斗实力为:$32^2+8^2=1088$;

法、西联合舰队战斗实力:$23^2+23^2=1058$。

战斗进行到最后,英舰队可剩 $\sqrt{30} \doteq 5\frac{1}{2}$艘帆船。

实战结果是,联合舰队7艘帆船被击沉,费伦纽夫连同12艘帆船被俘,其余逃走;英舰无一损失,纳尔逊在海战中阵亡,但他成功的秘诀却流传下来,为人称颂。

第三节 蒙特卡罗方法

一、蒙特卡罗方法的定义

蒙特卡罗是欧洲摩纳哥公国的一个著名城市,它以赌博业闻名于世。蒙特卡罗模拟方法诞生于20世纪40年代美国的"曼哈顿计划",1944年前后,美国的冯·诺依曼等人在研制原子弹时，为解决某些计算问题提出了蒙特卡罗方法。

蒙特卡罗方法又称统计实验法或随机抽样技术。它是以概率论为基础，通过构造实际问题的概率模型，以随机实验或模拟技术为手段来近似求解的一种计算方法。

下面我们通过一个例子来简单认识蒙特卡罗方法。

例 10.5 假定某飞行员向目标区投弹，假定弹的落点在目标区内均匀分布，试求落入划有斜线部分（区域 G）内的概率（图 10-4）。

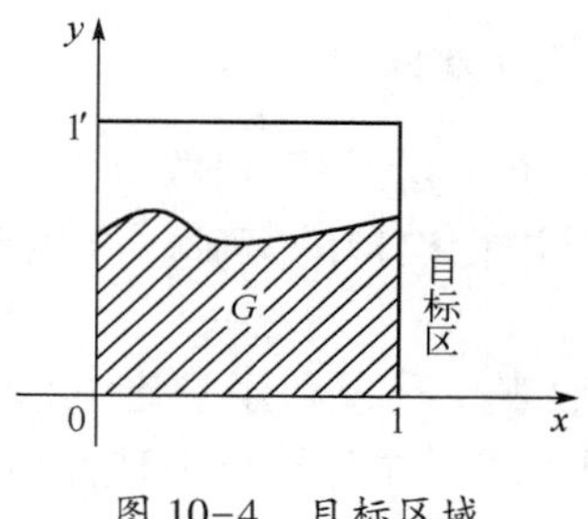

图 10-4 目标区域

解：为简单起见，假定目标区为正方形，假定划有斜线部份上部曲线为 $y=f(x)$。命中目标区的几何意义是弹落入正方形内。为此，我们构造下面一个模型来解决问题：在正方形内随机投掷一点，假定该点在该区域内均匀分布。如果该点落在曲线 $y=f(x)$ 之下，则认为弹落入区域 G 内（我们称为事件 A 出现），如果这个点是落在曲线 $y=f(x)$ 之上，则认为未落入区域 G。这样投弹问题便可由上面所说的掷点来模拟。

上述投掷试验假定共进行了 N 次，其中有 n 次落入区域 G 内，那么弹落入区域 G 内的概率（即事件 A 出现的概率）可由 $\hat{P}=\frac{n}{N}$ 来近似。上述结果，利用概率论中的大数定理便可证明。

蒙特卡罗方法就是利用数学方法在计算机上模拟上述的投掷点的过程。假如有一种办法能在计算机上产生均匀分布在（0，1）区间的随机变量 ξ，我们称这样的随机变量为随机数。它具有这样的特点：每次产生的随机数满足 $0<\xi<1$，且以均等的机会位于（0，1）区间的任意位置；而且前后产生的随机数彼此是独立的。因此，当我们用上述方法产生两个随机数 $\xi,\eta(0<\xi,\eta<1)$，并把此两数组成一个点对 (ξ,η)，则显然以此为坐标的点肯定落在正方形内，也就相当于我们实际向正方形投掷一次。

我们让计算机产生 N 对 (ξ_i,η_i)，并令

$$\omega_i = \begin{cases} 1 & 若\ \eta_i < f(\xi_i) \\ 0 & 否 \end{cases}$$

显然 $\omega_i = 1$,这就表明该点落入(图 10-5)的区域 G 了。因此按前所述可得:

$$\hat{P} \doteq \frac{1}{N}\sum_{i=1}^{N}\omega_i = \frac{n}{N}$$

对于一个复杂的问题,可把它分解成一系列前后相连接的事件,对每一事件都可用与上面类似的办法判别,最后就能得出统计结果。

二、随机数产生的常用方法

用蒙特卡罗方法模拟一个问题,要用到数以万计的随机数,因此,产生随机数可以说是用蒙特卡罗方法进行模拟的基础。产生随机数的方法通常有三种,下面作一简要介绍。

(1) 利用专门的随机数表。有人利用一定方法制备好数量巨大的随机数表,这些表一般供手算使用。若要在计算机上使用测需要把这个表储存在计算机中;但是由于计算时常常需要大量的随机数而计算机的存储容量有限,故实用中一般是采用其他方法来获得随机数。

(2) 用随机数发生器产生随机数。考虑取 0 和 1 两个值的随机数序列 $\{\xi_i\}$ $(i=1,2,\cdots)$,对每一 i 均有 $P(\xi_i=1)=P(\xi_i=0)=\frac{1}{2}$,例如,随机地抛掷一枚均匀的硬币时,出现背面令 $\xi_i=1$,出现正面则令 $\xi_i=0$,这就是一种最简单的随机数发生器。利用这种发生器可以以相等的概率得到 0 和 1,而这可以得到一随机变数序列 $\{\xi_i\}$,再利用 $\{\xi_i\}$ 定义如下的二进制数:

$$\eta_i = \xi_1 \cdot 2^{-1} + \xi_2 \cdot 2^{-2} + \cdots + \xi_n \cdot 2^{-n} + \cdots$$

可以证明,η_i 是在区间(0,1)内均匀分布的随机数。但是在实际计算中数位数不可能是无限的,我们不得不限制 η_i 的位数。例如一台以 K 位二进制符号来表示数的计算机就只能写下 K 位二进制数,总共能写出 2^K 个不同的这种数。

实际中常用来产生随机数的物理装置有放射粒子计数器、电子管随机数发生器等。用这种方法产生随机数,一是造价昂贵,二是不可重复检查,因此,一般情况下,人们也不采用这种方法产生随机数。

(3) 用数学运算产生随机数。这是指按照一定的计算方法用计算机产生的数,也即是通过一个适宜的递推公式,简便地算出一系列的随机数。但是,这些数既然是依照决定性的算法产生的,便不可能是真正的随机数,因此应该称为伪随机数。虽然如此,如果计算方法选得恰当,它们便近似于相互独立和近似于均匀分布,也就是说,它们能够通过数理统计中的独立性检验和均匀分布检验。而且用该方法产生随机数速度快，占用计算机内存小，对模型的问题可以进行复算检查，因此，目前人们普遍采用这种方法产生(伪)随机数。为简便起见，通常还把“伪”字去掉。

三、产生随机变量的逆变换法

在产生了随机数之后，就可以在此基础上，讨论任意的随机变量的抽样了，这个问题的解决基于下面的定理。

定理：设已给单调上升的连续分布函数 $F(x)$ 及在 $(0,1)$ 上均匀分布的随机数 ξ，则方程 $F(y)=\xi$ 的解为

$$y=F^{-1}(\xi) \tag{10-18}$$

是以 $F(x)$ 为分布函数的随机变量(图 10-5)。

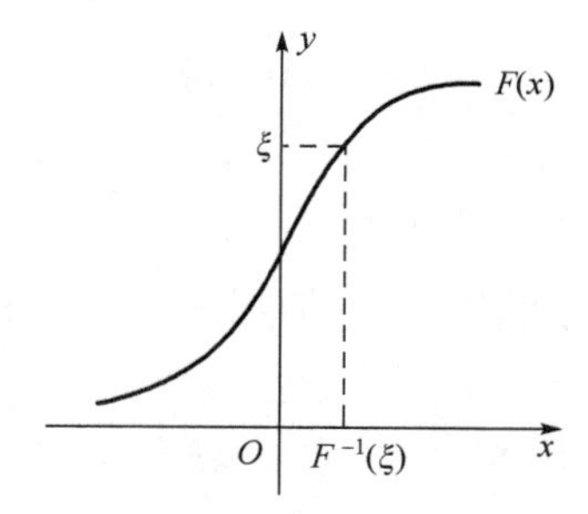

图 10-5　分布函数与逆函数

证明：因为 ξ 的分布函数是式(10-18) $G(x)$，因此可得

$$P(F^{-1}(\xi)<x)=P(\xi<F(x))=G(F(x))=F(x)$$

如果 $F(x)$ 有密度 $f(x)$，那末式(10-27)化为

$$\int_{-\infty}^{y} f(x)\,\mathrm{d}x=\xi$$

因而 $F^{-1}(\xi)$ 满足 $\int_{-\infty}^{F^{-1}(\xi)} f(x)\,\mathrm{d}x=\xi$。

例 10.6　产生 $[a,b]$ 上均匀分布的随机变量 η

解：η 的概率密度函数为

$$f(x)=\begin{cases}\dfrac{1}{b-a} & x\in[a,b]\\ 0 & \text{其他}\end{cases}$$

分布函数为

$$F(x)=\frac{x-a}{b-a}\quad x\in[a,b]$$

由基本定理，有
$$\xi=\frac{\eta-a}{b-a}$$
服从(0,1)上的均匀分布，故 $\eta=(b-a)\xi+a$ 是满足要求的随机变量，特别地，$2\xi-1$ 均匀分布在(-1,1)上。

例 10.7 产生以 λ 为参数的负指数分布的随机变量 x

解：x 的密度函数为
$$f(x)=\begin{cases}\lambda e^{-\lambda x} & x\geqslant 0\\ 0 & x<0\end{cases}$$
x 的分布函数为
$$F(x)=\begin{cases}1-e^{-\lambda x} & x\geqslant 0\\ 0 & x<0\end{cases}$$
由基本定理
$$\xi=1-e^{-\lambda x}$$
解出
$$x=-\frac{1}{\lambda}\ln(1-\xi)$$
由于$(1-\xi)$也在(0,1)上均匀分布，故 $x=-\frac{1}{\lambda}\ln\xi$ 服从参数为 λ 的负指数分布。

下面我们研究离散分布随机变量的抽样。设随机变量 η 以概率 $P_1,P_2,\cdots$ 分别取值 $a_1,a_2,\cdots$，即
$$P(\eta=a_n)=P_n\quad n=1,2,\cdots$$
这里
$$0<P_n<1,\ \sum P_n=1$$
同样根据基本定理，取
$$P^{(0)}=0,\quad P^{(n)}=\sum_{i=1}^{n}P_i\quad n=1,2,\cdots$$
若 ξ 是随机数，求满足
$$P^{(n-1)}<\xi\leqslant P^{(n)}$$
的 n 值，这时，$\eta=a_n$ 便是随机变量 η 的抽样值。

例 10.8 求二项分布的抽样

解：因为二项分布的分布律为
$$P(x=n)=P_n=C_N^nP^n(1-P)^{N-n}$$
由式(10-18)，对此分布的抽样方法是，当 $\sum_{i=0}^{n-1}P_i<\xi\leqslant\sum_{i=0}^{n}P_i$ 时，取 $x=n$。

例 10.9 求泊松(Poisson)分布的抽样。

解：因为泊松分布的分布律为
$$P(x=n)=P_n=e^{-\lambda}\frac{\lambda^n}{n!}\quad(\lambda>0)$$

因此,由(10-18)式,当

$$\sum_{i=0}^{n-1} \frac{\lambda^i}{i!} < \xi e^{\lambda} \leqslant \sum_{i=0}^{n} \frac{\lambda^i}{i!}$$

时,取 $x=n, n=0,1,\cdots$。

四、MATLAB 中随机数的产生

(一) 均匀分布

(1) 产生 $m*n$ 阶 $U(a,b)$ 的随机数矩阵:unifrnd(a,b,m,n);产生一个[a,b]均匀分布的随机数:unifrnd(a,b)。

(2) 产生 $m*n$ 阶[0,1]均匀分布的随机数矩阵:rand(m,n)

产生一个[0,1]均匀分布的随机数:rand

(二) 正态分布

产生正态分布的随机数:normrnd(μ,σ);产生 $m*n$ 阶随机数矩阵:normrnd(μ,σ,m,n)。

(三) 指数分布

产生指数分布的随机数:exprnd(μ);产生 $m*n$ 阶随机数矩阵:exprnd(μ,m,n)。注意,期望是 $1/\mu$。

(四) 泊松分布

产生泊松分布的随机数:poissrnd(λ);产生 $m*n$ 阶随机数矩阵:exprnd (λ,m,n)

五、蒙特卡洛方法的应用

通过例 10.5 的求解过程,我们不难发现,应用蒙特卡洛方法模拟实际问题,有以下步骤。

(1) 根据提出的问题构造一个简单、适用的概率模型或随机模型,使问题的解对应于该模型中随机变量的某些特征(如概率、均值和方差等),所构造的模型在主要特征参量方面要与实际问题或系统相一致。

(2) 根据模型中各个随机变量的分布,在计算机上产生随机数,实现一次模拟过程所需的足够数量的随机数。通常先产生均匀分布的随机数,然后生成服从某一分布的随机数,方可进行随机模拟试验。

(3) 根据概率模型的特点和随机变量的分布特性,设计和选取合适的抽样方法,并对每个随机变量进行抽样(包括直接抽样、分层抽样、相关抽样、重要抽样等)。

(4) 按照所建立的模型进行仿真试验、计算,求出问题的随机解。

(5) 统计分析模拟试验结果,给出问题的概率解以及解的精度估计。

下面结合例 10.10 对蒙特卡洛方法的实际应用做一简要介绍。

例 10.10 在我方某前沿防守地域,敌人以一个炮排(含两门火炮)为单位对我方进行干扰和破坏。为躲避我方打击,敌方对其阵地进行了伪装并经常变换射击地点。经过长期观察发现,我方指挥所对敌方目标的指示有 50%是准确的,而我方火力单位,在指示正确时,有 1/3 的射击效果能毁伤敌人一门火炮,有 1/6 的射击效果能全部消灭敌人。

现在希望能用某种方式把我方将要对敌人实施的 20 次打击结果显现出来,确定有效射击的比率及毁伤敌方火炮的平均值。

解:这是一个概率问题,可以通过理论计算得到相应的概率和期望值。但这样只能给出作战行动的最终静态结果,而显示不出作战行动的动态过程。因此接下来利用蒙特卡洛方法模拟的方法进行解决。

(1) 观察所对目标的指示正确与否,可用投掷一枚硬币的方式予以确定。

(2) 当指示正确时,我方火力单位的射击结果模拟有三种结果:毁伤一门火炮的可能性为 1/3(即 2/6),毁伤两门的可能性为 1/6,没能毁伤敌火炮的可能性为 1/2(即 3/6)。可用投掷骰子的方法来进行确定。

具体模拟流程如图 10-6 所示。

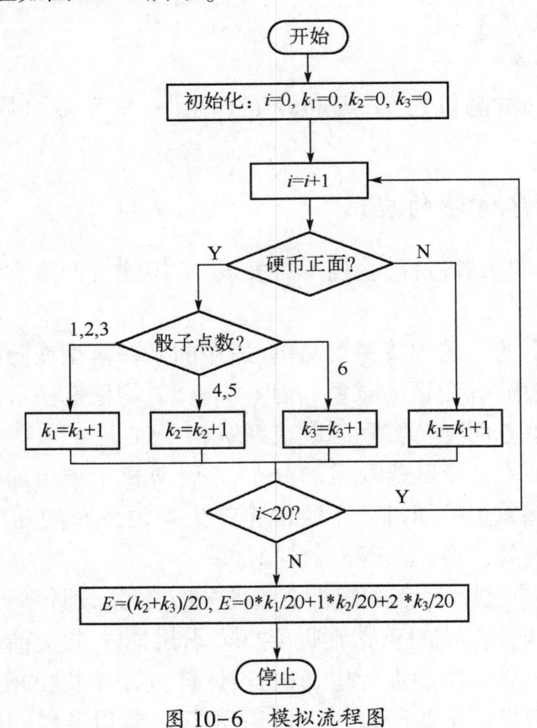

图 10-6 模拟流程图

其中，i 为打击次数，k_1 为没击中次数，k_2 为击中一门的次数，k_3 为击中两门的次数，E 为有效射击比率，E_1 为平均毁伤火炮数。

经模拟记录得到结果如表 10-1 所列。

表 10-1 模拟结果

序号	投币结果	指示正确	指示不正确	骰子结果	毁伤结果		
					0	1	2
1	正	1		4		1	
2	正	1		4		1	
3	反		1		1		
4	正	1		1	1		
5	正	1		2	1		
6	反		1		1		
7	正	1		3	1		
8	正	1		6			1
9	反		1		1		
10	反		1		1		
11	正	1		2	1		
12	反		1		1		
13	正	1		3	1		
14	反		1		1		
15	正	1		6			1
16	正	1		4		1	
17	正	1		2	1		
18	正	1		4		1	
19	反		1		1		
20	正	1		6			1

从表中数据可算出 $E=\dfrac{7}{20}=0.35$，$E_1=0\times\dfrac{13}{20}+1\times\dfrac{4}{20}+2\times\dfrac{3}{20}=0.5$。

下面进行理论计算，令：

A：指示正确；$\overline{A}$：指示不正确；

B_0：没击中；B_1：击中 1 门；B_2：击中 2 门；

$$E=P(B_0)=P(A)P(B_0/A)+P(\overline{A})P(B_0/\overline{A})$$

$$=\frac{1}{2}\times\frac{1}{2}+\frac{1}{2}\times 1=\frac{3}{4}$$

$$P(B_1)=P(A)P(B_1/A)+P(\bar{A})P(B_1/\bar{A})$$

$$=\frac{1}{2}\times\frac{1}{3}+\frac{1}{2}\times0=\frac{1}{6}$$

$$P(B_2)=P(A)P(B_2/A)+P(\bar{A})P(B_2/\bar{A})$$

$$=\frac{1}{2}\times\frac{1}{6}+\frac{1}{2}\times0=\frac{1}{12}$$

$$E_1=\frac{1}{6}\times1+\frac{1}{12}\times2=0.33$$

两相比较可以得到表 10-2,虽然结果不完全一致,但模拟能更加真实地表达实际战斗动态过程。

表 10-2 结果比较

	无效射击	有效射击	平均值
理论	0.75	0.25	0.33
模拟	0.65	0.35	0.5

习 题 十

1. 红方有 50 辆坦克,蓝方有 25 辆坦克,红方每辆坦克平均发射率为 0.25 次/分(包括火力转移所需的时间),每次射击的平均击毁概率为 $P_1=0.56$,蓝方每辆坦克的平均发射率为 0.5 次/分,每次射击的平均击毁概率为 $P_2=0.5$。试预计红方与蓝方战斗的发展进程,回答下列问题:

(1) 哪一方获胜?大致经过多长时间才能结束战斗?

(2) 战斗结束时,获胜者的损失大致是多少?

2. 已知甲方 1000 人向乙方进犯,甲方武器威力为乙方的 2 倍,若要打败入侵的甲方,乙方至少要派出多少兵力投人战斗?

3. 蓝方 500 人与红方 400 人在一次对阵战中遭遇,双方平均杀伤力相等,战斗环境适合平方律,问:

(1) 双方各自的总战斗实力为多少?

(2) 哪一方获胜?胜方的剩余兵力是多少?

(3) 如果红方采取某种策略迫使蓝方分为 200 人和 300 人的部分进行两场战斗,双方各自的战斗实力如何?战斗结局如何?

4. 红方以 10 门反坦克火炮对付蓝方 30 辆坦克,设战斗进程符合兰开斯特

第一线性律,试求:

(1)双方武器的射击效率相等(平均每5分钟毁伤对方一件武器),问哪方获胜?战斗进行多少时间?胜方剩下的武器数为多少?

(2)由于对反坦克火炮作了改进,使武器效率比从原来的1:1提高到1.5:1,这相当于红方增加了多少门原来的反坦克火炮?

(3)欲使红方获胜,其射击效率应是多大?

5. 蓝方和红方进行炮战,双方各有18门火炮,蓝方向红方炮兵阵地射击,红方对蓝方炮兵阵地实施炮火还击。蓝方每门火炮对红方每门火炮的毁伤率为$\alpha=0.008$门/分,红方每门火炮对蓝方每门火炮的毁伤率为$\beta=0.01$门/分。问谁能取胜?30分钟后,红蓝双方各有多少门炮能继续战斗?

6. 12名红军步兵与12名蓝军步兵交战,红方对蓝方的杀伤率为平均每10分钟一个,蓝方对红方的杀伤率为平均每15分钟一个。问这场战斗谁能取胜?当一方被消灭时,另一方还剩几人?战斗要打多久?

7. 蓝军坦克营有31辆坦克,远离友邻,固守某地域,红军坦克团共96辆坦克受命准备进攻该敌。统计资料表明,红军每辆坦克平均每分钟歼灭0.012辆蓝军坦克,蓝军每辆坦克平均每分钟歼灭0.065辆红军坦克,战斗突然打响后,蓝军友邻最快需要30分钟方能抵达该地域增援。试问,红军能否在蓝军增援到达以前消灭蓝军坦克营?

8. 用逆变换法产生下列随机变量:

(1)从20至50间的均匀分布;

(2)密度函数为

$$f(x)=\begin{cases}\dfrac{1}{4}x^2 & 0\leqslant x\leqslant 1\\ 0 & 其他\end{cases}$$

的随机变量;

(3)密度函数为

$$f(x)=\begin{cases}\dfrac{1}{50}(x-10) & 10\leqslant x\leqslant 20\\ 0 & 其他\end{cases}$$

的随机变量;

(4)密度函数为

$$f(x)=\begin{cases}2x & 0\leqslant x\leqslant 1\\ 0 & 其他\end{cases}$$

的随机变量。

9. 试用随机数模拟某射手 10 次打靶的成绩,已知该射手 10%的可能得优秀,30%的可能得良好,40%的可能得及格,20%的可能得不及格。

10. 有一单服务台的排队系统,根据经验资料,知道到达的时间间隔和服务时间的概率分布如表 10-3 及表 10-4 所列,其他条件符合标准情形。

表 10-3 到达情况

到达间隔	概率	累计概率	对应随机数
2	0.4	0.4	0~400
6	0.3	0.7	401~700
10	0.2	0.9	701~900
14	0.1	1	901~1000

表 10-4 服务情况

服务时间	概率	累计概率	对应随机数
1	0.4	0.4	0~400
3	0.4	0.8	401~800
5	0.2	1	801~1000

(1) 现由随机数表任选两组数:

RNa:902 321 211 021 198 383 107 799 439

RNb:612 484 048 605 583 773 054 853 313 200

试根据两组数产生表示 10 位顾客到达的时间间隔随机数 AT 和服务时间随机数 RT。

(2) 模拟这个排队系统的运行情况,这一阶段共运行多少分钟?

(3) 求系统空闲的概率。

思考题:

红方有兵力 1200 人驻守的某地区遭到了蓝方 1900 人的进攻,且红、蓝双方的武器效能相等。红方指挥员认为:如果以 1200 人同蓝方打阵地战,红方必败无疑。因此,红方指挥员决定诱敌深入,利用自己熟悉地形等有利条件,设法调动敌人,在运动中集中优势兵力将蓝军逐批消灭。结果,红方的战术获得了成功,红方集中所有力量分别对蓝方 500 人,600 人,800 人进行了三次战斗。

第十一章　武器效能分析与评价

武器效能分析是指武器在一定条件下,使用时所能达到预期目的的程度分析,通过分析和评价,可以掌握武器的能力和不足,为武器的改良和使用提供必要的理论遵循。本章主要介绍武器效能分析与评价的基本概念,对常见目标的射击效能分析及对抗条件下的射击效能分析。

第一节　武器效能分析的概念及单发命中概率

一、武器效能

1. 武器效能的定义

军事问题中的效能一般是指作战行动的效能和武器系统效能。武器效能也就是武器系统的效能,是指在特定条件下,武器系统被用来执行任务所能达到的预期目标的程度,作战效能在规定条件下,运用武器系统的作战兵力执行作战任务所能达到预期目标的程度。

2. 武器效能分类

武器系统的效能分析往往是针对特定的目标进行分析,若运用武器系统时,就单一使用目标而言,所达到的程度便称为单项效能,如就胸环靶射击对某种型号的手枪的效能进行分析评估。若在一定条件下,就某一组特定任务对某种武器的完成任务要求的可能程度进行分析,便为系统效能分析。如评价爆震弹在某次处置突发社会安全事件中的效能,分析迫击炮在防范和处置恐怖活动中的效能等。

二、武器效能评价

1. 武器效能评价的定义

武器系统效能评价是指对武器各种技术战术指标共同作用效果的评价、综合和处理的过程。由于武器系统的复杂性和作战任务的多重性,效能评价往往不能依赖于某个单独的指标进行评价,而要考虑武器系统的一组效能指标来刻画,这些效能指标分别表示武器系统的各个重要属性。由于各指标的物理属性、量纲各不相同,所以要把不同的量纲进行统一处理后才能综合。同时各指标所起作用不同,所以还要确定各种指标的权重(即重要性)。

2. 选择武器系统效能指标的原则

选择效能指标的一般要遵循以下基本原则。

科学性:结合武器实际使用情况,对武器系统的构成特点、各部分(系统)之间的联系和运动过程等进行科学分析,使所设置的指标名称及涵义、计算过程和方法等均建立在科学分析的基础上。

整体性:确定指标时,不是孤立的就指标本身考虑问题,而是把它放在武器装备系统的整体中综合考虑,指标体系要覆盖武器装备系统的整体性能和综合作战能力。

可行性:指标体系中各指标的含义要易于理解,有统计基础,通俗易懂,便于计算。

动态性:武器系统所承担的作战任务在战斗全过程中是不断变化的,设置指标时,应充分考虑完成任务中的动态情况。

可比性:指标体系应能在不同时间、不同地点进行比较和对照,以反映和判断武器系统在不同时空条件下的运行状态。

简洁性:尽量采用有代表性的重要指标作为评价尺度,简明扼要,疏而不漏,避免包罗万象,繁锁复杂。

3. 武器效能的评价方法

武器系统效能评价的方法很多,单概括起来不外乎以下三种。

解析法:根据描述效能指标与给定条件之间的函数关系的解析表达式的计算来评价武器系统效能。如概率论建立非对抗条件下射击效能的静态读评估公式,排队论建立非对抗条件下的射击效能的动态评估公式,兰开斯特战斗理论建立对抗条件下的射击效能评估公式等。优点是透明性好,易于了解,计算简单;缺点是考虑因素少,只在严格限定的假设条件下有效。

统计法:应用数理统计方法,依据实战、演习、试验获得的大量统计资料评估武器系统。如:抽样调查、参数估计、假设检验、回归分析、相关分析等。

模拟法:以计算机模拟为实验手段,通过在给定数值条件下运行模型来进行作战仿真实验,由实验得到的关于作战过程和结果的数据对武器系统的效能进行评价。

三、射弹散布律

由于受随机因素影响,同一件武器在射击条件相同的情况下对同一目标的射击,也会存在有些弹道高,有些弹道低,有些偏左,有些偏右的情况,如果我们用一个平面去截，会截得弹着点分布情况如图 11-1 所示。在散布平面上取瞄准点为坐标原点 O，建立直角坐标系 OXY，弹着点与瞄准点的偏差称为射击误差，射击误差的产生是由测量误差、装定误差等引起的，射击误差是相互独立的大量微小的随机误差之和，由中心极限定量，随机变量 (X, Y) 服从正态分布。

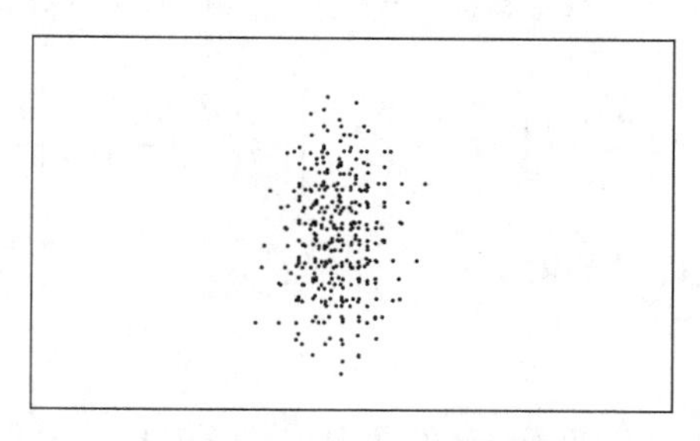

图 11-1　弹着点散布情况

可以确定其密度函数为式(11-1)。

$$f(x,y)=\frac{1}{2\pi\sigma_x\sigma_y}e^{-\frac{1}{2}\left[\left(\frac{x-m_x}{\sigma_x}\right)^2+\left(\frac{y-m_y}{\sigma_y}\right)^2\right]} \tag{11-1}$$

其中点 M 称为散布中心，散布椭圆的长轴和短轴统称为主散布轴，若点 M 的坐标为(m_x,m_y)，m_x 和 m_y 称为射弹散布的系统误差。σ_x,σ_y 是沿 X 轴和 Y 轴的均方差。若令 $E_x=\rho\sqrt{2}\sigma_x, E_y=\rho\sqrt{2}\sigma_y$ 则可将式(11-1)变形为式(11-2)。

$$f(x,y)=\frac{\rho^2}{\pi E_x E_y}e^{-\rho^2\left[\left(\frac{x-m_x}{E_x}\right)^2+\left(\frac{y-m_y}{E_y}\right)^2\right]} \tag{11-2}$$

式中：E_x,E_y 表示炮口水平上炸点在距离、方向上散布的中间误差；$\rho\approx0.4769$ 称为炮兵系数；系统误差 m_x,m_y 和中间误差；E_x,E_y 均称为射弹的散布特征。

四、对目标的单发命中概率

有了射弹分布的密度函数，那么单发命中目标的概率，就可以用式(11-3)来表示(图 11-2)。

$$P=\iint\limits_D f(x,y)\,\mathrm{d}x\mathrm{d}y \tag{11-3}$$

（一）对规则目标单发命中概率的求法

1. 矩形目标

根据式(11-3)，当目标为矩形时，单发命中概率公式就可以表示为式(11-4)，如图 11-3 所示。

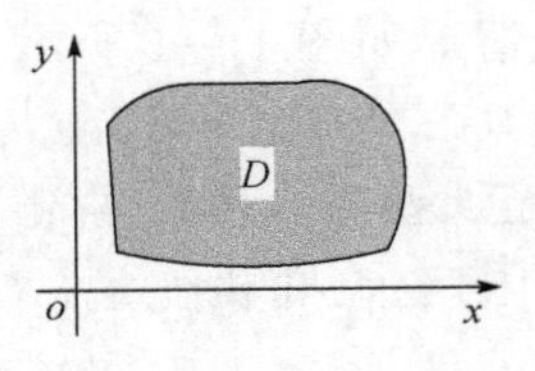

图 11-2 不规则目标

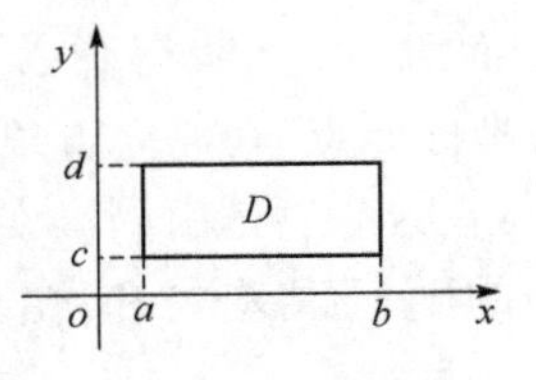

图 11-3 矩形目标

$$P=\frac{1}{4}\left[\hat{\varphi}\left(\frac{b-m_x}{E_x}\right)-\hat{\varphi}\left(\frac{a-m_x}{E_x}\right)\right]\left[\hat{\varphi}\left(\frac{d-m_y}{E_y}\right)-\hat{\varphi}\left(\frac{c-m_y}{E_y}\right)\right] \tag{11-4}$$

其中 $\hat{\varphi}(x)=\frac{2\rho}{\sqrt{\pi}}\int_0^x e^{-\rho^2 t^2}\mathrm{d}t$。

容易换算得到：

$$P=\frac{1}{4}\left[\varphi\left(\frac{b-m_x}{\sigma_x}\right)-\varphi\left(\frac{a-m_x}{\sigma_x}\right)\right]\left[\varphi\left(\frac{d-m_y}{\sigma_y}\right)-\varphi\left(\frac{c-m_y}{\sigma_y}\right)\right]$$

其中

$$\varphi(x)=\frac{2}{\sqrt{2\pi}}\int_0^x e^{-\frac{t^2}{2}}\mathrm{d}t$$

特别的，当目标中心与散布中心都重合于坐标原点时（图 11-4），公式可写成式（11-5）或是式（11-6）。

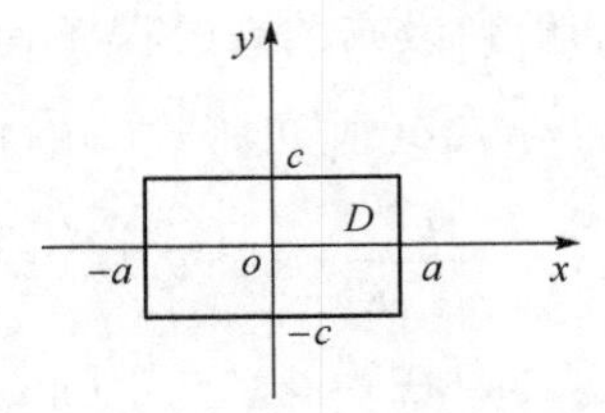

图 11-4 目标中心与散布中心重合

$$P=\hat{\varphi}\left(\frac{a}{E_x}\right)\hat{\varphi}\left(\frac{c}{E_y}\right) \tag{11-5}$$

或者

$$P=\varphi\left(\frac{a}{\sigma_x}\right)\varphi\left(\frac{c}{\sigma_y}\right) \tag{11-6}$$

接下来，我们利用上述公式解决实际问题。

例 11.1 对长为 10m，宽为 10m 的正方形目标射击，射向与边长平行，方向中间偏差为 20m，高低中间偏差为 4m，今发射一发导弹，求：

（1）平均弹道通过矩形中心时，导弹对目标的命中率；

（2）平均弹道通过矩形左边沿中央时，对目标的命中率。解：（1）建立坐标系如图 11-5，根据公式可算得：

$$P=\hat{\varphi}\left(\frac{5}{20}\right)\hat{\varphi}\left(\frac{5}{4}\right)=\hat{\varphi}(0.25)\hat{\varphi}(1.25)=0.13391\times 0.6\approx 0.081$$

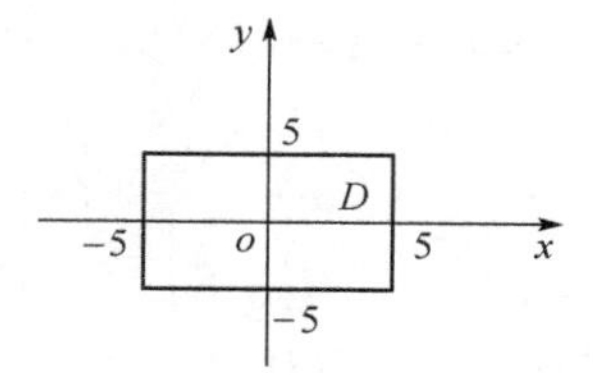

图 11-5　平均弹道通过矩形中心

（2）建立坐标系如图 11-6 所示，根据公式可算得：

$$p=\frac{1}{2}\hat{\varphi}\left(\frac{10}{20}\right)\hat{\varphi}\left(\frac{5}{4}\right)=\frac{1}{2}\hat{\varphi}(0.5)\hat{\varphi}(1.25)=\frac{1}{2}\times 0.26407\times 0.6\approx 0.079221$$

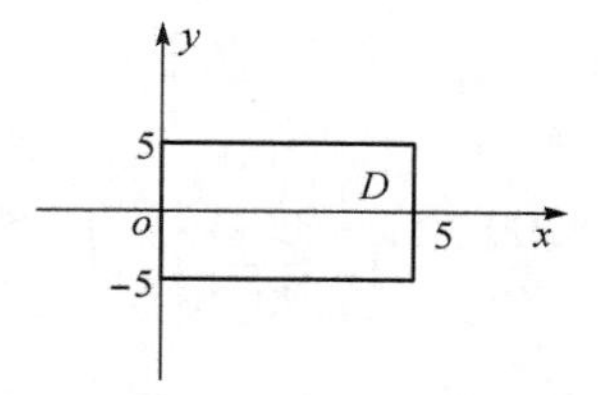

图 11-6　平均弹道通过矩形左边沿中央

例 11.2　航空兵对某目标（形状如图 11-7 所示）进行轰炸，瞄准点为 o，射弹的方向中间偏差和距离中间偏差分别为 200m 和 250m，射向与边沿平行，求发射一发导弹对目标的命中率。

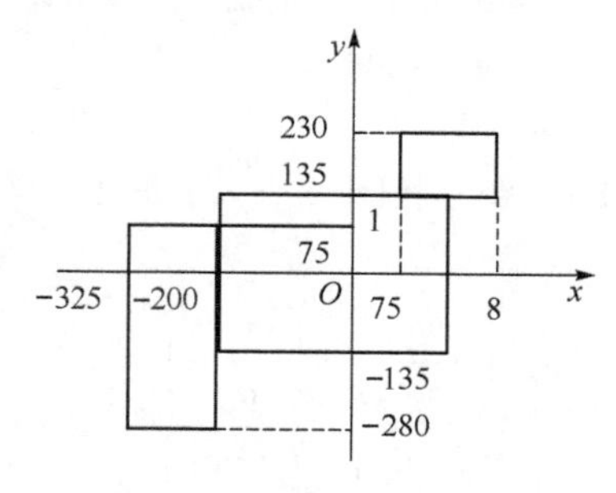

图 11-7　多矩形组合目标

解：由题意可得：

$$P(M_1)=\frac{1}{4}\left[\hat{\varphi}\left(\frac{b-m_x}{E_x}\right)-\hat{\varphi}\left(\frac{a-m_x}{E_x}\right)\right]\left[\hat{\varphi}\left(\frac{d-m_y}{E_y}\right)-\hat{\varphi}\left(\frac{c-m_y}{E_y}\right)\right]$$

$$=\frac{1}{4}[\hat{\varphi}(1.15)-\hat{\varphi}(0.375)]\times[\hat{\varphi}(0.92)-\hat{\varphi}(0.54)]$$

$$=0.25(0.5621-0.1997)\times(0.4651-0.2844)$$

$$=0.01637$$

$$P(M_2)=\frac{1}{4}\left[\hat{\varphi}\left(\frac{b-m_x}{E_x}\right)-\hat{\varphi}\left(\frac{a-m_x}{E_x}\right)\right]\left[\hat{\varphi}\left(\frac{d-m_y}{E_y}\right)-\hat{\varphi}\left(\frac{c-m_y}{E_y}\right)\right]$$

$$=\frac{1}{4}\left[\hat{\varphi}\left(\frac{150}{200}\right)-\hat{\varphi}\left(\frac{-200}{200}\right)\right]\left[\hat{\varphi}\left(\frac{135}{250}\right)-\hat{\varphi}\left(\frac{-135}{250}\right)\right]$$

$$=\frac{1}{2}[\hat{\varphi}(0.75)+\hat{\varphi}(1)]\hat{\varphi}(0.54)$$

$$=0.5(0.3871+0.5)\times0.2844$$

$$=0.12615$$

$$P(M_3)=\frac{1}{4}\left[\hat{\varphi}\left(\frac{b-m_x}{E_x}\right)-\hat{\varphi}\left(\frac{a-m_x}{E_x}\right)\right]\left[\hat{\varphi}\left(\frac{d-m_y}{E_y}\right)-\hat{\varphi}\left(\frac{c-m_y}{E_y}\right)\right]$$

$$=\frac{1}{4}\left[\hat{\varphi}\left(\frac{-200}{200}\right)-\hat{\varphi}\left(\frac{-325}{200}\right)\right]\left[\hat{\varphi}\left(\frac{75}{250}\right)-\hat{\varphi}\left(\frac{-280}{250}\right)\right]$$

$$=\frac{1}{4}[\hat{\varphi}(-1)+\hat{\varphi}(1.625)][\hat{\varphi}(0.3)+\hat{\varphi}(1.12)]$$

$$=0.25(-0.5+0.727)(0.1604+0.55)$$

$$=0.04032$$

$$P(M)=P(M_1)+P(M_2)+P(M_3)$$

$$=0.01637+0.12615+0.04032$$

$$=0.18284$$

2. 等概率椭圆目标

若目标在散布平面上的像为椭圆域 D_λ 或是 D_k，其表达式为式(11-7)与式(11-8)。

$$D_\lambda:\left(\frac{x-m_x}{\sigma_x}\right)^2+\left(\frac{y-m_y}{\sigma_y}\right)^2\leqslant\lambda^2 \tag{11-7}$$

或

$$D_k:\left(\frac{x-m_x}{E_x}\right)^2+\left(\frac{y-m_y}{E_y}\right)^2\leqslant k^2 \tag{11-8}$$

这种椭圆域是以散布中心为中心，长短半轴分别与主散布轴平行且长度对应成比例的椭圆，称为等概率椭圆，其命中概率计算公式分别为式(11-9)与式(11-10)。

$$p(D_\lambda)=1-e^{-\lambda^2/2} \qquad (11-9)$$

或

$$p(D_k)=1-e^{-\rho^2k^2} \qquad (11-10)$$

3. 圆目标

若目标在散布平面上的像为以散布中心为圆心,半径为 R 的圆,其命中概率为

$$\boldsymbol{p}(\alpha,\lambda)=\frac{1}{2\pi}\int_0^{2\pi}\left\{1-\exp\left[-\frac{\lambda^2}{2(\cos^2\theta+\alpha^2\sin^2\theta)}\right]\right\}\mathbf{d}\theta \qquad (11-11)$$

其中,$\alpha=\sigma_z/\sigma_x,\lambda=R/\sigma_x$ 可查表得。

(二)对不规则目标单发命中概率的求法

对不规则目标单发命中概率的求法是首先求得近似规则目标的命中概率,然后再进行转化。

1. 面积比法

当散布在平面上的区域不规则时,用规则图形去近似(图 11-8),由规则图形目标的单发命中概率导出不规则目标的命中概率。

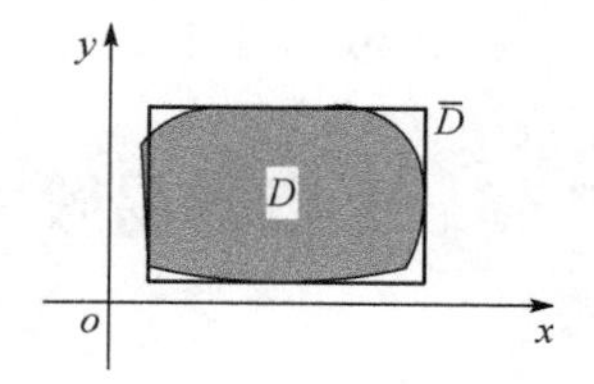

图 11-8 用矩形近似

$$P(D)=\frac{S_D}{S_{\overline{D}}}P(\overline{D}) \qquad (11-12)$$

例 11.3 某圆形靶的半径为 0.2 米(图 11-9),射击时瞄准靶心,已知 E_x 为 0.5m,E_y 为 0.46m,求一次射击的命中概率。

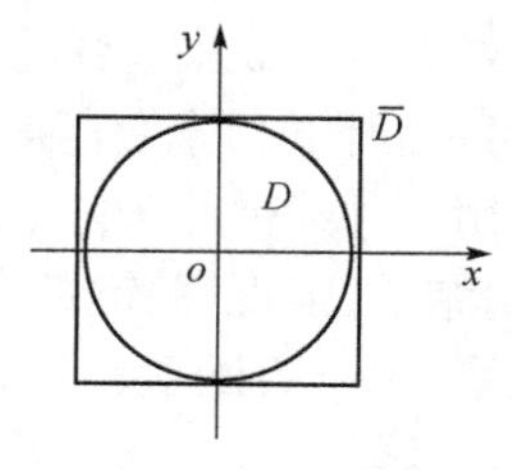

图 11-9 外切矩形

解：作圆靶的外切矩形

$$P_{\overline{D}}=\hat{\varphi}\left(\frac{0.2}{0.5}\right)\hat{\varphi}\left(\frac{0.2}{0.46}\right)=0.21268\times 0.23097=0.04913$$

$$P_D=\frac{S_D}{S_{\overline{D}}}P_{\overline{D}}=\frac{\pi\ (0.2)^2}{(0.4)^2}\times 0.04913=0.03858$$

2. 散布网格法

在平面上建立直角坐标系，OX、OY 轴分别平行于主散布轴，将平面分割成很多小方格，通过矩形目标命中概率计算公式确定每个小方格的命中概率，通过面积比法确定边缘小方格的命中概率，将所有方格概率相加即可得出该不规则目标的命中概率（图 11-10）。

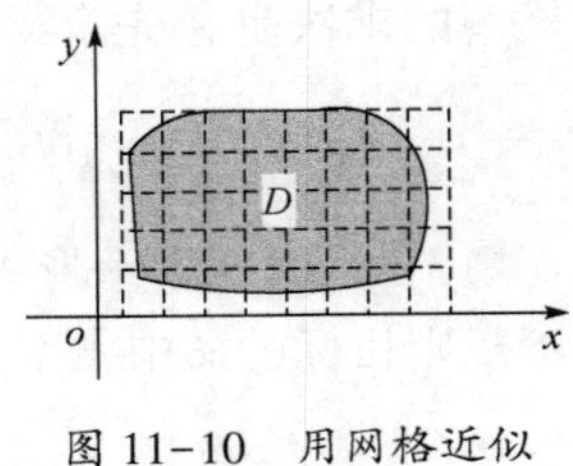

图 11-10　用网格近似

第二节　目标的易毁特征

一、基本概念

目标被毁伤：由于目标具有一定的职能，当目标失去完成职能的能力时，称目标被毁伤。不同的战术情况，目标被毁伤的具体含义不同，有的情况毁伤目标可能是击毙目标，有的情况可能指的是迟缓目标的移动速度。

直接命中式弹：直接命中目标才能毁伤目标，步枪、手枪往往就是直接命中式弹毁伤目标。

坐标毁伤式弹：对目标的毁伤规律取决于弹着点相对于目标的坐标的弹，一般通过冲击波或是破片毁伤目标，所以又分为直接毁伤型和破片毁伤型。

目标的易毁性：指固定使用一种射弹的条件下，目标被毁伤的难易程度。目标的易毁性不仅与目标的几何结构、强度、关键部位其数量及目标所处位置等有关，而且与射弹的种类也有关系，由于不同射弹对目标的毁伤能力不同，所以检验目标的易毁性应采用同一种射弹。

目标的易毁性特征：是从概率意义上表示弹对目标的毁伤规律。对直接命中式弹，常取 m 发弹毁伤目标的概率和毁伤目标的平均必须命中弹数作为目标易毁性特征。

毁伤律：反映目标易毁性特征的数量规律。对直接命中式弹，是指毁伤目标的概率与命中弹数的关系；对坐标毁伤式弹，是指毁伤目标的概率与弹着点坐标的关系。

n 发弹毁伤目标相互独立：指 n 发弹中任意一发弹毁伤目标的概率与其他任意 $k(1\leqslant k\leqslant n-1)$ 发弹对目标造成的损失无关，也称目标无损伤积累。实际上，目标常有损伤积累，但在某些情形中较小，往往可以忽略，所以也可以视其为相互独立。

二、直接命中式弹对目标的毁伤规律

（一）毁伤率

毁伤率是指目标 m 命中发弹时，被毁伤的概率，记为 $G(m)$，一般具有以下性质：

（1）$G(0)=0$；

（2）$G(m)$ 是 m 的不减函数；

（3）$\lim\limits_{m\to\infty}G(m)=1$。

其中，往往认为弹在目标区域上是服从均匀分布，且命中任何部位相互独立，因此若已知目标的组成部位，目标各部位的易毁性及其在平面上的投影面积，就能用概率的方法求出目标的毁伤律。

例 11.4 对由三个部位Ⅰ、Ⅱ、Ⅲ组成的目标进行射击，目标在散布平面上的投影如图 11-11 所示，面积分别为 2m^2、4m^2、6m^2。射弹命中部位Ⅰ时目标必毁伤，部位Ⅱ要命中两发弹，目标才毁伤；部位Ⅲ要命中三发弹，目标才毁伤。试求出目标的毁伤律 $G(m)$，并画出 $G(m)$ 的曲线（射弹近似均匀分布）。

解：由题意知，每发弹命中Ⅰ、Ⅱ、Ⅲ的概率分别是 1/6、2/6、3/6。所以其毁伤律为

$$G(m)=\begin{cases}0 & m=0\\1/6 & m=1\\5/12 & m=2\\3/4 & m=3\\1 & m=4\end{cases}$$

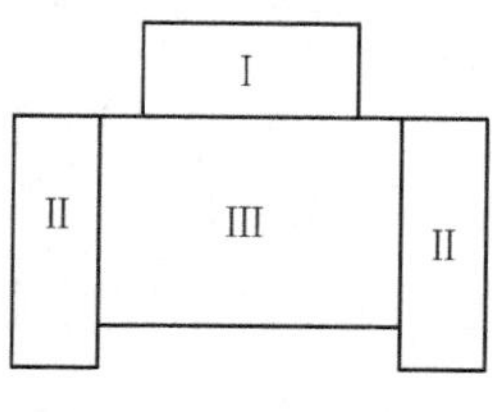

图 11-11　目标投影

（二）几种常用的毁伤律

（1）0-1 毁伤律：$G(m)=\begin{cases}0 & m<N\\1 & m\geqslant N\end{cases}$

当 $N=1$ 时,表示命中即毁伤。

(2) 指数毁伤律:目标无毁伤积累,每发弹命中目标时毁伤目标的概率是 r 则

$$G(m)=1-(1-r)^m$$

三、毁伤目标平均必需命中弹数

设随机变量 X 表示毁伤目标需要命中弹数,则 X 的数学期望 $\omega=E(X)$ 表示毁伤目标平均必须使用弹数。

平均必需命中弹数 $\omega = E(X) = \sum_{m=1}^{+\infty} mp(X=m)$

其中 $p(m)$ 表示目标命中 $m-1$ 发弹未毁伤条件下,第 m 发弹命中时目标被毁伤的概率,即 $p(m)=G(m)-G(m-1)$。

定理:若目标的毁伤律为 $G(m)$,毁伤目标的平均必须命中弹数等于 1 减去目标毁伤律的和。

$$\omega = \sum_{m=0}^{+\infty}[1-G(m)] \tag{11-13}$$

证明:

$$\begin{aligned}
\omega &= \lim_{n\to\infty}\left[\sum_{m=1}^{n} mG(m) - \sum_{m=1}^{n} mG(m-1)\right] \\
&= \lim_{n\to\infty}\left[\sum_{m=0}^{n} mG(m) - \sum_{m=0}^{n}(m+1)G(m)\right] \\
&= \lim_{n\to\infty}\left[\sum_{m=0}^{n} mG(m) - \sum_{m=0}^{n-1}(m)G(m) - \sum_{m=0}^{n-1}G(m)\right] \\
&= \lim_{n\to\infty}\left[nG(n) - \sum_{m=0}^{n-1}G(m)\right] \\
&= \lim_{n\to\infty}\left[nG(n) - \sum_{m=0}^{n-1}G(m) + n - n\right] \\
&= \lim_{n\to\infty}\left[n(G(n)-1) - \sum_{m=0}^{n-1}(1-G(m))\right] \\
&= \lim_{n\to\infty} n(G(n)-1) - \lim_{n\to\infty}\sum_{m=0}^{n-1}(1-G(m))
\end{aligned}$$

若 $n\to\infty$ 时,$G(n)-1=o\left(\frac{1}{n}\right)$,所以 $\omega = \sum_{m=0}^{\infty}(1-G(m))$。

例 11.5 已知目标的毁伤律如下,求毁伤目标的平均必须命中弹数。

$$G(m)=\begin{cases}0 & m=0\\1/6 & m=1\\5/12 & m=2\\3/4 & m=3\\1 & m=4\end{cases}$$

解:由

$$\begin{aligned}\omega &= \sum_{m=0}^{\infty}(1-G(m))\\&=1+5/6+7/12+1/4+0\\&=8/3\end{aligned}$$

特别地,当目标满足指数毁伤律时,即:$G(m)=1-(1-r)^m$,便有

$$\omega=\sum_{m=0}^{\infty}(1-G(m))=\sum_{m=0}^{\infty}(1-r)^m=\frac{1}{r}$$

第三节 无对抗条件下的射击效能分析

运用武器系统对目标的射击效果,在发现目标的条件下,取决于武器系统的性能、目标的特性、射击条件、射击方式和火力运用等,在应用解析法评估射击效能指标时,应给定相关的评估条件。

一、对单个目标的射击效能分析

(一) 射击效能指标

对单个目标射击时,目标被毁伤是指目标丧失完成战斗任务的能力,故常取目标被毁伤的概率作为射击效率指标。

(二) *n* 次独立射击时,恰命中 *m* 次的概率

设 n 次独立射击中,第 i 次射击命中目标的概率为 $p_i(i=1,2,\cdots,n)$,则 n 次射击恰有 m 次命中目标的概率 $p_n(m)$ 是母函数式(11-14)展式中 x^m 项的系数。

$$\phi(x)=\prod_{i=1}^{n}(q_i+p_ix) \tag{11-14}$$

其中 $q_i=1-p_i, i=1,2,\cdots n$。

特别地,当 $p_i=p$ 时,令 $q=1-p$,则 $p_n(m)=C_n^m p^m q^{n-m}$。

例 11.6 设对目标进行三次独立射击,单发命中概率分别为 0.5、0.6、0.7,求命中弹数的分布律和至少命中一发的概率。

解:由母函数公式得

$$\phi(x)=(0.5x+0.5)(0.6x+0.4)(0.7x+0.3)$$
$$=0.21x^3+0.44x^2+0.29x+0.06$$

所以有分布律如表 11.1 所列。

表 11.1　分布律

m	0	1	2	3
$p_3(m)$	0.06	0.29	0.44	0.21

由分布律知:

$$p_3(m\geqslant 1)=0.94$$

(三) 柯莫哥洛夫公式

设对目标发射 n 发弹,命中 m 发的概率为 $p_n(m)$ 目标的毁伤律为 $G(m)$,则目标被毁伤的概率为

$$p_{毁}=\sum_{m=0}^{n}p_n(m)G(m) \tag{11-15}$$

证明:

设 A 为向目标发射 n 发弹目标被毁伤事件,H_m 为 n 发弹中恰有 m 发弹命中目标事件($m=1,2,\cdots,n$)。

显然,$H_0,H_1,\cdots,H_n$ 互斥且完备,从而由全概率公式,得:

$$A=\sum_{m=0}^{n}H_mA$$

$$P(A)=P\Big(\sum_{m=0}^{n}H_mA\Big)=\sum_{m=0}^{n}P(H_m)P(A/H_m)$$
$$=\sum_{m=0}^{n}P_n(m)G(m)$$

例 11.7　若目标毁伤律:$G(0)=0$、$G(1)=1/6$、$G(2)=5/12$、$G(3)=3/4$、$G(4)=1$。

(1) 设对目标进行五次独立发射,单发命中概率均为 0.4,试求目标被毁伤概率;

(2) 设对目标进行四次独立发射,单发命中概率分别为 $p_1=0.4$、$p_2=0.4$、$p_3=0.5$、$p_4=0.2$,试求毁伤目标的概率。

解:

(1) 因为单发命中概率均为 0.4,故五次独立射击命中 m 次的分布律如

表 11.2 所列。

表 11.2 分布律

m	0	1	2	3	4	5
$p_5(m)$	0.078	0.259	0.346	0.230	0.077	0.010

$$p_{毁} = \sum_{m=0}^{5} p_n(m)G(m)$$

$$= 0.259 \times \frac{1}{6} + 0.346 \times \frac{5}{12} + 0.077 \times 1 + 0.010 \times 1$$

$$= 0.428$$

(2) 因为四次射击的命中率分别为 $p_1=0.4$、$p_2=0.4$、$p_3=0.5$、$p_4=0.2$，故构造母函数：

$$\varphi_4(x)=(0.6+0.4x)^2(0.5+0.5x)(0.8+0.2x)$$
$$=0.144+0.372x+0.340x^2+0.128x^3+0.016x^4$$

从而得

$$W=0.372\times\frac{1}{6}+0.340\times\frac{5}{12}+0.128\times\frac{1}{4}+0.016\times1=0.297$$

(四) 柯莫哥洛夫公式的特殊情况

(1) 0-1 毁伤律：$G(m)=\begin{cases}0 & m=0\\1 & m\geqslant1\end{cases}$

$$P=1-(1-p_1)(1-p_2)\cdots(1-p_n) \tag{11-16}$$

(2) 指数毁伤律：目标无毁伤积累，每发弹命中目标时毁伤目标的概率是 r 则

$$G(m)=1-(1-r)^m$$
$$P=1-(1-p_1r)(1-p_2r)\cdots(1-p_nr) \tag{11-17}$$

例 11.8 据统计，“爱国者”导弹对“飞毛腿”导弹的拦截成功率为 80%，问：

(1) 2 枚“爱国者”导弹拦截 1 枚“飞毛腿”导弹的成功率为多少？

(2) 要以 99%以上的概率确保拦截成功，至少要使用几枚“爱国者”导弹对“飞毛腿”导弹进行拦截？

解：(1) 导弹拦截具有 0-1 毁伤律

$$P=1-(1-p)^n=1-(1-0.8)^2=0.96$$

(2) 由题意得

$$P=1-(1-0.8)^n \geqslant 0.99$$

$$n \geqslant \frac{\log(1-0.99)}{\log 0.2}=2.86$$

故至少要使用3枚“爱国者”导弹对飞毛腿导弹进行拦截,才能以99%以上的概率确保拦截成功。

例11.9 设目标毁伤律近似指数毁伤律。毁伤目标的平均必须命中弹数$\omega=4$,射击的单发命中率为0.8,求:

(1) 三次独立射击对目标的毁伤率;

(2) 要使目标的毁伤率不小于80%,至少要进行多少次独立射击?

解:(1) 设每发命中弹对目标的毁伤概率为r,则

$$\boldsymbol{r}=\frac{1}{\omega}=\frac{1}{4}=0.25$$

$$P=1-(1-pr)^n=1-(1-0.8\times0.25)^3=0.488$$

(2) 由题意得:$P=1-(1-pr)^n=1-(1-0.8\times0.25)^n \geqslant 0.8$

所以

$$n \geqslant \frac{\log(1-0.8)}{\log 0.8}=7.21$$

因此,完成任务至少要进行8次独立射击。

二、对集群目标的射击效能分析

对集群目标的射击是指对由n个目标组成的目标群进行射击,效能指标的选择与射击任务有关。射击任务通常有以下三个方面,一是毁伤尽可能多的单位目标,二是毁伤所有的n个单位目标,三是毁伤至少k个单位目标。故对群目标射击的效能指标常取以下两个:

(1) 毁伤目标数的数学期望;

(2) 至少毁伤群目标中k个目标的概率($k=1,2,\cdots,n$)。

对群目标的射击方法主要表现在射击过程中是否从已毁伤的目标向未毁伤的目标进行火力转移。进行火力转移时,需要对射击结果进行观察并根据所得信息迅速改变射击诸元数据。对疏散群目标进行射击采用火力转移比较有利,也容易实现。

(一) 平均毁伤目标数

若对n个单位目标组成的群目标进行射击,X为毁伤目标单位数,毁伤m个单位的概率为$p(X=m)$,则毁伤目标数X的数学期望为

$$N=\sum_{m=0}^{n} mp(m) \tag{11-18}$$

若第 i 个目标被毁概率是 $W_i(i=1,2,\cdots,n)$，则毁伤目标数 X 的数学期望为

$$N=\sum_{i=1}^{n}W_i \tag{11-19}$$

证明：

设目标 i 是否被毁伤用 0-1 变量 X_i 来表示，则

$$X=X_1+X_2+\cdots+X_n$$

因为

$$E(X_i)=0\times(1-W_i)+1\times W_i$$

$$N=E(X)=E\left(\sum_{i=1}^{n}X_i\right)=\sum_{i=1}^{n}W_i$$

式(11-19)说明了群目标中平均毁伤单个目标的个数，即平均毁伤目标数等于群目标中各单位目标的被毁伤概率之和。

(二) 疏散群目标不转移火力的射击效能分析

由于假设不进行火力转移，所以，对每一个目标射击的结果，与其他目标射击的结果无关。也即将对 n 个目标的射击看做是 n 次相互独立的试验。

(1) 若对各个单位目标射击条件不同，设第 i 个目标被毁伤的概率是 $W_i(i=1,2,\cdots,n)$，则 n 个单位目标恰被毁伤 m 个的概率 $p(m)$ 是母函数式(11-20)展开式中 x^m 的系数($m=1,2,\cdots,n$)。

$$\phi(x)=\prod_{i=1}^{n}[(1-W_i)+W_ix] \tag{11-20}$$

(2) 特别地，当 $W_i=W$ 时，则有：

$$p(m)=C_n^mW^m(1-W)^{n-m} \tag{11-21}$$

(3) 由 n 个目标组成的群目标中，至少有 k 个单位目标被毁伤的概率为

$$p(m\geqslant k)=p(k)+p(k+1)+\cdots+p(n)$$

例 11.10 对由 5 辆汽车组成的行军纵队进行 5 次独立射击，不进行火力转移，射击时各辆车的毁伤是独立的，且每次射击毁伤第 1、2、3、4、5 辆汽车的概率分别是 0.1、0.2、0.2、0.1、0.1，整个射击过程中平均毁伤汽车数。

解：5 次射击中第 i 辆车被毁概率为 $W_i(i=1,2,\cdots,5)$

$$W_1=W_4=W_5=1-(1-0.1)^5=0.41$$

$$W_2=W_3=1-(1-0.2)^5=0.672$$

则平均毁伤汽车数

$$N=\sum_{i=1}^{5}W_i=3\times0.41+2\times0.572=2.574$$

(三) 疏散群目标转移火力射击的效能分析

对 n 个单位的目标群进行逐个射击，每次射击完后观察射击结果，若目标毁

伤,进行火力转移,最多进行 k 次射击。

设每次射击,目标的毁伤概率均为 p,k 次射击 n 个目标,则群目标中被毁单位目标数 X 的分布律可表示如表 11.3 所列。

表 11.3 分布律

X	0	1	2	…	n^*
$p(X=m)$	$P(0)$	$P(1)$	$P(2)$	…	$P(n^*)$

其中:$n^*=\min\{k,n\}$。

$$\sum_{m=1}^{n^*} p(m) = 1$$

(1) 当 $k \geqslant n$ 时,$p(m)$ 的计算公式为

$$p(m)=C_k^m p^m\ (1-p)^{k-m} \quad (m<n) \tag{11-22}$$

则
$$p(n)=1-[p(0)+p(1)+\cdots+p(n-1)]$$

特别,当 $k=n$ 时,

$$N=\sum_{m=0}^{n} mp(m)=\sum_{m=0}^{n} mC_n^m p^m\ (1-p)^{n-m}=np$$

(2) $k<n$ 时的射击效率

① k 次射击恰毁伤 m 个目标的概率

$$p(m)=C_k^m p^m\ (1-p)^{k-m} \tag{11-23}$$

② 平均毁伤目标数

$$N=kp$$

例 11.11 对 3 个单位目标($n=3$)组成的疏散群目标进行火力转移的 5 次射击($k=5$),每次毁伤被瞄准目标的概率为 $p=0.7$。试计算:

(1) 被毁伤的单位目标数的分布列;

(2) 群目标中至少有两个单位目标被毁伤的概率;

(3) 平均毁伤目标数。

解:

(1) $p(0)=C_5^0 p_0(1-p)^5=0.3^5=0.002$

可求得 m 的分布律如表 11.4 所列。

表 11.4 分布律

m	0	1	2	3
$P(m)$	0.002	0.028	0.132	0.838

(2) 至少毁伤两个单位目标的概率

$$p(m\geqslant 2)=p_2+p_3=0.132+0.838=0.970$$

（3）平均毁伤目标数

$$N=p(1)+2p(2)+3p(3)=0.028+2\times0.132+3\times0.838=2.806$$

例 11.12 对由 10 个目标组成的疏散目标群进行带火力转移的 4 次射击，每次射击中对被瞄准的目标的毁伤概率为 0.6，求：

（1）毁伤目标数的分布列；

（2）目标群中至少有 3 个目标被毁伤的概率；

（3）平均毁伤目标数。

解：（1）m 的分布列如表 11.5 所列。

表 11.5　分布律

m	0	1	2	3	4
$p(m)$	0.0256	0.1536	0.3456	0.3456	0.1296

（2）至少有三个目标被毁伤的概率。

$$p(m\geqslant3)=p(3)+p(4)=0.3456+0.1296=0.4752$$

（3）平均毁伤目标数。

$$N=kp=4\times0.6=2.4$$

例 11.13 对 3 辆坦克组成的疏散目标群进行火力不转移射击，第 1、2、3 辆被毁的概率依次是 0.4、0.5、0.6，求平均毁伤坦克数和至少毁伤 2 辆坦克的概率。

解：（1）$N=W_1+W_2+W_3=1.5$

（2）令

$$\phi(x)=(0.6+0.4x)(0.5+0.5x)(0.4+0.6x)=0.12+0.38x+0.38x^2+0.12x^3$$

故至少毁伤两辆坦克的概率

$$p(m\geqslant2)=p(2)+p(3)=0.38+0.12=0.5$$

第四节　对抗条件下的射击效能分析

作战行动中，对抗不可避免，所以研究对抗条件下的射击效能更具有实际意义。下面分别就超前对抗和顺序轮流对抗条件下的射击效能进行分析。

一、超前对抗条件下的射击效能分析

超前对抗是指实施攻击前受到对抗，研究超前对抗的方法与实施攻击战斗单位的数量有关。

(一) 一个战斗单位实施攻击

设战斗单位在未受到对方对抗时对目标的射击效率为 W,对方对抗失效概率为 Q,对方对抗失效时,战斗单位的效率不变。则战斗单位受到超前对抗时的射击效率为

$$\widetilde{W}=(1-Q)\times0+QW=QW \tag{11-24}$$

例 11.14 一架侦察机到战场执行侦察任务,必须飞过敌方防空区,在敌人的这个防空区内,侦察机被毁伤的概率为 0.3。如果侦察机顺利飞过敌防空区,则能在侦察区内平均发现 75%的目标,求侦察机在受到敌方防空火力对抗的条件下所能发现的平均相对目标数。

解:对抗失效的概率 $Q=1-0.3=0.7$

$$\widetilde{W}=0.7\times0.75=0.525$$

(二) *n* 个战斗单位实施攻击

设战斗单位受到对方对抗后,剩下的 m 个战斗单位的概率为 $Q(m)$,剩下的 m 个战斗单位的射击效率为 $W(m)$,则

$$\widetilde{W}=\sum_{m=0}^{n}Q(m)W(m) \tag{11-25}$$

例 11.15 我方火箭筒班的 3 具火箭筒在阵地上疏散配置,在向敌人的某个火力点攻击前,火箭筒被毁伤的概率 0.3,假设各具火箭筒被毁伤是互相独立的事件。我方剩下 1、2、3 具火箭筒时对目标的毁伤概率分别为 0.5、0.8、0.95。求这个火箭筒班在受到敌超前对抗时对目标的毁伤概率。

解:显然,我方剩余 m 件火箭筒的概率为

$$Q(m)=C_n^m(1-p)^m p^{n-m}$$

$$\widetilde{W}=0.189\times0.5+0.441\times0.8+0.343\times0.95=0.773$$

若战斗单位满足下列条件:

(1) 各战斗单位被毁伤是相互独立的;

(2) 无对抗时,第 i 个战斗单位毁伤目标的概率为 W_i;

(3) 超前对抗后,第 i 个战斗单位生存的概率为 Q_i。

则超前对抗后对目标的毁伤概率为

$$\widetilde{W}=1-\prod_{i=1}^{n}(1-Q_iW_i) \tag{11-26}$$

特别地,若 $W_i=W, Q_i=Q$,则 $\widetilde{W}=1-(1-QW)^n$。

例 11.16 由 3 架歼击机组成的飞行中队对轰炸机进行攻击,每一架歼击机在实施射击之前都可能被轰炸机对抗击毁。假设每一架歼击机被击毁的概率为 0.3,且相互独立,每一架歼击机在未被击毁时,击毁轰炸机的概率均为 0.4,

且相互独立。试分别求该歼击机中队未受到和受到轰炸机射击对抗时，击毁轰炸机的概率。

解：无对抗时，3 架歼击机击毁轰炸机的概率为

$$W(3)=1-(1-0.4)^3=0.784$$

超前对抗时：

$$\widetilde{W}=1-(1-QW)^3=1-(1-0.4\times0.7)^3=0.627$$

例 11.17 在三个不同阵地上武器对海上目标进行独立射击，无对抗时，第一、二、三阵地上的武器对目标的毁伤率分别为 0.7，0.5，0.4，在受到敌人的超前对抗时，这三个阵地上的武器被毁伤的概率分别为 0.8，0.6，0.1，求在超前对抗对抗下，三个阵地对海上目标的毁伤概率。

解：由题意得：$Q_1=1-0.8=0.2$，$Q_2=1-0.6=0.4$，$Q_1=1-0.1=0.9$

$$\widetilde{W}=1-(1-0.2\times0.7)(1-0.4\times0.5)(1-0.9\times0.4)=0.56$$

二、顺序轮流对抗下的射击效能分析

若在战斗过程中双方实施火力对抗，且作战双方在预先确定的时刻（这里只讨论确定的时刻）互相实施射击，该对抗称为顺序轮流对抗，超前对抗其实是它的最简单情况。

设有甲、乙两方各有一个战斗单位进行顺序轮流对抗，先假设如下（图 11-12）。

(1) 射击时刻：$t_1<t_1'<t_2<t_2'<\cdots$ 是确定的，t_i 是甲向乙射击的时刻；t_i' 是乙向甲射击的时刻。若某方在某时刻被毁伤，则对抗结束；

(2) 甲第 i 次射击毁伤乙的概率为 W_i；乙第 i 次射击毁伤甲的概率为 V_i；

(3) 双方都无毁伤积累。

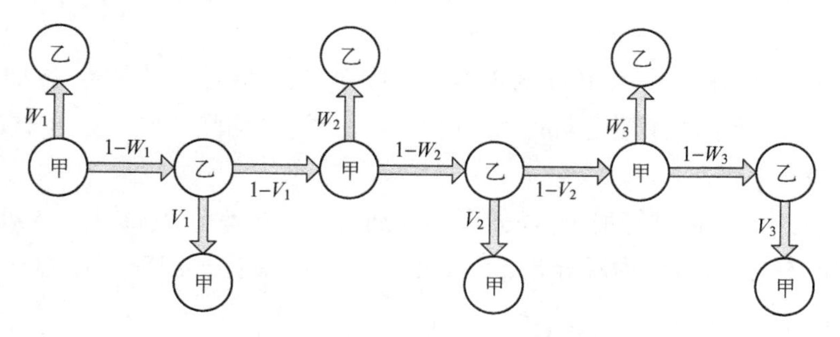

图 11-12 甲乙顺序轮流对抗

乙被毁伤概率：

$$\widetilde{W}_n=W_1+(1-W_1)(1-V_1)W_2+\cdots+(1-W_1)(1-V_1)\cdots(1-W_{n-1})(1-V_{n-1})W_n$$

甲被毁伤概率：

$$\widetilde{V}_n=(1-W_1)V_1+(1-W_1)(1-W_2)(1-V_1)V_2+\cdots+(1-W_1)(1-V_1)\cdots(1-W_n)(1-V_{n-1})V_n$$

例 11.18 设一对抗演习中,设红方一次进攻攻克蓝方的概率为 0.3,蓝方一次进攻攻克红方的概率为 0.4。若进行三次对抗,红方先进攻,攻克蓝方的概率。

解:绘制红蓝顺序轮流对抗图如图 11-13 所示。

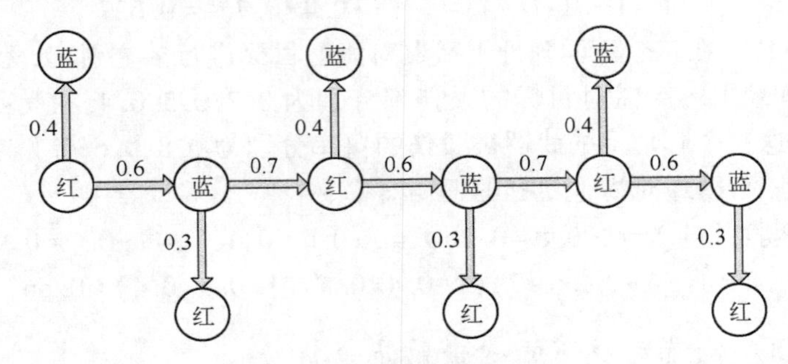

图 11-13 红蓝顺序轮流对抗

红方攻克蓝方的概率:

$$\widetilde{W}_3=0.4+0.6\times0.7\times0.4+0.6^2\times0.7^2\times0.4$$

蓝方攻克红方的概率:

$$\widetilde{V}_3=0.6\times0.3+0.6^2\times0.7\times0.3+0.6^3\times0.7^2\times0.3$$

习题十一

1. 对长为 10m,宽为 10m 的正方形目标射击,射向与边长平行,方向中间偏差为 20m,高低中间偏差为 4m,今发射一发弹,求:平均弹道通过矩形中心时,弹对目标的命中率。

2. 对一胸环靶进行射击,环的半径分别为 10、30、50、70(cm)。已知射击时瞄准环靶中心;弹着点为圆分布、无系统误差,中间误差 $E=18$cm,求命中各环及脱靶的概率。

3. 设对目标进行三次独立射击,单发命中概率分别为 0.5,0.6,0.7,求命中弹数的分布律和至少命中一发的概率。

4. 今对一个 T 字形工事射击,已知散布中心在原点处,中间误差 $E_x=6$,$E_y=4$,求发射一发弹命中目标的概率(图 11-14)。

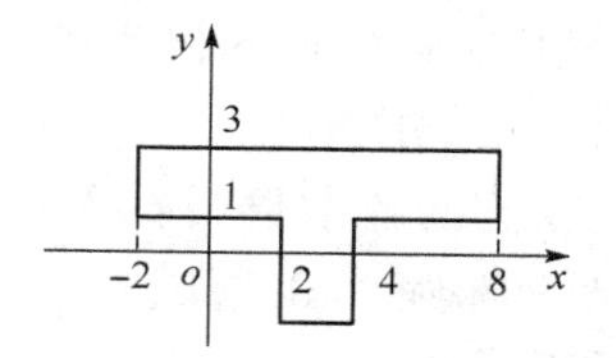

图 11-14　矩形组合目标

5. 设目标由两个部位 A、B 组成，在散布平面上投影如图，A 的面积为 2 平方单位，B 的面积为 6 平方单位，假设部位 A 被命中一发弹，目标就毁伤；部位 B 要命中三发或三发以上的弹，目标才能毁伤。求(1)目标的毁伤律 $G(m)$，并画出 $G(m)$ 的曲线(2)毁伤目标的平均必需命中弹数及近似指数毁伤律(图 11-15)。

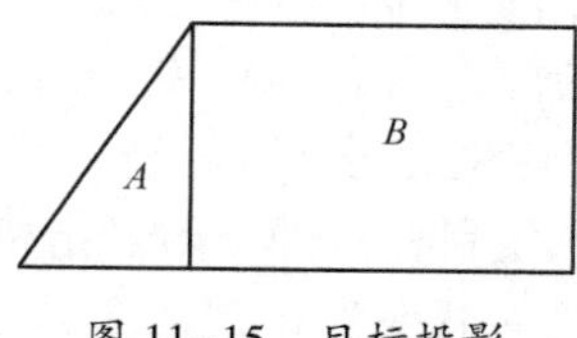

图 11-15　目标投影

6. 设对目标进行三次射击，目标的毁伤率为 $G(m)=\begin{cases}0 & m=0\\ 1/5 & m=1\\ 9/25 & m=2\\ 4/5 & m=3\\ 1 & m=4\end{cases}$，命中 n 发的概率为 $P_3(n)=\begin{cases}0.06 & n=0\\ 0.42 & n=1\\ 0.38 & n=2\\ 0.14 & n=3\end{cases}$，试计算目标被毁伤的概率。

7. 某兵器向一占地为 π 平方米的圆目标射击，若散布中心通过圆目标的中心；$E_x=E_z=10\text{m}$，该弹的毁伤半径为 9m，求独立发射 4 发时毁伤目标的概率。

8. 一炮兵连对坦克进行一次齐射时，毁伤坦克的概率为 0.2，为了使毁伤坦克的概率达到 0.8，应至少进行几次射击。

9. 今向由六辆坦克组成的队形进行三次相互独立射击，射击过程中不转移火力，不观察射击结果，每次射击最多只可能毁伤一辆坦克，每次射击毁伤各辆坦克的概率分别为 0.25、0.20、0.15、0.10、0.10、0.15，试计算整个射击过程中，坦克被毁伤的平均数。

10. 敌方四辆坦克以疏散队形向我方运动，反坦克炮群对这四辆坦克进行射击，不进行火力转移。四辆坦克被毁伤的概率依次为 0.8、0.7、0.7、0.6，求平均毁伤坦克数及坦克全部被毁伤的概率。

11. 对由三个目标所组成的的疏散群目标群进行火力转移的五次广义射击，每次射击毁伤被瞄准目标的概率为 0.7，试求：

（1）至少有两个目标被毁伤的概率；

（2）平均毁伤目标数。

12. 由 3 具火箭筒对敌阵地的固定发射点射击，火箭筒射手在歼敌过程中将受到敌方火力射击。假设每具火箭筒被毁伤的概率均为 0.2；各具火箭筒被毁伤是相互独立的，1、2、3 具火箭筒进入发射位置，敌火力点被毁伤的概率分别为 0.4、0.6、0.7，试求当考虑到敌方对抗时毁伤敌火力点的概率。

13. 假设一架轰炸机向预定目标进行投弹，投弹前一架歼击机与该轰炸机进行顺序轮流对抗。歼击机首先向轰炸机发起攻击，且击毁轰炸机的概率为 0.6。若轰炸机未被击毁，则它对歼击机进行火力还击，击毁歼击机的概率为 0.5；若歼击机被击毁，则向预定目标投弹。若歼击机未被击毁，则它对轰炸机进行最后一次攻击，击毁轰炸机的概率为 0.5；若轰炸机又未被击毁则向预定目标进行投弹。轰炸机投弹时，毁伤目标的概率为 0.9。假设这两架飞机无毁伤积累，且这两架飞机一旦被对方击毁，就不能再进行射击或作其他战斗行动。

求：（1）歼击机被击毁的概率；

（2）轰炸机被击毁的概率；

（3）轰炸机投弹毁伤预定目标的概率。

思考题：

1. 设我方 4 名射手向恐怖分子进行直瞄射击，各射手毁伤恐怖分子的概率分别为 0.9，0.7，0.6，0.7，恐怖分子在我方射手射击前向我方射手进行射击，毁伤我方射手的概率分别为 0.6，0.5，0.5，0.5，求我方射手毁伤恐怖分子的概率。

2. 由 3 艘舰艇组成的舰队对某岸上目标进行攻击，舰队在进入发射阵地前要受到岸上面目标的炮火攻击，每艘舰艇被毁伤的概率为 0.2. 如果 1 艘舰艇进入发射阵地，它对面目标的毁伤面积为 0.4；如果 2 艘舰艇进入发射阵地，它对面目标的毁伤面积为 0.6；如果 3 艘舰艇进入发射阵地，它对面目标的毁伤面积为 0.7，求舰队能毁伤岸上目标的平均面积。

参考文献

[1]《运筹学》教材编写组.运筹学(修订版)[M].北京:清华大学出版社,1990.

[2] 张最良,李长生,赵文志,等.军事运筹学[M].北京:军事科学出版社,1993.

[3] 中国人民解放军军事科学院运筹分析研究所.中国军事百科全书(军事运筹学分册)[M].北京:军事科学出版社,1992.

[4] 许国志、杨晓光.运筹学历史的回顾[M].浙江:浙江教育出版社,1996.

[5] 马特韦楚克(苏).运筹学手册[M].北京:新时代出版社,1982.

[6] 楚耶夫(苏).军事技术运筹学手册[M].北京:国防工业出版社,1976.

[7] 莫尔斯,金博尔(美).运筹学方法[M].北京:科学出版社,1988.

[8] 军事科学院军事运筹分析研究所.作战系统工程导论[M].北京:军事科学出版社,1987.

[9] 温特切勒(苏).现代武器运筹学导论[M].北京:国防工业出版社,1974.

[10] 魏权龄,等.数学规划引论[M].北京:北京航空航天大学出版社,1991.

[11] 张野鹏.作战模拟基础[M],北京:解放军出版社,1994.

[12] 王寿云.现代作战模拟[M].北京:知识出版社,1982.

[13] 范贻昌.实用管理运筹学[M].天津:天津大学出版社,1995.

[14] 中国人民大学数学教研室.运筹学通论[M].北京:中国人民大学出版社,1985.

[15] 李向东.运筹学——管理科学基础[M].北京:北京理工大学出版社,1995.

[16] 周志诚,等.运筹学教程[M].重庆:立信会计图书用品出版社,1987.

[17] 朱松春,等.军事运筹学[M].北京:解放军出版社,1988.

[18] 总参谋部军训部.军事运筹学教材[M].长沙:国防科技大学出版社,1995.

[19] 荆心泉,等.军事运筹100例[M].北京:国防大学出版社,1992.

[20] 董树军,张庆捷.军事运筹学教程[M].北京:蓝天出版社,2006

[21] 陈希孺.概率论与数理统计[M].合肥:中国科学技术大学出版社,1992.

[22] 姜圣阶,曲格平,等.决策学基础[M].北京:中国社会科学出版社,1986.

[23] 李尚志.数学建模与实验[M].南京:河海大学出版社,1996.

[24] 侯定丕.管理科学定量分析引论[M].合肥:中国科学技术大学出版社,1993.

[25] 姜启源.数学模型[M].北京:高等教育出版社,1993.

[26] 陈晓剑、梁梁.系统评价方法及应用[M].合肥:中国科学技术大学出版社,1993.

[27] 李云.应用数学模型[M].武汉:华中理工大学出版社,1993.

[28] 吉勒特BE(美).运筹学导论[M].蔡宣三等译.北京:机械工业出版社,1982.